NONGYAO
FENZI JIEGOU
YOUHUA YU
JIEXI

农药分子结构
优化与解析

孙家隆　著

U0220989

化学工业出版社
·北京·

内容简介

本书结合农药分子设计与结构优化的成功案例剖析，详细介绍了分子多样性与相似性、药效团与优势结构、生物电子等排、局部修饰等特有重要概念与方法的内涵及应用，解析了拼合与简化、农药活性化合物分子骨架构建、基于片段的农药分子设计与优化、老树新花、他山之石等策略，阐述了农药分子设计与结构优化常用方法与方略，较系统地揭示了农药分子设计与结构优化的有益规律。

本书可作为从事农药分子设计和优化研究的科技人员从不同视角把握农药分子设计、创立新农药创制技术体系的参考书，也可作为农药学相关专业研究生参考教材。

图书在版编目（CIP）数据

农药分子结构优化与解析 / 孙家隆著. —北京：
化学工业出版社，2022.9
ISBN 978-7-122-41727-5

Ⅰ.①农… Ⅱ.①孙… Ⅲ.①农药-化学结构-
分析结构-研究 Ⅳ.①TQ450.1

中国版本图书馆 CIP 数据核字（2022）第 104739 号

责任编辑：刘 军 冉海滢 孙高洁　　　文字编辑：李娇娇
责任校对：王 静　　　　　　　　　　装帧设计：王晓宇

出版发行：化学工业出版社（北京市东城区青年湖南街 13 号　邮政编码 100011）
印　　装：河北鑫兆源印刷有限公司
710mm×1000mm　1/16　印张 21½　字数 419 千字　　2023 年 1 月北京第 1 版第 1 次印刷

购书咨询：010-64518888　　　　　　　售后服务：010-64518899
网　　址：http://www.cip.com.cn
凡购买本书，如有缺损质量问题，本社销售中心负责调换。

定　　价：128.00 元　　　　　　　　　　　　　　　版权所有　违者必究

前言

1991 年前后的棉铃虫大爆发，给我国农业生产带来极大危害；从那时起，笔者有了学习农药学的冲动，遂在做了十多年的中学教师之后，于 1995 年秋前往中国农业大学师从陈万义先生学习农药知识。先生堪为农药学鸿儒，且孜孜教诲，但终因笔者愚钝，始终不得要领，碌碌多年却踏步不前；此书，是学生交给先生的一份作业。

身为农药学教师，承担相关专业本科生和研究生农药分子设计与优化及农药合成方向相关课程，同时也做些相应的科研。多年的教学科研经历使笔者体会到，在新农药创制过程中，决定做什么往往容易，如何科学有效地做则尤为困难。好不容易觅到一个心仪的先导化合物，在进行相关分子设计与优化时经常费尽心思，到头来却发现所设计合成的化合物新是新，生物活性却与期望值相去甚远。这本小书，是笔者多年的学习心得和授课相关讲义的整理与总结，现分享于同仁及后来者，若能对其有所借鉴，则甚慰也。

国家《"十四五"全国农业绿色发展规划》（以下简称《规划》）提出，推进化肥农药减量增效、推进农业绿色科技创新、构建农业绿色供应链，这是一场造福当下及子孙后代、空前绝后的伟大革命。具体到农药领域，只有创制更多化学结构新颖、作用机制新颖、活性高、毒性低、功能多、环境友好的绿色农药，才能实现《规划》中对农药的相关要求。实现《规划》相关要求之关键步骤，在于绿色农药创制，绿色农药创制的开端便是农药分子设计与结构优化。此书若能助力绿色革命洪流中的各位同仁，则是笔者最大的慰藉。

本书共 5 章。第 1 章之农药分子设计与结构优化概述，内容为先导化合物的发现和确定及农药分子评价，简述农药分子设计与优化的起点和国家对新农药的规范要求。第 2 章为农药分子设计与结构优化的一般过程与重要概念，主要讲述农药分子设计与结构优化的一般过程和分子的多样性与相似性、药效团与优势结构等特有重要概念。第 3 章为农药分子设计与结构优化的重要方法，通过介绍生物电子等排、局部修饰等常用方法的内涵与应用分析，阐述农药分子结构优化常用技巧。第 4 章为农药分子设计与结构优化常用策略，试图在结合示例的基础上，讲述拼合与简化、农药活性化合物分子骨架构建、基于片段的农药分子设计与优化、老树新花、他山之石等农药分子设计与结构优化方略。第 5 章是农药分子结构解析，选取了分子结构为有机磷、氨基甲酸酯、拟除虫菊酯、脲及硫脲、苯甲酰脲及磺酰脲、酰胺、酰肼及酰亚胺、烟碱类杀虫剂、吡唑、三唑及噁唑和异噁唑、甲氧基丙烯酸酯类、苯氧羧酸类、二苯醚类、有机硫化物和酮类结构的 15 个农药类别模块，结合实例进行分子结构剖析，作为前几章的补充和完善，力求所阐述的农药分子设计与结构优化策略完整化、系统化。在内容结构方面，本书最大的特点是结合实例、涉及农药品种及相关文献公开的农药活性化合物比较多。最好的借鉴，当属专业大师的范例；因此，书中引用或剖析了多位当代新农药创制大师的专利作为解说问题的示例，以期读者在欣赏大师作品的同时，领悟新农药创制方略之精髓。

本书可谓《农药化学合成基础》姊妹篇，书中很多内容的撰写以普通高等教育农业农村部"十三五"规划教材《农药化学合成基础》（第三版）为蓝本，有些没有注明的则来自中国农药信息网。刘长令先生在新农药的开发创制领域做出了很多标志性的贡献，他的著作《新农药创制与合成》一书给本书的创作提供了很多素材和启发，在此表示真诚的感谢。

准确地说，结构新颖农药品种的创制思路，只有创造发明者本人清楚，其他人只能是猜测和推断。本书的宗旨是利用现有知识、通过成功案例的剖析，发现和揭示农药分子设计与优化的有益规律。书中有些说法或观念未必妥当，只是为了表述方便，并非标新立异。

本书表达了笔者期待已久的愿望：犹如宗师高手们当年的启蒙读物一般，为对新农药创制研究怀有兴趣的读者提供有用的基础知识，作为农药创制大师成长道路上一块适宜的垫脚石。归根结底，真诚地期望这本小书会使已经或即将在奇妙而迷人的农药创制研究领域中工作的同仁产生兴趣，若能如此，笔者心愿足矣。

笔者真挚的希望：本书能对从事农药分子设计和优化研究的研究生、教师及科技人员从不同视角把握农药分子设计、创立新农药创制技术体系时有所借鉴；囿于知识和实践的不足，阐述农药分子设计这样大的题目实在是非笔者之所能，书中所述只是笔者粗浅的体会和见识；在搜集和应用材料时难免失之偏颇、挂一漏万，不妥之处难以避免，在此诚恳希望读者批评指正。

孙家隆

2022 年 4 月于青岛

目录

第1章

农药分子设计与结构优化概述

根据《农药管理条例》，农药是指用于预防、控制危害农业、林业的病、虫、草、鼠和其他有害生物以及有目的地调节植物、昆虫生长的化学合成或者来源于生物、其他天然物质的一种物质或者几种物质的混合物及其制剂。包括用于不同目的、场所的下列各类：①预防、控制危害农业、林业的病、虫（包括昆虫、蜱、螨）、草、鼠、软体动物和其他有害生物；②预防、控制仓储以及加工场所的病、虫、鼠和其他有害生物；③调节植物、昆虫生长；④农业、林业产品防腐或者保鲜；⑤预防、控制蚊、蝇、蜚蠊、鼠和其他有害生物；⑥预防、控制危害河流堤坝、铁路、码头、机场、建筑物和其他场所的有害生物[1]。由此界定可以看出，"农药"是一类组成和应用比较宽泛的物质，可以是纯净物（原药）也可以是混合物（母药或制剂）。一般来说，"农药分子"是指农药有效成分(the effective ingredient of the pesticides)即农药产品中具有生物活性的特定化学结构成分——化学上的单体化合物分子，而"农药分子设计与结构优化"是指将农药或具有一定生物活性的非农药或农药化合物（先导化合物）优化为新农药分子的过程。

新农药创制的一般流程为：确定新农药的用途类型→确证和选择新农药的施用选择性→建立生物活性评价方法→筛选或者设计与选择性相吻合的先导化合物(lead compound)→设计先导化合物优化与评价方案→合成所设计候选化合物→测定、整理相关指标数据材料→报请国家相关部门新农药申请→国家相关部门评审批准颁发农药登记证→申请新农药生产许可和农药经营许可→上市。其中，先导化合物的确定和优化是新农药创制过程的关键环节。

1.1 先导化合物的发现和确定

所谓农药先导化合物，一般是指具有良好农药生物活性特点的化合物，但由于某些性质如活性或稳定性或可产业化方面的不足，达不到"农药"指标而不能登记为"农药"，但在结构上却具备修饰为"农药"可能性的化合物。在新农药的创制开发中，确定农药先导化合物是新农药研发的起点，可通过对其结构的优化修饰，得到性能优于先导化合物的新农药化合物，从而达到新农药创制的目的。农药先导化合物来源方式主要有天然活性成分、现有农药的再优化、内源活性物质启发、农药相关化合物数据库筛选、全新农药分子设计、意外发现及灵感等。

1.1.1 来源于天然产物

农药先导化合物来源于天然产物，如植物提取物、微生物发酵物及内源性物质（如毒素、激素、信息素等）等。天然物质一旦离开其原来的存在环境，往往存在稳定性问题，如除虫菊素等。并且，天然产物在作为某种用途的物质应用时，也未必是最合适的，如烟碱直接用作农药就存在很多不足与缺陷等。因此，天然物质作为农药应用时，往往需要对其结构进行修饰或优化。该类先导化合物结构优化的结果，大多可获得首创或称原创（first-in-class）农药，并且由此形成一类农药新品种。成功的例子如拟除虫菊酯类、氨基甲酸酯类、烟碱类、甲氧基丙烯酸酯类等农药类别。

（1）除虫菊素（pyrethrins）[2]-拟除虫菊酯类杀虫剂　除虫菊的花具有杀虫作用，由除虫菊干花提取的除虫菊素（pyrethrins）是一种击倒快、杀虫力强、广谱、低毒、低残留的杀虫剂，但其对日光和空气极不稳定，多数情况下只能用于防治卫生害虫。

除虫菊素的活性组分是(+)-反式菊酸（(+)-*trans*-chrysanthemic acid）和(+)-反式菊二酸（(+)-*trans*-pyrethoic acid）与除虫菊醇酮（(+)-pyrethrolone）、瓜叶醇酮（(+)-cinerolone）、茉莉醇酮（(+)-jasmolone）形成的六种酯：除虫菊素Ⅰ（cinerin Ⅰ）、除虫菊素Ⅱ（cinerin Ⅱ）、瓜叶除虫菊素Ⅰ（jasmolin Ⅰ）、瓜叶除虫菊素Ⅱ（jasmolin Ⅱ）、茉莉除虫菊素Ⅰ（pyrethrin Ⅰ）、茉莉除虫菊素Ⅱ（pyrethrin Ⅱ）。

cinerin Ⅰ

cinerin Ⅱ

jasmolin Ⅰ

jasmolin Ⅱ

pyrethrin I   pyrethrin II

其中除虫菊素杀虫活性最高，茉莉除虫菊素毒效很低；除虫菊素 I 对蚊、蝇有很高的杀虫活性，除虫菊素 II 有较快的击倒作用。

1947 年第一个人工合成拟除虫菊酯烯丙菊酯（allethrin）问世，1973 年第一个对日光稳定的拟除虫菊酯苯醚菊酯（phenothrin）开发成功，并使用于田间。此后，随着氯氰菊酯（cypermethrin）、溴氰菊酯（deltamethrin）等优良品种的出现，拟除虫菊酯的开发和应用有了迅猛发展。

烯丙菊酯   苯醚菊酯

氯氰菊酯   溴氰菊酯

拟除虫菊酯的出现，使农药合成与生产技术进入精细化学品门类；而每亩（1亩=666.7m²）次用量可不到一克或至多十几克，则标志着"超高效杀虫剂"农药出现，可以说是农药发展史上的奇迹。

（2）毒扁豆碱（physostigmine）[3]-氨基甲酸酯类杀虫剂　在 1864 年，人们发现西非生长的一种蔓生豆科植物毒扁豆中存在一种剧毒物质，这种剧毒物质后来被命名为毒扁豆碱（physostigmine）。

毒扁豆碱   甲萘威

自 1953 年美国 Union Carbide 公司创制出甲萘威（carbaryl）后，该类农药新品种不断出现，并得到广泛的应用，迅速成为现代杀虫剂的主要类型之一。

（3）烟碱（nicotine）[4]-烟碱类杀虫剂　烟碱（nicotine）是烟草中具有杀虫

作用的活性物质，为触杀活性药剂，主要用于果树、蔬菜害虫的防治，也可防治水稻害虫。

烟碱   吡虫啉

20 世纪 80 年代中期德国拜耳公司成功开发出第一个烟碱类杀虫剂吡虫啉（imidacloprid），由于其具有高效、广谱以及环境友好的特点，立即引起人们的研究热潮，随后研发出啶虫脒（acetamiprid）、噻虫嗪（thiamethoxam）、烯啶虫胺（nitenpyram）等优良品种。

啶虫脒   噻虫嗪   烯啶虫胺

该类化合物的作用机制主要是通过选择性控制昆虫神经系统烟碱型乙酰胆碱酯酶受体，阻断昆虫中枢神经系统的正常传导，从而导致害虫出现麻痹进而死亡。

（4）strobilurin A[5]-甲氧基丙烯酸酯类杀菌剂   甲氧基丙烯酸酯类杀菌剂或称 strobilurins 类似物，是近年来发展的一类新颖杀菌剂，此类杀菌剂来源于天然微生物 strobilurin A。

strobilurin A   嘧菌酯   醚菌酯

此类杀菌剂最早为巴斯夫公司和先正达公司开发，自此类杀菌剂品种嘧菌酯（azoxystrobin）、醚菌酯（kresoxim-methyl）上市以来，至目前已经有二十多个品种，市场份额已经达到杀菌剂的 30%左右。此类杀菌剂的问世，是继三唑类杀菌剂之后又一里程碑。

1.1.2 现有农药品种

一个原创新农药品种的上市，往往会吸引众多新农药创制单位参加结构优化竞争，进而发展为一类农药品种，成为当前农药研发的又一种主要模式：在首创类农药品种的基础上进行结构优化——其优化策略多是局部修饰，创制在活性或者毒理学性质等方面有改进的类同农药新品种——"me-too"和"me-better"类农药。如最近几年甲氧基丙烯酸酯类杀菌剂和酰胺类杀虫剂农药热火朝天地竞相开发。

（1）甲氧基丙烯酸酯类杀菌剂　先正达公司和巴斯夫公司以天然微生物 strobilurin A 作为先导化合物，优化创制出了优良杀菌剂嘧菌酯（azoxystrobin）和醚菌酯（kresoxim-methyl）之后，世界各大农药公司迅速跟进，竞相开发出氟嘧菌酯（fluoxastrobin）、苯氧菌胺（benzeneacetamide）、嘧螨胺（pyriminostrobin）、啶氧菌酯（picoxystrobin）、烯肟菌酯（enoxastrobin ）、丁香菌酯（coumoxystrobin）、苯噻菌酯（benzothiostrobin）、唑菌酯（pyraoxystrobin）、氟菌螨酯（flufenoxystrobin）、唑胺菌酯（pyrametostrobin）、氯啶菌酯（triclopyricarb）等"me-too"甲氧基丙烯酸酯农药品种，如图 1-1。

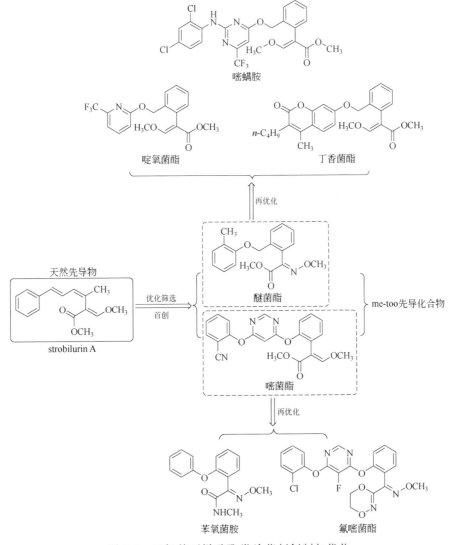

图 1-1　甲氧基丙烯酸酯类杀菌剂创制与优化

（2）酰胺类杀虫剂[6]　氯虫苯甲酰胺（chlorantraniliprole）是杜邦公司开发的一种邻甲酰氨基苯甲酰胺类化合物，属鱼尼丁受体抑制剂类杀虫剂。在很低浓度下仍具有相当好的杀虫活性，且广谱、持效期长、毒性低、与环境相容性好，是防治鳞翅目害虫的有效杀虫剂。自 2007 年上市以来，以其为先导化合物的"me-too"优化创制至今热度不减，相继上市的同类产品有氰虫酰胺（cyantraniliprole）、环溴虫酰胺（cyclaniliprole）、四唑虫酰胺（tetraniliprole）等，如图 1-2。

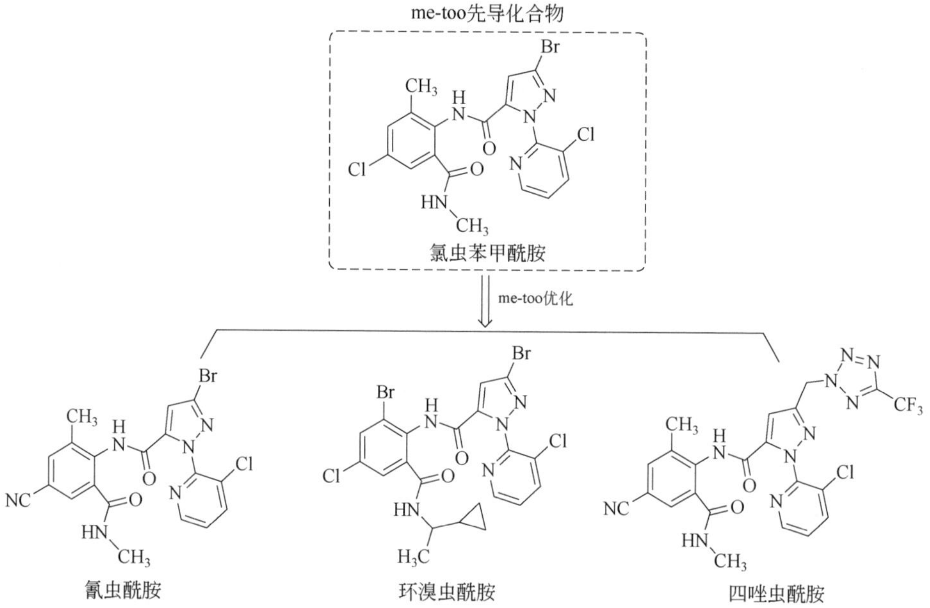

图 1-2　氯虫苯甲酰胺 me-too 创制

由于化合物分子的多样性与相似性为先导化合物的"me-too"优化创制提供了极大空间，因此，对结构新颖、作用机制独特的新上市农药品种进行结构优化设计，在确保不侵犯知识产权的前提下，根据其作用的构效关系和作用机制，巧妙利用农药分子结构优化高超技艺，结合计算机辅助设计技术，创制活性更好、毒性更低、环境相容性更好的"me-too"和"me-better"新农药品种，研发方法风险小、投资相对较少，并且周期短、成功率高，已经成为当前许多农药公司发展壮大的重要途径。

1.2　先导化合物的优化

化合物结构和性质的相似性与多样性为新农药创制带来方便，而将二者有机结合则是新农药创制的关键。农药先导化合物之所以被称为农药先导化合物，是因为他们具有农药化合物的某些特性，或因活性达不到"农药"要求，或因即使活性达到"农药"的指标要求却因为稳定性问题或生产成本等问题，无法以产品形式量化生产。农药先导化合物优化的任务就是通过化学的或生物的技术手段，根据化合物结构和性质的相似性与多样性原理，对农药先导化合物进行结构优化，使其或提高活性或结构简化或获得稳定结构，从而成为可以产业化生产的"农药"产品，创造价值。

原创（first-in-class）农药初上市时，众多公司便立即争先恐后地跟进，进行"me-too"或"me-better"优化创制，从而推进该类农药品种璀璨发展。如氨基甲酸酯类杀虫剂（图 1-3）和甲氧基丙烯酸酯类杀菌剂（图 1-4）的开发创制。

（1）毒扁豆碱（physostigmine）—甲萘威（carbaryl）—氨基甲酸酯类杀虫剂　天然先导化合物毒扁豆碱（physostigmine）为剧毒天然物质，其中 B 部分为活性药效基团，如图 1-3。

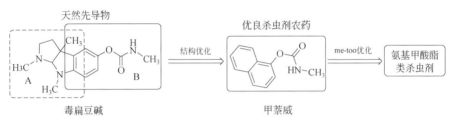

图 1-3　氨基甲酸酯类杀虫剂优化与创制

由于其来源问题，很难达到产业化供应要求；再者，由于其剧毒性质，不适合作为"农药"使用；而其结构中 A 部分的杂环结构，化学法制备生产时，成本较高。通过结构简化、芳香性等排等技术优化，获得原创农药甲萘威（carbaryl），在经过众多农药公司"me-too"优化后，涌现出一百多个氨基甲酸酯类农药品种，成为举足轻重的一大类农药品种。

（2）strobilurin A—嘧菌酯（azoxystrobin）—甲氧基丙烯酸酯类杀菌剂　天然微生物 strobilurin A 具有杀菌活性，并且杀菌机制独特，但 strobilurin A 稳定性比较差，杀菌活性也有待提高，如图 1-4。

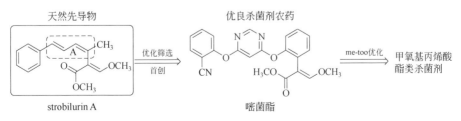

图 1-4　甲氧基丙烯酸酯类杀菌剂优化与创制

strobilurin A 稳定性比较差原因在其结构的 A 部分，在光照条件下，容易发生 4+2 或 2+2 环化反应，如图 1-5。

通过稳定性芳香基团替换等农药分子优化策略，先正达公司捷足先登，首先推出了结构新颖、作用机制独特的优良杀菌剂嘧菌酯，由于其良好的活性和巨大的市场，使得诸多农药公司蜂拥而至，通过"me-too"优化，很快形成甲氧基丙烯酸酯杀菌剂大类。

农药化合物的生物活性主要取决于化合物主体结构和药效基团的有机结合——农药分子特征结构。所谓农药分子的主体结构，是指决定农药分子活性的特征结构，对农药的用途类型和选择性起决定性作用的部分。所谓药效基团，是指分子中确保与特定生物靶标发生超分子作用并引发（或阻断）生物效应所需的立体和电性特征的集合[7]；就农药范畴讲，药效基团是指某一类型农药结构所共有的、对该类农药生物活性起关键作用的基团或分子片段。农药先导化合物优化过程就是通过对主体构型及其排列方式进行系统性修饰以及对药效基团选择应用，形成符合"农药"要求的化合物主体结构和药效基团的有机结合体。一般情况下，农药先导化合物优化过程中，主体结构和药效基团只能进行有限的局部化学修饰；非主体结构和药效基团可以增加化合物的生物活性，但往往不是优化的关键着眼点。

例如二苯醚类除草剂：二苯醚结构属于主体结构，苯环 4 位吸电子基团起到药效基团的作用，二者有效结合，形成二苯醚类除草剂特征结构，如图 1-6。

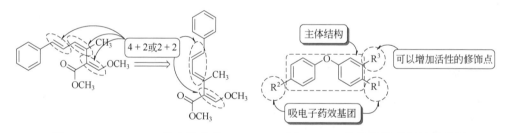

图 1-5　strobilurin A 稳定性分析　　图 1-6　二苯醚类除草剂结构分析

苯环的其他位置的局部修饰，可以提高该类化合物的除草活性、分子的疏水性或亲水性，以及在靶标组织内的吸收、传导、代谢及毒理学性能。

农药先导化合物优化是新农药创制的起点，需要精心设计优化方案与过程，有目的地设计最佳目标结构，灵活采取原子或者基团的生物电子等排替换、引入疏水性或亲水性模块、开环或环化、主体结构与环境相容性好药效基团重置或优化等策略。

新农药创制过程，是多次的"假设—实验—修正"重复过程，犹如当代哲学家 Karl Popper 先生所言："真理是客观的且绝对的，但我们永远不能确定我们已经找到了真理。我们的知识永远是假定的知识，我们的理论是一种假设的理论，我们排除虚假的知识从而得到真理。"农药先导化合物优化过程中包含了新农药创制工作者的辛勤劳动汗水和探索真理的努力与智慧，虽然辛苦，却也快乐。成功者被铭记，但那些为探索真理而勇于付出的"失败者"也不应该被遗忘。

1.3　农药分子评价[8]

农药分子设计与结构优化是否达到"农药"标准要求，主要体现在如下几方面。

1.3.1　产品化学

（1）有效成分和安全剂、稳定剂、增效剂等其他限制性组分的识别　有效成分和安全剂、稳定剂、增效剂等其他限制性组分的通用名称、国际标准化组织（ISO）批准的名称和其他国际组织及国家通用名称、化学名称、美国化学文摘登录号（CAS号）、国际农药分析协作委员会（CIPAC）数字代码、开发号、分子式、结构式、异构体组成、分子量或分子质量范围（注明计算所用国际原子量表的发布时间）；若有效成分以某种盐（如草甘膦钠盐）的形式存在时，还应给出相应衍生物的识别资料。

（2）生产工艺　原材料描述［参与反应的化合物和主要溶剂化学名称、美国化学文摘登录号（CAS号）、技术规格、来源等］、化学反应方程式、生产工艺说明（按照实际生产作业单元依次描述）、生产工艺流程图、生产装置工艺流程图及描述、生产过程中质量控制措施描述。

（3）农药化合物理化性质　外观（颜色、物态、气味）、熔点/熔程、沸点、水中溶解度、有机溶剂（极性、非极性、芳香族）中溶解度、密度、正辛醇/水分配系数（适用非极性有机物）、饱和蒸气压（不适用盐类化合物）、水中电离常数（适用弱酸、弱碱化合物）、水解、水中光解、紫外/可见光吸收、比旋光度等；测定理化性质所用样品有效成分的含量一般不低于98%。

（4）全组分分析　全组分分析试验报告、杂质形成分析、有效成分含量及杂质限量。

（5）产品质量规格　外观（颜色、物态、气味等）、有效成分含量［原药应规定有效成分最低含量（以质量分数表示）一般不得小于90%；有效成分存在异构体时，若通用名称对其进行了定义，则不需要在控制项目中重复规定异构体比例，若通用名称未对申请登记的混合物进行定义，则需规定异构体比例］、相关杂质含量、其他限制性组分含量、酸碱度或pH范围、不溶物、水分或加减热量。

（6）与产品质量控制项目相对应的检测方法和方法确认　产品中有效成分的鉴别试验方法（至少应用一种试验方法对有效成分进行鉴别。采用化学法鉴别时，至少应提供2种鉴别试验方法。当有效成分以某种盐的形式存在，鉴别试验方法应能鉴别盐的种类），有效成分、相关杂质和安全剂、稳定剂、增效剂等其他限制性组分的检测方法和方法确认（检测方法：应提供完整的检测方法，检测方法通常包括方法提要、原理、样品信息、标样信息、仪器、试剂、溶液配制、操作条件、测定步骤、结果计算、统计方法、允许差等内容），其他技术指标检测方法。

（7）产品质量规格确定说明　对技术指标的制定依据和合理性做出必要的解释。

（8）产品质量检测报告与检测方法验证报告　产品质量检测报告应包括产品质量规格中规定的所有项目；有效成分、相关杂质和安全剂、稳定剂、增效剂等其他限制性组分含量的检测方法，应由出具产品质量检测报告的登记试验单位进行验证，并出具检测方法验证报告，其他控制项目的检测方法可不进行方法验证；检测方法验证报告包括：委托方提供的试验条件、登记试验单位采用的试验条件（如色谱条件、样品制备等）及改变情况的说明，平行测定的所有结果及标准偏差、典型图谱（包括标样和样品），并对方法可行性进行评价。

（9）包装（材料、形状、尺寸、净含量）、储运（运输和储存）、安全警示等　包装和储运：结合产品的危险性分类，选择正确的包装材料、包装物尺寸和运输工具，并根据国家有关安全生产、储运等法律法规、标准等编写运输和储存注意事项。安全警示：根据产品理化性质数据，按照化学品危险性分类标准，对产品的危险性程度进行评价、分类，并以标签、安全数据单（MSDS）等形式公开。

1.3.2　毒理学

（1）急性毒性试验：急性经口毒性、急性经皮毒性、急性吸入毒性、眼睛刺激性、皮肤刺激性、皮肤致敏性。

（2）急性神经毒性。

（3）迟发性神经毒性：适用于有机磷类农药，或化学结构与迟发性神经毒性阳性物质结构相似的农药。

（4）亚慢（急）性毒性：亚慢性经口毒性、亚慢（急）性经皮毒性、亚慢（急）性吸入毒性。

（5）致突变性：致突变组合试验包括（a. 鼠伤寒沙门氏菌/回复突变试验；b. 体外哺乳动物细胞基因突变试验；c. 体外哺乳动物细胞染色体畸变试验；d. 体内哺乳动物骨髓细胞微核试验）。

注：如 a～c 项试验任何一项出现阳性结果，d 项为阴性，则应当增加另一项体内试验［如体内哺乳动物细胞期外 DNA 合成（UDS）试验等］；如 a～c 项试验均为阴性结果，而 d 项为阳性，则应当增加体内哺乳动物生殖细胞染色体畸变试验或显性致死试验。

（6）生殖毒性。

（7）致畸性试验。

（8）慢性毒性和致癌性。

（9）代谢和毒物动力学。

（10）内分泌干扰作用。

（11）人群接触情况调查。

（12）相关杂质和主要代谢/降解物毒性。

（13）每日允许摄入量（ADI）和急性参考剂量（ARfD）。

（14）中毒症状、急救及治疗措施。

1.3.3 环境影响

（1）水解试验：有效成分的放射性标记物或原药在 25℃，pH 值 4、7、9 缓冲溶液中的水解试验。

（2）水中光解试验：有效成分的放射性标记物或原药在纯水或缓冲溶液中的光解试验。

（3）土壤表面光解试验：有效成分的放射性标记物或原药在至少 1 种土壤中的表面光解试验。

（4）土壤好氧代谢试验：有效成分的放射性标记物在至少 4 种不同代表性土壤中的好氧代谢试验。主要代谢物应至少得出 3 种不同代表性土壤中的降解速率；如以主要代谢物为供试物进行试验，仅需进行降解速率的试验。如试验结果或相关资料表明该农药在土壤中的代谢途径或代谢速率取决于土壤 pH 值，则 4 种不同代表性供试土壤中应包括红壤土和一种 pH 值较高的土壤（如黑土、潮土或褐土）或类似土壤。

（5）土壤厌氧代谢试验：有效成分的放射性标记物在至少 1 种土壤中的厌氧代谢试验。若厌氧试验的试验结果显示试验土壤的代谢途径和代谢速率与好氧试验不一致，则应对至少 4 种不同代表性土壤进行试验（不包括厌氧条件下 $DT_{50}>180$ 天的情况）。

（6）水-沉积物系统好氧代谢试验：有效成分的放射性标记物在至少 2 种不同代表性水-沉积物系统中的好氧代谢试验。

（7）土壤吸附（淋溶）试验：优先进行原药和主要代谢物或有效成分和主要代谢物的放射性标记物的土壤吸附试验（批平衡法），当农药母体或其主要代谢物无法以批平衡法进行土壤吸附试验时，进行该土壤的柱淋溶试验。批平衡法和柱淋溶法应进行有效成分在至少 4 种不同代表性土壤（其中至少一种有机质含量 <1%）、主要代谢物在至少 3 种不同代表性土壤（其中至少一种有机质含量 < 1%）中的土壤吸附试验。当有效成分或其主要代谢物在土壤-氯化钙水溶液体系中不稳定或在水中难溶解时进行土壤吸附（高效液相色谱法）试验。如试验结果或相关资料表明该农药在土壤中的吸附取决于土壤 pH 值，则 4 种不同代表性供

试土壤中应包括红壤土和一种 pH 值较高的土壤（如黑土、潮土或褐土）或类似土壤。

（8）在水中的分析方法及验证：有效成分和主要代谢物在水中的分析方法及方法验证报告。分析方法最低定量限（LOQ）应不高于 0.1μg/L 或供试物对鱼、溞急性 LC_{50}（EC_{50}）的 1% 或供试物对藻 EC_{50} 的 10%（取数值较低者）。

（9）在土壤中的分析方法及验证：有效成分和主要代谢物在土壤中的分析方法及方法验证报告。分析方法的最低定量限（LOQ）应不高于 5μg/kg 或供试物对土壤生物和底栖生物的 EC_{10}、NOEC 或 LC_{50}（取数值较低者）。

（10）鸟类急性经口毒性试验：对某种鸟类高毒或剧毒的［$LD_{50} \leqslant 50mg(a.i.)/kg$］，还需再以另一种鸟类进行试验。

（11）鸟类短期饲喂毒性试验：对某种鸟类高毒或剧毒的［$LC_{50} \leqslant 500mg(a.i.)/kg$ 饲料或 $LD_{50} \leqslant 50mg(a.i.)/kg$ 体重］，还需再以另一种鸟类进行试验，结果应同时以 LC_{50} 和 LD_{50} 表示。

（12）鸟类繁殖试验：使用的鸟类应是急性经口毒性试验或短期饲喂毒性试验中较敏感的物种。

（13）鱼类急性毒性试验：试验应使用至少一种冷水鱼（如虹鳟鱼）和至少一种温水鱼（如斑马鱼、青鳉等）；主要代谢物试验应使用原药试验中较敏感的 1 个物种。

（14）鱼类早期阶段毒性试验。

（15）鱼类生命周期试验：满足下列两项条件时，应进行鱼类生命周期试验：预测环境浓度（PEC_{twa}）>0.1×鱼早期阶段试验的最大无影响浓度（NOEC）；生物富集因子（BCF）>1000，或物质在水中或沉积物中稳定（水-沉积物系统中 $DegT_{90}$> 100 天）。

（16）大型溞急性活动抑制试验：原药及主要代谢物的大型溞急性活动抑制试验。

（17）大型溞繁殖试验。

（18）绿藻生长抑制试验：原药及主要代谢物的绿藻生长抑制试验。

（19）水生植物毒性试验：仅适用于除草剂。对双子叶植物有效的除草剂应进行穗状狐尾藻毒性试验，对单子叶植物有效的除草剂应进行浮萍生长抑制试验。

（20）鱼类生物富集试验：有效成分的放射性标记物或原药的 1 种鱼类生物富集试验，当满足以下条件之一时不需要进行：农药及其主要代谢物的正辛醇/水的分配系数<1000（或 $\lg P_{ow}$<3）；25℃在 pH 值 4、7、9 的缓冲溶液中水解 DT_{50} 均<5 天。

（21）水生生态模拟系统（中宇宙）试验：当风险评估表明农药对水生生态系统的风险不可接受时，应进行代表性制剂的水生生态模拟系统（中宇宙）试验。

（22）蜜蜂急性经口毒性试验。

（23）蜜蜂急性接触毒性试验。

（24）蜜蜂幼虫发育毒性试验：仅适用于昆虫生长调节剂。

（25）蜜蜂半田间试验：当初级风险评估结果表明该农药对蜜蜂的风险不可接受时，应进行代表性制剂的蜜蜂半田间试验。

（26）家蚕急性毒性试验。

（27）家蚕慢性毒性试验：仅适用于昆虫生长调节剂。

（28）寄生性天敌急性毒性试验：至少 1 种寄生性天敌急性毒性试验。

（29）捕食性天敌急性毒性试验：至少 1 种捕食性天敌急性毒性试验。

（30）蚯蚓急性毒性试验。

（31）蚯蚓繁殖毒性试验：满足下列条件之一的，应进行原药或代表性制剂的蚯蚓繁殖毒性试验［预测环境浓度（PEC）>0.1×蚯蚓急性 LC_{50}］。

（32）土壤微生物影响（氮转化法）试验：原药或代表性制剂在至少一种土壤中的土壤微生物影响（氮转化法）试验。

（33）肉食性动物二次中毒：对于可能导致食肉动物二次中毒的杀鼠剂，进行原药或代表性制剂的二次中毒试验。

（34）内分泌干扰作用：慢性毒性试验等表明产品对环境生物内分泌系统有影响时，需提交对相关环境生物内分泌干扰作用资料。

（35）环境风险评估需要的其他高级阶段试验：经初级环境风险评估表明农药对某一保护目标的风险不可接受时，应进行相应的高级阶段试验。

参考文献

[1] 农药管理条例(中华人民共和国国务院令第 752 号)第二条.

[2] 孙家隆. 农药化学合成基础. 3 版. 北京: 化学工业出版社, 2019.1: 46.

[3] 孙家隆. 农药化学合成基础. 3 版. 北京: 化学工业出版社, 2019.1: 33.

[4] 孙家隆. 农药化学合成基础. 3 版. 北京: 化学工业出版社, 2019.1: 87.

[5] 孙家隆. 农药化学合成基础. 2 版. 北京: 化学工业出版社, 2013.8: 199.

[6] 孙家隆. 农药化学合成基础. 3 版. 北京: 化学工业出版社, 2019.1: 97.

[7] Wermuth C G, Ganellin C R, Lindberg P, et al. Glossary of terms used in medicinal chemistry(IUPAC recommendations 1998). Pure Appl chem,1998,70:1129-1143.

[8] 农药登记资料要求(中华人民共和国农业部公告　第 2569 号).

第 2 章

农药分子设计与结构优化的一般过程与重要概念

发明属于创造性行为，其三要素是创造性、新颖性和实用性；而发现则侧重于探索实物的本源，大多是对已知或未知事物的探索过程。农药分子设计与结构优化是一门技术性很强的科学，同时也是一门综合艺术，本质上属于发现和发明相互结合的过程，其关键是研究人员将其现有知识和技能、创造性与直觉性的精妙结合与灵活应用。农药分子设计与结构优化是用理性的策略和科学的规划构建具有预期生物活性新颖结构农药化合物的过程，成功的概率很大程度上取决于所设计化合物分子结构的质量，即相关研发人员的创新农药分子设计水平。虽然科学技术已经非常发达，但由于化合物结构之细微之处的改变带来的相关性质的变化是不可预测的，因此，根据农药分子设计与结构优化相关规范，设计切实可行的过程路线、遵循某些行之有效的过程规则、掌握相关的重要概念作为农药分子设计与结构优化的参考或借鉴是十分必要的。

2.1 农药分子设计与结构优化的一般过程

柏拉图说过："若是一个人对于某一种技艺没有了解，他对于这种技艺的语言和作用将不能做出正确的判断。"一个人知识储备的多少对其研究高度往往起着重要作用。本质上讲，农药分子设计与结构优化没有一成不变的方略与准则，但掌握相关知识、借鉴和遵循个人或他人的成功经验是十分必要的，可以少走弯路，更快地达到创制新颖结构农药品种的目的。

（1）明了先导化合物的性质　进行先导化合物分子结构优化以前，对该化合物性质进行比较充分的了解，如结构特点、理化性质、生物活性等相关信息，为下一步制定优化方案提供数据参考。如沙蚕毒素类杀虫剂[1]创制。

发现先导化合物：很早以前，人们发现苍蝇因吮食生活在浅海泥沙中的环形动物沙蚕的尸体而中毒死亡，这一现象说明沙蚕体中存在一种能毒杀苍蝇的毒物。1934 年日本人从沙蚕体中分离出这种毒物，称为沙蚕毒素，并在 1962 年确定了其化学结构。

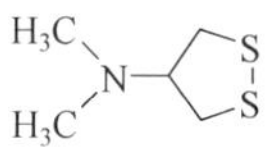

沙蚕毒素

先导化合物理化性质及生物活性：液体，沸点 212～213℃，碱性有机化合物。该毒素对水稻螟虫具有特殊的毒杀作用，作用于神经系统的突触体，阻断神经传导，通过阻断昆虫神经突触兴奋中心，使神经传导过程中断，当害虫接触或取食后，虫体很快呆滞不动、瘫痪、直至死亡。由于沙蚕毒素对家蚕毒性很强，且残毒期长，而且还刺激温血动物的毒蕈碱受体——刺激消化管和子宫的运动，促进泪腺和唾液腺的分泌，并使瞳孔缩小。因此，沙蚕毒素本身不宜直接作为杀虫剂使用。

（2）明确优化先导物的目标　一个化合物之所以是先导化合物而不是农药，是因为该化合物存在这样或那样的问题而达不到"农药"要求。因此在进行优化以前，清楚了先导物的性质以后，首先应该明确的是优化目标，根据先导化合物的物化性质和生物活性，结合其化学结构，制定具体目的和任务。

根据用途，农药可分为杀虫剂、除草剂、杀菌剂、植物生长调节剂及杀鼠剂。沙蚕毒素具有杀虫活性，并且对苍蝇和水稻螟虫有较强的毒杀作用，因此进行先导化合物分子结构优化的最终目标是：创制具有杀虫活性的活性化合物——杀虫剂农药品种。

（3）制定科学合理的具体优化路线　明确了先导化合物的优化目标，接下来的任务是按照农药分子设计与结构优化相关规则，准确、规范地使用各种方法和策略，制定切实可行的优化方案，按部就班地展开优化研究。

化学结构解析：沙蚕毒素属于小分子含硫杂环三级胺类化合物，其中五元含硫杂环具有一定的环张力，由于 S 元素半径比较大，因此其中的 S—S 化学键容易断裂；或许，其杀虫机理就是五元杂环因代谢而开环，形成—SH 基团而表现出杀虫生物活性。根据经验，分子结构中引入 S 元素，可以提高该化合物的杀虫或杀菌生物活性，因此在优化过程中，先导化合物沙蚕毒素分子结构中的 S 元素需要保留。

具体优化路线或策略：扩环（减小环张力）或开环，保留或增加分子结构中的 S 元素含量。可能的优化路线如图 2-1。

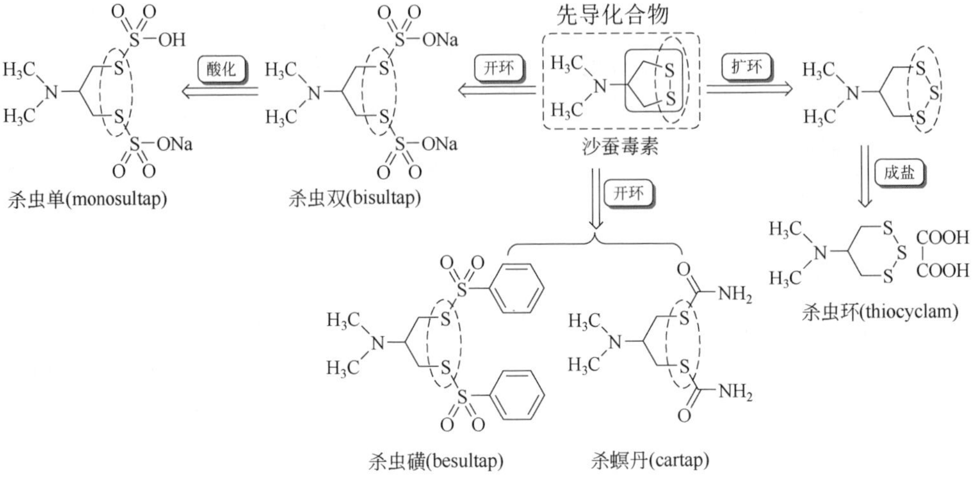

图 2-1　沙蚕毒素结构优化

（4）坚持最小修饰化原则　农药分子设计与结构优化的目的，是利用化合物的相似性与多样性，设计与先导化合物结构相近、性能优于先导化合物的类似物。在可以规避专利保护的情况下，利用最小修饰化原则（the minor modification rule）、通过简单的有机反应即可实现优化过程，往往简单易行，事半功倍。实际操作中，通过还原、羟基化、酰基化、外消旋体拆分、取代基替换及生物电子等排等方法，获得生物活性提高、选择性增加、毒性降低的"农药"品种的实例不胜枚举。

双键还原：烯效唑（uniconazole）→多效唑（paclobutrazol）。

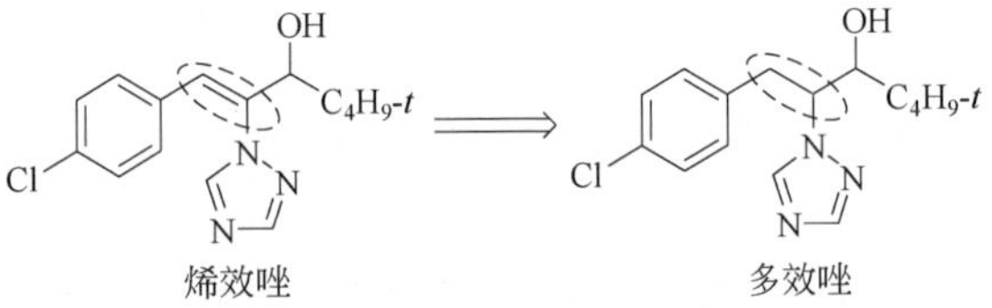

氰基替换氯原子：氯虫苯甲酰胺（chlorantraniliprole）→氰虫酰胺（cyan-traniliprole）。

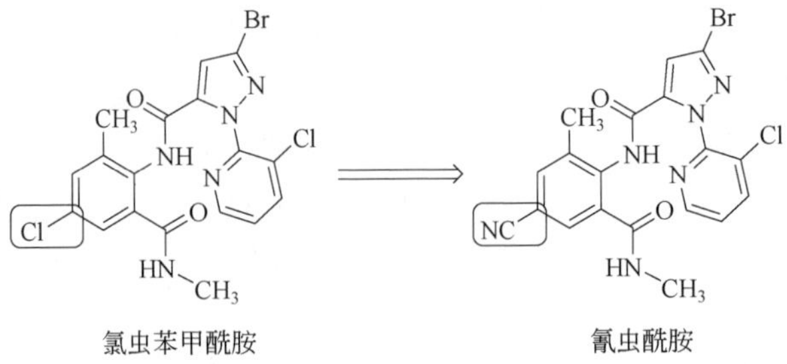

取代基替换：氯虫苯甲酰胺（chlorantraniliprole）→环溴虫酰胺（cyclani-liprole）。

氯虫苯甲酰胺　　　　　　　　　环溴虫酰胺

外消旋体拆分：甲霜灵（metalaxyl）→高效甲霜灵（metalaxyl-M）。

甲霜灵　　　　　　　　　　高效甲霜灵

最小化修饰所得新农药品种的最大缺陷，是往往与先导化合物作用机制相近或相同，存在交互抗性。

（5）牢记利润最大化、生产最简化、环境最相容化原则　农药属于精细化工产品，属于市场化特殊商品，农药产品的市场与利润是决定农药公司兴衰的重要因素。因此，针对特定的农药先导化合物进行结构优化之前，一般要对其成功概率、投入与产出比例以及最终可产生的经济效益进行比较全面的评估。农药产品的生产，一方面涉及设备与厂房、车间及相关设施及土地等生产投入成本，力求低投入、高回报；另一方面农药产品的生产、销售和使用过程对环境是否有影响，又是该农药产品能否获得农药登记证、生产许可证和经营许可证的重要考核内容。因此，生产最简化、环境最相容化原则就显得尤为重要。

农药先导化合物进行结构优化时，经济、快速、合成方法相对简单、相关原料及中间体是否易于合成或购买、安全问题、环境问题等，都属于要认真考虑的因素。

2.2　相关重要概念

农药分子设计与结构优化，本质上是利用化合物分子及其结构的多样性与相似性，依据农药分子设计与结构优化的一般原则，将药效团与优势结构精妙结合，对呈现一定生物活性的特定农药先导化合物进行结构优化，获得具有生产和商业价值的农药品种的创造性研究过程。

2.2.1　奇妙的分子多样性与相似性

化学与生物学常识告诉我们，分子的多样性构成无穷无尽的化合物，从而形成丰富多彩的花花世界；而分子的相似性又将不计其数的化合物分门别类，形成各具特色的系列和类别，为人们认识和研究纷杂的世界带来方便。

农药分子设计与结构优化方法虽然很多，策略与途径也各不相同，但不可否认的是：分子的多样性和相似性构成了农药分子结构设计和优化策略的基础，天然存在和人工合成的化合物结构骨架千差万别，都是新颖农药先导化合物的重要来源。结构相似的化合物具有相似的理化性质，具有相似、相近或相关的生物活性，为各种农药分子设计与结构优化方法提供了理论依据。农药化学中，无论是毒扁豆碱与氨基甲酸酯类农药、除虫菊素与拟除虫菊酯类农药、烟碱与烟碱类农药，还是沙蚕毒素与沙蚕毒素类杀虫剂、strobilurins 与甲氧基丙烯酸酯类杀菌剂，无不是分子的多样性和相似性的精妙结合与运用。

（1）分子的多样性　在农药分子结构优化过程中，所谓分子的多样性，一般是指：由于分子的结构特征如分子骨架差异、立体异构以及药效团分布等因素，形成即使化合物分子式相同,而由于具体原子间相互连接方式即分子结构的差异，导致每个具体的化合物的分子大小、立体形状、理化性质、电性分布以及亲水性和疏水性各具特色，因而造成其与受体［受体（receptor）是指任何能够同激素、神经递质、药物或细胞内的信号分子结合并能引起细胞功能变化的生物大分子，多为存在于细胞膜、胞浆或细胞核内的糖蛋白或脂蛋白］或靶标［靶标（target）是指能够识别农药分子并与之结合且产生预期药理效应作用的特定生物大分子］相互识别、相互结合时各不相同，导致其与受体或靶标相互作用的差别，宏观上表现为作用机制或生物活性的不同。正是由于分子的多样性存在和其在农药分子设计与结构优化中的策略运用，使得发现和优化农药先导化合物成为可能，特别是发现高活性的全新分子结构或新颖的结构骨架（scaffold skeleton），从而创制结构新颖、作用机制新颖、环境相容性好的高效或超高效新农药。

（2）分子的相似性　化学范畴的分子相似性，一般是指二种元素、分子或化合物在结构上或者在参与化学反应时效果的相似程度，往往以原子量、分子量、分子式、功能基团或分子骨架以及组成分子的原子类型及位置、分子构象、范德华表面和分子力场等数据作为衡量标准，相关评价参数为：亲水性参数、疏水性参数、电性参数、立体参数、几何参数、理化性质参数（如溶解度、熔程、沸点、饱和蒸气压、正辛醇/水分配系数、水中电离常数、热稳定性、光稳定性等）及纯粹的结构参数等；其基本规律是：结构中含有相同或相似功能基团的化合物，其物理或化学性质相同或相似。这种情况下，化合物之间的相似性比较不考虑环境因素，往往是孤立个体间或者比较简单的体系中纯粹的物理或化学性质间相似性比较或考察。

农药分子设计与结构优化过程中的分子相似性，在关注化学范畴的分子相似性的同时，更重要的着眼点在于生物学范畴的相似性。考虑所处的生物环境因素，结构中含有相同或相似功能基团的化合物往往未必有相似的生物活性。而农药分子的生物活性是在其复杂的特定体系中的综合结果，其与作用靶标结合时，表现出来的性质与分子的大小、结构、形状（构型或构象）高度关联。同一个农药化合物分子，在用作杀虫剂或杀菌剂或除草剂或植物生长调节剂时，其所处的生物学环境是不同的。因此，农药分子设计与结构优化过程中的分子相似性被赋予特殊的内涵，并且在不同的环境条件下，分子相似性的表现方式也不尽相同。农药分子设计与结构优化过程中，用作分子相似性相关评价的参数一般为：作用机制、交互抗性、负交互抗性、半数致死量 LD_{50}、90%致死剂量 LD_{90}、半数致死浓度 LC_{50}、抑制中浓度 IC_{50}、有效中浓度 EC_{50}、最小抑制浓度、毒理学［如急性毒性、急性神经毒性、迟发性神经毒性、亚慢（急）性毒性、致突变性等］参数、环境影响（如土壤吸附性、鸟类毒性、鱼类毒性、水生植物毒性、生物富集、蜜蜂毒性、环境风险等）参数等指标。

由于评价指标原因，化学范畴具有相似性的分子，生物学性质有时会大相径庭；而化学范畴不很相似的分子，却表现出相当高的相似性。

如除草剂吡氟禾草灵（fluazifop-butyl）由化学范畴高度相似的 S 构型和 R 构型的两种对映异构体组成，R 构型光学异构体为高效、低毒、内吸传导除草剂，而 S 构型光学异构体却没有除草活性。因此，可以说 S 构型和 R 构型的吡氟禾草灵是化学范畴高度相似的分子，因为其理化性质除旋光性之外，几乎所有理化常数都相同；而在农药化学领域的生物学范畴，作为除草剂用途来讲，二者却是不相似分子。

(R)-2-[4-(5-三氟甲基-2-吡啶氧基)苯氧基]丙酸丁酯　　　(S)-2-[4-(5-三氟甲基-2-吡啶氧基)苯氧基]丙酸丁酯

再如，就化学范畴 R 构型的精吡氟禾草灵（fluazifop-P-butyl）与精喹禾灵（quizalofop-P-ethyl）分别属于吡啶衍生物和喹喔啉衍生物，属于不相似分子；但在农药化学领域的生物学范畴，作为除草剂用途比较时，却是高度相似的分子，并且用途相似：皆能有效地防除阔叶作物田中禾本科杂草，如大豆、棉花、蔬菜、苹果、柑橘、橡胶等作物田中的稗草、野燕麦、马唐、看麦娘、狗尾草、牛筋草、芦苇等一年生和多年生禾本科杂草[2]。

精喹禾灵　　　　　　　　　　　　　精吡氟禾草灵

同样，精噁唑禾草灵（fenoxaprop-P-ethyl）与精喹禾灵（quizalofop-P-ethyl）就化学结构范畴讲，分别属于苯并噁唑结构衍生物和喹喔啉结构衍生物，但二者生物活性却高度相似（同属苯氧羧酸类高效、低毒、内吸传导选择性除草剂），并且作用机制相同（脂肪酸合成抑制剂），除草选择性高度相似（能有效地防除阔叶作物田中禾本科杂草）。

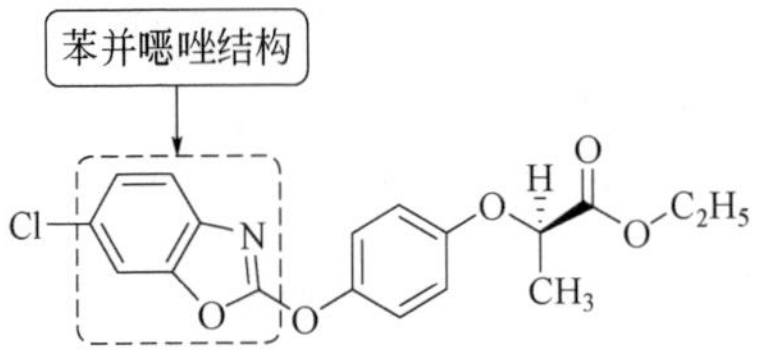

精噁唑禾草灵 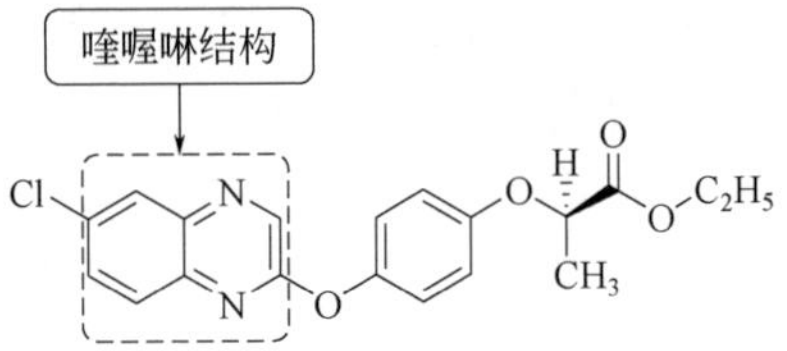　　　　　　　　　精喹禾灵

化学结构范畴分属吡啶衍生物、苯并噁唑衍生物和喹喔啉衍生物的三个化学不完全相似分子，在农药化学领域的生物学范畴，却属于像同系物一样的相似分子。

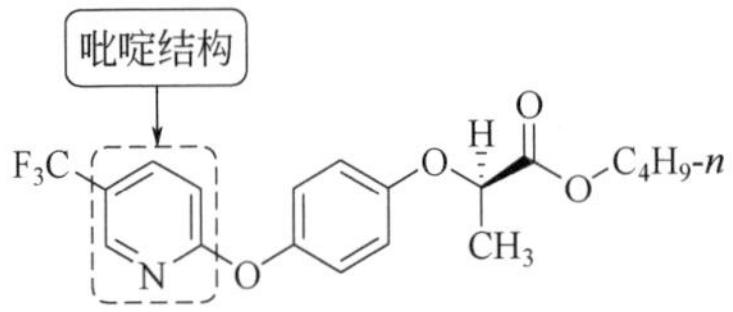

精吡氟禾草灵 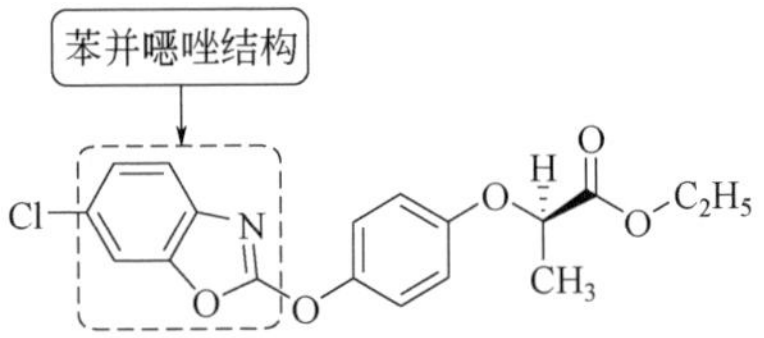　　　　　　　　　精噁唑禾草灵

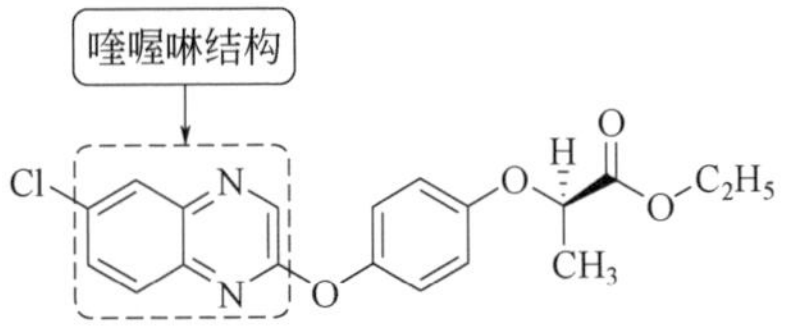

精喹禾灵

农药分子与受体的作用，往往是多位点结合，这是农药分子具有特异生物活性的基本条件。当不同农药分子对相同靶标的活性部位有相似的结合位点和相似的结合方式时，则往往表现出相同或相似的作用机理，具有相似的生物活性。

从生物学范畴考察噁唑禾草灵（fenoxaprop-ethyl）与喹禾灵（quizalofop-ethyl）：首先是噁唑禾草灵（fenoxaprop-ethyl）与喹禾灵（quizalofop-ethyl）分子中都包含芳香稠杂环结构，并且摩尔质量相近、空间体积相近，形成氢键的方式（注：→A 表示氢键受体，A→表示氢键供体）和数量几乎相同，相关标识如下。

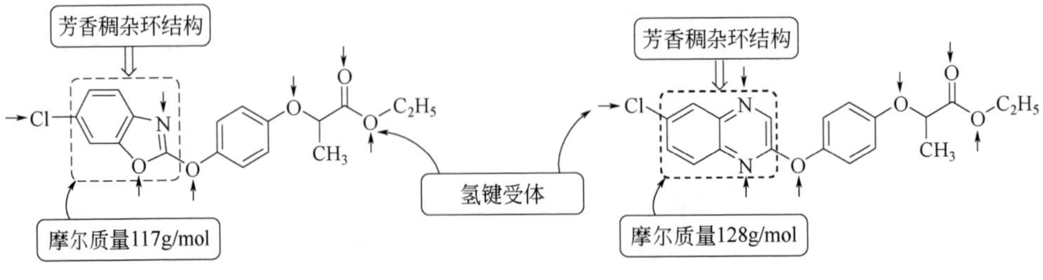

再者是将噁唑禾草灵（fenoxaprop-ethyl）与喹禾灵（quizalofop-ethyl）骨架结构如下图叠合，可以发现重合度非常高：两个化合物的分子大小、空间结构、杂原子位置、形成氢键的位置与方式几乎相同，如图 2-2。

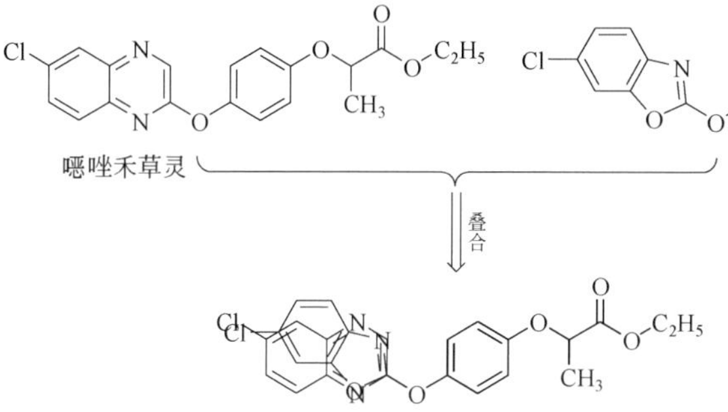

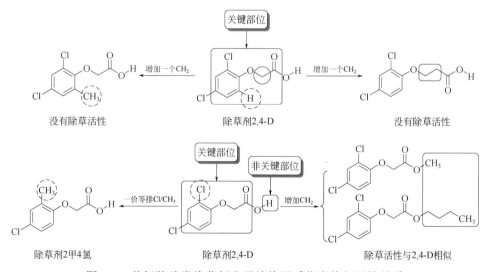

图 2-2　噁唑禾草灵与喹禾灵分子结构相似度比较

通过上述解析，可以发现噁唑禾草灵与喹禾灵生物学范畴分子具有极高的相似性，因此表现出相同的除草作用机制，宏观上具有几乎相同的杀草谱。

值得注意的是：有机化学中同系物（homolog）间的物理和化学性质一般呈现规律性变化，应用于农药创新化合物设计时，同系物分子表现出的生物活性却不尽然，化学范畴的分子相似性与生物学范畴的分子相似性差异明显。一般情况下，若是同系物的变换发生在化合物药效作用非关键部位，则往往使该化合物生物活性发生有规律的变化；如果在决定化合物药效作用的关键部位如药效团或优势结构进行同系物变换，有时会引起该化合物生物活性的极大改变，甚至导致活性的丢失或翻转。如苯氧羧酸类除草剂，如图 2-3。

图 2-3　苯氧羧酸类除草剂分子结构同系物变换与活性关系

21

图 2-4 相似性原则应用

基于分子相似性原理进行的农药分子设计与结构优化，应用非常广泛，并且在农药化学研究中形成了许多构效关系研究的原理和假说。依据分子相似性原理，即使不了解受体分子结构、不清楚先导化合物的作用机理，也可根据一定的法则对先导化合物的结构进行修饰变换，实现农药分子结构优化操作。农药分子结构优化和新农药分子设计中基于相似性原则的常用方法，如图 2-4。

2.2.2 农药分子结构之灵魂——药效团与优势结构

目前，结构和性质已经确认的化合物数不胜数，但被作为农药用途开发的化合物，也就 1700 个左右。每个农药分子，都是相关药效团和优势结构的精妙结合。大千世界海量化合物中，符合这种要求的可谓万里挑一。作为生物学领域具有农药活性特征的化合物分子，首先是其结构骨架必须是农药学范畴的优势结构，再者就是结合符合具体要求的药效团。农药分子之所以区别于其他化合物，恰如自然界中"人"与其他生物物种。而这里的特殊"骨架结构"就是农药学范畴的优势结构，"五脏六腑""意识形态"就是生物学范畴的特殊药效团。农药学范畴的优势结构和药效团的完美结合，成就了具体农药品种个人魅力——各有千秋的作用机制和用途。

（1）药效团 农药化学范畴的药效团概念，狭义地讲可以理解为农药活性分子结构中所包含呈现生物活性的功能基团的结构片段或相关集合。目前尚无针对农药学范畴界定的药效团概念，在此借用国际纯粹与应用化学联合会（IUPAC）官方定义：药效团（pharmacophore）是空间和电子特征的集合，确保分子与特定生物靶标结合产生最佳超分子作用，并触发（或阻止）其生物反应。药效团不是一个真正的分子，也不是一个官能团的组合体，而是一个抽象的概念。它解释了一组化合物与靶标结构间共同的分子相互作用能力。药效团是一组活性分子具有的最大共同特征。药效团由药效特征元素定义，这些特征元素包括氢键、疏水性和静电相互作用，而静电相互作用由原子、环中心和虚拟点定义[3]。

药效团是农药分子结构的重要组成部分，对具体农药品种的生物活性和作用方式往往起着决定性作用，其他基团则起着提高药效或生物活性、改善疏水性-亲水性、调节稳定性等作用。农药分子设计与结构优化操作，其实就是从农药先导化合物结构出发，根据相关共有特征因素，设计创新农药分子的过程，也是农药药效团设计创新过程。

一般情况下，农药分子结构中往往包含多个原子或官能团，而农药分子与受体或靶标相互作用时，并非依赖分子结构中的所有原子和官能团；农药分子呈现生物活性，往往是其结构中几个重要原子或功能基团与受体或靶标结合作用的结果。因此，不同结构的农药分子可与同一作用靶标发生竞争性作用，生产上表现为不同结构类型、不同作用机制的农药品种却具有类似的防治谱。应用于农药加工实践，可以发现不同结构类型或不同作用机制的农药品种间的复配，往往表现出增效作用或者延缓抗性作用。应用于农药分子结构优化过程，可在不清楚作用机制的情况下，对已知活性化合物进行相似性解析，确认共同活性特征基团，用来解析构效关系，设计创新农药活性分子。

　　农药分子中与受体特异性位点结合、与靶标生理性作用的原子或官能团形成农药活性分子关键结构——药效团。农药分子设计与结构优化过程药效团的识别或设计尤为重要，比如对结构比较复杂的先导化合物优化时，保留药效团、简化结构的同时，往往可以很好地保持先导化合物的生物活性。如氨基甲酸酯类农药甲萘威（carbaryl）、速灭威（metolcarb）、灭杀威（xylycarb）与天然先导化合物毒扁豆碱（physostigmine）之间的结构关系，如图 2-5。

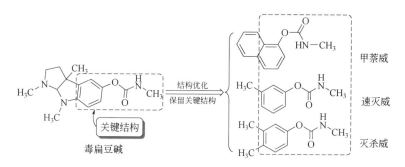

图 2-5　毒扁豆碱分子结构药效团的识别与应用

　　农药分子官能团无论是与受体特异性位点结合，还是与靶标间的生化作用，都是在三维空间中进行的，在这种情况下，如果有 1 个作用点，将会发生"摇摆"现象；如果有 2 个作用点，那么将会存在"旋转"问题，都会影响相互作用效果；有 3 个作用点时，可在 3 个作用点发生作用，促进立体空间固定、稳定结合或作用。因此，农药化学范畴的药效团无论是农药活性化合物结构中产生特定生物活性的基团还是结构片段，或者是原子、基团、片段的组合，至少 3 个作用点是其基本要求。

　　农药分子与受体的结合、与靶标作用，通常都通过静电、氢键（hydrogen bond）和疏水-亲水相互作用来实现，因此农药化学范畴的药效团一般包含氢键给予体（hydrogen-bond donor）、氢键接受体（hydrogen-bond receptor）、正电荷（positive charge）、负电荷（negative charge）、疏水中心（hydrophobic centre）、亲水中心（hydrophilic centre）、芳环质心（aromatic nucleus centre of mass）（注：质量中心简称质心，指物质系统上被认为质量集中于此的一个假想点，是质点系质量分布

23

的平均位置。若选择不同的坐标系，质心坐标的具体数值就会不同，但质心相对于质点系中各质点的相对位置与坐标系的选择无关。质点系的质心仅与各质点的质量大小和分布的相对位置有关）等要素。就化学范畴讲，能够产生这些作用的原子、功能基团或组合片段很多，可以是卤素、氮原子、氧原子、硫原子、羟基、羧基、苯环、稠环、杂环、芳杂环、芳稠环等。符合条件的因素虽多，但在农药分子呈现生物活性的要件中，并不一定所有符合条件的因素都参与作用，满足药效团要求的往往是部分"积极分子"——特征元素，她们有的起物理学作用，有的发挥生物化学功能，各尽其责，综合呈现出药效团特征作用。

农药分子呈现生物活性的作用过程中，影响因素很多，其中氢键接受体和给予体、电荷中心（charge center）、疏水-亲水中心尤为重要。

① 氢键接受体和给予体[4]：农药分子与受体的识别和结合、与靶标的相互作用，氢键起着非常重要的作用。根据农药分子与受体的作用方式，氢键分为相对于农药分子接受体氢键和相对于农药分子给予体氢键。相对于农药分子接受体氢键：农药分子结构中的原子给出电子，该原子必须电负性值较大，并且有孤对电子，如 F、O、S、N［有时以＝NH（亚胺）或以—C≡N（氰基）形式存在］成为氢键接受体。相对于农药分子给予体氢键：一般是与 N、O 或 S 相连的 H，如—NH$_2$、—OH、＝NH、—SH。

② 电荷中心（charge center）：农药活性分子和与其作用的受体都可形成正电中心或负电中心，如农药分子结构中的磷酸酯、磷酸盐、磺酸酯、磺酸盐、季铵盐、羧基、羧酸盐、四唑基、脒基、伯仲叔氨基、胍基等基团或片段。

③ 疏水-亲水中心：含有疏水中心的农药活性分子结构中一般含有不带电荷或杂原子的基团或片段，如烃基、苯基、萘基等，而含有亲水中心的农药活性分子结构中一般含有带电荷或杂原子形成的基团或片段，如磷酸及其盐、磺酸及其盐、羧酸及其盐、季铵盐、四唑基、脒基、伯仲叔氨基、胍基、杂环基等。

药效团的确认往往要通过如下三个步骤：首先是确定相关系列化合物的构象和生物活性，然后研究其叠合规律，最后根据叠合规律，发现并确认产生生物活性的共同或相似结构特征——药效团或优势结构。如苯氧羧酸类除草剂叠合解析，如图 2-6。

磺酰脲类除草剂的叠合解析，如图 2-7。

通过构象-叠合-同特征确认的药效团或优势结构，可遵循农药分子结构优化的一般原则，进行修饰、优化、创新，并应用于新农药分子的创新设计中。比如合成多个化学结构刚性类似物，通过叠合解析，可以识别、确认或验证药效团模型，确定构象，从而助力农药分子设计与优化进程。如苯氧羧酸类除草剂和唑啉酮类除草剂、酰亚胺类除草剂通过苯环部分重叠拼合，然后进行芳香性等排修饰，获得新型苯氧羧酸类除草剂吡草醚（pyraflufen-ethyl）、氟胺草酯（flumicloracpentyl）、氟哒嗪草酯（flufenpyr-ethyl），氟胺草酯通过环化修饰获得丙炔氟草胺（flumioxazin），如图 2-8。

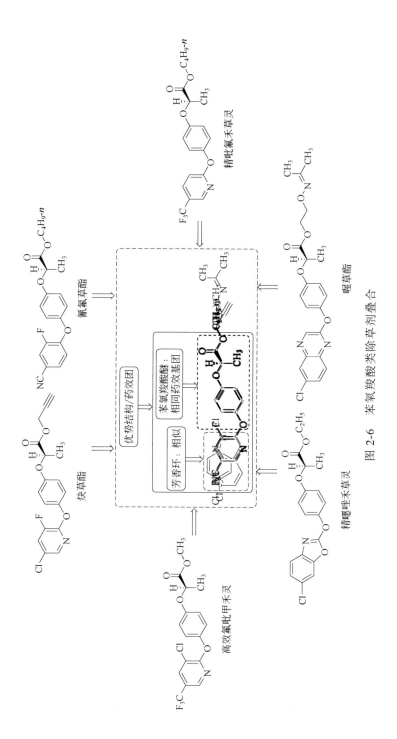

图 2-6 苯氧羧酸类除草剂叠合

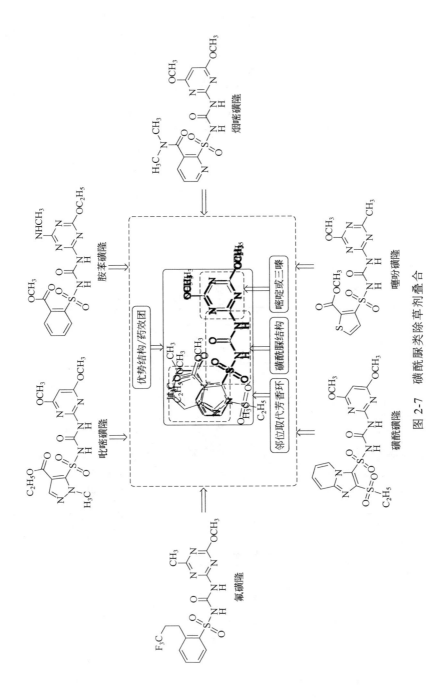

图 2-7　磺酰脲类除草剂叠合

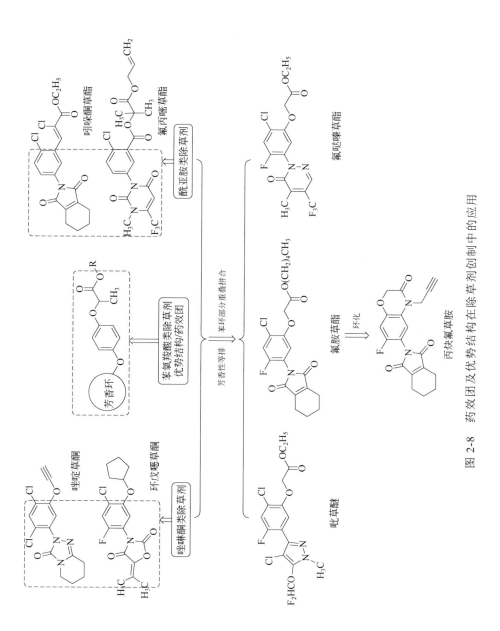

图 2-8　药效团及优势结构在除草剂创制中的应用

27

农药分子设计与优化过程中，确定药效团以后，即可根据药效团特征设计创新农药活性分子，思路主要有两种：一是所谓的全新设计方法，即将断续的药效团片段通过链接基连接起来，形成新的分子；另一种方法是通过对三维数据库搜寻，从大量化合物中找出包含药效团的化合物，根据农药分子优化的一般原则，修饰优化获得创新农药化合物[5]。

（2）优势结构　优势结构（privileged structure）概念是 Evans 在 1988 年提出的，其内涵是指多种化合物分子结构的某些特定的结构片段反复出现于多种受体的配体结构中的现象[6]。优势结构概念同样适用于农药分子设计与优化过程，并且已经在多类农药分子骨架研究中被广泛应用，助力农药化学专家可以在特定的化学范畴海量化合物中，发现优秀的先导化合物或具有农药生物活性的化合物，从而缩短创新农药研发时间、加速农药化学研究进程。

根据 Evans 的说法，优势结构是指可以衍生出对多种受体具有高亲和作用的配体的分子骨架；应用于农药分子设计与优化，可表达为具有不同生物活性的农药活性化合物分子之间共有的结构片段，是可以承载多种生物活性的农药活性分子亚结构。在农药分子设计与优化过程中，可以通过对结构骨架相同或相似的化合物进行立体叠合解析，归纳出特定活性用途的农药分子优势结构，开辟创新农药分子设计新途径。如通过构象-叠合-同特征确认解析，可以认为苯氧羧酸类除草剂和磺酰脲类除草剂的优势结构为：

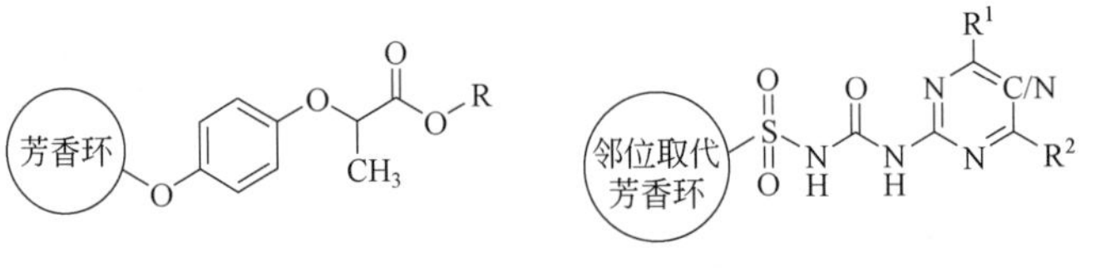

优势结构作为具有农药活性分子的共有结构片段，在农药分子设计与优化过程中的重要作用表现在作为一种化学支撑，通过对优势结构骨架上的化学功能基团调整、特异性药效团布局，获得作用机制新颖的创新农药化合物。

通常，在农药分子设计与优化过程中，将不同的药效团链接在优势结构的不同位置上，将获得不同生物活性的农药学范畴化合物分子；而将相同药效团与不同的优势结构相连接，则可能获得相同作用机制、结构却不同的化合物分子。可以进行农药分子设计与优化创制农药活性化合物的优势结构很多，并且在不断发展中，部分常见结构示例如下。

① 杀虫剂：

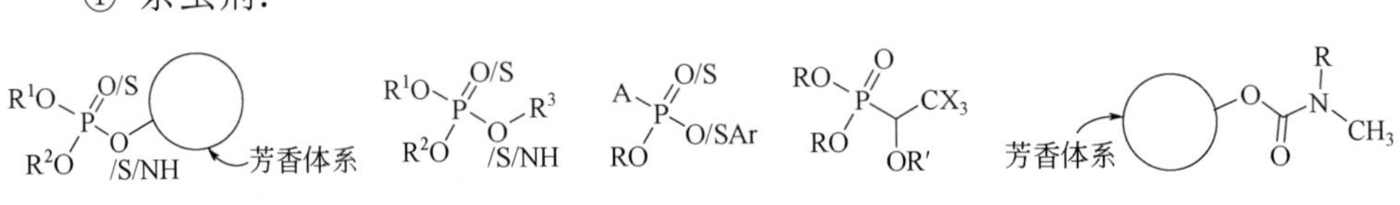

② 杀菌剂：

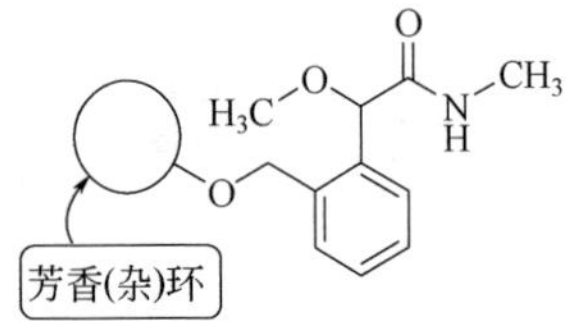

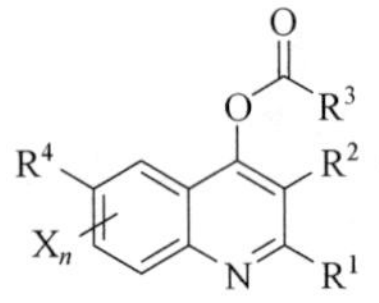

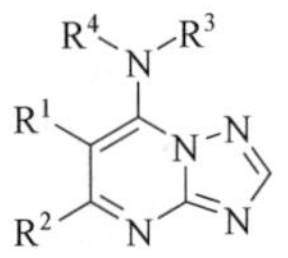

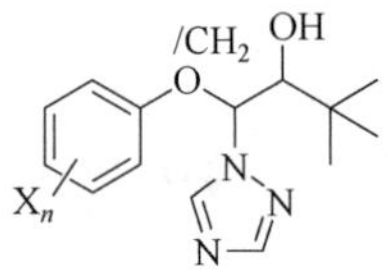

③ 除草剂：

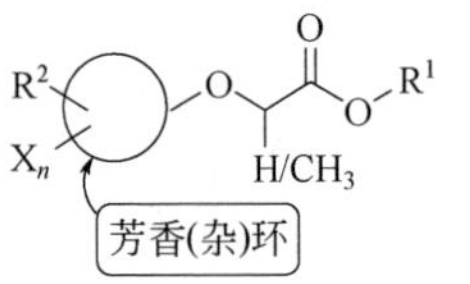

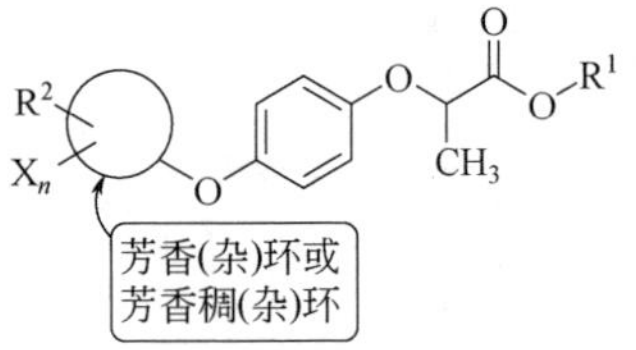

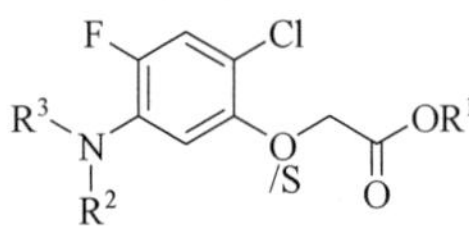

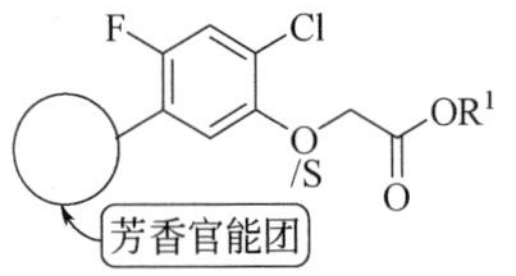

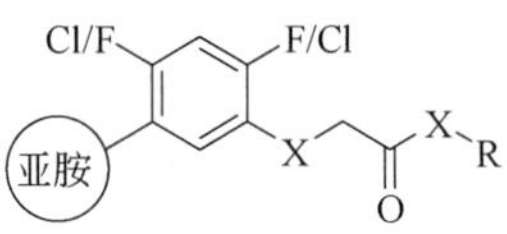

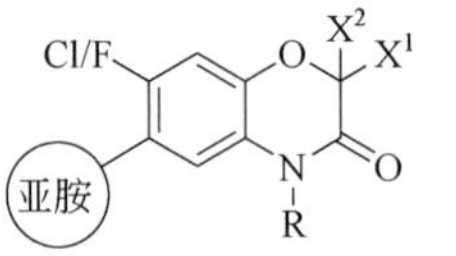

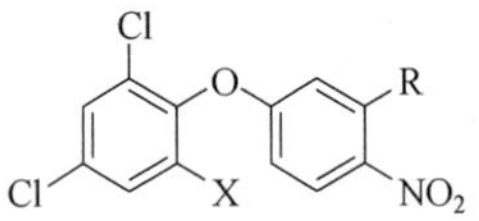

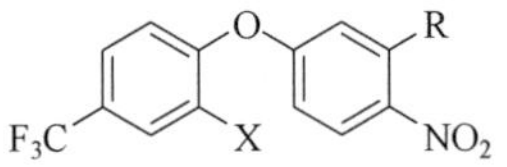

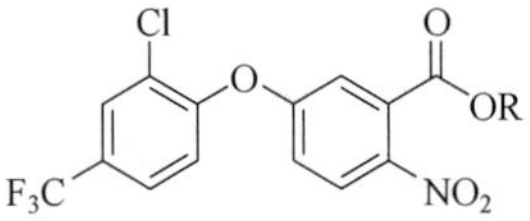

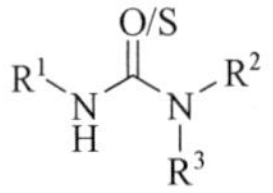

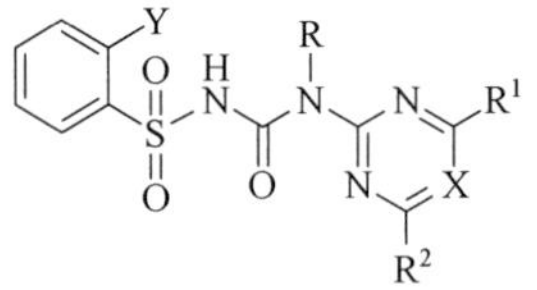

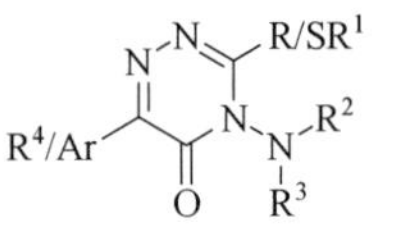

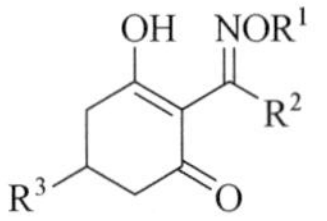

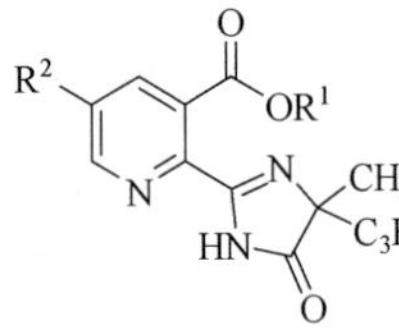

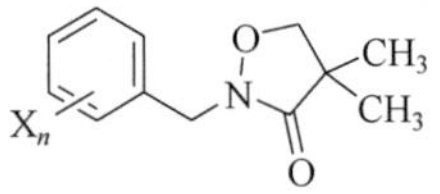

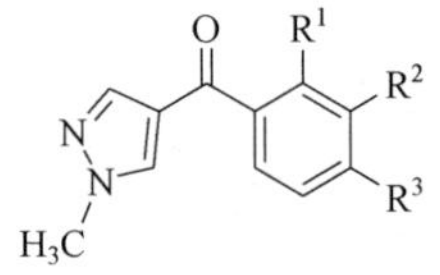

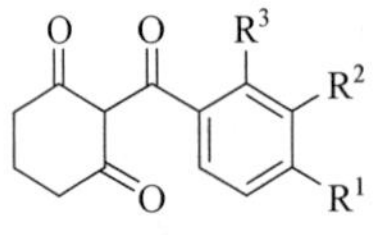

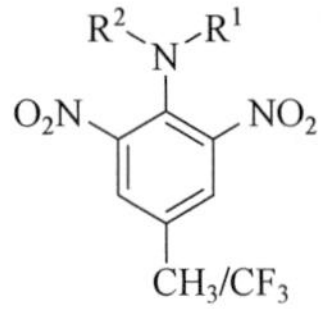

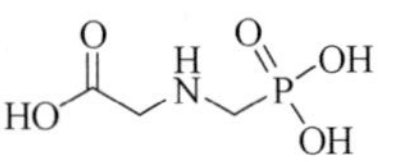

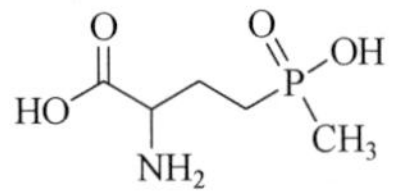

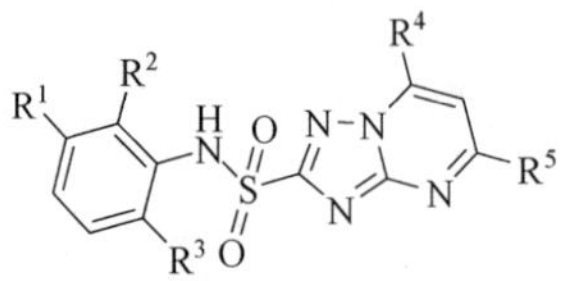

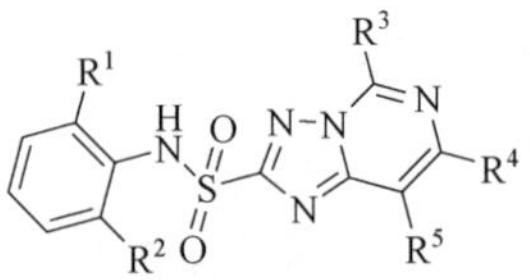

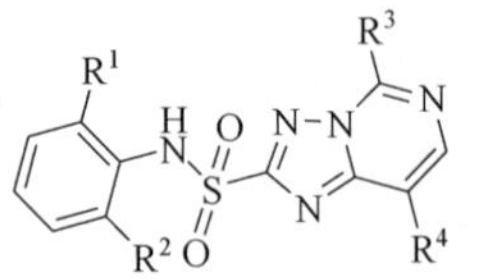

值得注意的是，优势结构与药效团只是概念的界定，在本质上相互之间并非截然不同或不可逾越，很多农药活性化合物分子，从结构层面讲很难划清二者界限。

参考文献

[1] 孙家隆. 农药化学合成基础. 3 版. 北京: 化学工业出版社，2019.1: 84.

[2] 孙家隆. 农药化学合成基础. 3 版. 北京: 化学工业出版社，2019.1: 238-241.

[3] Wermuth et，Pure Appl Chem, 1998, 70：1129-1143.

[4] 兰叶青，田超. 无机化学. 北京: 中国农业出版社, 2009: 212-213.

[5] Willett P. A review of 3-dimensional chemical-structure retraival-systems. J Chemom,1992,6:289-305.

[6] Evans B E, Rittle K E, Bock M G, et al.Methods for drug discovery; development of potent, selective, orally effective cholecyctokinin antagonisis. J Med Chem, 1988, 31: 2235-2246.

第3章

农药分子设计与结构优化的重要方法

人类在进步，社会在发展，科学研究、发明创造的第一要素往往是异于常规的思维及由其衍生出来的重要方法，农药分子设计与结构优化亦是如此。在近百年的探索过程中，农药分子设计与结构优化的成功范例与方法不胜枚举；在这数不胜数的"方法"中，始终光芒不退的当属生物电子等排（bio-isosterism）和局部修饰。

3.1 类同创制宝典——生物电子等排

众所周知，电子等排（isosterism）概念是由 Langmuir[1]在 1919 首先提出的，意指"具有相同数目的原子数和电子，并且电子的排列状况也相同的分子、原子或基团具有相似的性质"，Hinsberg 又将电子等排概念扩展到环等价（ring equivalents），Grimm[2]则提出了"假原子（pseudoatom）"说：将一个原子与一个氢原子结合视为"假原子"，该假原子与多带一个电子的原来原子之间互为等排体，如 N 与 CH、O 与 NH 与 CH_2，F 与 OH 与 NH_2 与 CH_3 等。后来，Erlenmeyer[3]对电子等排概念进一步扩展：认为原子、离子或分子的外周电子相同即可视为电子等排体，如卤素与氰基或硫氰基、环系中的—S—与—CH＝CH—等。Friedman 将电子等排体与生物活性相联系，提出生物电子等排（bio-isosterism）和生物电子等排体（bioisostere）概念：凡是具有相似生物活性的广义范围内的电子等排体都可以称为生物电子等排体。在此基础上，Burg 将概念进一步扩展：凡是具有相似的分子体积、形状和电子分布等物理或化学性质，而生物活性又相似的分子或基团都可以称为生物电子等排体。

在农药先导化合物结构优化过程中，一般将遵循 Erlenmeyer 电子等排概念的称为经典的生物电子等排体（classical bioisostere），分为一价等排体、二价等排体、三价等排体、四价等排体和环等排体五类[4]，而将不符合 Erlenmeyer 定义，但能产生相似或相拮抗生物活性以及立体结构、电子性质、疏水性等性质相似的基团或分子称为非经典的生物电子等排体（nonclassical bioisostere）。

生物电子等排体替换是指尝试替换优势结构上在空间结构和电性方面相当的功能基团或药效团，达到保持或改善化合物生物活性的目的，是农药分子结构优化过程中常用的重要方法，也是规避专利保护、形成新的知识产权、"me-too"和"me-better"创制的重要策略。虽然没有严格的原则可以遵循，但具有很强的技巧性。生物电子等排体替换对生物活性的影响，取决于等排体的形状、大小、电子性质、极化率、偶极矩、极性、脂溶性、水溶性、离解常数及与作用靶标的作用方式等因素，经过相关原子或基团替换所得的优化化合物，生物活性大多会发生一定幅度的改变，但与先导化合物相比，生物活性未必保持或提高，也可能降低。

在农药分子设计与优化过程中，无论是对天然先导化合物进行的优化筛选，还是对已有商品化农药产品进行"再创造"，进行生物电子基团替换的目的不外乎如下两个：首先是提高先导化合物或商品化农药产品的农药性能，主要包括生物活性、选择性、毒性和环境相容性等方面，即"me-better"；再者是规避先导化合物或商品化农药产品的专利，形成新的知识产权，即"me-too"。

经典生物电子等排体替换是指一价等排体、二价等排体、三价等排体、四价等排体及环等排体在农药分子设计与结构优化过程中的替换应用，所得新化合物的生物活性不一定比其先导化合物显著增加——其实小幅度的提高也是进步，但在选择性、毒副作用、稳定性等方面可望明显改善。

非经典生物电子等排体是指羧基（—COOH）、羰基（—CO—）、酰氨基（—CONHR）等基团及其立体结构、电子性质、疏水性等性质相似的基团或分子，非经典生物电子等排体在农药分子结构优化过程中的替换应用，时常会有惊喜发生——获得具有专利权的新农药化合物。

3.1.1　群星闪耀——一价生物电子等排

常见的一价电子等排基团有—H、—F、—Cl、—Br、—I、—CN、—OH、—SH、—NH₂、—CH₃、—OCH₃、—CF₃、—OCF₃、—NO₂，在农药分子结构优化过程中可以互换，—H与—F、—Cl与—CN、—Br与—CF₃、—I与—OSO₂N(CH₃)₂及—OSO₂CH₃体积、质量差别不大，应用比较广泛。卤素引入可增加新化合物分子的脂溶性，卤素之间互换导致的化合物活性改变差别一般不是很大。

3.1.1.1　提升生物活性的利器——氟元素的特殊性应用

在农药分子设计与结构优化过程中，用 F 原子替换 H 原子是一种常用的手段。H 原子和 F 原子的范德华半径分别为 1.20Å 和 1.35Å，二者体积相近；由于 F 原子的场效应和诱导效应表现为强吸电子作用，与氢原子的作用差别较大，因此在农药分子结构中—H 与—F，—CH$_3$ 与—CH$_2$F、—CHF$_2$、—CF$_3$ 等基团等排替换时，对相应农药品种生物活性的影响也比较大。另外，含氟化合物[5]具有特殊电子效应、类氢模拟效应、阻碍效应、脂溶性渗透效应，也导致含氟农药生物活性与非含氟农药存在本质差别。

（1）电子效应 进入生物体内的氟化合物，由于 F 原子具有最大的电负性值，使分子的生物活性因电性影响导致活性增加，极易破坏有害生物的正常生物电子传递，达到杀死目的。

芳香环化合物中 F 取代 H 后，往往导致芳香环钝化，位点活性降低，相应的化合物生物活性提高。当—CH$_3$ 中 H 被 F 取代，依次形成—CH$_2$F、—CHF$_2$、—CF$_3$ 时，首先是电性由原来的—CH$_3$ 供电基团，转化为吸电子基团，导致化合物电性改变；再者是基团成为氢键受体，增加了化合物与受体或靶标形成的氢键数量，进而影响其相互作用方式和强度、提高相应化合物生物活性。用—OCF$_3$ 替换—OCH$_3$ 是农药分子优化常用方法，替换的结果是将比较强的供电基团—OCH$_3$ 修饰成比较强的吸电基团—OCF$_3$，不但改变了整个分子的电荷中心，还增加了对应化合物与受体或靶标形成的氢键数量和作用方式，结果大概率情况是化合物生物活性得到不同程度的提高。

（2）类氢效应 当生物体摄入含 F 的底物时，由于 F 取代后底物分子的空间结构变化较小，生物体对其难以识别，误以为 H 化合物摄入组织参与代谢过程，从而达到提高药效的目的。当 F 取代分子结构中 H，由原来的 C—H 结构变为 C—F 结构时，虽然由此导致的分子结构变化较小，但分子的电性却发生了很大的变化：首先是由于 F 原子具有最大的电负性值——具有强的吸电子效应，导致整个分子的电性中心发生偏移、分子极性发生变化；再者是由于 F 具有强的吸电子效应，C—F 键取代 C—H 键后，C—F 部位成为氢键受体，导致分子的熔点、沸点、溶解性及与受体和靶标的作用方式发生相应改变。因此，类氢效应只是在立体结构方面表现出来的假象。

（3）阻碍效应 C—F 键能高达 485kJ/mol，因此 C—F 键稳定性非常高。当含有 F 原子的底物分子被生物体吸收后，由于 C—F 键非常稳定，生物体自身很难将其分解、降解，这样就使生物体的代谢过程受到了阻隔，病菌、害虫、杂草等有害生物的生长速度减慢，最终导致摄食含 F 化合物的有害生物体死亡。

（4）脂溶性渗透效应 含 F 化合物往往具有较高的脂溶性和疏水性，对生物体的多种相态、细胞膜、细胞壁和细胞组织等具有很好的渗透性能，使得活性成分易于吸收和传导，从而达到预防疾病、杀菌、杀虫及除草的目的。

近年来 F 元素在各类农药分子设计中的等排替换应用不胜枚举，通过下面实例可见一斑。

应用实例之一：杀虫剂氯氰菊酯（cypermethrin）-氟氯氰菊酯（cyfluthrin）。

氯氰菊酯   —H/—F等排替换   氟氯氰菊酯

应用实例之二：杀菌剂噻菌胺（metsulfovax）-噻呋酰胺（thifluzamide）。

噻菌胺   一价等排   噻呋酰胺

应用实例之三：除草剂氟氯吡啶酯（halauxifen-methyl）-氯氟吡啶酯（flor-pyrauxifen-benzyl）。

氟氯吡啶酯   一价等排替换   氯氟吡啶酯

（5）一价含氟功能基团在农药分子设计与结构优化过程中广泛应用　氟元素的特殊性，直接决定了其他一价含氟功能基团在农药分子设计与结构优化过程中应用中的崇高地位：频繁出现于各类高效农药分子结构中。

① 杀虫剂农药分子中含氟功能基团一般为：—F、—CF$_3$、—CH$_2$CHF$_2$、—CH$_2$CH$_2$CF＝CF$_2$、—CF$_2$CH$_2$OCF$_3$、—CF$_2$CHF$_2$、—CF$_2$CH$_2$CF$_3$、—CF(CF$_3$)$_2$、—OCH(CF$_3$)$_2$、—OCHF$_2$、—OCF$_3$，如吡氟硫磷（flupyrazofos）、茚虫威（indoxacarb）、四氟甲醚菊酯（dimefluthrin）、氟氯氰菊酯（cyfluthrin）、 氟酯菊酯（acrinathrin）、氟吡呋喃酮（flupyradifurone）、氟氰戊菊酯（flucythrinate）、氟铃脲（hexaflumuron）、氟噻虫砜（fluensulfone）、氟酰脲（novaluron）、多氟脲（noviflumuron）、氟虫双酰胺（flubendiamide）等。

吡氟硫磷   茚虫威   四氟甲醚菊酯

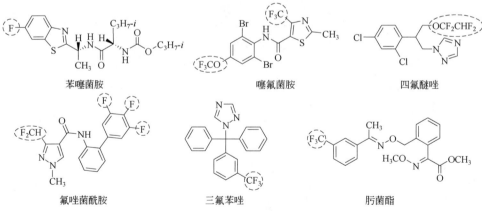

氟氯氰菊酯　　　　　　氟酯菊酯　　　　　　氟吡呋喃酮

氟氰戊菊酯　　　　　　氟铃脲　　　　　　氟噻虫砜

氟酰脲　　　　　　　　多氟脲

氟虫双酰胺

②　杀菌剂农药分子中含氟功能基团主要为—F、—CHF$_2$ 和—CF$_3$，近年来烷氧基—OCF$_3$ 和—OCF$_2$CHF$_2$ 等也在应用，如苯噻菌胺（benthiavalicarb-isopropyl）、噻氟菌胺（thifluzamide）、四氟醚唑（tetraconazole）、氟唑菌酰胺（fluxapyroxad）、三氟苯唑（fluotrimazole）、肟菌酯（trifloxystrobin）等。

苯噻菌胺　　　　　　噻氟菌胺　　　　　　四氟醚唑

氟唑菌酰胺　　　　　　三氟苯唑　　　　　　肟菌酯

③　除草剂农药分子中含氟功能基团主要为—F 和—CF$_3$，烷氧基—OCF$_3$、—OCHF$_2$、—OCH$_2$CF$_3$ 也经常被用到，与杀虫剂和杀菌剂不同的是比较长链的—CH$_2$CH$_2$CF$_3$［氟磺隆（prosulfuron）］及特殊取代烃基—F［氟吡磺隆（flucetosulfuron）]、磺酰胺—NHSO₂CF₃［氟磺酰草胺（mefluidide）]。

氰氟草酯　　　　　　　　　　　吡氟氯禾灵　　　　　　　　　　氟磺酰草胺

吡草醚　　　　　　　　　　　氟吡磺隆　　　　　　　　　　氟唑磺隆

氟磺隆　　　　　　　　　　　环磺酮　　　　　　　　　　三氟啶磺隆

　　由于 F 元素的特殊性，几乎各大门类农药品种中，都有含氟化合物，实例不胜枚举，F 元素在农药创制发展过程中功不可没。

　　实际农药生产过程中，由于 C—F 键大多是经由 C—Cl 键置换而来的，因此含氟农药生产成本往往比较高。

3.1.1.2　—Cl、—Br、—CN 及—I 在农药分子结构优化中的灵活应用

　　（1）F 元素高歌之后，余音绕梁，演绎为与 Cl、Br、I、CN 等交响共鸣。曾几何时，DDT、六六六等有机氯杀虫剂因具有高效、广谱的杀虫活性、生产工艺简单、价格低廉而红极一时。但由于多数有机氯分子结构中只含有 C—C、C—H、C—Cl 键，或者是分子结构中 C—Cl 键处于主导地位，导致其具有较高的化学稳定性，在正常环境中不易分解，受日光及微生物作用后分解少，在环境中降解缓慢，因此在食物中残留性很强，如 DDT、六六六的残留期可达 50 年之久；开蓬（chlordecone）和灭蚁灵（mirex）为笼状化合物，其化学性质也非常稳定。有机氯杀虫剂另一个特性是大多数品种具有极低的水溶性，在常温下为蜡状固体物质，有很强的疏水性，易于通过食物链在生物体脂肪中富集和积累[6]。因此，大多数高氯含量的有机氯杀虫剂已被淘汰或限制使用。

六六六　　　　　　　　开蓬　　　　　　　　灭蚁灵　　　　　　　　DDT

37

　　氯原子和溴原子具有较大的电负性值和原子半径，农药分子中氢原子被氯原子或溴原子取代时，可以导致农药分子电荷分布和空间构型发生变化，同时还能改变其疏水性；而且，氯和溴具有氧化分解化合物的性质，具有很强的杀菌杀虫能力，赋予相关化合物显著的生物活性。CN 由碳和氮两种元素组成，化学性质与卤素相似，故称为拟卤素；由于基团—C≡N 结构中不饱和三键可与微生物体中的—SH、—NH₂ 等发生加成作用，从而对农药分子生物活性产生明显的改善作用，甚至强于 Cl 和 Br。因此，在分子结构中含有 Cl、Br 及 CN 的农药品种仍占有很大的份额。

　　为了提高农药先导化合物的生物活性，Cl、Br 及 CN 在农药分子结构优化过程中的应用非常广泛，而其划时代功绩，是其引入拟除虫菊酯类农药分子结构修饰，获得高活性光学异构体卤代菊酯，药效极大提高，导致"超高效杀虫剂"农药品种出现，如图 3-1。

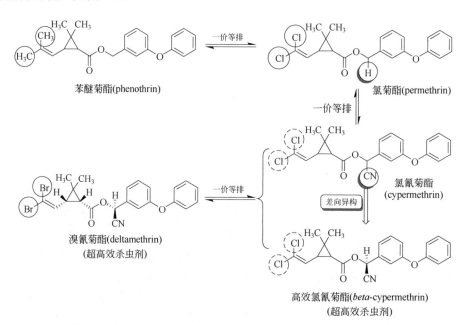

图 3-1　Cl、Br 及 CN 在拟除虫菊酯分子结构优化中的应用

　　在农药分子结构优化过程中，作为一价等排体的—Cl 的应用，较—F 更为广泛，主要用作—H 和—CH₃ 及—Br、—I 和—CN 的一价等排体。由于氯元素的电负性值较大，当—Cl 替换—H 或—CH₃ 时，分子的电性及构型和理化性质往往会发生一定的变化，导致其与受体和靶标的作用方式发生相应的改变，结果一般是导致化合物生物活性得到提高。当—Cl 替换—Br、—I 和—CN 时，虽然分子的电性及构型和理化性质往往也会发生一定的变化，但因此导致的化合物生物活性一般不会产生质的变化。由于—Cl、—CN、—CF₃ 皆为吸电子基团，并且体积相近，

因此相互间等排替换应用非常广泛。

① 农药分子结构中，杀虫剂农药分子中含氯功能基团应用：首先是取代苯环或其他芳香环中的 H，以 C—Cl 形式形成氯代苯或氯代芳香环结构，如噻螨酮（hexythiazox）、茚虫威（indoxacarb）、氯虫苯甲酰胺（chlorantraniliprole）及氟吡呋喃酮（flupyradifurone）、三氟咪啶酰胺（fluazaindolizine）、螺螨酯（spirodiclofen）等。

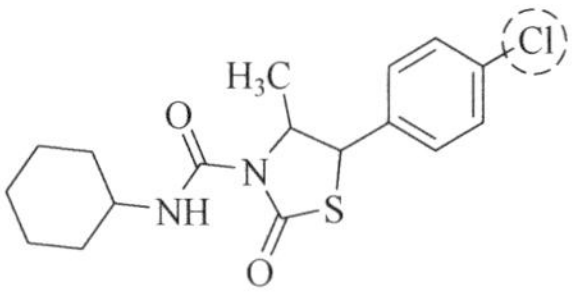

噻螨酮 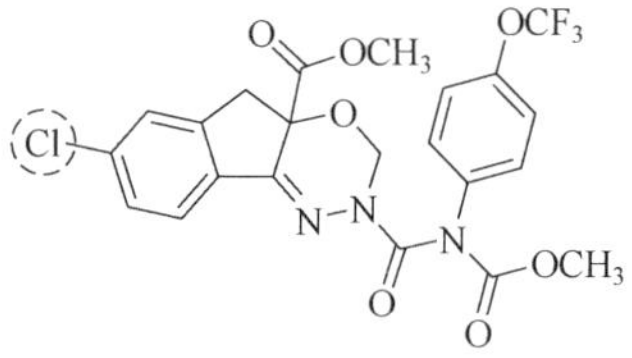　　　　　　　　茚虫威 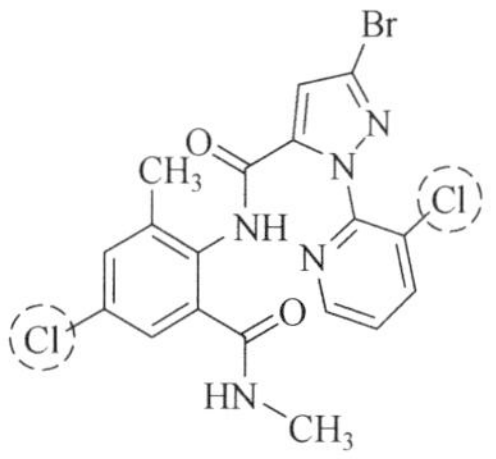　　　　　　　　氯虫苯甲酰胺

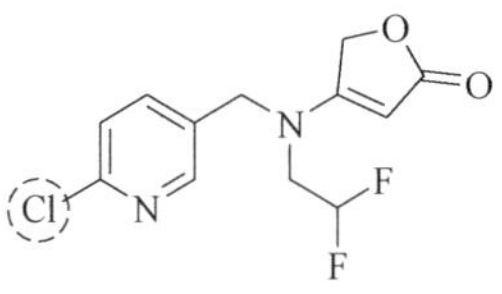

氟吡呋喃酮 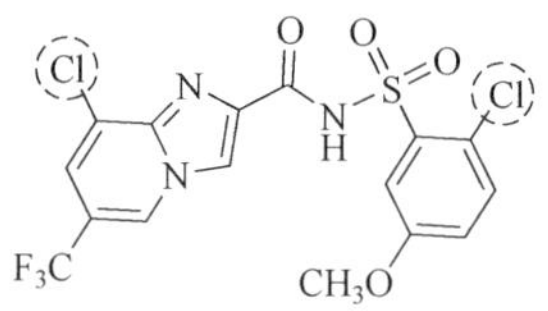　　　　　　三氟咪啶酰胺 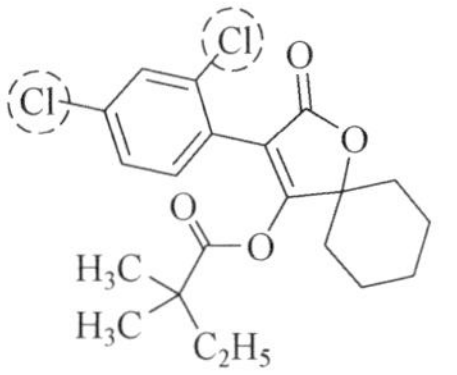　　　　　　螺螨酯

经常，氯元素取代端烯中的氢元素，形成或—CH=CHCl 活性功能基团，其中—CH=CCl$_2$ 成为众多拟除虫菊酯主要活性功能基团，如毒虫畏（chlorfenvinphos）、氯氰菊酯（cypermethrin）、啶虫丙醚（pyridalyl）等。

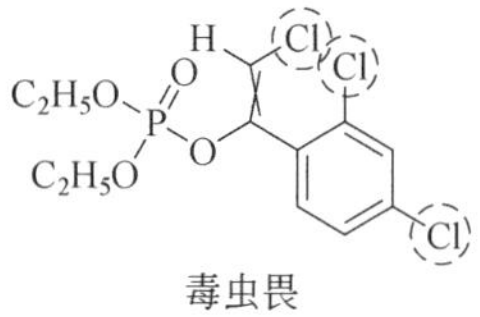

毒虫畏

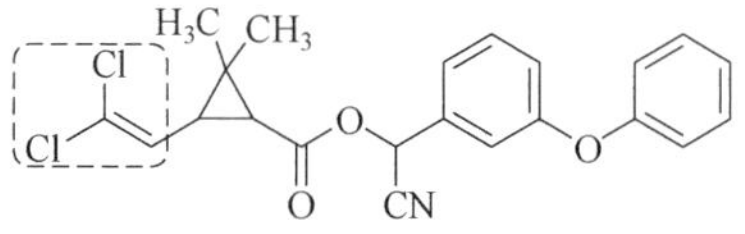

氯氰菊酯 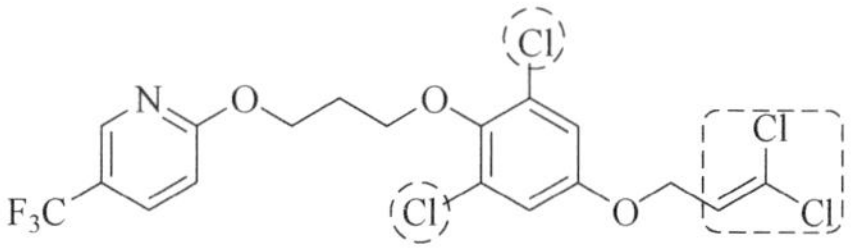　　　　　　　　　　　啶虫丙醚

当上述烯键片段与 Br$_2$ 加成，便获得卤素含量很高的特殊高活性农药杀虫剂，如敌敌畏（dichlorvos）与二溴磷（naled）、氯氰菊酯（cypermethrin）与氯溴氰菊酯（tralocythrin），如图 3-2。

当—Cl 被—CF$_3$ 等排取代时，便形成—CH=C(Cl)CF$_3$ 结构，如氯氰菊酯（cypermethrin）与氯氟氰菊酯（cyhalothrin），如图 3-3。

有时，—CCl$_3$ 作为一价等排体应用、—CCl$_2$—作为二价等排体应用，但不常用。

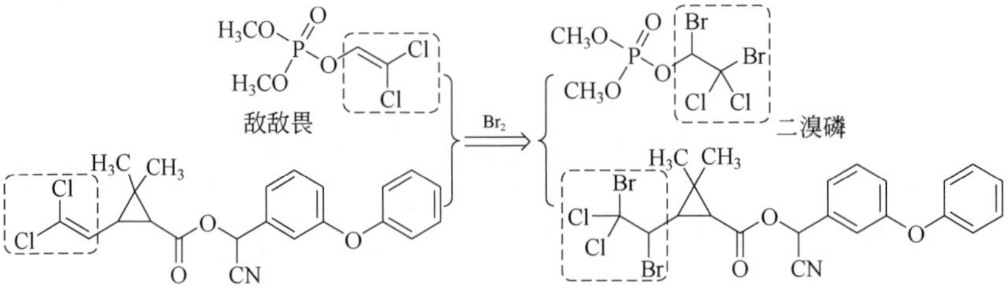

敌敌畏　二溴磷

氯氰菊酯　氯溴氰菊酯

图 3-2　Br_2 应用于烯键加成

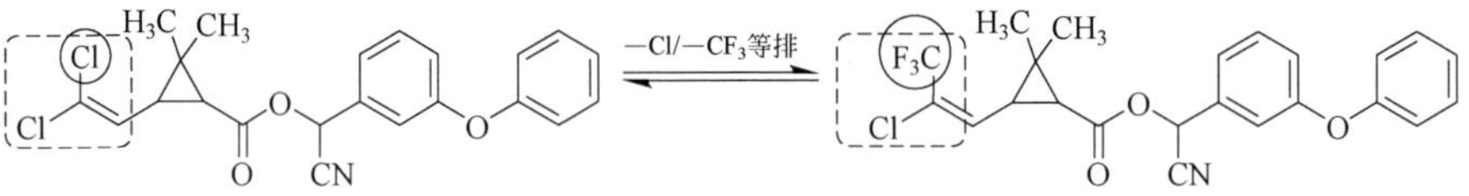

氯氰菊酯　氯氟氰菊酯

图 3-3　—Cl 被—CF_3 等排取代应用

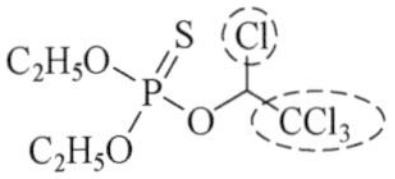

氯氧磷
(chlorethoxyphos)

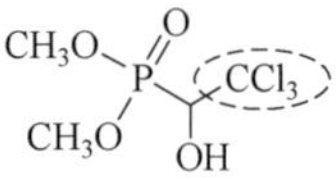

敌百虫
(trichlorfon)

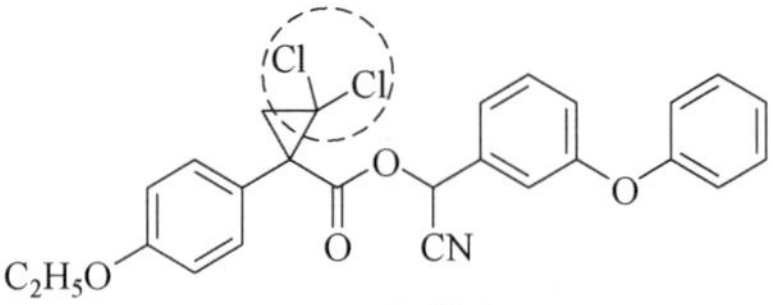

乙氰菊酯
(cycloprothrin)

② 在杀菌剂农药分子结构中，氯元素替换芳香环中氢元素，形成氯代芳香结构，较杀虫剂更为广泛。首先是作为一价等排体替换苯环中的氢元素，形成各类杀菌剂中的氯代苯环结构，如腐霉利（procymidone）、异菌脲（iprodione）、烯唑醇（diniconazole）、百菌清（chlorothalonil）及烯肟菌酯（enoxastrobin ）、苯醚甲环唑（difenoconazole）、联苯吡菌胺（bixafen）等。

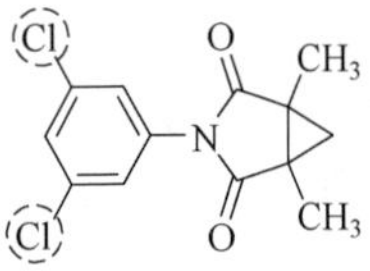

腐霉利

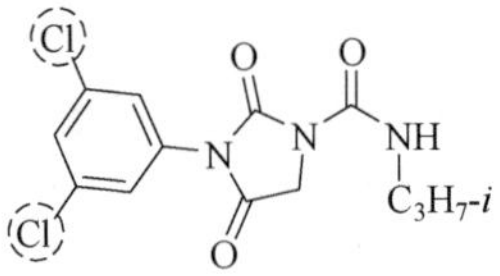

异菌脲

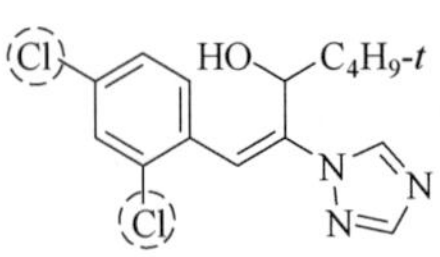

烯唑醇

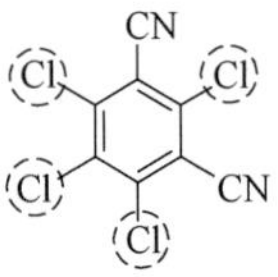

百菌清

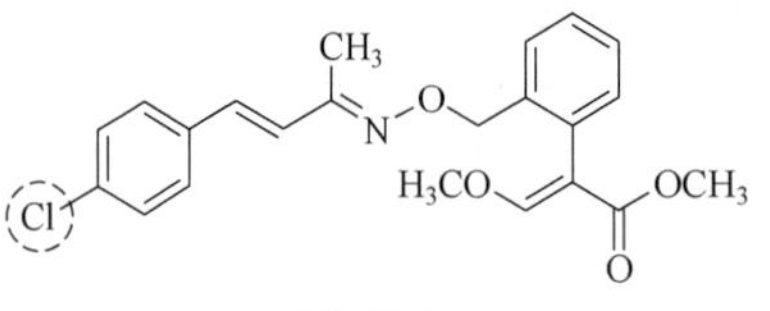

烯肟菌酯

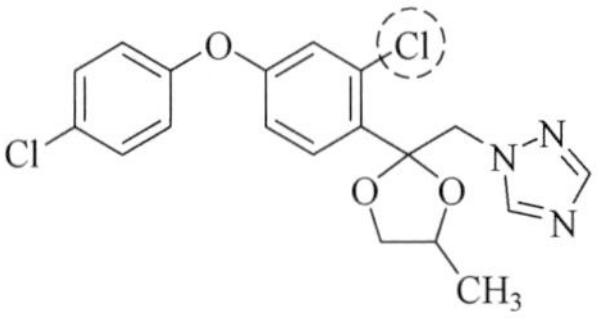

苯醚甲环唑

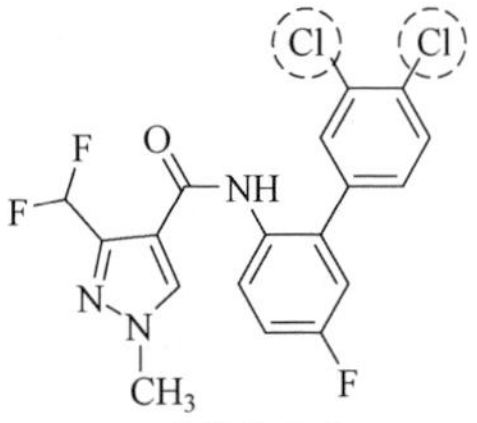

联苯吡菌胺

再者是形成各类杀菌剂中的五元环、六元环及喹啉稠环氯代芳香杂环结构单元，如氟氯菌核利（fluoroimide）、呋吡菌胺（furametpyr）、异噻菌胺（isotianil）、氰霜唑（cyazofamid）及氟吡菌酰胺（fluopyram）、氯啶菌酯（triclopyricarb）、dichlobentiazox、苯氧喹啉（quinoxyfen）等。

氟氯菌核利　　呋吡菌胺　　异噻菌胺　　氰霜唑

氟吡菌酰胺　　氯啶菌酯　　dichlobentiazox　　苯氧喹啉

在杀菌剂分子结构中，烃基氯取代基团应用较少，现有品种有呋酰胺（ofurace）和苯并烯氟菌唑（benzovindiflupyr）。

呋酰胺　　苯并烯氟菌唑

③ 作为一价等排体的—Cl 在除草剂农药分子优化过程中的应用，与杀虫剂和杀菌剂农药分子优化应用类似，首先是—Cl 替换苯环中—H，形成氯代苯环官能团结构。只是相对来说，应用的广泛性稍逊于杀虫剂和杀菌剂，如 2,4-滴（2,4-D）、草除灵乙酯（benazolin-ethyl）、乳氟禾草灵（lactofen）及 fenoxasulfone、磺草唑胺（metosulam）、特糠酯酮（tefuryltrione）等。

2,4-滴　　草除灵乙酯　　乳氟禾草灵

fenoxasulfone　　磺草唑胺　　特糠酯酮

作为一价功能基团—Cl 在芳杂环的应用，较杀虫剂和杀菌剂更为广泛，在各类芳香杂环和芳香稠环农药分子优化过程中发挥着不可替代的作用，如吡草醚（pyraflufen-ethyl）、炔草酯（clodinafop-propargyl）、莠去津（atrazine）、精噁唑禾草灵（fenoxaprop-P-ethyl）、噻唑禾草灵（fenthiaprop-ethyl）、精喹禾灵（quizalofop-P-ethyl）、唑吡嘧磺隆（imazosulfuron）、二氯喹啉酸（quinclorac）、氯吡嘧磺隆（halosulfuron-methyl）等。

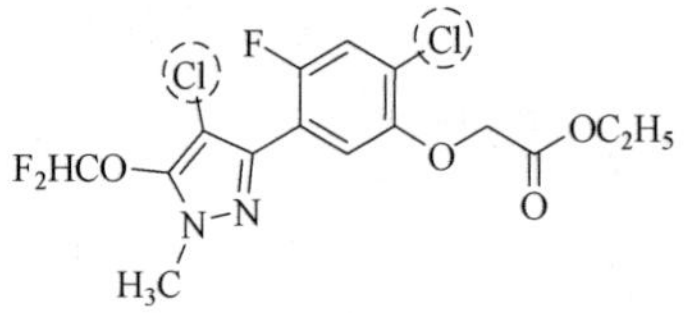

吡草醚 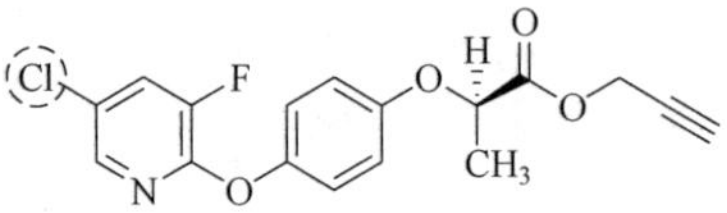　　　　　　　　　　　炔草酯 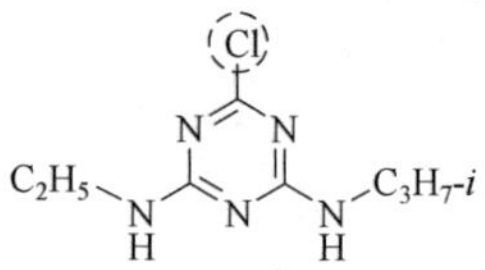　　　　　　　　　　莠去津

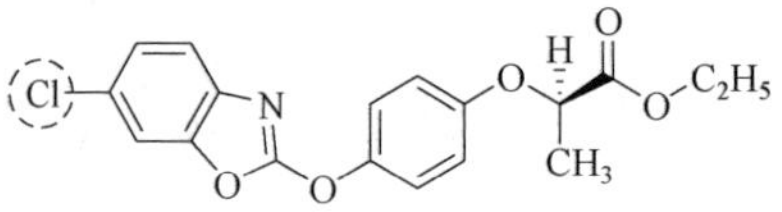

精噁唑禾草灵 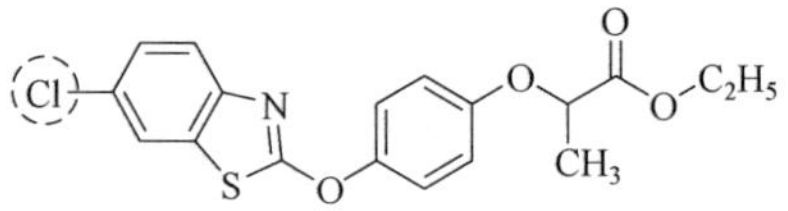　　　　　　　　　　　　噻唑禾草灵

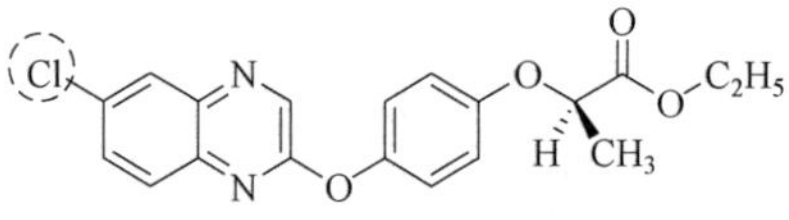

精喹禾灵 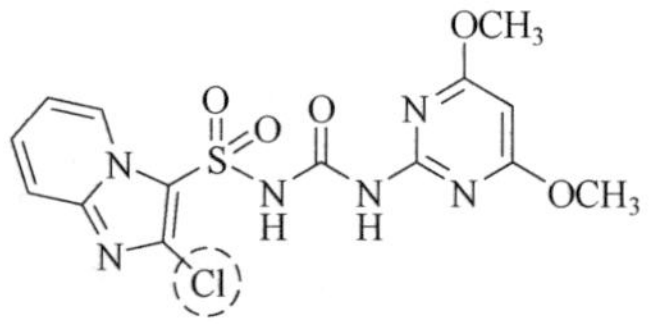　　　　　　　　　　　　唑吡嘧磺隆

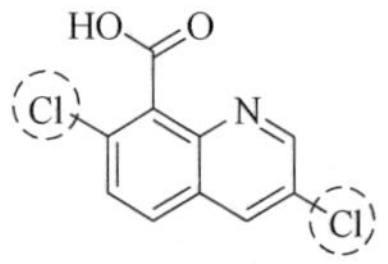

二氯喹啉酸 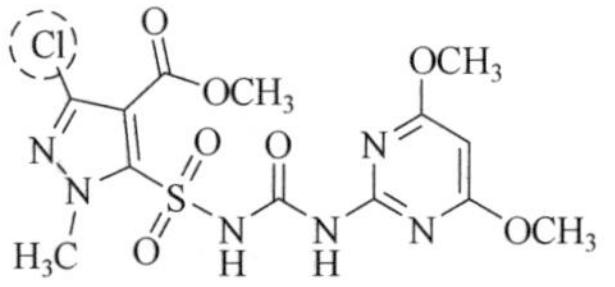　　　　　　　　　　　　氯吡嘧磺隆

当—Cl 与—CH₃、—NO₂ 等一价功能基团等排替换时，所得新化合物生物活性往往保持原化合物的作用机制，并且生物活性变化不大。有时，—H 被较小烃基（如—CH₃、—CH₂CH₃、—CH₂CH₂CH₃）等排替换，结果亦如此。

　　—Cl 与—CH₃ 等排替换：如 2,4-滴（2,4-D）与 2 甲 4 氯、二氯喹啉酸（quinclorac）与喹草酸（quinmerac）等，如图 3-4。

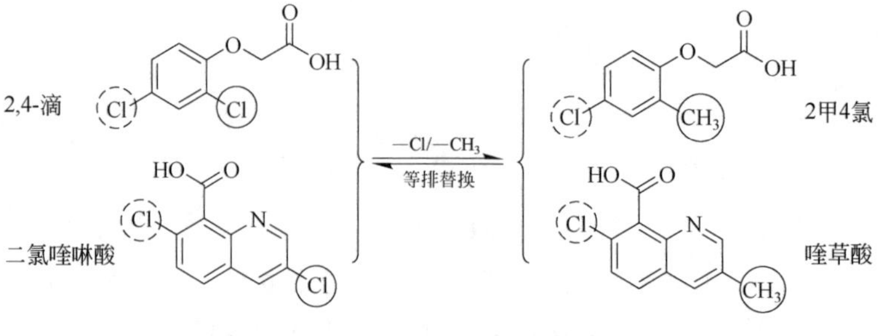

图 3-4　—Cl 与—CH₃ 等排替换应用

　　—Cl 与一价烃基等排替换：如唑吡嘧磺隆（imazosulfuron）与丙嗪嘧磺隆（propyrisulfuron）、磺草酮（sulcotrione）与环磺酮（tembotrione）、特糠酯酮（tefuryltrione），如图 3-5。

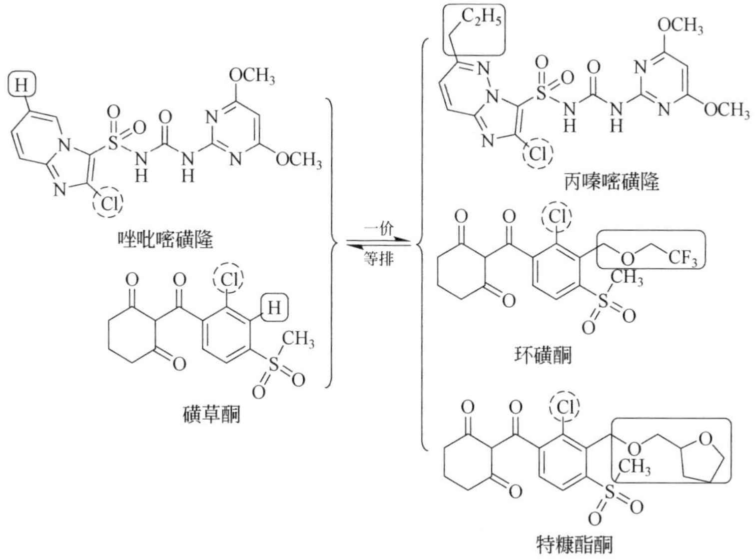

图 3-5　—Cl 与一价烃基等排替换应用

　　—Cl 与—NO₂ 等排替换：如磺草酮（sulcotrione）与硝磺草酮（mesotrione）、乳氟禾草灵（lactofen）与氯氟草醚乙酯（ethoxyfen-ethyl），如图 3-6。

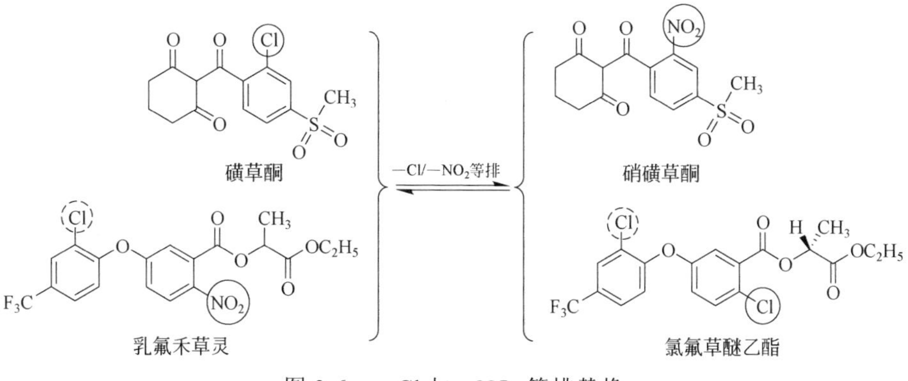

图 3-6　—Cl 与—NO₂ 等排替换

　　Cl 等排替换烃基结构中的 H，形成氯代烃功能基团结构在除草剂农药分子设计与优化中的应用，较杀虫剂和杀菌剂广泛得多，常见的有—CH₂Cl、—CH₂CH₂Cl、—CH₂CH₂CH₂Cl、—CCl=CHCl、—CCl=CCl₂ 及—CHCl—、—CH=CCl—。在其他药效基团不发生大的变化情况下，—CH₂Cl、—CH₂CH₂Cl、—CH₂CH₂CH₂Cl

相互替换时，新化合物作用机制往往不会发生本质性的改变，如二硝基苯类除草剂中的乙草胺（acetochlor）、异丁草胺（delachlor）、氯乙氟灵（benzenamine）、氯乐灵（chlornidine），虽然其分子结构中的氯代烃基各不相同，但其主要作用机制都是影响杂草细胞分裂。

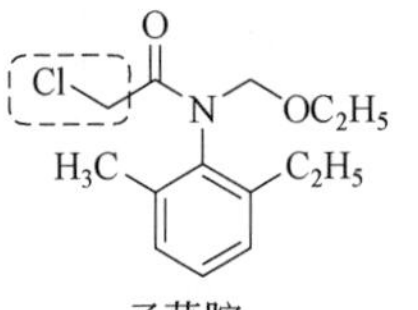

乙草胺 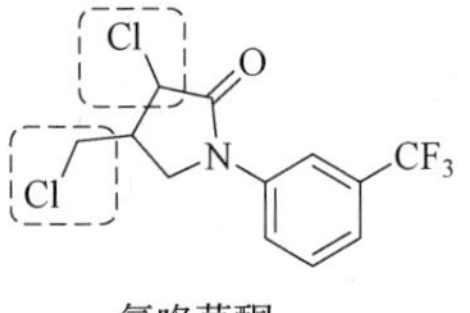　　　　　　氟咯草酮 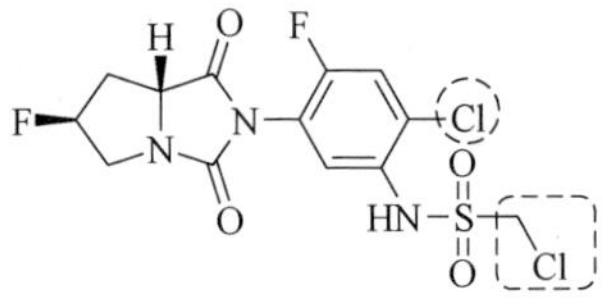　　　　　　氟唑草胺

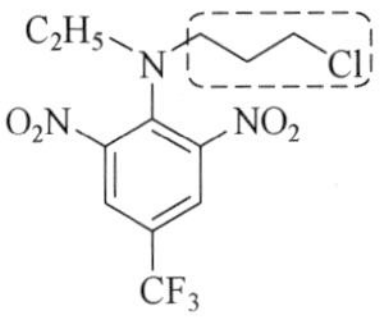

氯乙氟灵 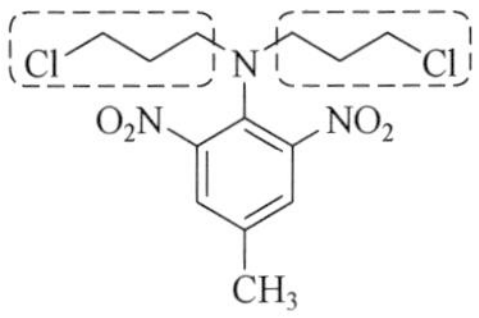　　　　　　氯乐灵 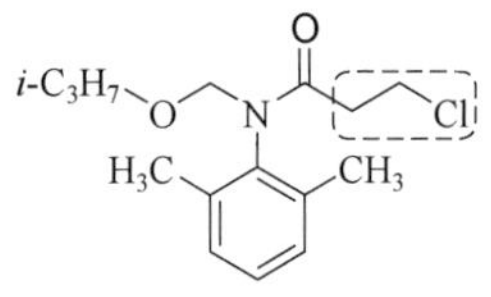　　　　　　异丁草胺

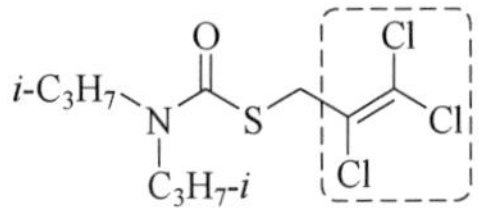

野燕畏 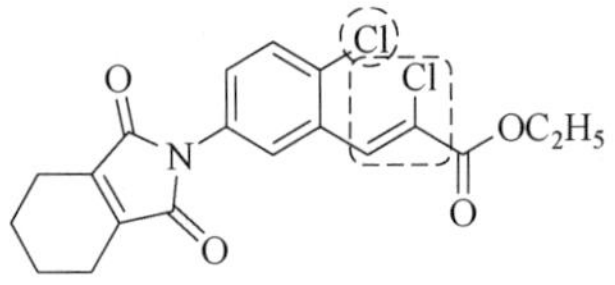　　　　吲哚酮草酯 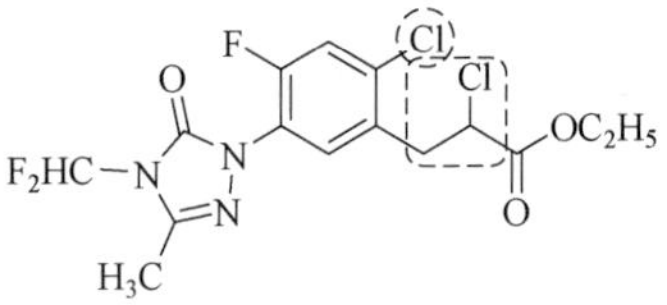　　　　唑酮草酯

（2）在农药分子结构优化过程中，Br 元素虽非主唱，确是重要配角。作为一价等排体的—Br 的应用，主要体现在杀虫剂和杀鼠剂分子设计中，首先是作为苯环或含氮芳香环的—H 等排替换官能团，再者是溴素与烯键加成，形成二溴烃基。

形成溴代芳香环，如丙溴磷（profenofos）、溴虫氟苯双酰胺（broflanilide）、溴敌隆（bromadiolone）、溴鼠胺（bromethalin）、氯虫苯甲酰胺（chlorantraniliprole）、溴虫腈（chlorfenapyr）等。

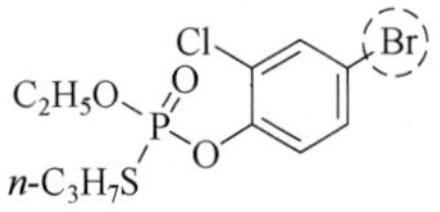

丙溴磷 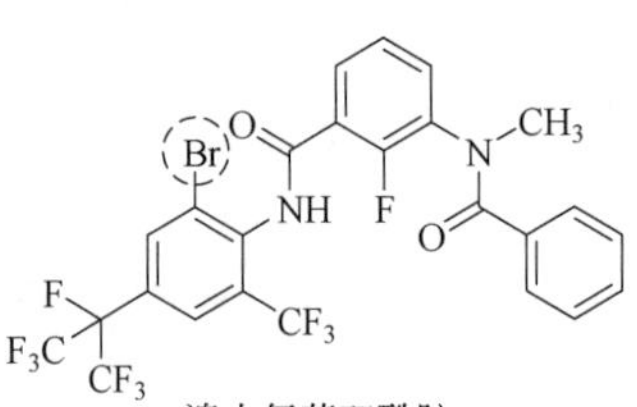　　　　溴虫氟苯双酰胺 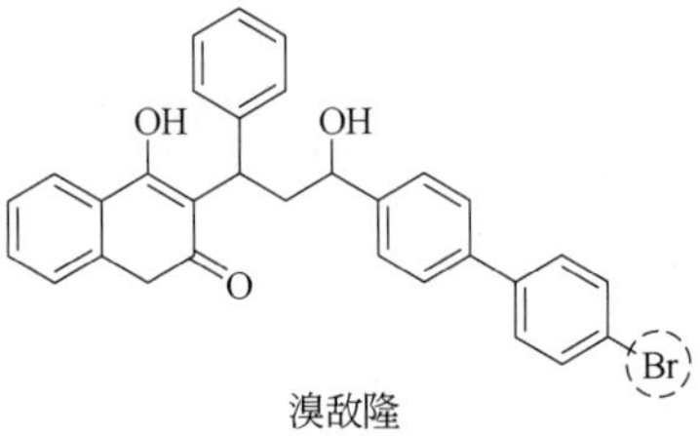　　　　溴敌隆

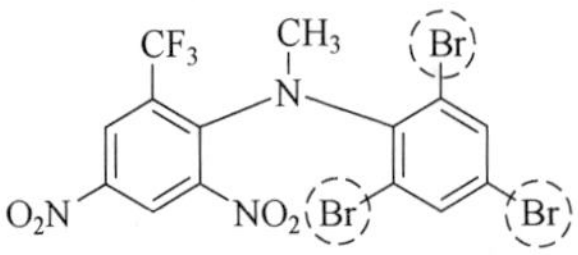

溴鼠胺 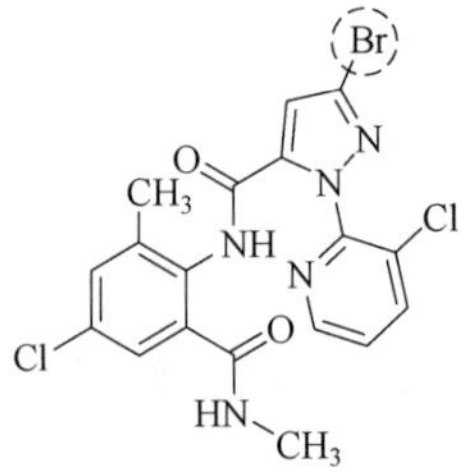　　　　氯虫苯甲酰胺 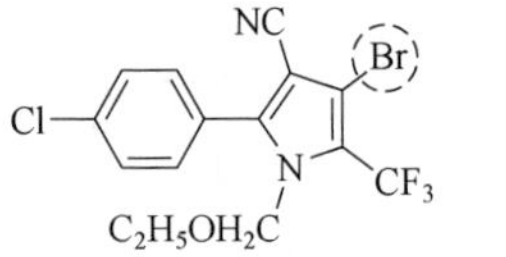　　　　溴虫腈

形成二溴烃基，如二溴磷（naled）、氯溴氰菊酯（tralocythrin）、四溴菊酯（tralomethrin）等。

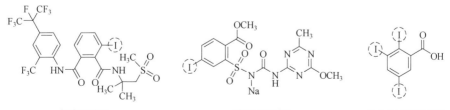

二溴磷　　　　　　　　　氯溴氰菊酯　　　　　　　　　四溴菊酯

溴在拟除虫菊酯农药分子设计中的成功应用，是作为一价—Br 等排体替换端烯中的—CH₃，获得著名的溴氰菊酯（deltamethrin）。

溴氰菊酯

溴在杀菌剂和除草剂分子设计中的应用不是那么广泛，主要是作为—H 的等排体，形成溴代芳香体系或溴代烃基，如吲唑磺菌胺（amisulbrom）、溴丁酰草胺（bromobutide）、异丙吡草酯（fluazolate）等。

吲唑磺菌胺　　　　　　　　溴丁酰草胺　　　　　　　　异丙吡草酯

溴在农药分子设计中的应用，逊色于氯，或许与其引入分子中的反应条件不如氯容易，并且资源也不如氯丰富有关。

（3）农药分子结构优化过程中碘元素的应用，恰如碘盐中一样，用量虽少，作用很大。由于资源和活性问题，碘在农药分子设计与优化中的应用，远不如氟、氯、溴那么广泛。—I 作为—H 的等排体，主要是形成碘代苯环芳香体系。其在农药分子优化与设计中最成功的应用实例，莫过于鱼尼丁受体激活剂杀虫剂氟虫双酰胺（flubendiamide）的创制；碘在除草剂中的成功应用，当属碘甲磺隆钠盐（iodosulfuron-methyl sodium）的发明；2,3,5-三碘苯甲酸（triiodobenzoic acid），则是具有抑制植物顶端生长、使植物矮化、促进侧芽和分蘖生长作用的植物生长调节剂。

氟虫双酰胺　　　　　　　　碘甲磺隆钠盐　　　　　　　2, 3, 5-三碘苯甲酸

　　将—I 与—Br 等排替换，也可以获得作用机制相同、生物活性相似的新农药品种，如乙基溴硫磷（bromophos-ethyl）与碘硫磷（iodofenphos）、溴苯膦（leptophos）与碘苯膦（C18244）等，见图 3-7。

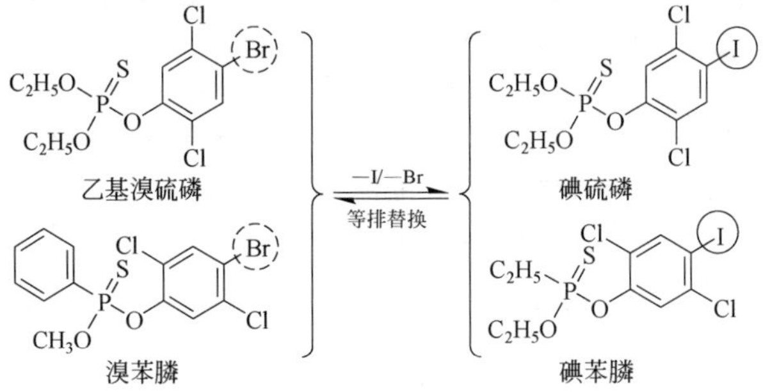

图 3-7　—I 与—Br 等排替换应用

　　（4）CN 不是卤素，农药分子结构优化过程中的应用亦或胜似卤素。作为拟卤素，同时具有不饱和性和强吸电子性，农药功能活性基团—CN 堪称神奇的存在，作为一价等排体，备受杀虫剂和杀菌剂两类农药分子设计与优化的青睐，特别是在"超高效杀虫剂"拟除虫菊酯农药的开发创制之中，做出了举世公认的卓越贡献。

　　既然 CN 被称为拟卤素，很多场合下，—CN 可与—Cl、—CH₃、—Br 进行等排替换，并且生物活性往往高于替换前的农药化合物。

　　形成烃基 C—CN 活性官能团：如辛硫磷（phoxim）、丁氟螨酯（cyflume-tofen）、fluhexafon、双氯氰菌胺（diclocymet）、噻唑菌胺（ethaboxam）、氰菌胺（zarilamid）等。

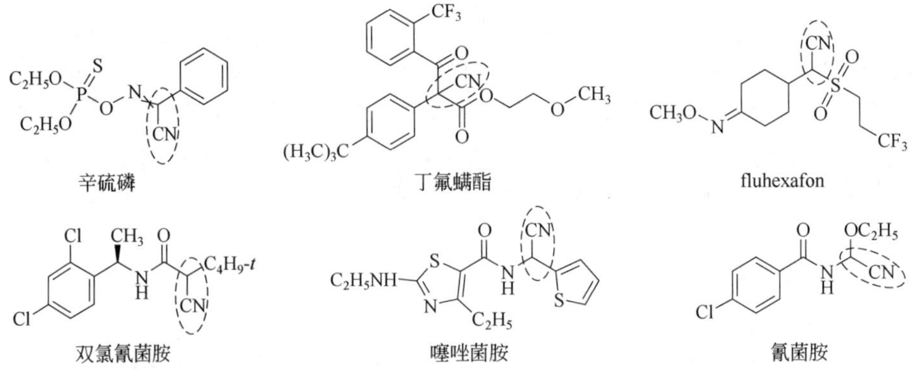

　　—CN 与—H、—Cl 等一价等排体替换，形成氰代芳香环功能结构：如溴虫腈（chlorfenapyr）、氰霜唑（cyazofamid）、嘧菌酯（azoxystrobin）、氰氟草酯（cyhalofop-butyl）、四唑虫酰胺（tetraniliprole）等。

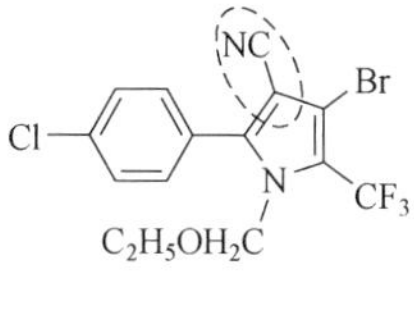

溴虫腈 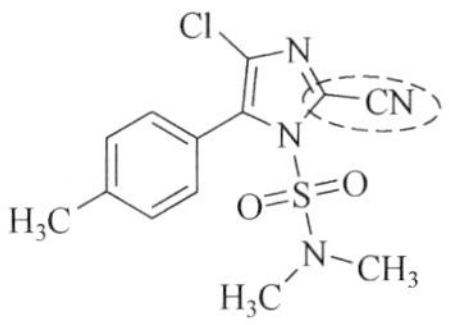　　　　　氰霜唑 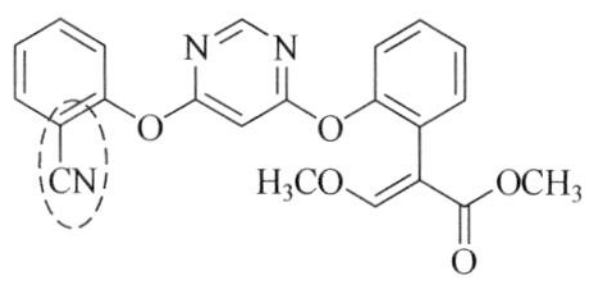　　　　　嘧菌酯

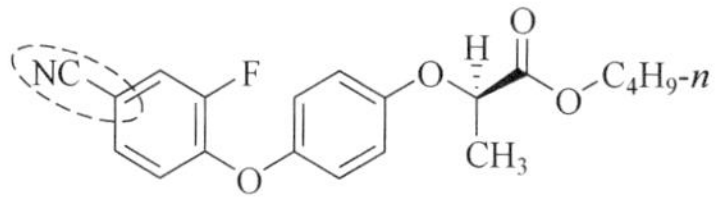

氰氟草酯 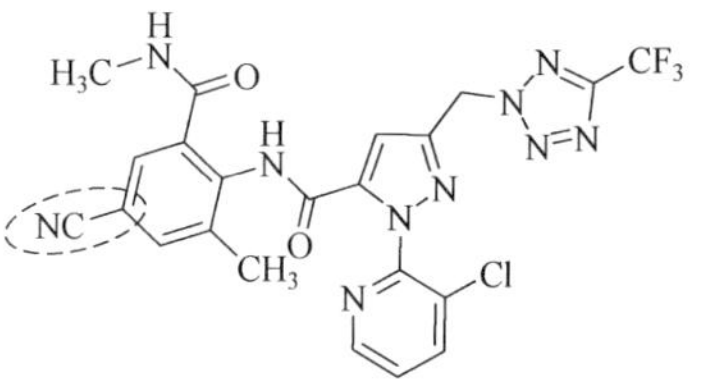　　　　　　　　四唑虫酰胺

一价等排，优化创新，如氯虫苯甲酰胺（chlorantraniliprole）之于氰虫酰胺（cyantraniliprole）、四唑虫酰胺（tetraniliprole），如图 3-8。

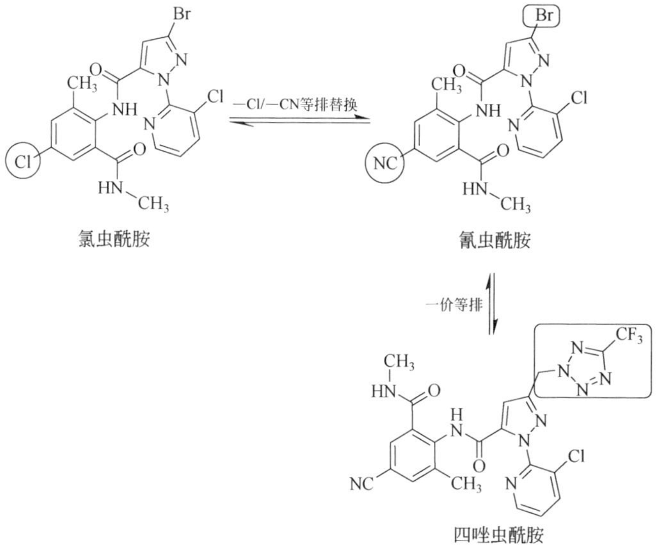

氯虫酰胺　　　　　　　　氰虫酰胺

—Cl/—CN等排替换

一价等排

四唑虫酰胺

图 3-8　一价生物电子等排扩展与应用

引入拟除虫菊酯杀虫剂结构优化设计，开创"超高效杀虫剂"新时代，如氯氰菊酯（cypermethrin）、吡氯菊酯（fenpirithrin）、氟氯氰菊酯（cyfluthrin）、氯氟氰菊酯（cyhalothrin）、甲氰菊酯（fenpropathrin）、氟胺氰菊酯（tau-fluvalinate）、氯氟氰菊酯（cyhalothrin）、氟氰戊菊酯（flucythrinate）、氯溴氰菊酯（tralocythrin）、乙氰菊酯（cycloprothrin）的创制。

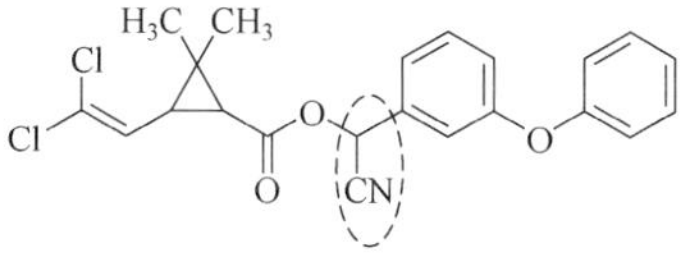

氯氰菊酯 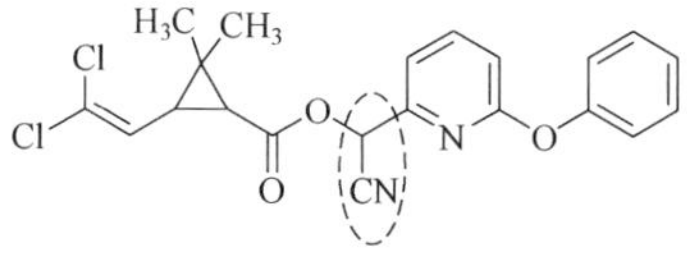　　　　　　　　吡氯菊酯

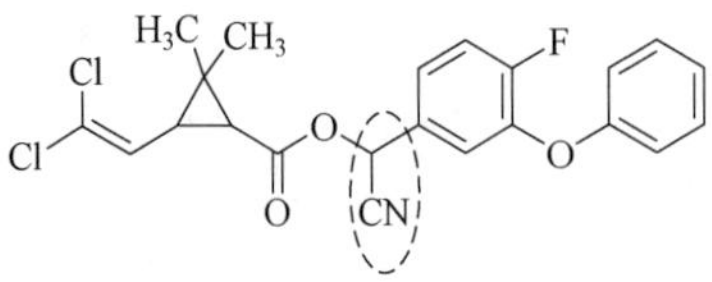

氟氯氰菊酯

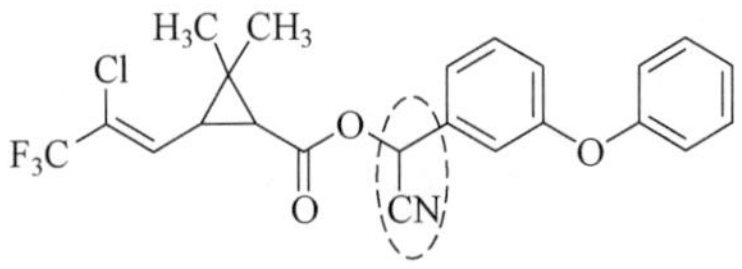

氯氟氰菊酯

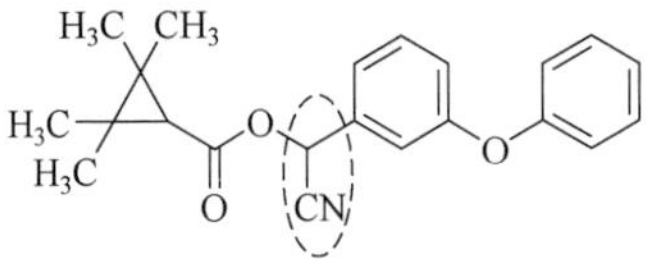

甲氰菊酯

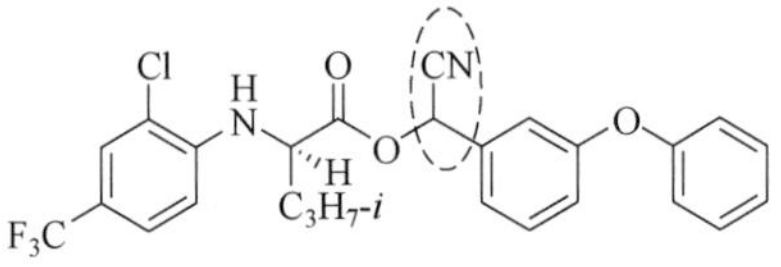

氟胺氰菊酯

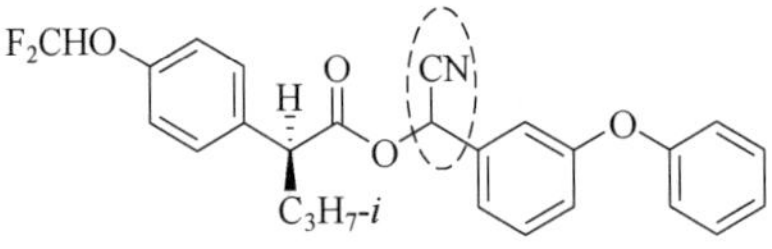

氟氰戊菊酯

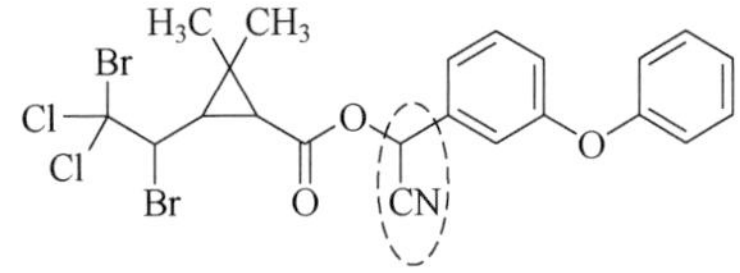

氯溴氰菊酯

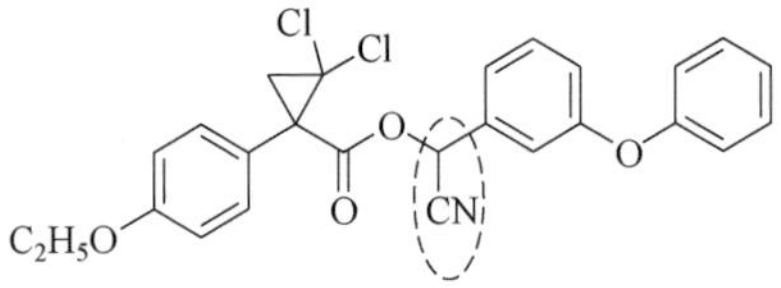

乙氰菊酯

α 位 C—CN 差向异构化，生物活性跳跃性提高，如高效体溴氰菊酯（deltamethrin）、四溴菊酯（tralomethrin）、氟酯菊酯（acrinathrin）等。

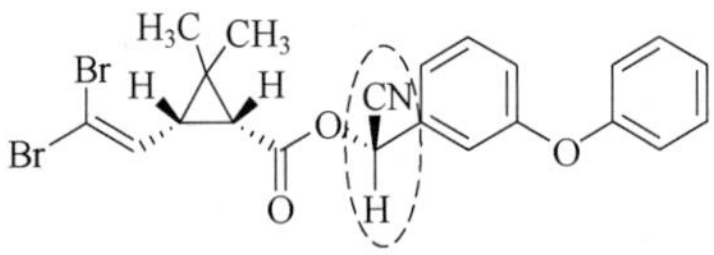

溴氰菊酯

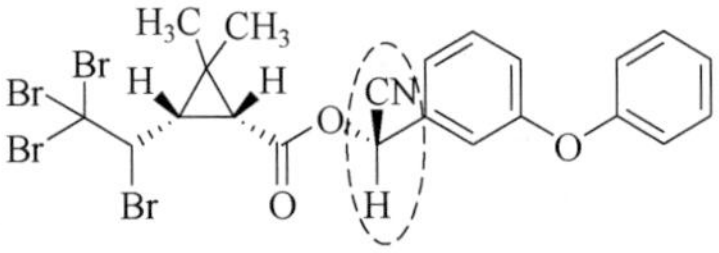

四溴菊酯

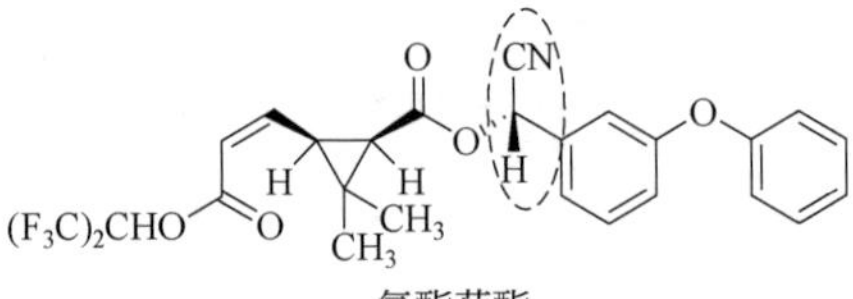

氟酯菊酯

应用于烟碱类杀虫剂结构设计优化，与—NO₂ 等排替换，所得新化合生物活性保持，杀虫谱扩大，如啶虫脒（acetamiprid）、氟啶虫胺腈（sulfoxaflor）、氟啶虫酰胺（flonicamid）等。

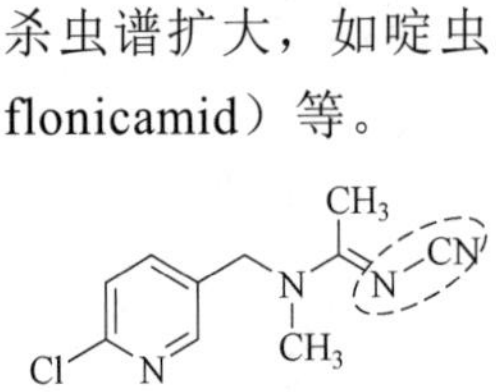

啶虫脒

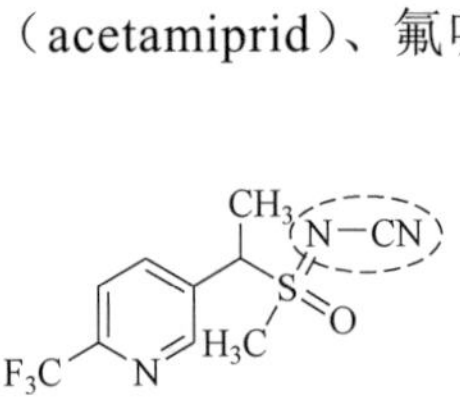

氟啶虫胺腈

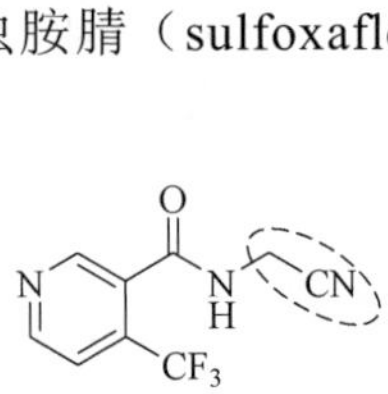

氟啶虫酰胺

3.1.1.3　—OH、—SH 在农药分子设计与结构优化中的应用

O、S 属于第六主族元素，外层 6 个电子，都有获得 2 个电子达到稀有气体的稳定电子结构的趋势；由于 O 元素电负性值较大，外层的 6 个电子很难失去，因此 O 只有在其 F 化物如 OF_2、OF_6 中才显示正化合价；由于 S 的原子半径比较大，并且价电子层存在空的 d 轨道，因此有与电负性值大的元素形成+2、+4、+6 价化合物可能，即硫醚（—S—）可以被氧化成亚砜（ $\overset{O}{\underset{}{S}}$ ）和砜（ $\overset{O}{\underset{O}{S}}$ ）结构；C—OH、C—SH 中的 O 和 S 属于 sp^3 杂化，两对孤对电子占据 2 个 sp^3 杂化轨道，剩余 2 个 sp^3 杂化轨道分别与 C、H 形成 σ 键。—OH 中 O 上的孤对电子可与 H^+ 结合形成—OH_2^+，因此—OH 在一定条件下显示弱碱性，O 属于氢键受体原子；O 的电负性值大于 H，导致 O—H 键的成键电子对偏向于 O、O—H 中的 H 具有较高的活性，因此—OH 在一定条件又显示酸性，H 属于氢键供体原子；由于 S 电负性值比较小，—SH 中 S 上的孤对电子与 H^+ 结合形成—SH_2^+能力较小，同时由于 S 原子半径比较大，导致 S—H 键键能比较小、H 的活性较高，因此—SH 在一定条件显示比较强的酸性，H 属于氢键供体原子。当—OH、—SH 与芳香环相连接时，表现为供电基团，同时—OH、—SH 中 O、S 上的孤对电子可以与芳香环形成共轭芳香体系。当—OH、—SH 与烃基相连接时，由于 O、S 电负性值大于 C，—OH、—SH 又成为吸电基团。由于—OH、—SH 具有酸性，并且酚类和硫酚类化合物在空气中容易被氧化，因此在农药化合物分子结构中，经常以不易被氧化的三级醇或者—OCH_3、—OCH_2CH_3、—SCH_3、—SCH_2CH_3 等醚的形式出现。

由于—OH、—SH 为醇类、硫醇类和酚类、硫酚类的特征官能团，因此当—OH、—SH 与—H、—CH_3、—Cl、—Br、—F、—I 或—OCH_3、—OCF_3 等一价基团等排替换时，首先是化合物分子的结构类型发生了改变——成为醇类或硫醇类、酚类或硫酚类衍生物，新化合物分子的电性中心、氢键数量与性质、亲水性、疏水性等相应的理化性质也会发生相应的变化；同时由于新化合物与受体或靶标的作用方式也会发生变化，因此其生物活性往往随之而改变。

（1）在杀虫剂农药分子结构中，含有—OH 基团的品种很少，只有分子结构中—OH 不易被氧化的敌百虫（trichlorfon）、溴螨酯（bromopropylate）、三氯杀螨醇（dicofol）等几个品种。

敌百虫　　　　　　　溴螨酯　　　　　　　三氯杀螨醇

在部分杀鼠剂中，分子结构中的—OH 是以容易形成共轭体系、可以与 $\overset{O}{\underset{}{}}$ 形

成互变异构的形式存在的，如杀鼠灵（warfarin）、敌鼠隆（brodifacoum）及敌鼠（diphacinone），如图 3-9。

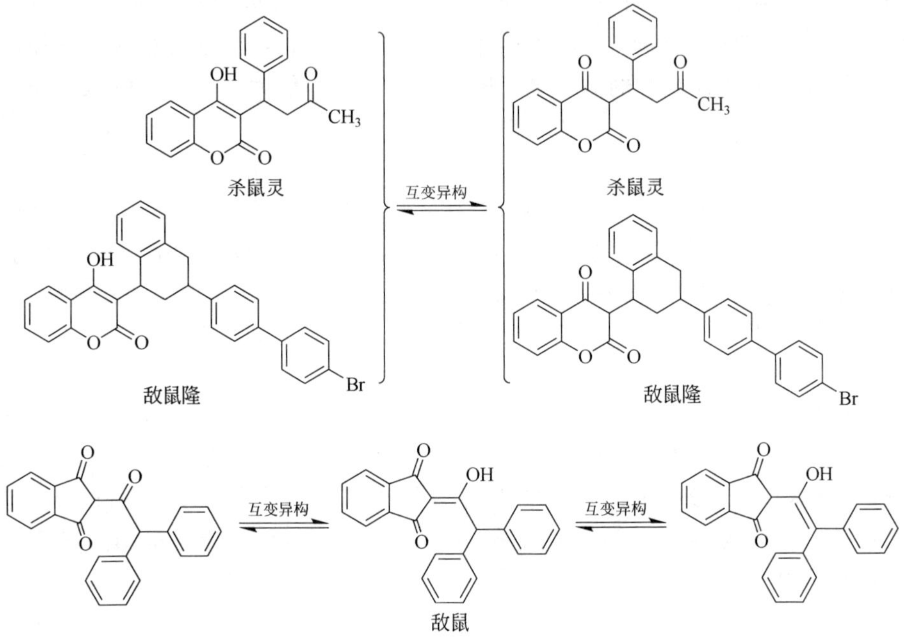

图 3-9　农药分子结构中的互变异构现象

比较普遍的是以—OH 转化为—OR 醚的结构方式存在，如乙嘧硫磷（etrimfos）、残杀威（propoxur）、四氟甲醚菊酯（dimefluthrin）、嘧螨酯（fluacrypyrim）、丁氟螨酯（cyflumetofen）、啶虫丙醚（pyridalyl）等。

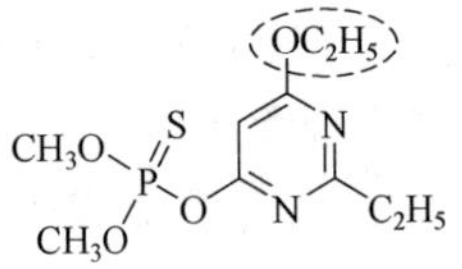

乙嘧硫磷

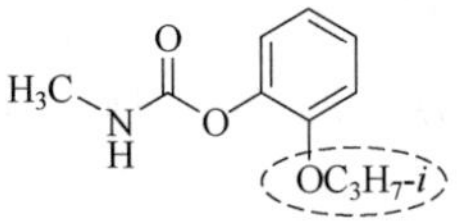

残杀威

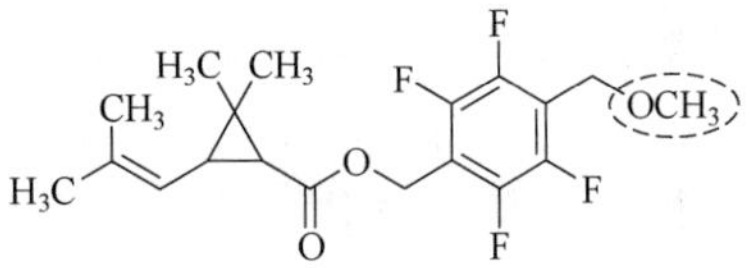

四氟甲醚菊酯

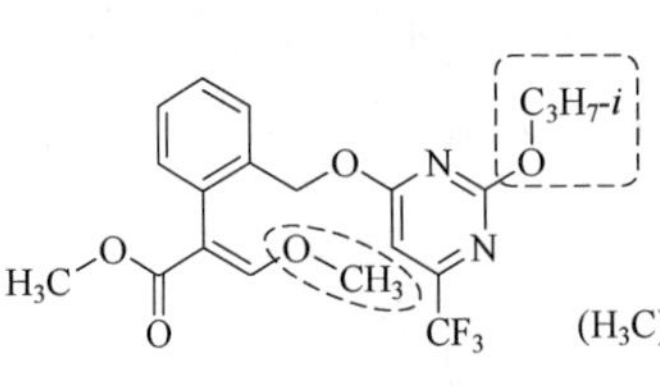

嘧螨酯

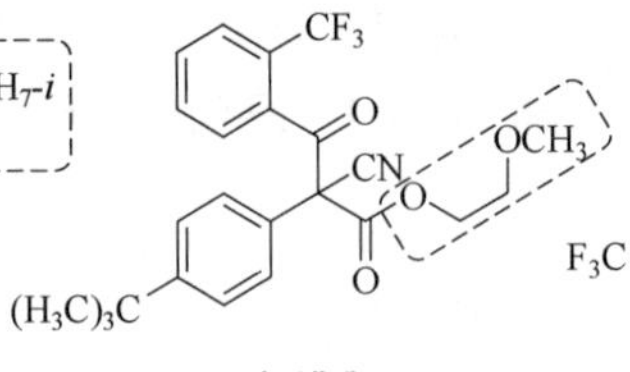

丁氟螨酯

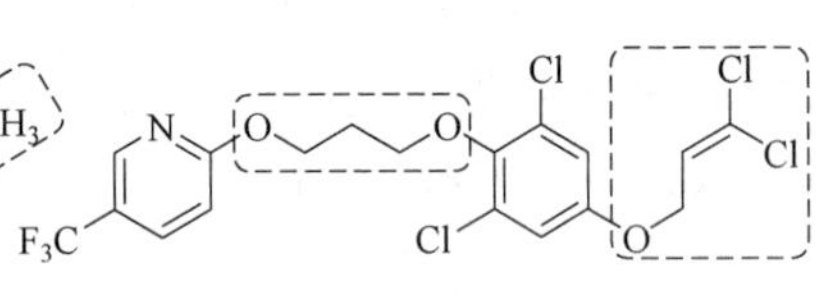

啶虫丙醚

当—OR 表达为—OCF_3 等含氟烷氧基时，所得杀虫剂往往具有非常好的生物活性，如茚虫威（indoxacarb）、氟酯菊酯（acrinathrin）、氟铃脲（hexaflumuron）等。

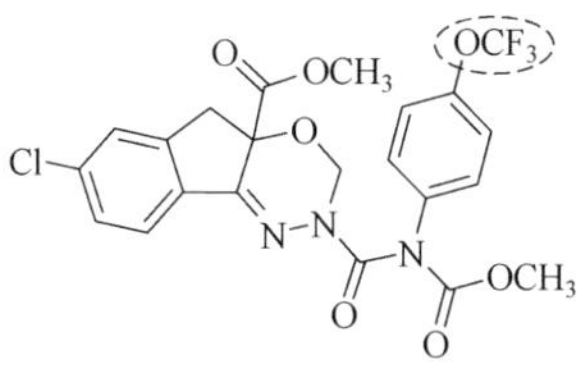

茚虫威

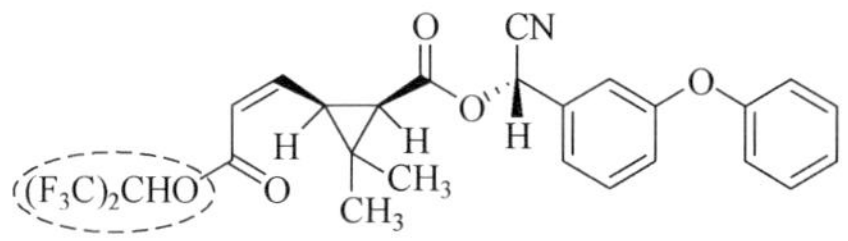

氟酯菊酯

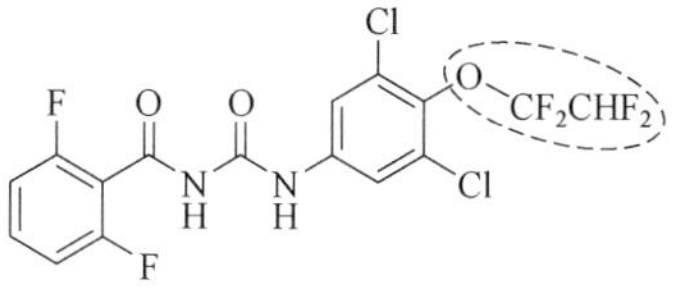

氟铃脲

当—OR 中 R 为苯衍生物时，形成二苯醚特殊功能基团结构，如唑虫酰胺（tolfenpyrad）、氟氯氰菊酯（cyfluthrin）、flometoquin 等。

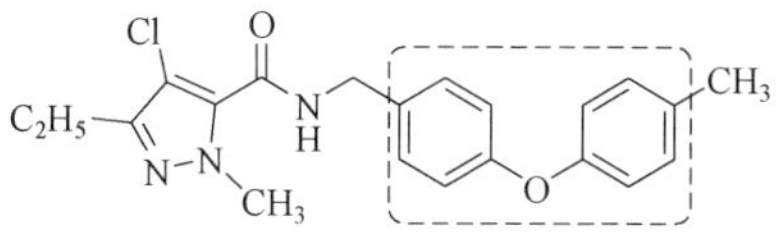

唑虫酰胺

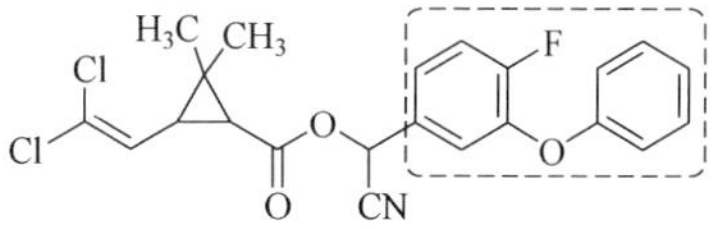

氟氯氰菊酯

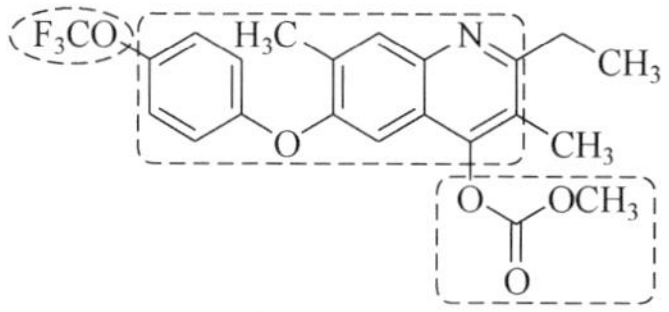

flometoquin

在杀螨剂螺螨酯系列中，—OH 以烯醇式形式存在，并且通过酰基化获得理想的生物活性，如螺虫酯（spiromesifen）、螺虫乙酯（spirotetramat）、螺螨酯（spirodiclofen）等。

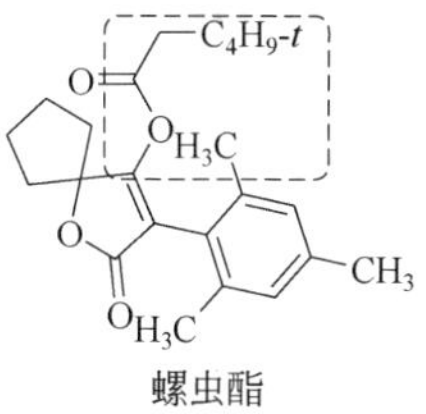

螺虫酯

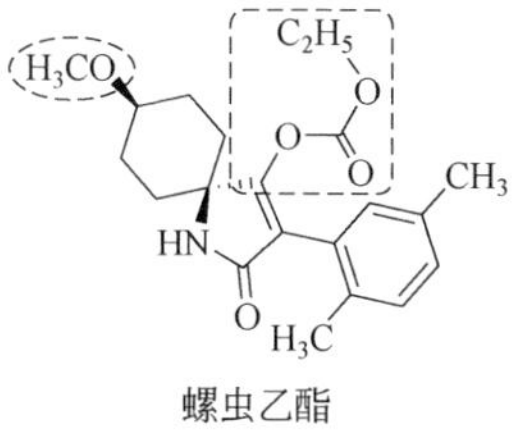

螺虫乙酯

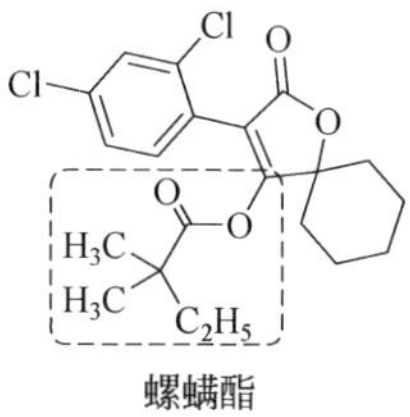

螺螨酯

近年来，在杀虫剂农药分子设计与结构优化中—SH 应用很少，即使早期，一般也是以烷硫基的硫醚结构出现，如虫螨磷（chlorthiophos）、甲硫威（methiocarb）、丁酮威（butocarboxim）。

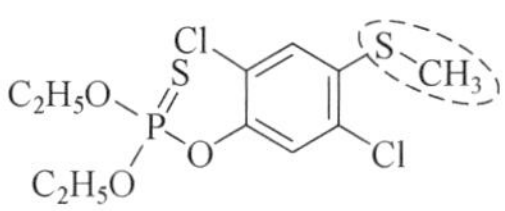

虫螨磷

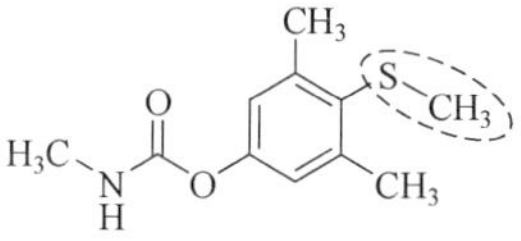

甲硫威

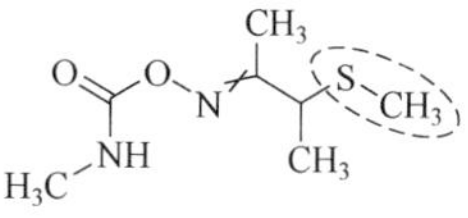

丁酮威

其实，近年来在农药分子设计与结构优化中 S 已经受到广泛的青睐，只是常常以高氧化态功能结构出现，如三氟咪啶酰胺（fluazaindolizine）、fluhexafon、氟虫双酰胺（flubendiamide）等。

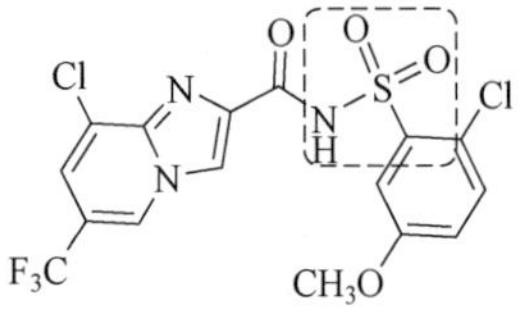

三氟咪啶酰胺 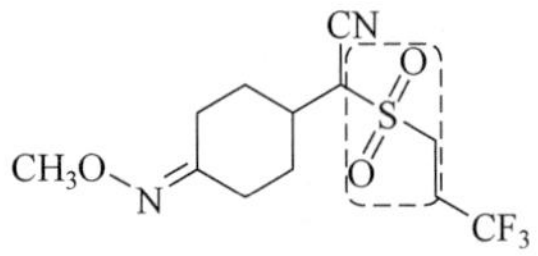　　　　　　fluhexafon 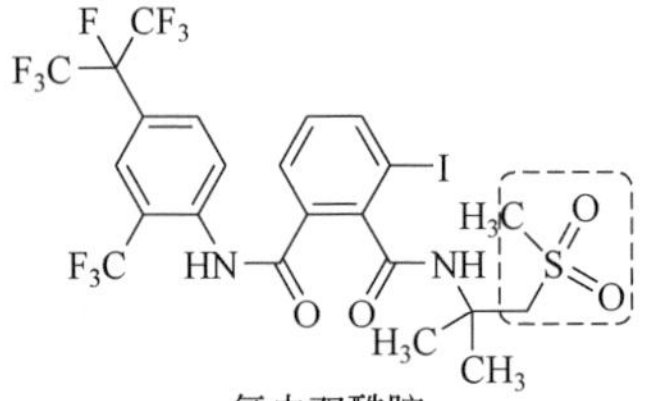　　　　　　氟虫双酰胺

（2）在杀菌剂农药分子结构中，含有—OH 基团的品种比例相对较高，特别是三唑类杀菌剂，二级醇、三级醇堪称主体结构，如环酰菌胺（fenhexamid）、烯唑醇（diniconazole）、三唑醇（triadimenol）等。

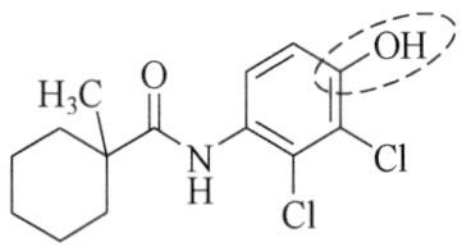

环酰菌胺 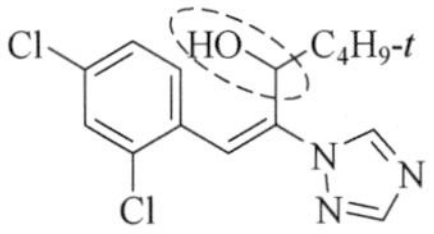　　　　　　　烯唑醇 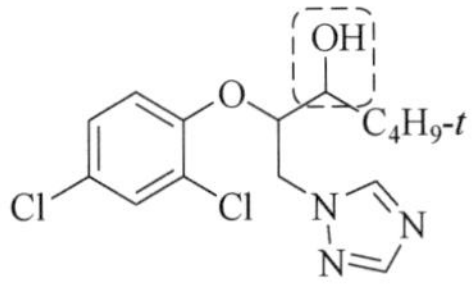　　　　　　　三唑醇

二级醇与酮之间互为氧化还原产物，三唑醇（triadimenol）与三唑酮（triadimefon）因此而互为原料。

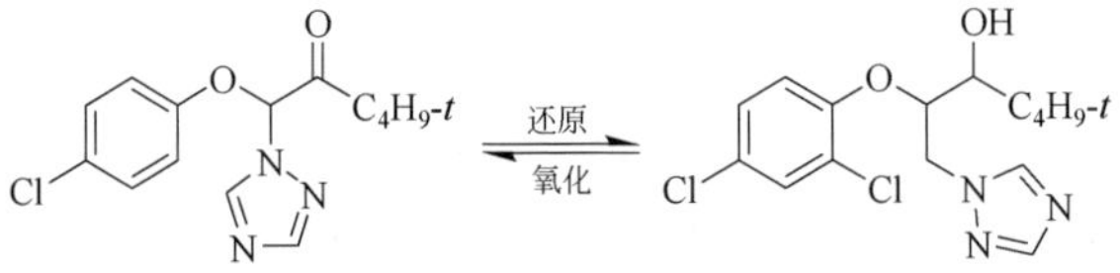

三唑酮　　　　　　　　　　　　　　　三唑醇

甲醇中的—H 被一价等排替换，形成取代甲醇衍生物杀菌剂，而 H 与卤素间的等排替换又形成不同的同类产品，如氯苯嘧啶醇（fenarimol）、氟苯嘧啶醇（nuarimol）、嘧菌醇（triarimol），如图 3-10。

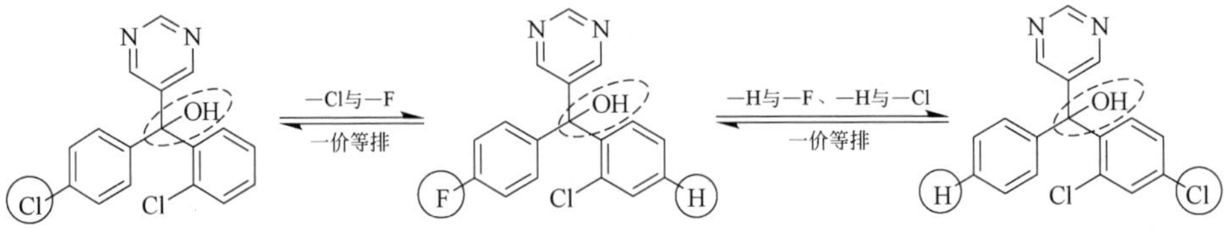

氯苯嘧啶醇　　　　　　　氟苯嘧啶醇　　　　　　　嘧菌醇

图 3-10　甲醇中的—H 之一价等排替换应用

三级醇与三唑通过—CH₂—结合，形成杀菌药效团结构（），如硅氟唑（simeconazole）、环丙唑醇（cyproconazole）、氯氟醚菌唑（mefentrifluconazole）等。

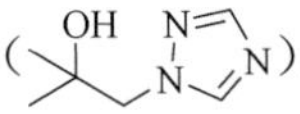

硅氟唑　　　　　　　　　环丙唑醇　　　　　　　　　氯氟醚菌唑

含有 $\begin{smallmatrix}R^1\\R^2\end{smallmatrix}$ 药效团结构相似结构的丙硫菌唑（prothioconazole），存在 —SH 结构的互变异构现象。

烯烃结构氢化还原，获得类同产品，如灭菌唑（triticonazole）还原为叶菌唑（metconazole）。

灭菌唑　　　　　　　　　　　　　叶菌唑

芳香环上的 —OH 依然以 —OCH$_3$ 或 —OCF$_3$ 等醚方式出现，而烃结构的醇往往形成相应的醚结构，如双炔酰菌胺（mandipropamid）、噻氟菌胺（thifluzamide）、乙霉威（diethofencarb）、丙氧喹啉（proquinazid）、苯氧喹啉（quinoxyfen）等。

双炔酰菌胺　　　　　　　　　噻氟菌胺　　　　　　　　　乙霉威

丙氧喹啉　　　　　　　　　苯氧喹啉

丙烯酸甲氧基成为特征结构，如醚菌酯（kresoxim-methyl）、唑菌胺酯（pyraclostrobin）、嘧菌酯（azoxystrobin）等。

醚菌酯　　　　　　　　　唑菌胺酯　　　　　　　　　嘧菌酯

有时，—Cl 与苯醚结构之间等排替换，亦可获得作用机制类似的新农药品种，如苯醚甲环唑（difenoconazole）与丙环唑（propiconazole）之间就存在这种奇妙关系。

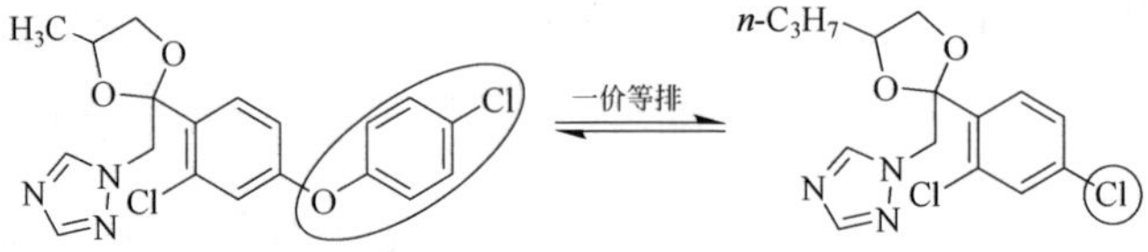

苯醚甲环唑　　丙环唑

—OH、—H、—CH_2CH_3、—OCF_2CHF_2 都是一价基团，相互间可以进行等排替换，据此优化设计新的农药分子结构，如己唑醇（hexaconazole）、戊菌唑（penconazole）、四氟醚唑（tetraconazole）、糠菌唑（bromuconazole）、腈菌唑（myclobutanil）等，如图 3-11。

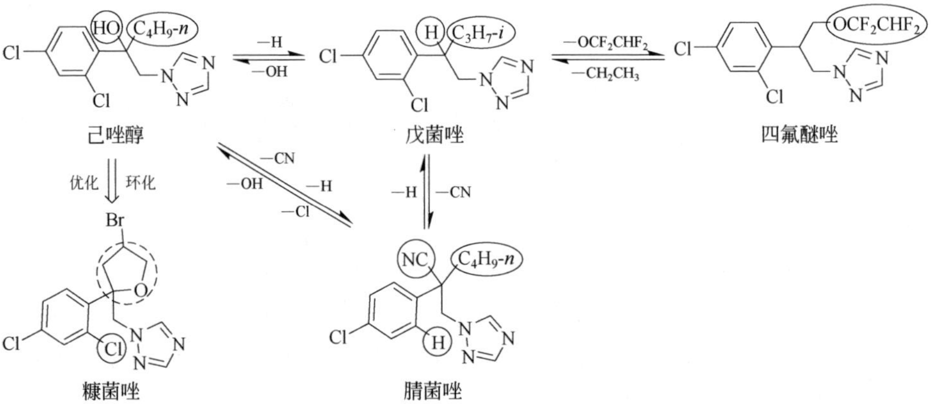

图 3-11　一价生物电子等排在三唑类杀菌剂农药分子结构优化中的应用

在杀菌剂农药分子设计与结构优化中—SH 应用很少，与杀虫剂类似，往往被烷基化，成为硫醚结构，如叶枯唑（bismerthiazol）、咪唑菌酮（fenamidone）。

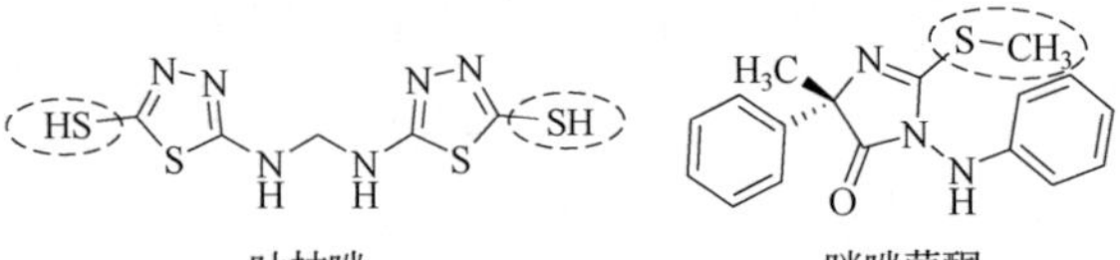

叶枯唑　　咪唑菌酮

或者成为环化结构，如稻瘟灵（isoprothiolane）、灭螨猛（chinomethionate）、dipymetitrone 等。

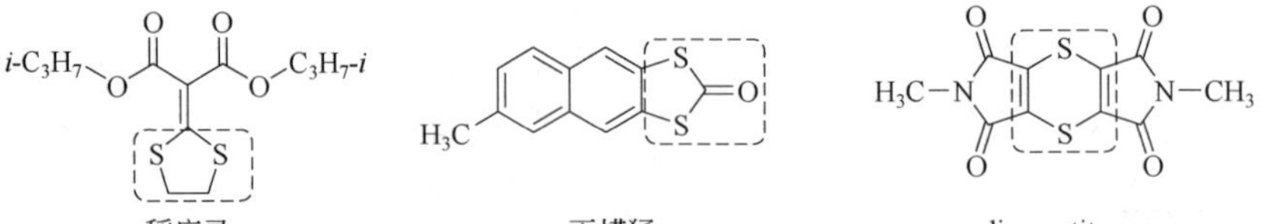

稻瘟灵　　灭螨猛　　dipymetitrone

再者就是以高氧化态功能结构出现,特别是近年来创制的新杀菌剂农药品种,如吲唑磺菌胺（amisulbrom）、氰霜唑（cyazofamid）、dichlobentiazox 等。

吲唑磺菌胺　　　　　氰霜唑　　　　　dichlobentiazox

（3）在除草剂农药分子设计与结构优化中,—OH 被频繁应用,但作为功能性官能团直接出现在除草剂分子结构中的情况比较少；即使出现,也是被氧化成羰基还能保持生物活性的情况下, 如 pyrimisulfan。

pyrimisulfan　　　　　　高除草活性化合物

而在除草剂农药中占据一席之地的环己二酮和三酮类除草剂分子结构中的—OH,则是以烯醇式状态存在,如烯草酮（clethodim）、氟吡草酮（bicyclopyrone）、丁苯草酮（butroxydim）等。

烯草酮　　　　　　氟吡草酮　　　　　丁苯草酮

多数与芳香环相连接的—OH, 一般都是烷基化为烃基芳香醚,如异噁草胺（isoxaben）、环戊噁草酮（pentoxazone）、三氟啶磺隆钠盐（trifloxysulfuron-sodium）等。

异噁草胺　　　　　　环戊噁草酮　　　　　三氟啶磺隆钠盐

而吡唑类除草剂分子结构中的—OH,烷基化和非烷基化并存,并且存在着—H、—CH₃、—CF₃ 一价等排替换,如磺酰草吡唑（pyrasulfotole）、苯唑草酮（topramezone）、砜吡草唑（pyroxasulfone）等。

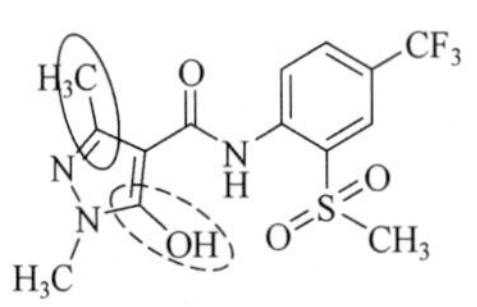

磺酰草吡唑 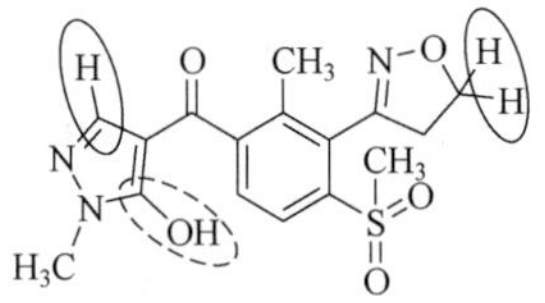　　　　　　　　　苯唑草酮 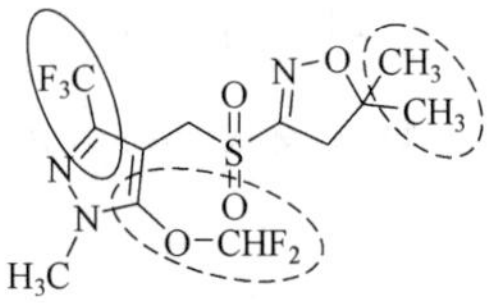　　　　　　　　　　砜吡草唑

当与苯环相连的—OH 与苯环或其他芳香环成醚时，获得比原来更大的共轭芳香体系，衍生形成二苯醚和苯氧羧酸两大类除草剂。

在二苯醚类除草剂分子结构的设计和优化中，功能性 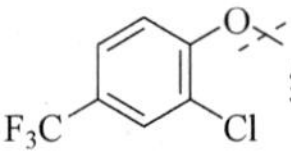 结构单元被比较广泛得应用，如乳氟禾草灵（lactofen）、氟磺胺草醚（fomesafen）、氯氟草醚乙酯（ethoxyfen-ethyl）等。

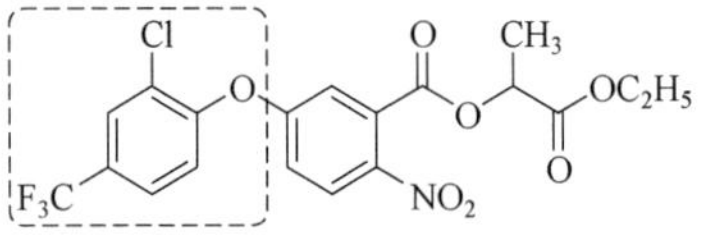

乳氟禾草灵 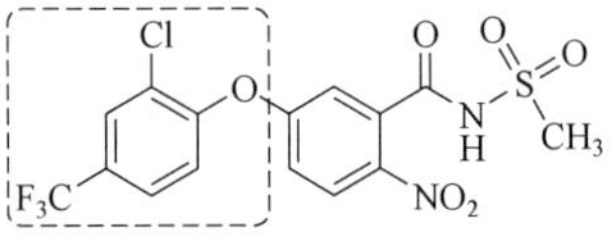　　　　　　　　　　　　　氟磺胺草醚

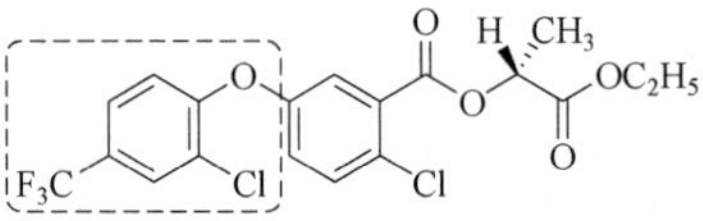

氯氟草醚乙酯

在苯氧羧酸类除草剂分子结构中，与苯环通过—O—共轭的芳香体系往往是氮芳香杂环或稠环，如吡氟禾草灵（fluazifop-butyl）、喹禾灵（quizalofop-ethyl）、噁唑禾草灵（fenoxaprop）等。

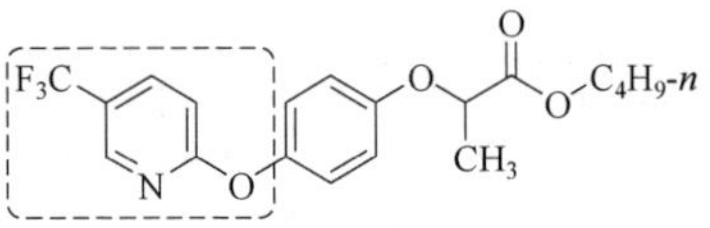

吡氟禾草灵 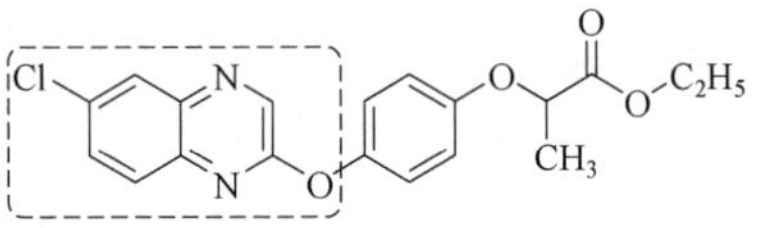　　　　　　　　　　　　　喹禾灵

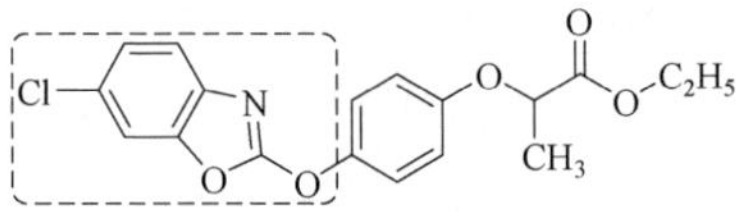

噁唑禾草灵

除草剂分子结构设计和优化过程中，S 被广泛应用，低价态的存在一般是—SCH₃状态，如扑草津（prometryn）、嗪草酮（metribuzin）等。

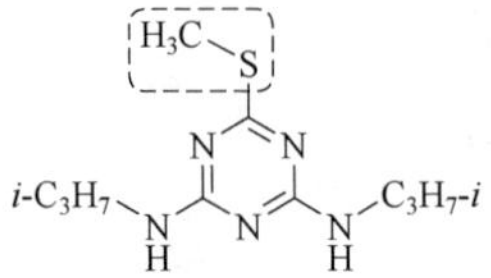

扑草津 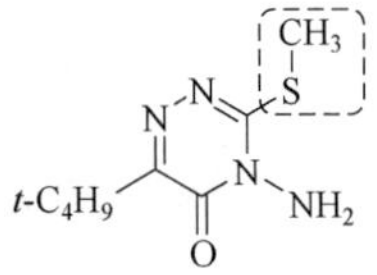　　　　　　　　　　　　　　　嗪草酮

高价态的 S 一般是甲砜基 结构，如硝磺草酮（meso-trione）、苯唑氟草酮（fenpyrazone）、双环磺草酮（benzobicylon）、triafamone、dimesulfazet、苯嘧磺草胺（saflufenacil）等。

硝磺草酮　　　　苯唑氟草酮　　　　双环磺草酮

triafamone　　　　dimesulfazet　　　　苯嘧磺草胺

磺酰胺 结构在除草剂分子结构设计和优化中的突出贡献是作为磺酰脲除草剂的优势结构，开创了"超高效除草剂"新时代，如胺苯磺隆（ethametsulfuron-methyl）、嗪吡嘧磺隆（metazosulfuron）、丙嗪嘧磺隆（propyrisulfuron）等。

胺苯磺隆　　　　嗪吡嘧磺隆　　　　丙嗪嘧磺隆

3.1.1.4　—NH₂ 在农药分子设计与结构优化中的应用

N 属于第五主族元素，原子结构最外层有 5 个电子、3 个未充满电子的 2p 轨道。在 C—NH$_2$ 中，N 用 2 个 sp^3 杂化轨道分别与 2 个 H 的 s 轨道重叠，形成 2 个 sp^3-sσ 键；用 1 个 sp^3 轨道与 C 的 1 个 sp^3 轨道形成 1 个 sp^3-sp^{3}σ 键，C—NH$_2$ 中的 4 个原子呈棱锥体结构，N 原子外层的一对未成键的孤对电子占据了 N 的一个 sp^3 杂化轨道，处于呈棱锥体结构的顶端，从而导致 C—NH$_2$ 的空间结构呈现出 N 处于中心位置的四面体结构[7]。

57

此时 N 原子上的孤对电子结合质子的能力很强，导致对应的脂肪胺具有很强的碱性；同时孤对电子成为很好的氢键受体，而—NH_2 中的 2 个 H 则成为很好的氢键供体。

在芳香胺中，N 上孤对电子占据的 sp^3 轨道具有更多的 p 轨道性质，和苯环（或其他芳香环）的 π 电子轨道重叠，形成 N 和苯环（或其他芳香环）在内的共轭 π 分子轨道，此时的 C—NH_2 虽然还是四面体结构，但 H—N—H 的键角较脂肪胺中的 H—N—H 键角大；由于共轭，芳香胺中的 C—N—H 键角远大于脂肪胺中的 H—N—H 键角。

现有的杀虫剂含有—NH_2 基团的芳香胺结构的杀虫剂很少，只有 aminopyrifen 及灭蝇胺（cyromazine）等品种。

在芳香胺中，—NH_2 成为共轭芳香体系的组成部分，导致 N 原子上的孤对电子较脂肪胺结合质子的能力弱，碱性也较脂肪胺弱；但孤对电子仍然是氢键受体，而—NH_2 中的 2 个 H 仍然是氢键供体。

在农药分子设计与优化过程中，当—NH_2 作为一价等排体替换—H、—CH_3、—F、—Cl、—Br、—I、—CN、—OCH_3、—OCF_3、—OH 等一价基团时，不但使得化合物类别发生了改变，成为碱性的胺类衍生物，而且新化合物分子的电性中心、氢键数量与性质、亲水性、疏水性等相应的理化性质也会发生相应的改变；同时由于新化合物与受体或靶标的作用方式也会发生变化，因此其生物活性一般都会随之而改变。

在不考虑酰胺（ ）或磺酰胺（ ）的情况下，—NH_2 基团直接应用于农药分子设计与优化的情况比较少。

（1）在杀虫剂农药分子结构中，脂肪胺类化合物中的—NH_2 基团往往烃基化为二级胺或三级胺，如烟碱类杀虫剂吡虫啉（imidacloprid）、啶虫脒（acetamiprid）、氟吡呋喃酮（flupyradifurone）等。

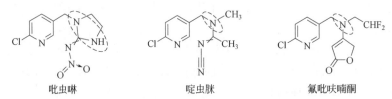

吡虫啉   啶虫脒   氟吡呋喃酮

现有的杀虫剂含有—NH_2 基团的芳香胺结构的杀虫剂很少，只有 aminopyrifen 及灭蝇胺（cyromazine）等品种。

aminopyrifen　　　　　　　灭蝇胺

比较普遍的是将—NH$_2$基团烃基化为二级胺或三级胺，如嘧啶磷（pirimiphos-ethyl）、氟胺氰菊酯（tau-fluvalinate）、pyriprole 等。

嘧啶磷　　　　　　　氟胺氰菊酯　　　　　　　pyriprole

（2）—NH$_2$基团应用于杀菌剂农药分子设计与优化主要体现在芳香胺类杀菌剂中，一般也是以二级胺或三级胺结构状态出现，如噻唑菌胺（ethaboxam）、毒氟磷（dufulin）等。

噻唑菌胺　　　　　　　　　毒氟磷

芳香胺在杀菌剂农药分子设计与优化中的广泛应用，主要体现在嘧啶类杀菌剂农药中，如乙嘧酚磺酸酯（bupirimate）、嘧霉胺（pyrimethanil）、嘧菌环胺（cyprodinil）等。

乙嘧酚磺酸酯　　　　　　　嘧霉胺　　　　　　　嘧菌环胺

而乙嘧酚（ethirimol）经过磺酰胺酯化获得乙嘧酚磺酸酯，所得新农药品种不但稳定性增加了，生物活性也得到提高。

乙嘧酚　　　　　　　　　　乙嘧酚磺酸酯

（3）—NH$_2$基团在脂肪胺结构除草剂农药分子设计与优化中应用比较广泛，比如有机磷类除草剂双丙氨酰膦（bialaphos）、草甘膦（glyphosate）、草铵膦

（glufosinate）等。

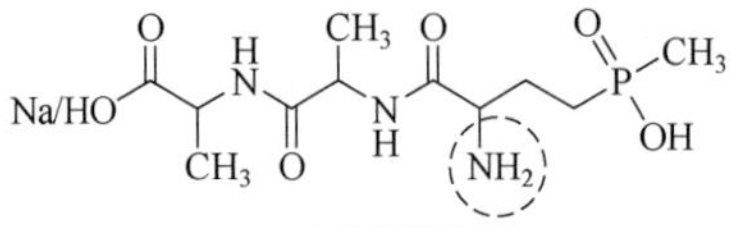

双丙氨酰膦　　　　草甘膦　　　　草铵膦

而草甘膦和草铵膦之间通过—NH₂基的迁越，实现了相互间的转化，如图 3-12。

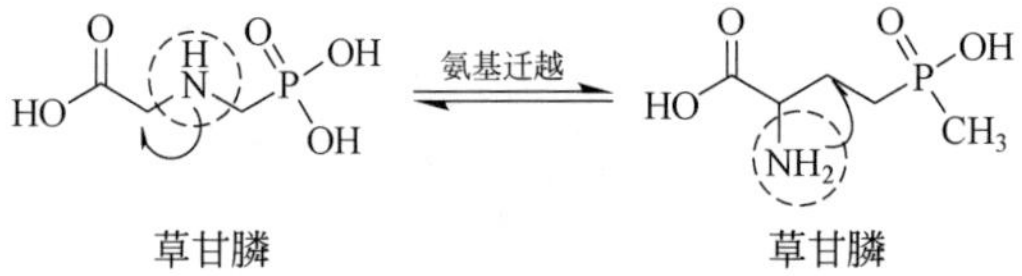

图 3-12　—NH₂基迁越之草甘膦与草铵膦

—NH₂基团在芳香胺结构除草剂农药分子设计与优化中应用同样广泛，可以是一级胺、二级胺或三级胺结构，如氟草烟（fluroxypyr）、胺唑草酮（amicarbazone）、氨基丙乐灵（prodiamine）等。

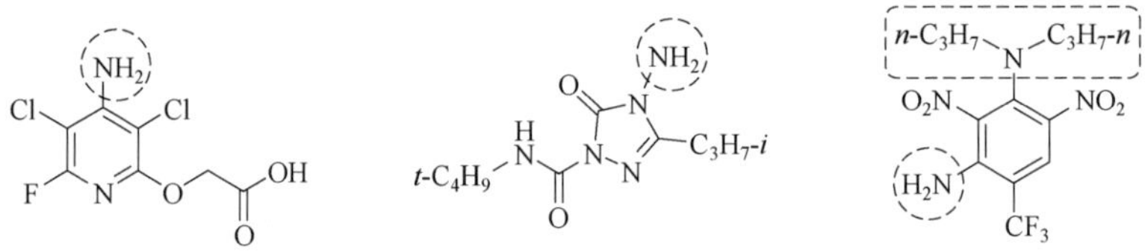

氟草烟　　　　胺唑草酮　　　　氨基丙乐灵

—NH₂基团在除草剂农药分子设计与优化中引人注目的应用，当属三嗪结构的除草剂农药品种，如莠去津（atrazine）、三嗪氟草胺（triaziflam）、茚嗪氟草胺（indaziflam）、嗪草酮（metribuzin）、苯嗪草酮（metamitron）、胺苯磺隆（ethametsulfuronmethyl）等。

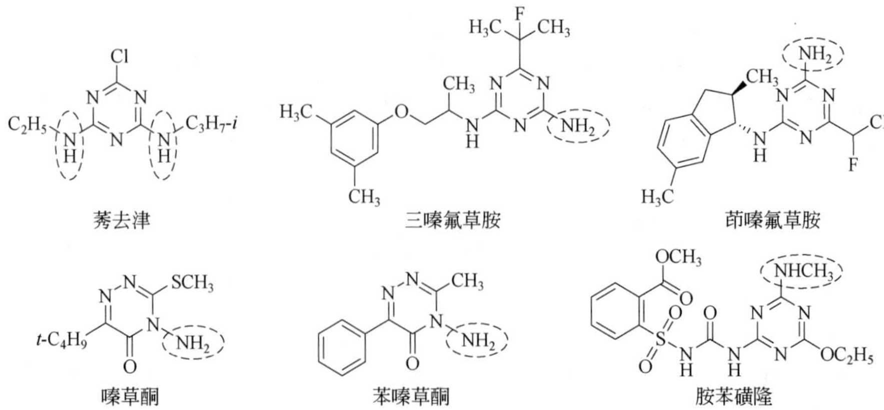

莠去津　　　　三嗪氟草胺　　　　茚嗪氟草胺

嗪草酮　　　　苯嗪草酮　　　　胺苯磺隆

3.1.1.5　—NO₂ 在农药分子设计与结构优化中的应用

现有的农药分子结构中，—NO_2 一般是以硝基苯或 ═C—NO_2、═N—NO_2 结构形式存在，在这三种结构中，与 N 相连接的 C 或 N 都是 sp^2 杂化。在—NO_2 结构中，N 原子呈 sp^2 杂化状态，2 个 sp^2 杂化轨道与 O 原子形成 σ 键，另一个 sp^2 杂化轨道与 sp^2 杂化的 C 或 N 原子的 1 个 sp^2 杂化轨道形成 σ 键，N 原子中未参与杂化的 p 轨道与 2 个 O 原子以及与—NO_2 相连接 C 或 N 原子 p 轨道形成共轭体系，无论硝基苯或 ═C—NO_2 还是 ═N—NO_2，其中的—NO_2 都是对称结构，例如硝基苯[8]。

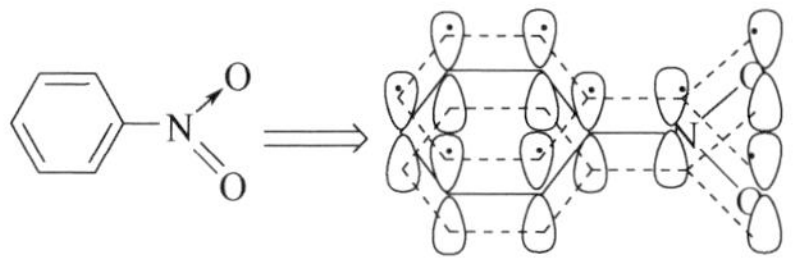

由于 O 原子电负性值比较大，因此—NO_2 属于强的吸电子基团。在农药分子设计与优化过程中，当—NO_2 作为一价等排体替换其他一价基团时，化合物类别被改变，所得新化合物分子的电性中心、氢键数量与性质、亲水性、疏水性等相应的理化性质以及生物活性也会随之发生相应的改变；由于—NO_2 在生物体内可以被相应的酶还原为—NH_2，将导致新化合物生物活性发生变化。因此，当—NO_2 作为一价等排体替换—H、—CH_3、—F、—Cl、—Br、—I、—CN、—OCH_3、—OCF_3、—OH 等一价基团时，所得新化合物的生物活性往往发生不可预测的变化。

（1）—NO_2 在杀虫剂农药分子结构中的呈现，首先是早期开发的有机磷农药品种，多数以硝基苯的方式出现，如对氧磷（paraoxon）、杀螟硫磷（fenitrothion）等。

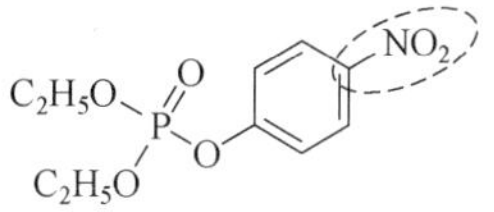

对氧磷 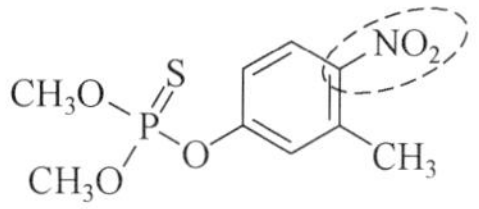　　　　　　　杀螟硫磷

—NO_2 在杀虫剂农药分子结构设计和优化中，得到广泛应用的是烟碱类杀虫剂，如吡虫啉（imidacloprid）、烯啶虫胺（nitenpyram）、呋虫胺（dinotefuran）等。

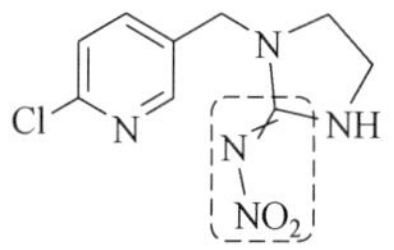

吡虫啉 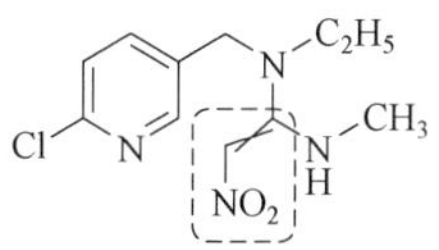　　　　　　　烯啶虫胺 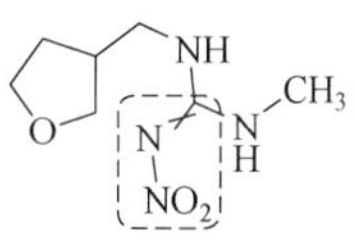　　　　　　　呋虫胺

在该类农药分子结构中，—CN 成为—NO_2 的良好等排体，当—CN 替换—NO_2 后，所得新化合物的生物生活性或者保持或者有所提高或者杀虫谱有所扩大，如吡虫啉与噻虫啉（thiacloprid）、烯啶虫胺与啶虫脒（acetamiprid），如图 3-13。

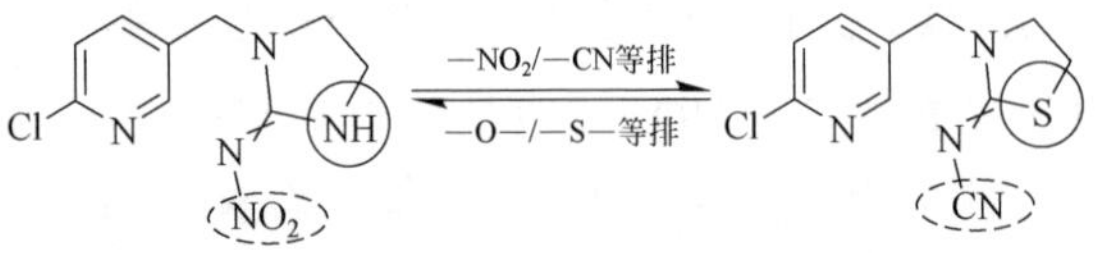

吡虫啉　　　　噻虫啉

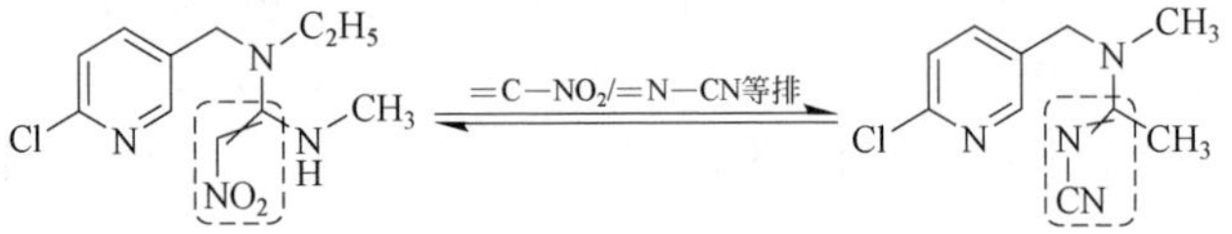

烯啶虫胺　　　　啶虫脒

图 3-13　$—NO_2/—CN$ 生物电子等排在烟碱类杀虫剂农药分子结构优化中的应用

（2）$—NO_2$ 尚未在杀菌剂农药分子结构设计和优化中得到广泛应用，目前相关农药品种只有氟啶胺（fluazinam）、硝苯菌酯（meptyldinocap）等几个杀菌剂品种。

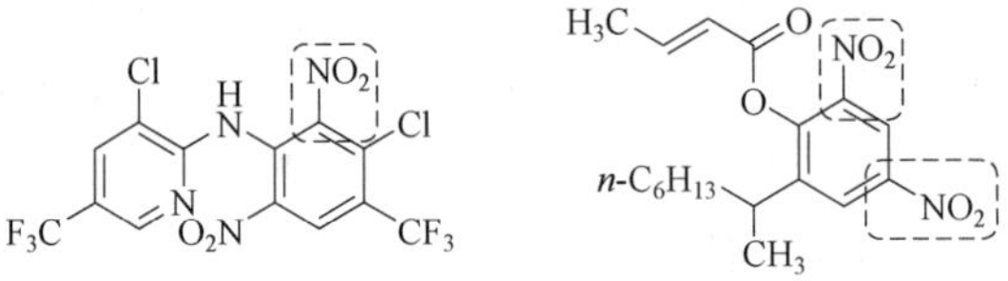

氟啶胺　　　　硝苯菌酯

（3）$—NO_2$ 在除草剂农药分子结构设计和优化中的应用，主要体现在二苯醚类、二硝基苯胺类、硫代磷酰胺类及三酮类除草剂分子结构中。

二苯醚类除草剂分子结构中，醚键对位的 $—NO_2$ 与二苯醚主体结构构成二苯醚类除草剂优势结构，作为吸电子基团，$—NO_2$ 或—Cl 成为不可或缺的功能基团，如甲羧除草醚（bifenox）、草枯醚（chlornitrofen）、乙氧氟草醚（oxyfluorfen）等。

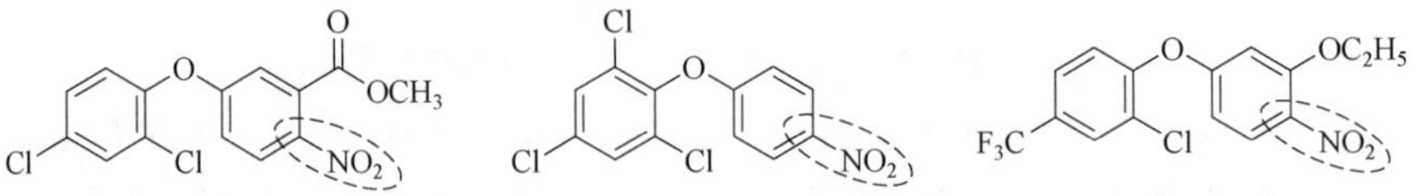

甲羧除草醚　　　　草枯醚　　　　乙氧氟草醚

从目前的商业化的除草剂品种看，该类除草剂分子结构为如下三种结构类型[9]。

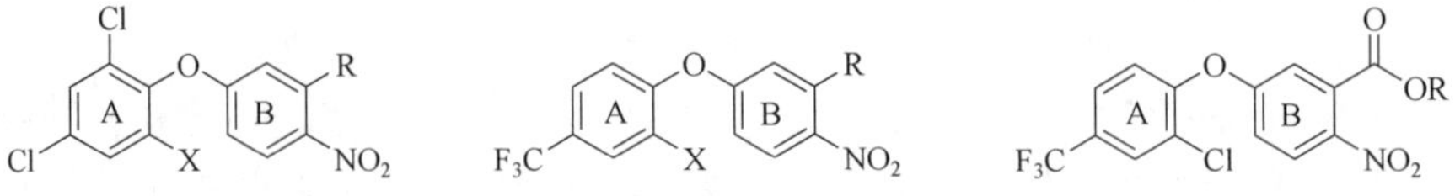

其中，B 环的 $—NO_2$ 可以与—Cl 相互等排替换，并且保持活性，如乳氟禾草

灵（lactofen）与氯氟草醚乙酯（ethoxyfen-ethyl），如图 3-14。

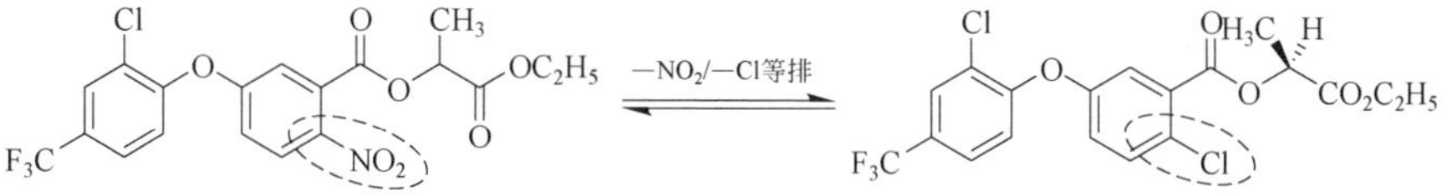

乳氟禾草灵　　　　氯氟草醚乙酯

图 3-14 —NO_2 与—Cl 等排替换应用（一）

而 A 环对位的—Cl 若与—CF_3 等排替换，则除草活性提高 4～6 倍，如从甲羧除草醚（bifenox）到三氟羧草醚（acifluorfen）、氟磺胺草醚（fomesafen），如图 3-15。

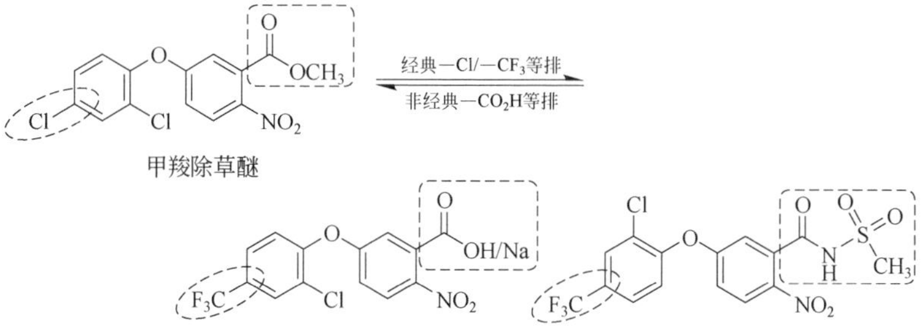

甲羧除草醚

三氟羧草醚　　　　氟磺胺草醚

图 3-15 —Cl 与—CF_3 等排替换应用

在三酮类除草剂分子结构中，同样存在—NO_2 与—Cl 相互等排替换保持活性的现象，如硝磺草酮（mesotrione）与磺草酮（sulcotrione），如图 3-16。

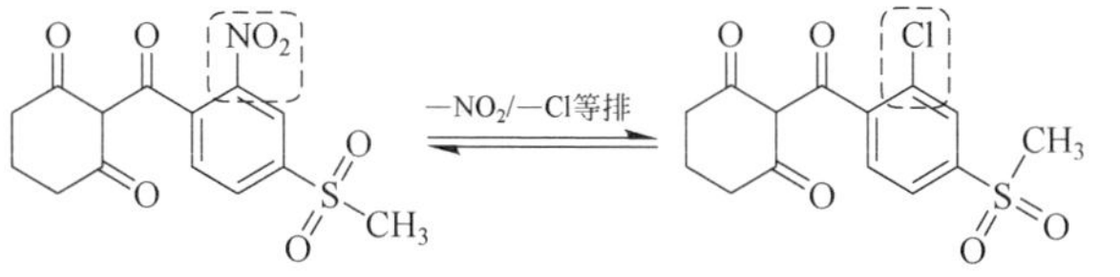

硝磺草酮　　　　磺草酮

图 3-16 —NO_2 与—Cl 等排替换应用（二）

—NO_2 成为除草剂优势结构组成部分的另一特例是二硝基苯胺类除草剂，该类除草剂影响杂草细胞分裂，选择性取决于氨基上的二烷基和苯环 4 位的取代物。除敌乐胺外，在氨基上的取代烷基有 6 个 C 原子时活性最高，而苯环 4 位取代基的活性依下列次序 CF_3>CH_3>Cl>H 而降低，都是芽前除草剂，如氟乐灵（trifluralin）、二甲戊乐灵（pendimethalin）、氨磺乐灵（oryzalin）、氯乙灵（chlornidine）等[10]。

氟乐灵　　　二甲戊乐灵　　　氨磺乐灵　　　氯乙灵

作为除草剂的硫代磷酰胺类有机磷化合物，—NO₂ 大概率是在苯环的 2 位，如草特磷（DMPA）、胺草磷（amiprophos）、抑草磷（butamifos）等。

草特磷　　　胺草磷　　　抑草磷

当—NO₂ 被—Cl 等官能团等排替换，形成类似结构的硫代磷酰胺类化合物，却具有杀虫活性，如甲基异柳磷（isofenphos-methyl）、畜壮磷（narlene）、果满磷（amidothionate）等。

甲基异柳磷　　　畜壮磷　　　果满磷

3.1.1.6　—CH₃、—OCH₃在农药分子设计与结构优化中的应用

—CH₃ 在农药分子设计和优化过程中，扮演着重要角色，但又很难说得清其作用机制。不可否认的是，—CH₃ 的引入往往可以降低芳香环的稳定性。比如苯即使在 KMnO₄ 加热也难以被氧化，而甲苯在 KMnO₄ 中加热却被氧化成苯甲酸。因此，苯环等其他芳香环链接—F、—Cl、—CF₃时稳定性提高，而链接—CH₃时稳定性降低，容易代谢。当—CH₃ 被—Cl、—Br、—CF₃ 吸电子基团等排替换时，不但导致整个分子电荷平衡、脂溶性等理化性质发生了变化，还增加了分子的氢键数量，与受体或靶标的作用也有变化，因此导致新化合物分子的生物活性发生变化。

（1）在杀虫剂农药分子结构中，—CH₃ 常常与苯环或其他芳香环相连，如速灭威（metolcarb）、二嗪磷（diazinon）、异索威（isolan）等。

速灭威　　　二嗪磷　　　异索威

有时，—CH₃ 也扮演着消除氮活泼氢、减少氢键供体的角色，如啶虫脒（acetamiprid）、双甲脒（amitraz）、抗蚜威（pirimicarb）等。

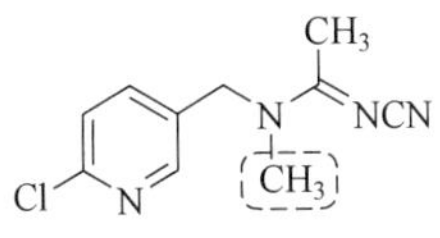

啶虫脒 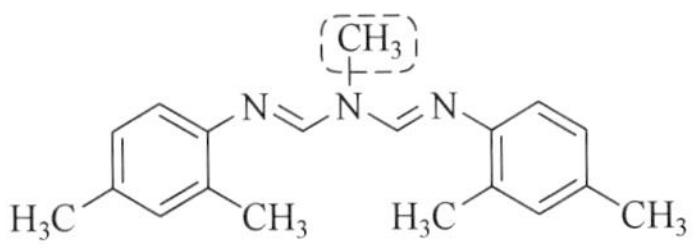　　　　　　双甲脒 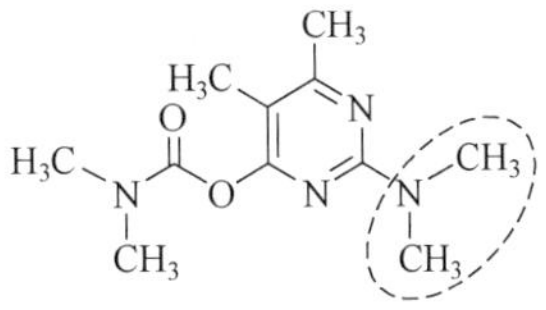　　　　　　抗蚜威

在氨基甲酸酯类农药分子结构中，*N*-甲基氨基甲酸酯中引入—CH₃，形成的
N,N-二甲基氨基甲酸酯杀虫谱一般会发生变化，如抗蚜威（pirimicarb）、异索威
（isolan）、喹啉威（hyquincarb）等。

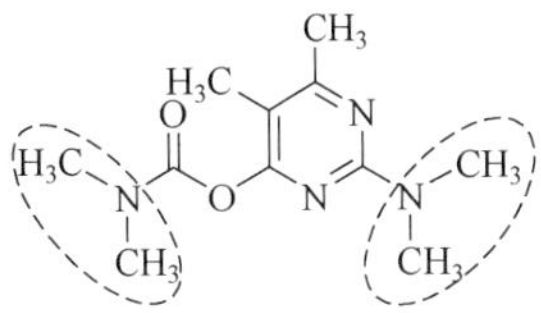

抗蚜威 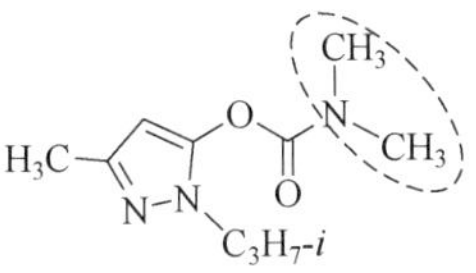　　　　　　异索威 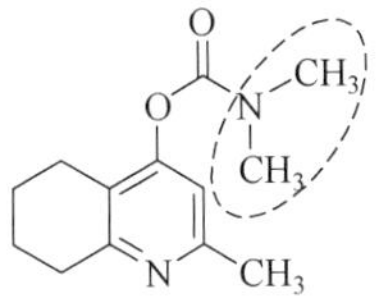　　　　　　喹啉威

在拟除虫菊酯类农药分子结构中，酸结构部分，端烯—CH₃ 被—Cl、—Br 或
—CF₃ 等排替换后，所得新化合物杀虫活性往往大幅度提高，如氯氰菊酯
（cypermethrin）、氯氟氰菊酯（cyhalothrin）、溴氰菊酯（deltamethrin）活性皆远
远高于苯醚氰菊酯（cyphenothrin）。

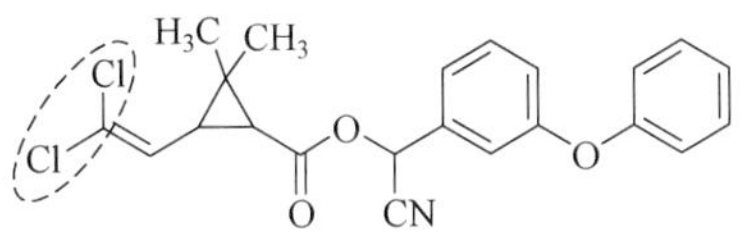

氯氰菊酯 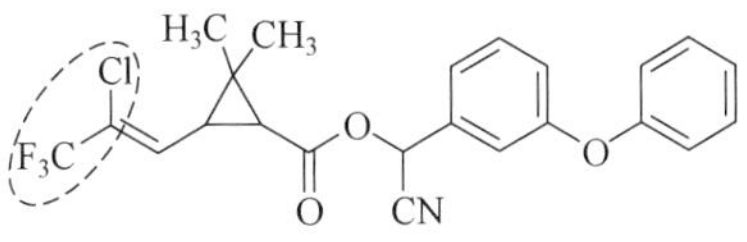　　　　　　氯氟氰菊酯

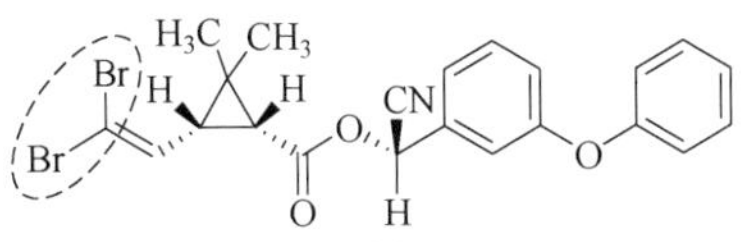

溴氰菊酯 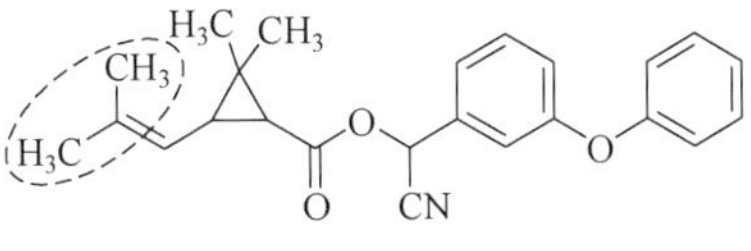　　　　　　苯醚氰菊酯

在新贵鱼尼丁受体抑制剂类杀虫剂分子结构中，—Br 等排替换—CH₃ 后所得
新化合物杀虫活性也有一定的提高，如环溴虫酰胺（cyclaniliprole）较之氯虫苯
甲酰胺（chlorantraniliprole）更好，如图 3-17。

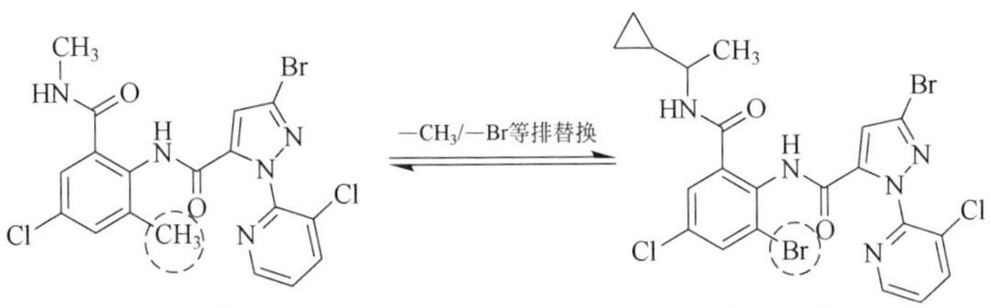

氯虫苯甲酰胺　　　　　　环溴虫酰胺

图 3-17　—Br 与—CH₃ 等排替换应用

（2）与在杀虫剂农药分子结构中扮演的角色相近，在杀菌剂农药分子结构中—CH₃同样常常与苯环或其他芳香环相连，如异丙菌胺（iprovalicarb）、吡菌苯威（pyribencarb）、嘧霉胺（pyrimethanil）、吲唑磺菌胺（amisulbrom）、三环唑（tricyclazole）、毒氟磷等。

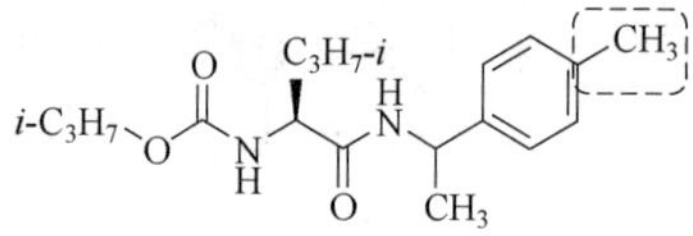

异丙菌胺 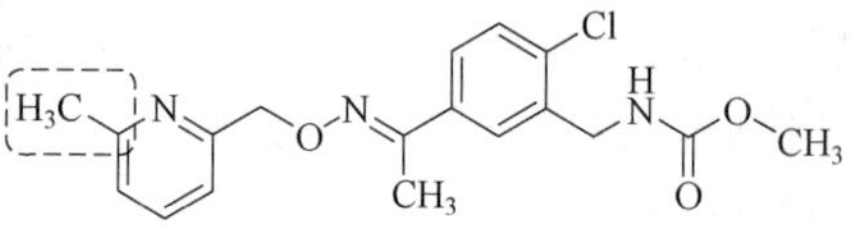 吡菌苯威 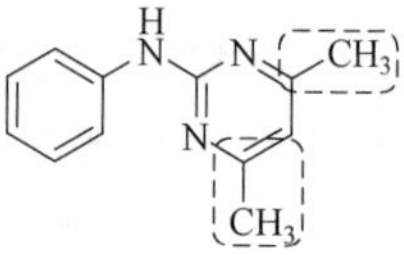 嘧霉胺

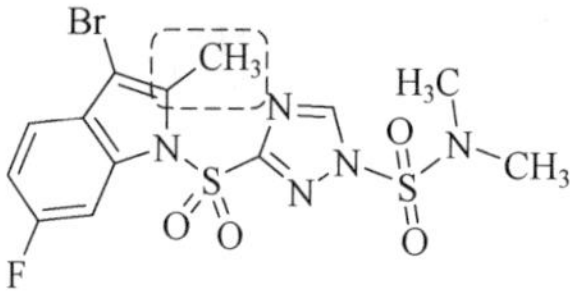

吲唑磺菌胺 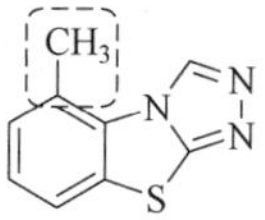 三环唑 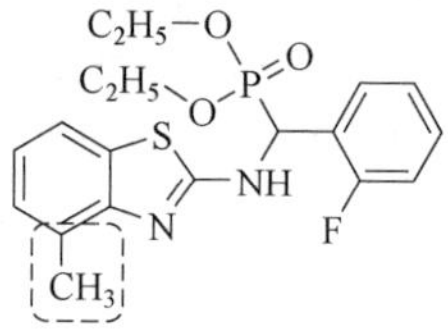 毒氟磷

有时，通过—CH₃等排替换—H，新的分子结构产生手性碳原子，获得高活性异构体，如苯噻菌胺（benthiavalicarb-isopropyl）、metarylpicoxamid、florylpicoxamid等。

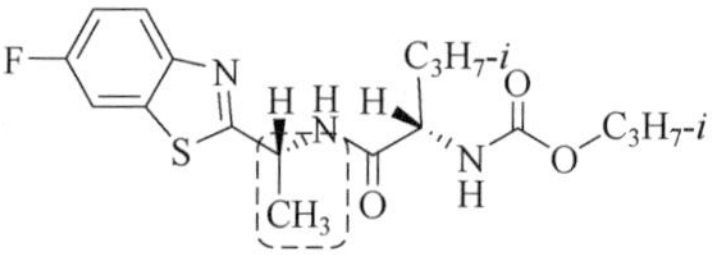

苯噻菌胺 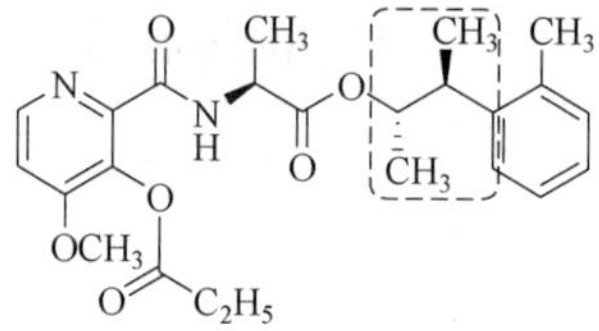 metarylpicoxamid

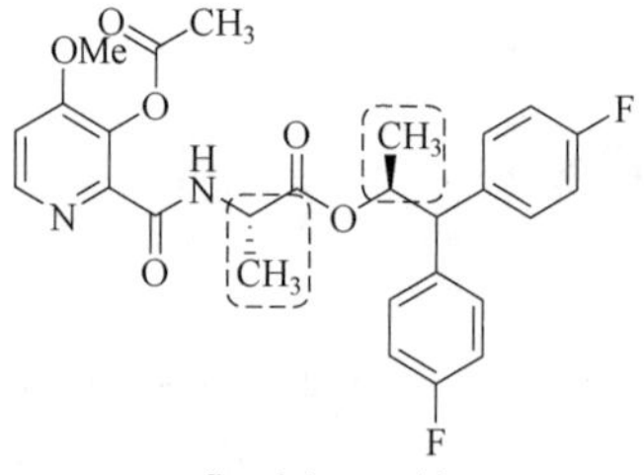

florylpicoxamid

结构比较会发现，metarylpicoxamid 与 florylpicoxamid 之间存在着—CH₃、—C₆H₄F等排替换关系。

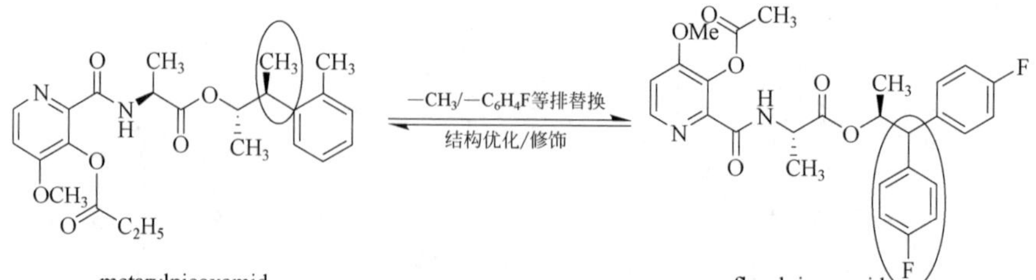

metarylpicoxamid florylpicoxamid

在杀菌剂分子设计与优化中，—CH₃ 的重要应用是在芳香甲酰胺的邻位形成杀菌剂优势结构（H_3C—芳香环—$\overset{O}{C}$—$\overset{H}{N}$—R），如噻酰菌胺（tiadinil）、硅噻菌胺（silthiopham）、呋吡菌胺（furametpyr）、甲呋菌胺（fenfuram）、灭锈胺（mepronil）、萎锈灵（carboxin）等。

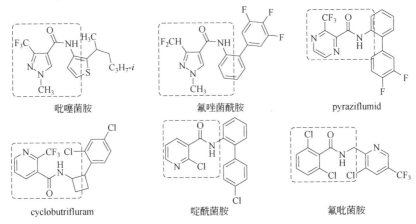

当 —CH₃ 被 —CF₃、—CHF₂、—Cl 等吸电子基团等排替换时，新化合物分子生物活性往往提高，如吡噻菌胺（penthiopyrad）、氟唑菌酰胺（fluxapyroxad）、pyraziflumid、cyclobutrifluram、啶酰菌胺（boscalid）、氟吡菌胺（fluopicolide）等。

吡噻菌胺 氟唑菌酰胺 pyraziflumid cyclobutrifluram 啶酰菌胺 氟吡菌胺

（3）在除草剂分子设计与优化中，—CH₃ 的应用主要体现在两个方面，首先是等排替换各类芳香环上的 —H，如氟哒嗪草酯（flufenpyr-ethyl）、甲嘧磺隆（sulfometuron-methyl）、氟磺酰草胺（mefluidide）等。

氟哒嗪草酯 甲嘧磺隆 氟磺酰草胺

再者是与苯氧羧酸类除草剂分子结构中—CH$_2$—的—H 等排替换，非手性的—CH$_2$—成为手性—CH(CH$_3$)—结构，获得高除草活性 *R* 异构体，如精喹禾灵（quizalofop-P-ethyl）、氰氟草酯（cyhalofop-butyl）等。

精喹禾灵   氰氟草酯

—CH$_3$ 属于疏水性基团，在农药分子设计与优化中，—CH$_3$ 的灵活应用，既可调节化合物的氢键性质和数量，又可调节化合物的理化性质，如羧酸（ ）为酸性化合物，既是供体氢键，又是受体氢键；经过甲基化成酯（ ）之后，化合物理化性质表现为中性，氢键方式只有受体氢键形式；酯在生物体内经过代谢，又可恢复羧酸的本来面目。

—CH$_3$ 的另一个主要应用，是等排替换各类芳香环上—OH 结构中的—H。一方面增加化合物分子稳定性，如苯酚在空气中容易被氧化，当—OH 甲基化后，形成的苯甲醚在空气中就相当稳定。另一方面，当—OH 甲基化时，消除了—OH 中 H 作为氢键供体性质，减少一个氢键，调节了化合物脂溶性等理化性质；当与受体或靶标作用时，又可代谢为苯酚，恢复其生物活性。

与烃基相连的—OH 即醚类、与肟—OH 相连的肟醚类、烯醇式醚类农药分子结构也存在类似的情况。

杀虫剂中的—OCH$_3$ 应用：如甲氧虫酰肼（methoxyfenozide）、螺虫乙酯（spirotetramat）、嘧螨酯（fluacrypyrim）等。

甲氧虫酰肼   螺虫乙酯   嘧螨酯

杀菌剂中的—OCH$_3$ 应用：如烯酰吗啉（dimethomorph）、肟菌酯（trifloxystrobin）等。

烯酰吗啉

肟菌酯

除草剂中的—OCH$_3$应用：如 dioxopyritrione、pyrimisulfan、磺草唑胺（me-tosulam）等。

dioxopyritrione

pyrimisulfan

磺草唑胺

当供电子功能基团—OCH$_3$中的 H 被 F 等排替换，转化为吸电子—OCH$_2$F、—OCHF$_2$、—OCF$_3$功能基团时，并且吸电子能力越来越强，氢键受体数量也逐渐增加，此时将导致分子电荷中心发生变化，进而导致新化合物分子与受体或靶标的作用方式发生变化，新化合物分子的生物活性改变不可避免，一般情况下，生物活性会得到提高，如吡草醚（pyraflufen-ethyl）、噻氟菌胺（thifluzamide）、茚虫威（indoxacarb）等。

吡草醚

噻氟菌胺

茚虫威

3.1.1.7　一价基团之间的等排替换应用

广义地讲，一价基团包括—H、—F、—Cl、—Br、—I、—CN、—CH$_3$、—CH$_2$F、—CHF$_2$、—CF$_3$、—NH$_2$、—NHCH$_3$、—N(CH$_3$)$_2$、—NR^{1}R^2、—OH、—OCH$_3$、—OCF$_3$、—CH$_2$R、—SCH$_3$、—SR 等，在农药分子设计和优化过程应用非常广泛。在被确认的高价值优势结构骨架上进行各种类型的生物电子等排和"me-too"创制，既扩展了某类农药的品种数量，又完善了该类农药的生物防治谱，同时又根据各农药公司的实力水平实现了市场占有和经济利益最大化。

（1）在杀虫剂农药分子设计和优化过程中，—H、—F、—Cl、—Br、—I、—CN、—CH$_3$、—CF$_3$之间的等排替换，应用广泛，经过相互间的等排替换及相应的结构优化，有的实现了生物活性提高，有的实现了杀虫谱完善，有的实现了稳定性提高，有的实现了降低毒副作用。

在早期的有机磷杀虫剂分子结构中，比较常见的是苯环或其他芳香环上的—H、—Cl、—Br、—I、—CN 之间的等排替换。由于有机磷杀虫剂存在高毒性问题，目前已经不是开发热点。

—H、—Cl 间的等排替换：如甲基毒虫畏（dimethylvinphos）、杀虫畏（tetrachlorvinphos）、扑杀磷（potasan）、蝇毒磷（coumaphos）等，如图 3-18。

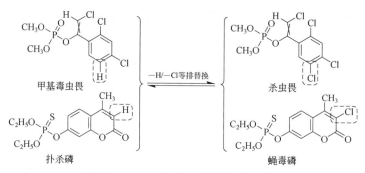

图 3-18　—H 与—Cl 等排替换应用

—Cl、—Br、—I 间的等排替换：如皮蝇磷（fenchlorphos）、溴硫磷（bromophos）、乙基溴硫磷（bromophos-ethyl）、碘硫磷（iodofenphos）、毒壤膦（trichloronat）、碘苯膦（C18244），如图 3-19。

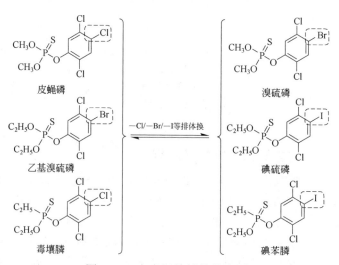

图 3-19　卤素间等排替换应用

当前使用的氨基甲酸酯杀虫剂分子结构中，比较常见的是苯环或其他芳香环上的—H、—Cl、—CH_3、—SCH_3/—SC_2H_5、—N(CH_3)_2/—NR_2 之间存在等排替换规律。目前杀虫剂的创制开发方向是高效、低毒、作用机制新颖且环境相容性好，传统的氨基甲酸酯杀虫剂已不是开发热点。

　　—H、—CH₃、—SCH₃ 间的等排替换：如速灭威（metolcarb）、混灭威（trimethacarb）、灭杀威（xylycarb）、甲硫威（methiocarb）等，如图 3-20。

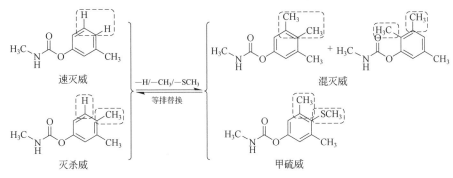

图 3-20　一价生物电子基团等排替换应用（一）

　　—H、—Cl、—CH₃、—N(CH₃)₂ 间的等排替换：如灭除威（XMC）、兹克威（mexacarbate）、氯灭杀威（carbanolate）、灭害威（aminocarb）等，如图 3-21。

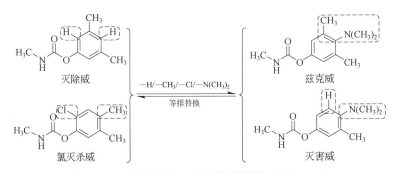

图 3-21　一价生物电子基团等排替换应用（二）

　　—H、—CH₃、—N(CH₃)₂ 间的等排替换：如抗蚜威（pirimicarb）、嘧啶威（pyramat），如图 3-22。

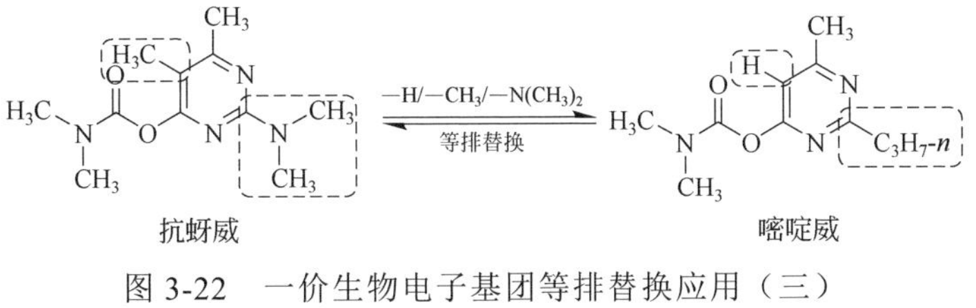

图 3-22　一价生物电子基团等排替换应用（三）

　　作为"超高效杀虫剂"拟除虫菊酯类农药，在实现醇部分光热稳定化修饰之后，在分子设计与优化过程中进行的生物等排，主要是酸部分的—Cl、—Br、—CH₃、—CF₃及醇部分的—H、—F 等排替换。

醇部分稳定性修饰：苯醚菊酯（phenothrin）创制，如图 3-23。

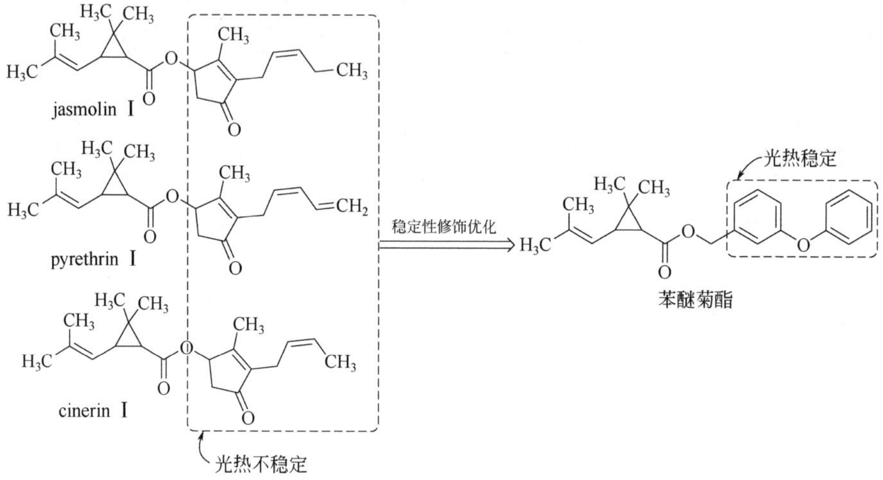

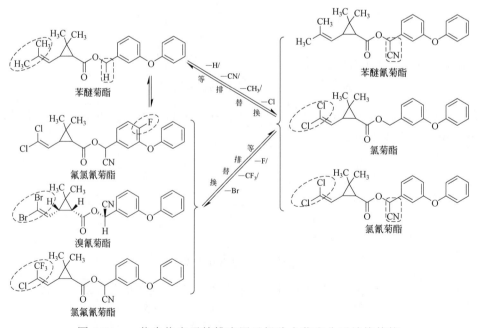

图 3-23　苯醚菊酯创制经纬

酸部分的—Cl、—Br、—CH₃、—CF₃ 及醇部分的—H、—F 等排替换：如苯醚菊酯（phenothrin）与苯醚氰菊酯（cyphenothrin）、氯菊酯（permethrin）、氯氰菊酯（cypermethrin）、氟氯氰菊酯（cyfluthrin）、溴氰菊酯（deltamethrin）、氯氟氰菊酯（cyhalothrin）等，如图 3-24。

图 3-24　一价生物电子等排应用于拟除虫菊酯分子结构修饰

　　以乙虫腈（ethiprole）作为优势结构，通过一价等排替换、结构修饰，开发出了丁烯氟虫腈（flufiprole）。

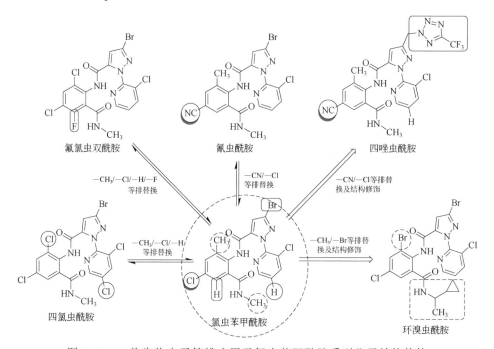

乙虫腈　　　　　　　　　　　　　　　　　　丁烯氟虫腈

　　自杜邦公司开发出邻甲酰氨基苯甲酰胺类杀虫剂氯虫苯甲酰胺（chlorantra-niliprole）以来，关于鱼尼丁受体抑制剂类杀虫剂的开发方面，世界各大公司可谓争先恐后，但实际上都是在邻甲酰氨基苯甲酰胺类杀虫剂的优势结构的基础上，通过生物等排体的替换及结构修饰做同类结构杀虫剂开发研究。最终，邻甲酰氨基苯甲酰胺类杀虫剂成为系列，杀虫谱也得到比较充分的完善，如最终形成系列产品氯虫苯甲酰胺、环溴虫酰胺（cyclaniliprole）、四氯虫酰胺（tetrachloranta-niliprole）、氟氯虫双酰胺（fluchlordiniliprole）、氰虫酰胺(cyantraniliprole)、四唑虫酰胺（tetraniliprole）等，如图3-25。

氟氯虫双酰胺　　　　　　　氰虫酰胺　　　　　　　　四唑虫酰胺

　　　　　　　—CH₃/—Cl/—H/—F　　　—CN/—Cl　　　—CN/—Cl等排替
　　　　　　　　等排替换　　　　　　等排替换　　　　换及结构修饰

四氯虫酰胺　　　　—CH₃/—Cl/—H　　　　　　　—CH₃/—Br等排替　　环溴虫酰胺
　　　　　　　　　　等排替换　　　氯虫苯甲酰胺　　换及结构修饰

图3-25　一价生物电子等排应用于氯虫苯甲酰胺系列分子结构修饰

　　类似的，氟虫双酰胺（flubendiamide）与氯氟氰虫酰胺（cyhalodiamide）、溴虫氟苯双酰胺（broflanilide）与环丙氟虫胺（cyproflanilide）之间也是通过同一优势结构进行生物等排与结构修饰的结果，如图 3-26。

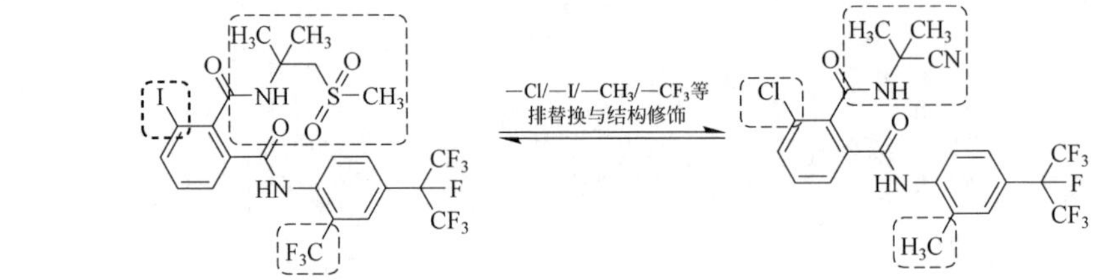

氟虫双酰胺　　　　氯氟氰虫酰胺

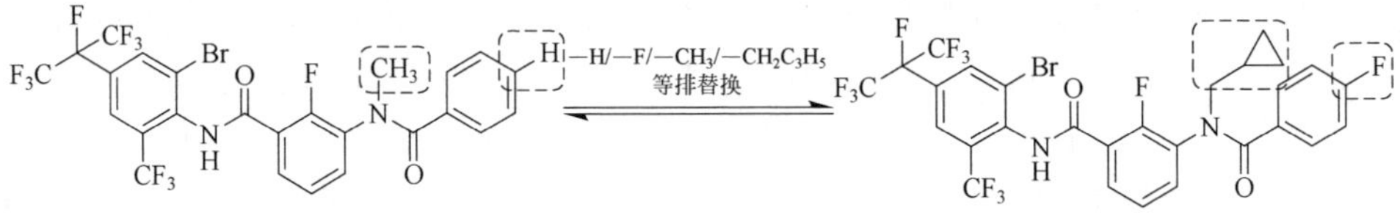

溴虫氟苯双酰胺　　　　环丙氟虫胺

图 3-26　一价生物电子等排应用于氟虫双酰胺系列分子结构修饰

（2）在杀菌剂农药分子设计和优化过程中，应用比较广泛的有—H、—F、—Cl、—OH、—CN、—CH_3、—CHF_2、—CF_3及简单烃基之间的等排替换，经过相互间的等排替换及相应的结构优化，或者实现了生物活性提高，或者实现了杀虫谱完善，同时也完成了“me-too”创制。

—F、—Cl 之间等排替换，典型代表有酰胺类杀菌剂烯酰吗啉（dimethomorph）与氟吗啉（flumorph），如图 3-27。

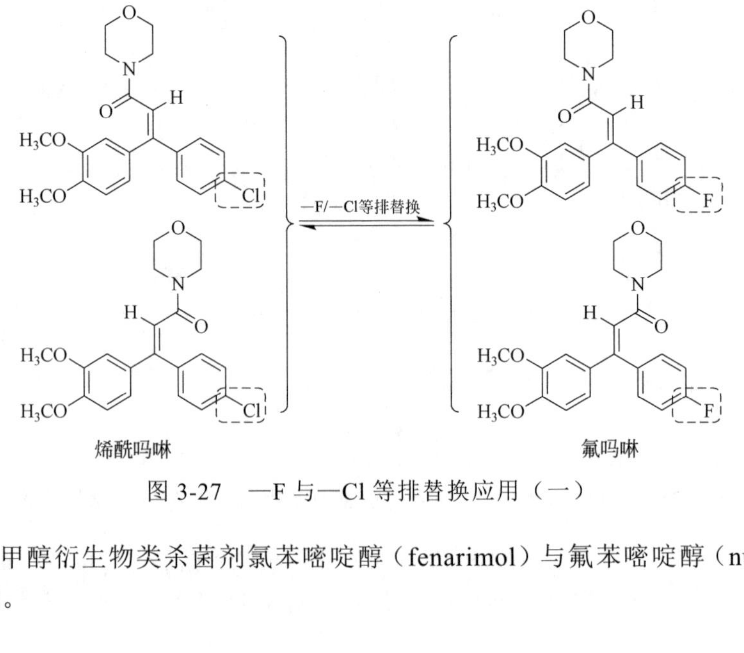

烯酰吗啉　　　　氟吗啉

图 3-27　—F 与—Cl 等排替换应用（一）

以及甲醇衍生物类杀菌剂氯苯嘧啶醇（fenarimol）与氟苯嘧啶醇（nuarimol），如图 3-28。

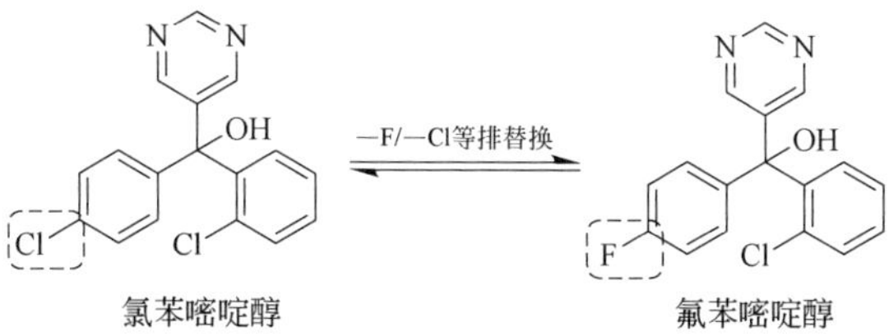

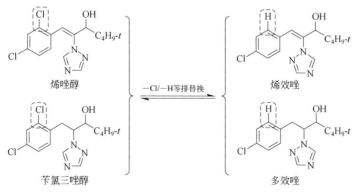

图 3-28 —F 与—Cl 等排替换应用（二）

而嘧啶类杀菌剂往往是杀菌优势结构苯氨基嘧啶母体进行简单一价烃基等排替换，如嘧霉胺（pyrimethanil）与嘧菌环胺（cyprodinil）、嘧菌胺（mepanipyrim），如图 3-29。

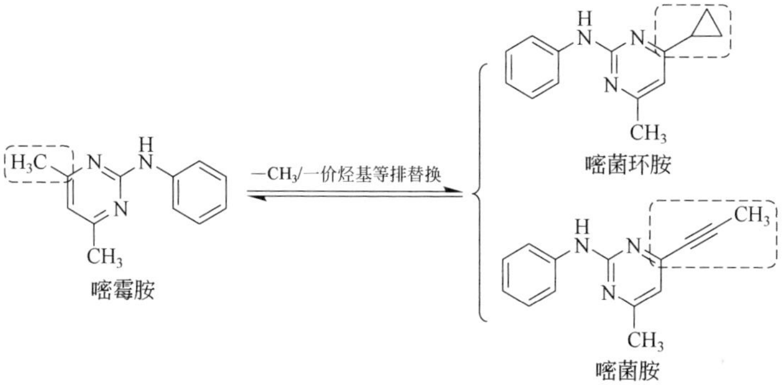

图 3-29 一价生物电子基团等排替换应用（四）

三唑类杀菌剂分子结构，则是—H、—F、—Cl、—OH、—CN、—CH₃ 及简单烃基之间的等排替换并存。

—Cl、—H 间的等排替换：如烯唑醇（diniconazole）与烯效唑（uniconazole）、苄氯三唑醇（diclobutrazol）与多效唑（paclobutrazol），如图 3-30。

图 3-30 一价生物电子基团等排替换应用（五）

—Cl、—H、—CN、—OH 等排替换：如己唑醇（hexaconazole）与腈菌唑（myclobutanil），如图 3-31。

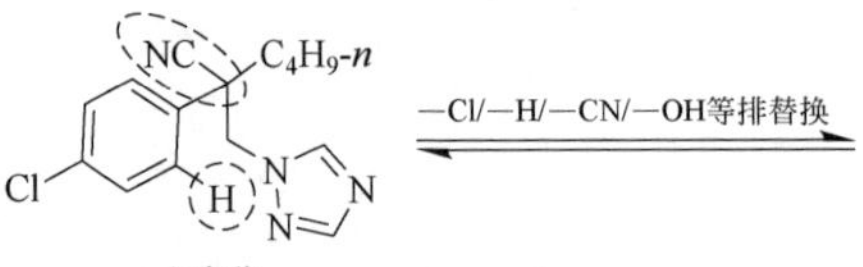

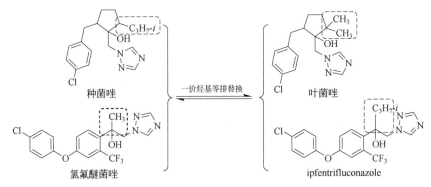

图 3-31　一价生物电子基团等排替换应用（六）

一价烃基等排替换：如种菌唑（ipconazole）与叶菌唑（metconazole）、ipfentrifluconazole 与氯氟醚菌唑（mefentrifluconazole），如图 3-32。

图 3-32　一价生物电子基团等排替换应用（七）

—CN、—OH、烃基、苯基等排替换同时进行，如腈苯唑（fenbuconazole）与戊唑醇（tebuconazole），如图 3-33。

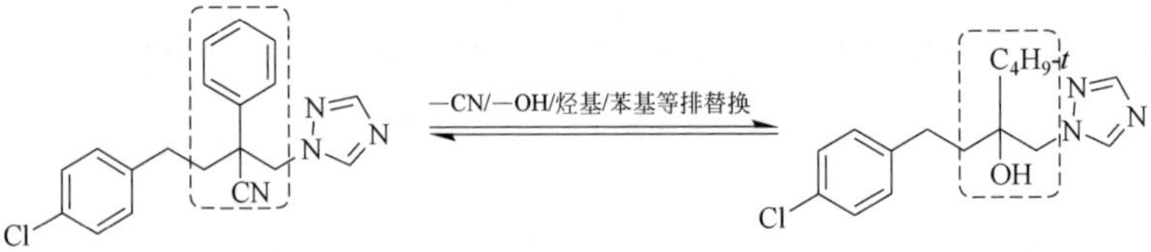

图 3-33　一价生物电子基团等排替换应用（八）

吡唑类杀菌剂分子结构，同样是—H、—F、—Cl、—CHF$_2$、—CF$_3$、—CH$_3$ 及简单烃基、芳香环之间等排替换及结构修饰并存。

—H、—F、—Cl 等排替换，如氟唑菌酰胺（fluxapyroxad）与联苯吡菌胺（bixafen）、inpyrfluxam 与氟苯唑菌胺（fluindapyr），如图 3-34。

—CF$_3$、—CH$_3$、芳香环等排替换，如吡噻菌胺（penthiopyrad）与氟唑菌苯胺（penflufen），如图 3-35。

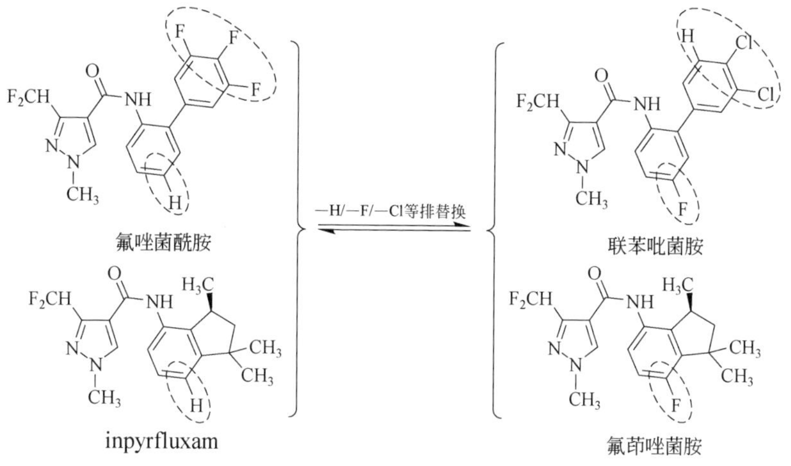

图 3-34　一价生物电子基团等排替换应用（九）

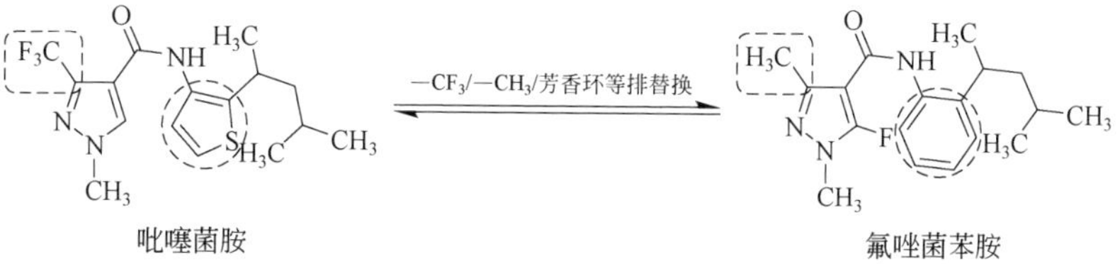

图 3-35　—CF₃、—CH₃、芳香环等排替换应用

（3）在除草剂农药分子设计和优化过程中，应用比较广泛的有—H、—F、—Cl、—NH₂、—CN、—CH₃、—OCH₃、—CF₃、—NHCH₃ 等一价基团间的生物电子等排，简单烃基之间的等排替换往往需要结构修饰，通过相互间的等排替换及相应的结构优化和"me-too"创制，实现了生物活性提高或除草谱完善，同时也实现了经济利益的共享。

比较常用的有苯环上—H、—Cl、—CH₃、—OCH₃ 以及—CF₃ 间的等排替换，如脲类除草剂绿麦隆（chlorotoluron）、敌草隆（diuron）、非草隆（fenuron）、甲氧隆（metoxuron）、对氟隆（parofluron）、伏草隆（fluometuron）等品种间相互关系，如图 3-36。

吡啶类除草剂品种数量不多，多是一价生物电子等排衍生优化的结果，如氟草烟（fluroxypyr）、绿草定（triclopyr）及甲氧咪草烟（imazamox）、甲基咪草烟（imazapic）、咪唑乙烟酸（imazethapyr）、灭草烟（imazapyr），如图 3-37。

苯氧羧酸类除草剂和二苯醚类除草剂分子结构的设计与优化，往往是在优势结构母体连接合适的一价功能基团，或者是对已有品种分子结构中的一价生物电子等排体进行等排替换，即可获得生物活性相近的除草剂新品种，如炔草酯

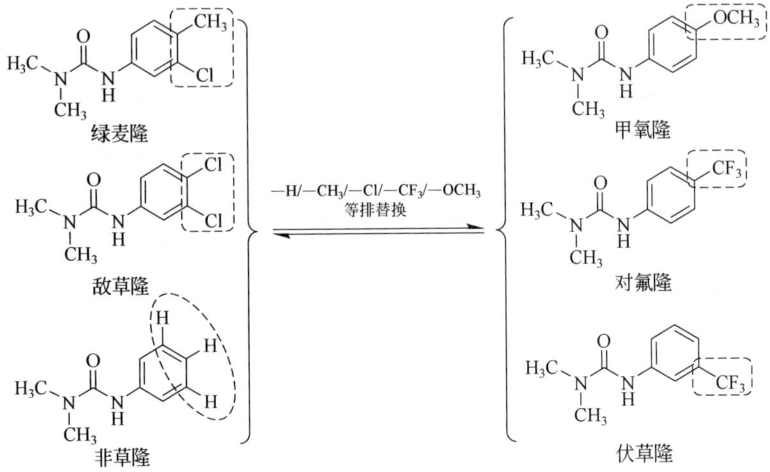

图 3-36　一价生物电子基团等排替换应用（十）

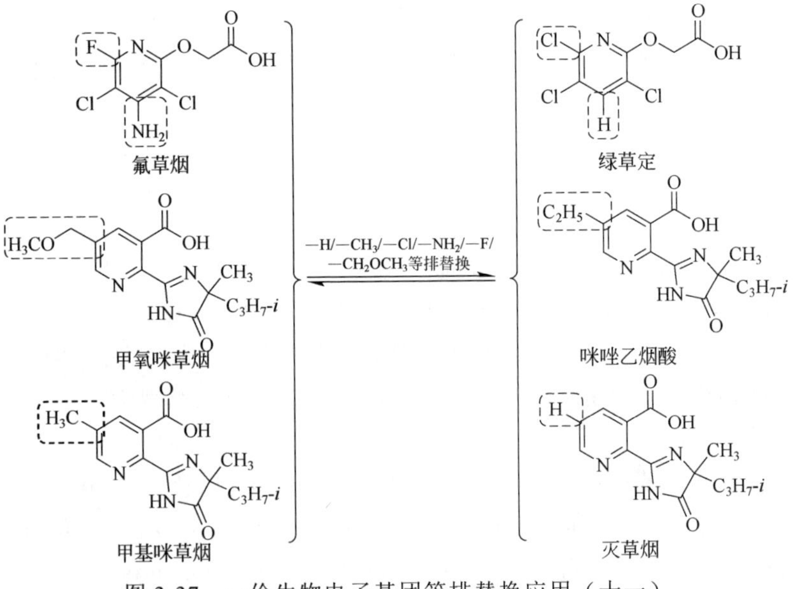

图 3-37　一价生物电子基团等排替换应用（十一）

（clodinafop-propargyl）、氰氟草酯（cyhalofop-butyl）、精吡氟禾草灵（fluazifop-P-butyl）、高效氟吡甲禾灵（haloxyfop-P-methyl）及乳氟禾草灵（lactofen）、乙羧氟草醚（fluoroglyeofen-ethyl）、氯氟草醚乙酯（ethoxyfen-ethyl）等，如图 3-38。

磺酰脲类除草剂的一价生物电子等排替换，主要发生在磺酰脲特征结构两端的芳香环上，常见的有—Cl、—CH$_3$、—NHCH$_3$、—OCH$_3$ 等一价功能基团间的等排替换，如氯嘧磺隆（chlorimuron-ethyl）、甲嘧磺隆（sulfometuron-methyl）、胺苯磺隆（ethametsulfuron-methyl）、苯磺隆（tribenuron-methyl）等，如图 3-39。

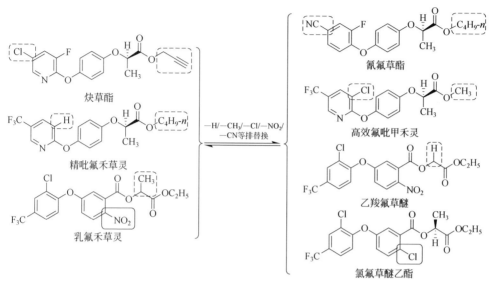

图 3-38　一价生物电子基团等排替换应用（十二）

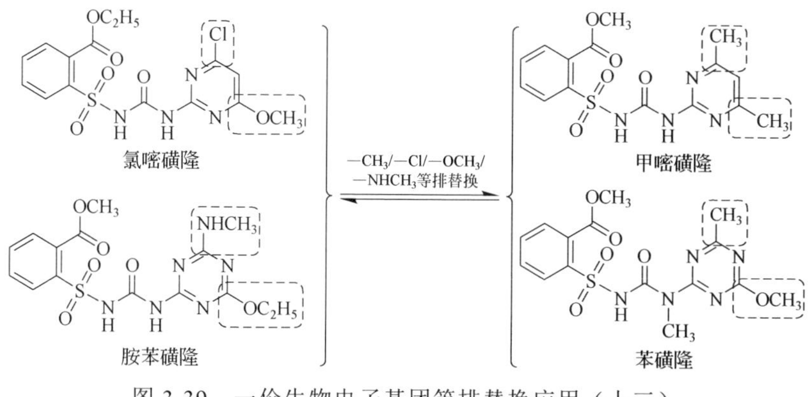

图 3-39　一价生物电子基团等排替换应用（十三）

　　唑类除草剂的一价生物电子等排替换，有时发生在芳香环上，如苄草唑（pyrazoxyfen）与吡草酮（benzofenap）、异噁氯草酮（isoxachlortole）与异噁唑草酮（isoxaflutole），如图 3-40。

　　有时是芳香环上烃基—CH₂R 的等排替换，如噁草酮（oxadiazon）与丙炔噁草酮（oxadiargyl）、苯唑氟草酮（fenpyrazone）与三唑磺草酮（tripyrasulfone），如图 3-41。

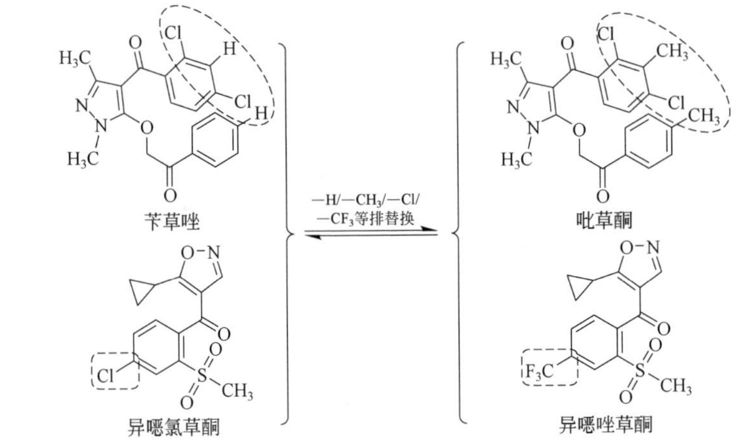

图 3-40　一价生物电子基团等排替换应用（十四）

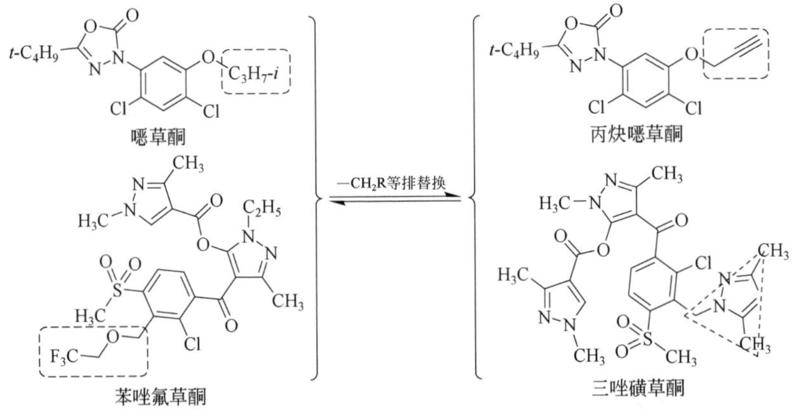

图 3-41　一价生物电子基团等排替换应用（十五）

3.1.2　农药分子骨架连接纽带——二价基团的生物电子等排

常见的二价电子等排基团有—O—、—S—、—NH—、—CH$_2$—等。C、N、O、S 分属第四、五、六、六主族，电负性值差别比较大，从而导致基团—O—、—S—、—NH—、—CH$_2$—在农药分子结构中的性能差异明显；其中—O—、—S—为氢键接受体，由于 S 元素原子半径较大，形成氢键能力比较微弱，—NH—既是氢键接受体又是氢键供给体，而—CH$_2$—不形成氢键，因此它们的疏水性相差较大；虽然基团—O—、—S—、—NH—、—CH$_2$—键角接近，但彼此互换时新化合物的生物活性会发生变化。

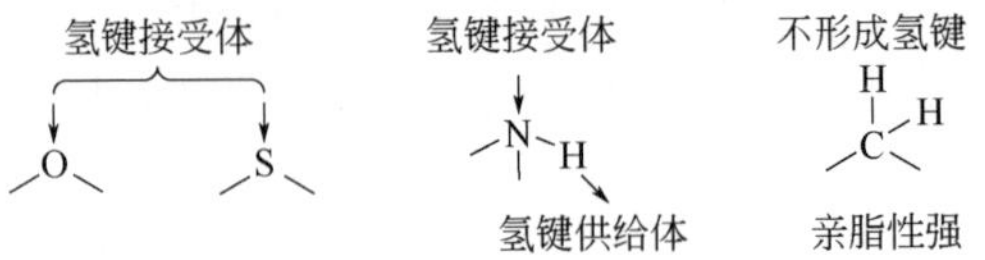

在农药分子结构中，—O—的存在形式一般有两种状态，一种状态是与 C 形成醚，另一种状态是与 C、S、N、P 等元素形成富电基团。由于氧元素电负性值比较大，因此可以形成多种含 O 富电基团，从而成为农药类别划分依据。

O 与 C 可形成醇、酚、醚、酮、醛、羧酸、酯、酰胺等有机化合物系列。作为二价电子等排基团的—O—，在农药分子结构中，O 与 C 形成的功能基团主要有醚、酮、酯、酰胺等。

醚　　　酮　　　羧酸酯　　　酰胺　　　碳酸酯　　　氨基甲酸酯

在农药分子设计与结构优化过程中，通常—O—可以与—S—、—NH—等二价基团等排，间或与—CH₂—或烯等排。

—O—与—S—或—NH—生物电子等排，转化为硫醚或二级胺。

硫醚　—O—/—S—等排替换　醚　—O—/—NH—等排替换　二级胺

当醚通过等排替换转变为硫醚时，新化合物的理化性质变化不大，生物活性往往保持或有一定程度的改变；由于硫元素的电负性值比氧元素小，而硫原子原子半径大于氧原子，导致硫醚局部形成氢键能力变弱，稳定性不如醚。

当醚通过等排替换转变为二级胺时，化合物的类别由醚类转变为胺类，并且表现出碱性，可以与有机酸或无机酸形成盐，新化合物的理化性质往往也会发生比较大的变化。因在等排替换过程中引入了活泼氢，并且由于 N 原子上孤对电子的存在，导致所形成的二级胺既是氢键受体又是氢键供体，同时醚键局部由 V 形平面结构转变为二级胺局部四面体结构。二级胺结构中的活泼氢比较容易发生反应，如与卤代烃发生霍夫曼（Hofmann）消除反应、与酰氯或磺酰氯发生酰化反应等。

酮结构中的 O 可以与 S 或 NH 生物电子等排，前者形成硫酮、后者形成亚胺。

硫酮　—O—/—S—等排替换　酮　—O—/—NH—等排替换　亚胺

或许是由于硫酮在生物体内可以代谢为酮的原因，在农药分子设计与结构优化过程中，将酮结构通过二价生物电子等排为硫酮的实例比较少用。

当酮通过等排替换转变为亚胺时，化合物的类别由酮类转变为亚胺类。由于亚胺性质与二级胺相近，因此新化合物表现出碱性，可以与有机酸或无机酸形成盐，并且新化合物的理化性质往往也会发生比较大的变化。由于在等排替换过程中引入了活泼氢，并且由于 N 原子上孤对电子的存在，导致所形成的亚胺既是氢键受体又是氢键供体。酮通过等排替换形成的亚胺比较容易水解，水解产物为等排替换前的酮。亚胺结构稳定性比较差，在农药分子设计与结构优化过程中往往被转化为比较稳定的其他功能基团，如烟碱类杀虫剂中的$=N-NO_2$和$=N-CN$。

羧酸酯结构中的 O 可以与 S 或 NH 生物电子等排，前者形成硫代羧酸酯，后者形成羧酰胺。

经过等排替换所形成的新化合物，无论是硫代羧酸酯还是羧酰胺，与等排替换前的羧酸酯电性、疏水性及亲水性等理化性能变化都不是很大，所以新化合物的生物活性往往保持或发生较小程度的改变。由于硫元素的电负性值比氧元素小，而硫原子原子半径大于氧原子，硫代羧酸酯的稳定性往往小于相应的羧酸酯，如比对应的羧酸酯容易发生皂化反应等；而羧酰胺中 N 原子上的孤对电子，对羰基结构中 C 原子的正电性有一定的平衡作用，因此导致羧酰胺较相应的羧酸酯稳定，同时羧酰胺结构中与 N 相连接的 H 活泼性也大幅度降低，表现在其碱性远远低于相应的二级胺。

羧酰胺结构中的 O 可以与 S 或 NH 生物电子等排，前者形成硫代羧酰胺，后者形成羧酸酯。

如前所述，硫代羧酰胺、羧酰胺、羧酸酯的电性、疏水性及亲水性等理化性能差别都不是很大，所以在整个分子结构的其他部分相同情况下，相互间的生物活性往往差别也不是很大。需要指出的是硫代羧酰胺在生物体内代谢时，一般会生成羧酰胺；羧酰胺比羧酸酯稳定，羧酸酯相对于羧酰胺容易水解。

在农药分子设计与结构优化过程中，一个有趣的现象是当羧酸酯为某类农药优势结构的一部分，将羧酸酯部分通过局部修饰等排替换为羧酰胺时，生物活性可以保持或变化不大，如苯氧羧酸类除草剂农药，大部分品种为苯氧羧酸酯结构，另有相当数量品种为苯氧羧酰胺结构。

苯氧羧酸酯结构品种：如精噁唑禾草灵（fenoxaprop-P-ethyl）、精吡氟禾草灵（fluazifop-P-butyl）、吡氟氯禾灵（haloxyfop-methyl）、噻唑禾草灵（fenthiaprop-ethyl）、高效氟吡甲禾灵（haloxyfop-P-methyl）、精喹禾灵（quizalofop-P-ethyl）等。

精噁唑禾草灵　　　　　　　　　精吡氟禾草灵

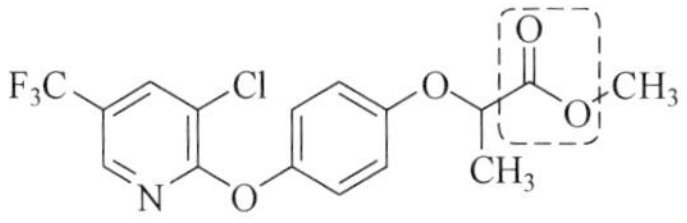

吡氟氯禾灵

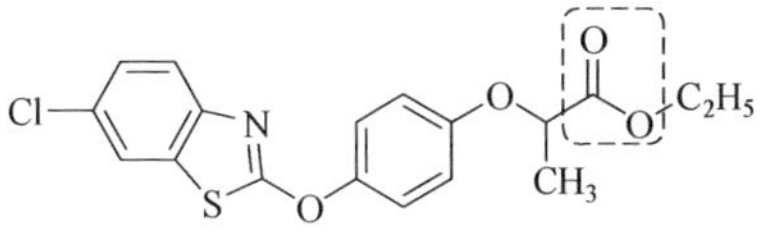

噻唑禾草灵

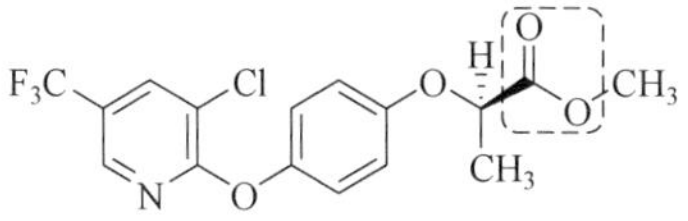

高效氟吡甲禾灵

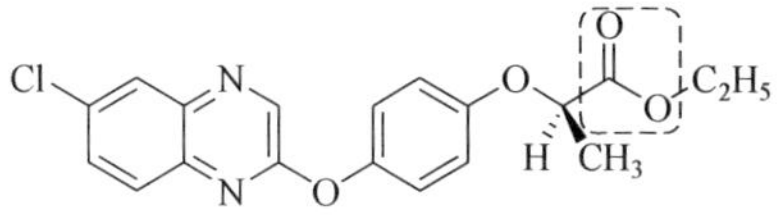

精喹禾灵

苯氧羧酰胺结构品种：如噁唑酰草胺（metamifop）、丁氟酰草胺（beflu-butamid）、萘草胺（naproanilide）、苯噻酰草胺（mefenacet）等。

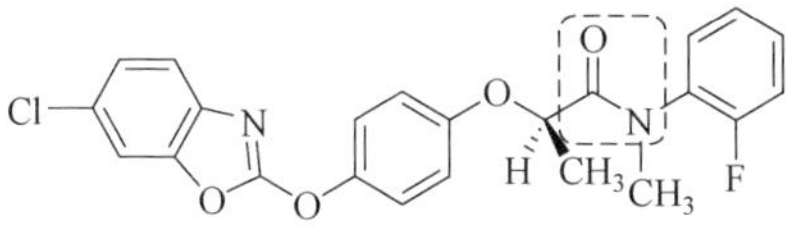

噁唑酰草胺

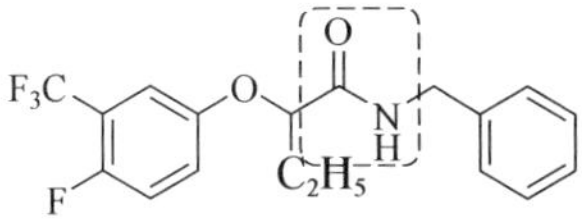

丁氟酰草胺

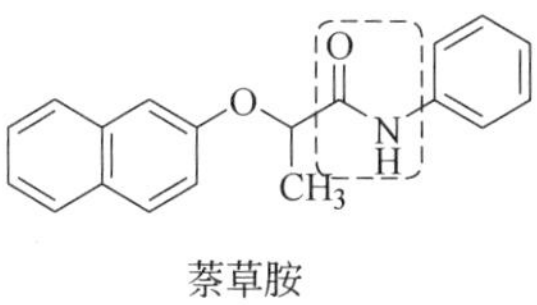

萘草胺

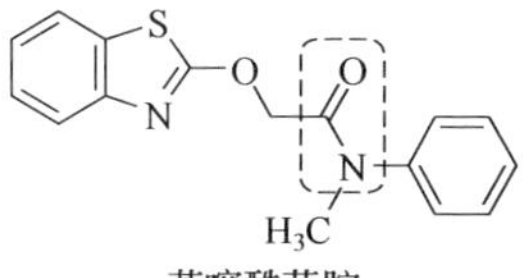

苯噻酰草胺

螺螨酯类杀螨剂分子结构中的螺环部分，无论是酯结构还是酰胺结构，都保持良好的杀螨活性。酯结构如螺螨酯（spirodiclofen）、螺虫酯（spiromesifen）等。

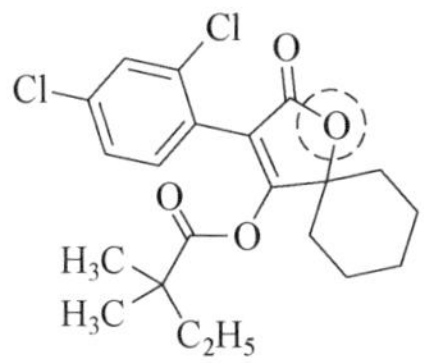

螺螨酯

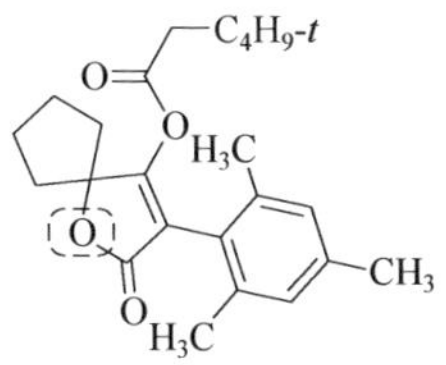

螺虫酯

酰胺结构如螺虫乙酯（spirotetramat）、甲氧哌啶乙酯（spiropidion）、spidoxa-mat 等。

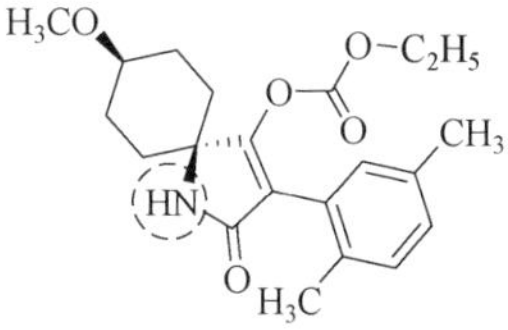

螺虫乙酯

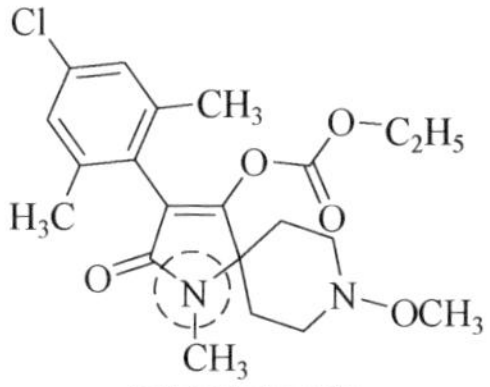

甲氧哌啶乙酯

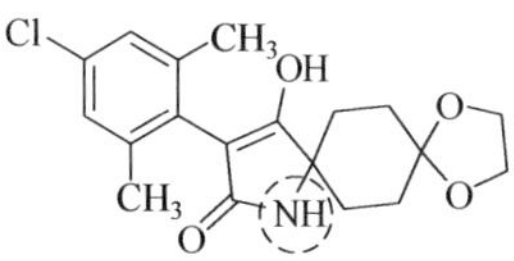

spidoxamat

而当羧酰胺为某类农药优势结构的一部分，将羧酰胺部分通过局部修饰等排替换为羧酸酯时，尚没有可以保持活性的实例。

碳酸酯及氨基甲酸酯结构中的 O 可以与 S 或 NH 生物电子等排,通过—O—、—S—、—NH—间的等排替换,可以形成脲、硫脲、二硫代氨基甲酸酯等结构类型,如图 3-42。

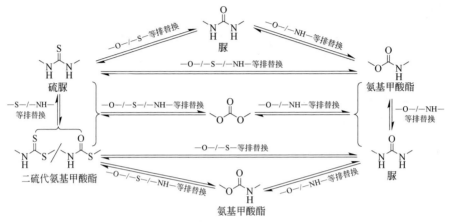

图 3-42　碳酸酯及氨基甲酸酯结构的二价生物电子等排

碳酸酯、氨基甲酸酯、脲、硫脲、硫代氨基甲酸酯、二硫代氨基甲酸酯等六种结构类型,虽然可以通过二价生物电子等排替换互相转化,但它们的性能各有特点,比如在农药类别中,氨基甲酸酯结构涵盖杀虫剂、杀菌剂、除草剂及植物生长调节剂等类别。氨基甲酸酯结构既可以作为杀虫剂的特征结构,又可作为杀菌剂的特征结构,但作为杀虫剂及杀菌剂的氨基甲酸酯优势结构特点各不相同:

作为杀虫剂的 R^1—O—C(=O)—N(R^2)(R^3) 结构,R^1 往往具有芳香性,属于苯衍生物或芳杂环衍生物或具有"假环"性质的肟结构,R^2 和 R^3 是 CH_3 或 H,并且 R^2、R^3 至少有一个是 CH_3;而作为杀菌剂的 R^1—O—C(=O)—N(R^2)(R^3) 结构,往往是 R^1 为低摩尔质量的烃基,R^2、R^3 是 H、CH_3 或苯衍生物或芳杂环衍生物或具有"假环"性质的肟结构,并且 R^2、R^3 中至少有一个属于苯衍生物或芳杂环衍生物或具有"假环"性质的肟结构。而具有脲、硫脲和硫代氨基甲酸酯结构的农药分子,一般具有除草活性,二硫代氨基甲酸酯农药化合物属于传统的杀菌剂。

在农药分子设计与结构优化过程中,一般将 、 、 、 划归非经典生物电子等排体,而将 作为经典二价生物电子等排体对待,将—OCH₃等低质量烷氧基作为一价生物电子等排体。

作为醚的—O—、—S—二价生物电子等排：如二苯醚类除草剂嘧草醚（pyriminobac-methyl）、嘧草硫醚（pyrithiobac-sodium）及苯氧羧酸类除草剂吡草醚（pyraflufen-ethyl）、氟噻乙草酯（fluthiacet-methyl）等。

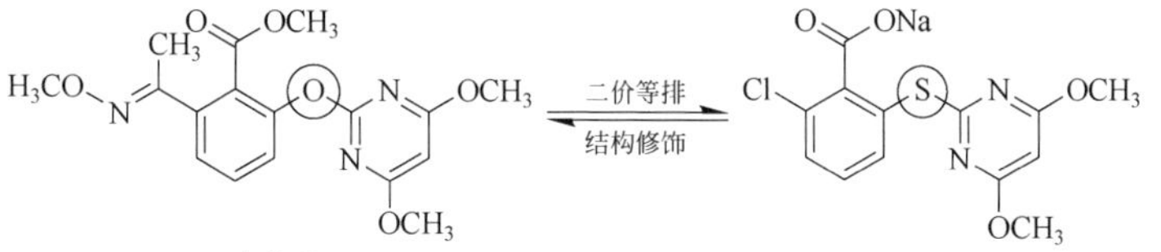

嘧草醚 二价等排 结构修饰 嘧草硫醚

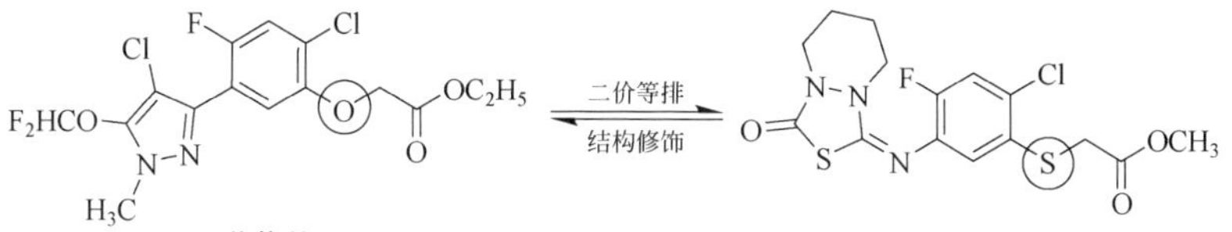

吡草醚 二价等排 结构修饰 氟噻乙草酯

作为酯的—O—、—NH—二价生物电子等排：如甲氧基丙烯酸酯类杀菌剂嘧菌酯（azoxystrobin）与苯氧菌胺（benzeneacetamide）、苯氧羧酸类除草剂精噁唑禾草灵（fenoxaprop-P-ethyl）与噁唑酰草胺（metamifop）等。

嘧菌酯 二价等排 结构修饰 苯氧菌胺

精噁唑禾草灵 二价等排 结构修饰 噁唑酰草胺

作为酯的—O—、—S—二价生物电子等排：如苯氧羧酸类除草剂 2 甲 4 氯（MCPA）与硫代 2 甲 4 氯乙酯（MCPA-thioethyl）。

2甲4氯 二价等排 硫代2甲4氯乙酯

—O—与—CH₂—生物电子等排：在农药分子设计和优化过程中，—O—与—CH₂—间的等排替换具体应用不是很广泛，但结合结构修饰灵活运用，依然可以成功，如除草剂唑酮草酯（carfentrazone-ethyl）与吡草醚（pyraflufen-ethyl）、氟哒嗪草酯（flufenpyr-ethyl）结构关系，如图 3-43。

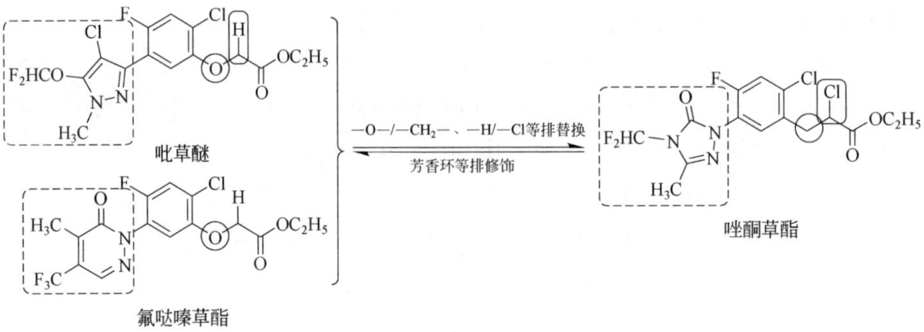

图 3-43　二价生物电子基团等排替换应用（一）

—O—与—CH=CH—生物电子等排：O 原子外层电子层为 s^2p^4 结构，在醚类化合物中，中 O 原子为 sp^3 杂化，在苯醚结构中，O 原子未成键的 sp^3 杂化轨道可以和苯环共轭。当—CH=CH—与苯环连接形成结构时，烯键中的 π 键与苯环结构中的 π 键共轭，参与形成新的共轭体系[11]。因此，和在电性结构方面有一定的相似性，从而形成—O—与—CH=CH—生物电子等排的可能性。

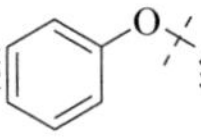

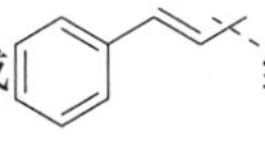

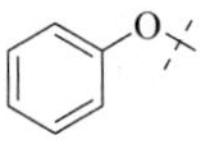

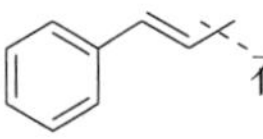

如除草剂吲哚酮草酯（cinidon-ethyl）与氟胺草酯（flumiclorac-pentyl），如图 3-44。

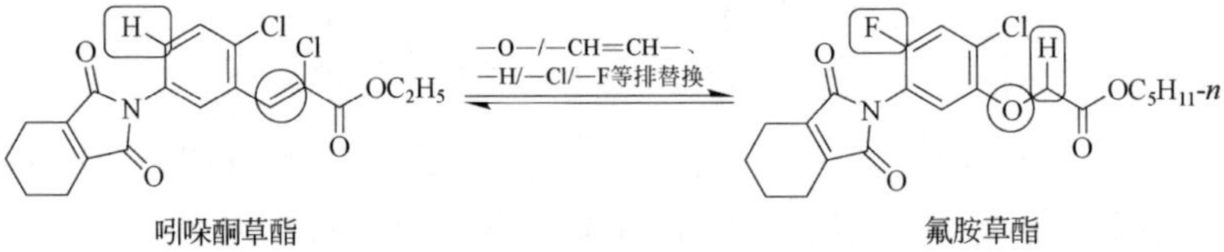

图 3-44　二价生物电子基团等排替换应用（二）

在现有商品化的农药品种中，分子结构中含有二价电子等排基团—NH—的农药品种只有氟啶胺（fluazinam）、乙氧喹啉（ethoxyquin）和嘧啶类杀菌剂如氟嘧菌胺（diflumetorim）、嘧菌环胺（cyprodinil）、嘧菌胺（mepanipyrim）、嘧霉胺（pyrimethanil）、乙嘧酚（ethirimol）、乙嘧酚磺酸酯（bupirimate）等。

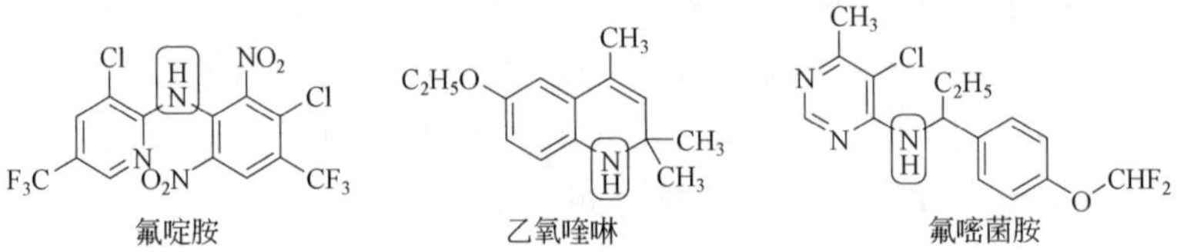

氟啶胺　　　　　　　乙氧喹啉　　　　　　　氟嘧菌胺

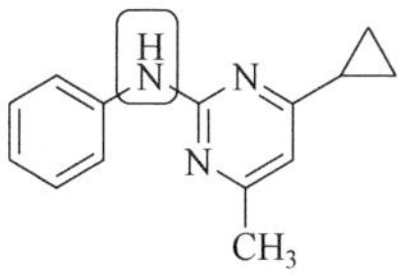

嘧菌环胺 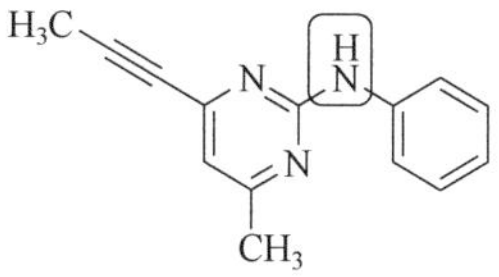　　　　　　　　嘧菌胺 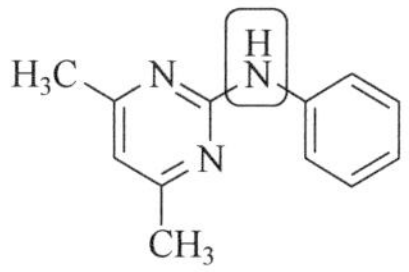　　　　　　　　嘧霉胺

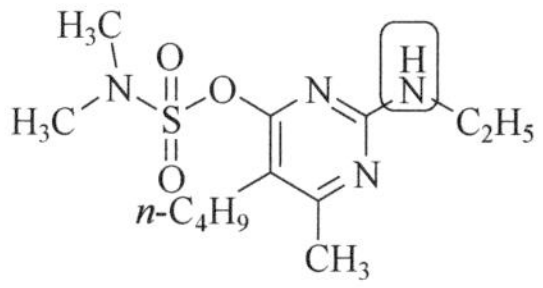

乙嘧酚磺酸酯 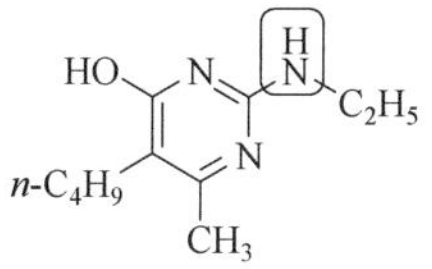　　　　　　　　乙嘧酚

由于二价电子等排基团—NH—与—O—、—S—、—CH₂—相互等排替换时，新化合物分子的电荷分布、立体构型、氢键性质与数量以及理化性质都发生了比较大的变化，因而导致其与受体或靶标作用方式也发生变化；所以当—NH—与—O—、—S—、—CH₂—相互等排替换时，新化合物的生物活性往往发生难以预测的、比较大的变化，目前通过—NH—与—O—、—S—、—CH₂—相互等排替换而创制的商品化农药品种很少。

3.1.3　农药分子骨架重要桥梁——三价基团的生物电子等排

常见的三价电子等排基团有 $\overset{|}{N}$ 和 $\overset{|}{C}{}^{H}$ ，虽然就立体结构讲，二者都是四面体结构，但二者分属不同的化合物类别：前者属于有机碱，N 原子上有孤对电子存在，导致其以氢键受体身份可以与活泼氢形成氢键，而后者属于烃基结构的一部分，不能形成氢键，也不显示酸碱性。

在农药分子设计与优化过程中，只有当二者互换后对相关活性化合物的优势结构性质影响不大的情况下，才可以作为生物电子等排体等排互换。如酰胺类杀菌剂呋酰胺（ofurace）与噁霜灵（oxadixyl）。

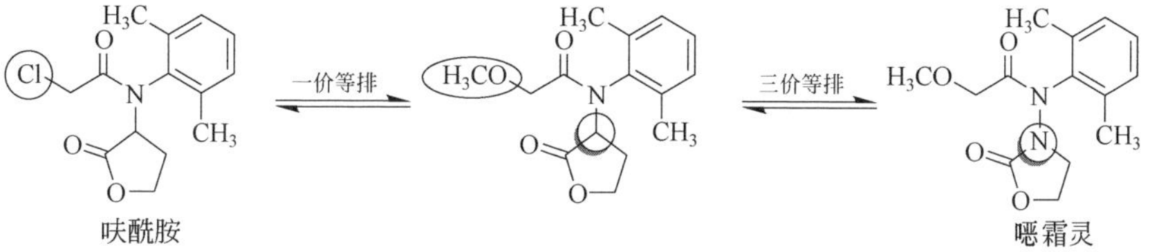

呋酰胺　　　　　　　　　　　　　　　　　　噁霜灵

以及甲氧基丙烯酸酯类杀菌剂唑菌胺酯（pyraclostrobin）、唑胺菌酯（pyra-metostrobin）、氯啶菌酯（triclopyricarb）与 mandestrobin 等，如图 3-45。

烯醇式醚与肟醚等排替换：如甲氧基丙烯酸酯类杀菌剂醚菌酯（kresoxim-methyl）与啶氧菌酯（picoxystrobin）等，如图 3-46。

端烯与亚胺等排替换：如烟碱类杀虫剂烯啶虫胺（nitenpyram）与吡虫啉（imidacloprid）、啶虫脒（acetamiprid）等，如图 3-47。

87

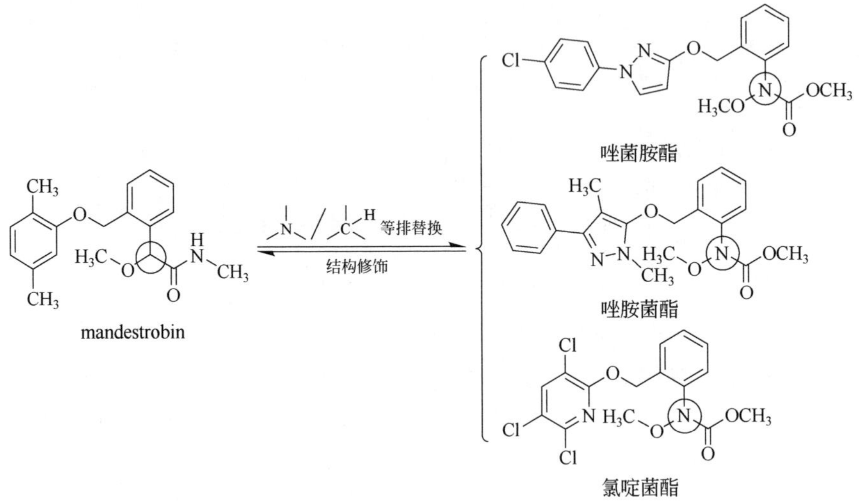

图 3-45　三价生物电子基团等排替换应用（一）

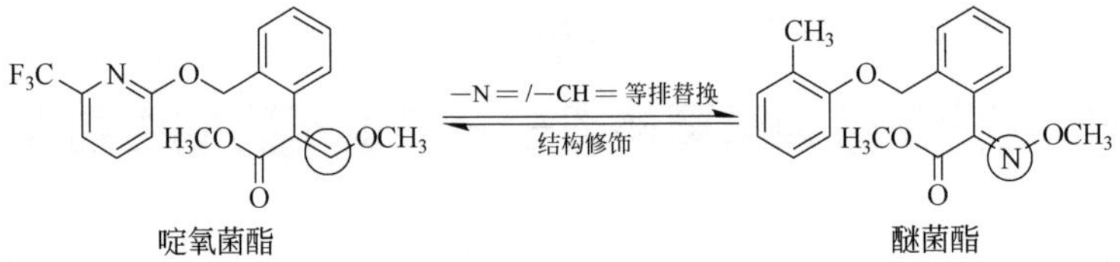

图 3-46　三价生物电子基团等排替换应用（二）

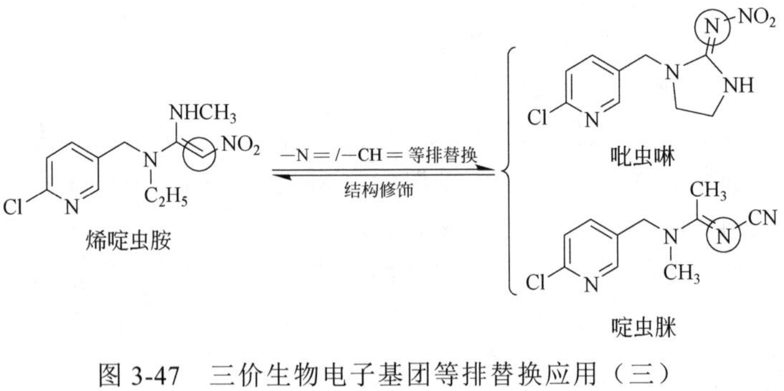

图 3-47　三价生物电子基团等排替换应用（三）

　　在农药分子结构中，三价生物电子等排体—N＝除作为三级胺的特征基团外，还有如下三种功能：首先是作为某种类别农药分子优势结构的一部分，作为生物电子等排体与—CH＝等排互换；再者是作为含氮芳香环的关键构成组分；最后是作为肟醚出现于农药分子结构中，肟醚在农药分子设计与优化过程中扮演的角色一般有"假环"和某类农药分子优势结构的重要组成部分。

　　肟醚在农药分子结构中用作假环：如氟螨脲（flucycloxuron）、肟菌酯（trifloxystrobin）等。

氟螨脲　　　　　　　　　　　　肟菌酯

肟醚 $\diagdown_N\diagdown_O\diagup$ 在农药分子结构中成为某类农药分子优势结构的重要组成部分：如环己烯二酮类除草剂丁苯草酮（butroxydim）、烯草酮（clethodim）、吡喃草酮（tepraloxydim）、环苯草酮（clefoxidim）等。

丁苯草酮　　　　　　　　　　烯草酮

吡喃草酮　　　　　　　　　　环苯草酮

在含氮芳香环结构中，就电性来讲， $\diagdown_N\diagup$ 结构往往和 NO_2 、 CN 相当，在农药分子设计与优化过程中， $\diagdown_N\diagup$ 与 CN 等排替换，活性保持或提高，如杀虫剂灭蝇胺（cyromazine）与环虫腈 （dicyclanil）等。

灭蝇胺　　　　　　　　　　环虫腈

3.1.4　农药分子骨架结构元素——四价基团的生物电子等排

四主族元素为 C、Si、Ge、Sn、Pb，其中 C 和 Si 是非金属元素，Ge、Sn 和 Pb 是金属元素。本族元素原子结构相似，原子的最外电子层中均有四个价电子，电子构型为 ns^2np^2。农药分子结构优化过程中，应用比较广泛的是作为非金属性质的 Si 和 Sn 替换 C。

作为四价基团时，C、Si、Ge、Sn、Pb 五种元素外层电子都是 sp^3 杂化，在烃类结构中一般是四面体立体构象；C 核外电子是 2 个电子层，Si 核外电子是 3 个

电子层，二者性质相近，都表现为非金属，因此，在农药分子设计与优化中，当二者作为四价生物电子等排体进行等排替换时，新化合物生物活性往往保持或有一定幅度的改变；由于 Si 原子半径比 C 大，且 C—Si 键能（318kJ/mol）小于 C—C 键（346kJ/mol），$\overset{|}{\underset{|}{Si}}$等排替换$\overset{|}{\underset{|}{C}}$后所得新化合物较先导化合物容易代谢，生物活性大概率提高或改善；相对于 C—C 键，C—Sn 键能（192kJ/mol）更小，因此$\overset{|}{\underset{|}{Sn}}$等排替换$\overset{|}{\underset{|}{C}}$后所得新化合物生物活性一般发生比较大的变化。

如拟除虫菊酯类杀虫剂醚菊酯（ethofenprox）与氟硅菊酯（benzene），如图 3-48。

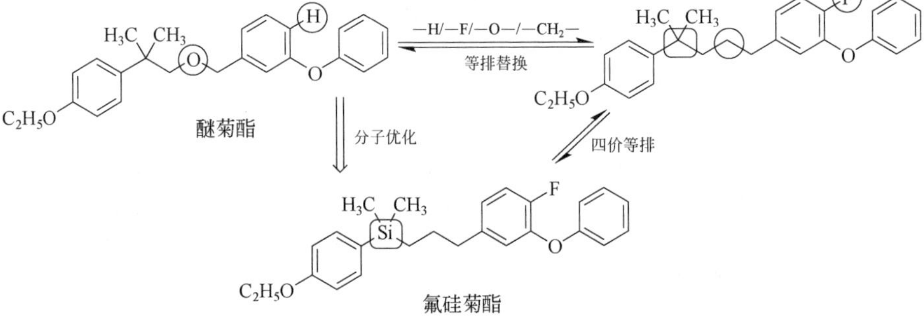

图 3-48　氟硅菊酯创制经纬

杀菌剂硅噻菌胺（silthiopham）、氟硅唑（flusilazole）及硅氟唑（simeconazole）不但保持了其所在类别杀菌剂良好生物活性，而且应用范围得到扩展，实现了创造者美好的初衷。

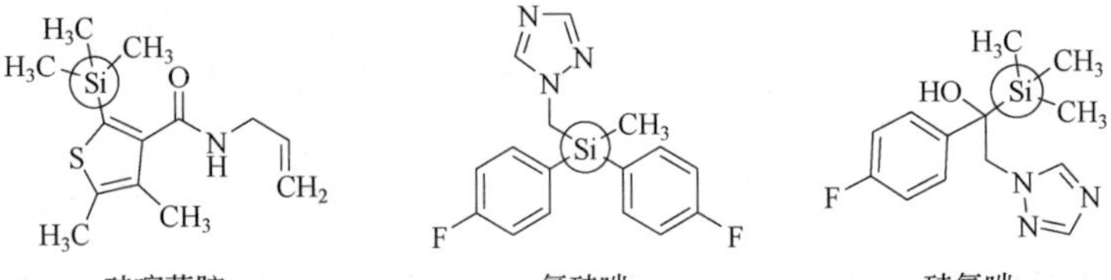

Sn 表现为两性元素，当$\overset{|}{\underset{|}{Sn}}$作为四价生物电子等排体进行等排替换时，由于

Sn 原子半径较 C 原子大很多，所以当$\overset{|}{\underset{|}{Sn}}$与$\overset{|}{\underset{|}{C}}$等排替换时，相关新化合物性能变化大，导致其生物活性随之发生比较大的变化。如甲醇衍生物氯苯嘧啶醇（fenarimol）、氟苯嘧啶醇（nuarimol）等具有杀菌活性，而其含 Sn 结构相关化合物三唑锡（azocyclotin）、三环锡（cyhexatin）、三苯基氢氧化锡（fentin hydroxide）、三苯基乙酸锡（fentin acetate）、苯丁锡（fenbutatin oxide）等却表现出杀螨活性。

甲醇衍生物类杀菌剂：

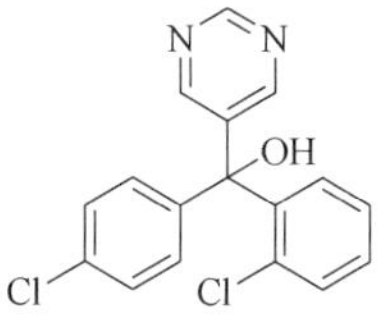

氯苯嘧啶醇 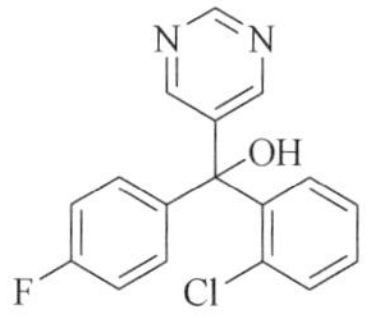　　　　　　　　　氟苯嘧啶醇

含锡结构杀螨剂：

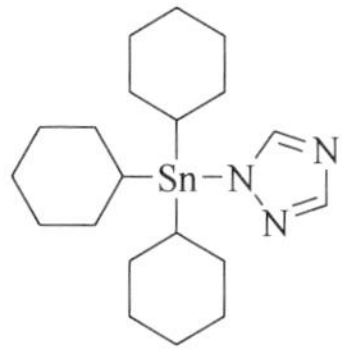

三唑锡 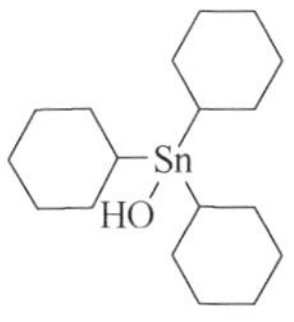　　　　　　　三环锡 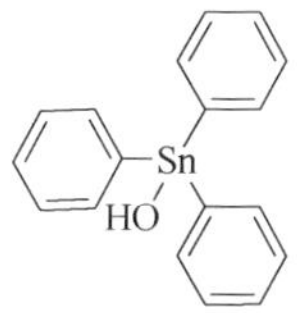　　　　　　三苯基氢氧化锡

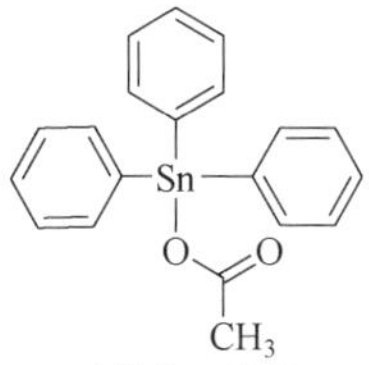

三苯基乙酸锡 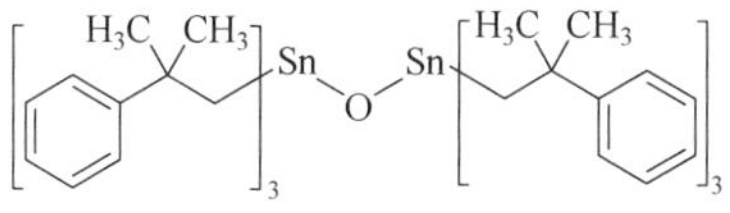　　　　　　　　苯丁锡

或许因为资源问题，Ge 在农药分子设计和优化过程中受到限制，Pb 主要表现为金属性质，目前还没有 Ge 和 Pb 应用于农药分子设计和优化的成功实例。

3.1.5　农药分子结构芳香要素——芳香环生物电子等排

芳香环生物电子等排在农药分子结构优化过程中应用非常广泛，主要是芳香性杂环的等排替换，应用于各类农药新品种的创制过程中。

3.1.5.1　芳香环是农药分子结构的主要构成要件

现有的农药品种中，绝大部分的分子结构中含有不同数量的芳香环，芳香环结构已经渗透到所有农药类别，几乎到了"无环不成药"的地步，农药分子结构中常见芳香环如表 3-1。

表 3-1　常用环生物电子等排基团

芳香环	基团结构
五元（杂）环	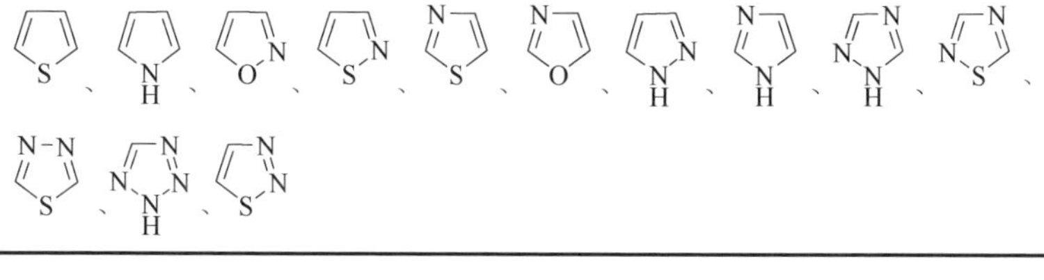

芳香环	基团结构
六元（杂）环	
稠（杂）环	

（1）在现有的 188 种常用有机磷农药品种中，有 115 种分子结构中含有苯环或其他芳香杂（稠）环，比率高达 61.17%。如有机磷杀虫剂之杀螟腈（cyanophos）、毒死蜱（chlorpyrifos）、蝇毒磷（coumaphos）、二嗪磷（diazinon）、吡氟硫磷（flupyrazofos）、氯唑磷（isazofos）、噁唑磷（isoxathion）、哒嗪硫磷（pyridaphenthion）、喹硫磷（quinalphos）、吡菌磷（pyrazophos）等。

杀螟腈   毒死蜱   蝇毒磷   二嗪磷

吡氟硫磷   氯唑磷   噁唑磷   哒嗪硫磷

喹硫磷   吡菌磷

（2）氨基甲酸酯类农药品种中，除 N-甲氨基甲酸肟酯类品种外，无论是杀虫剂还是杀菌剂，或是除草剂和植物生长调节剂，除 N-甲氨基甲酸肟酯类品种外，几乎所有品种的分子结构都含有芳香环基团或芳香共轭结构。如甲萘威（carbaryl）、速灭威（metolcarb）、猛捕因（4-benzothienylmethylcarbamate）、抗蚜威（pirimicarb）、喹啉威（hyquinicarb）、吡唑威（pyrolan）等。

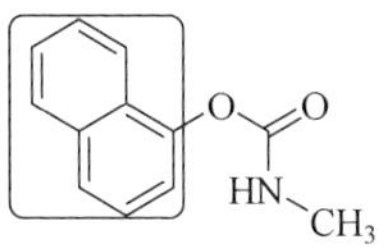

甲萘威 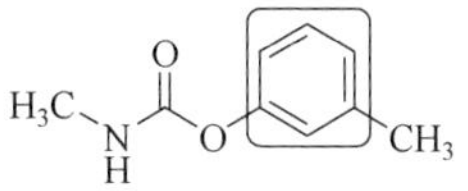　　　　　　速灭威 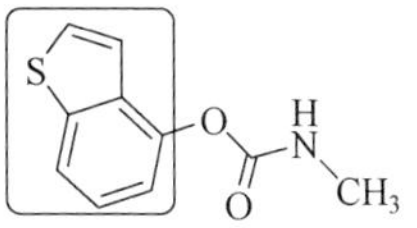　　　　　　猛捕因

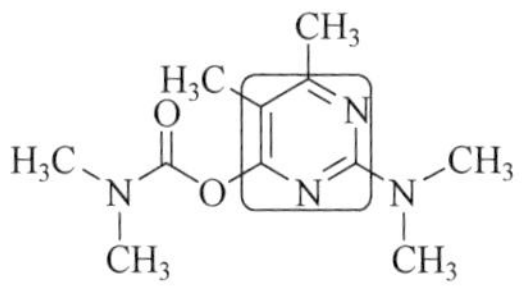

抗蚜威 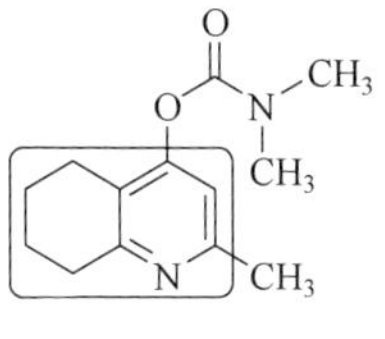　　　　　　喹啉威 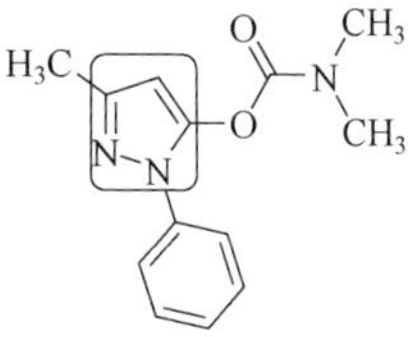　　　　　　吡唑威

即使 *N*-甲氨基甲酸肟酯类品种，也含有芳香性"假环"： ，如氧涕灭威（aldoxycarb）、丁酮威（butocarboxim）、丁酮砜威（butoxycarboxim）等。

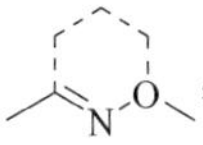

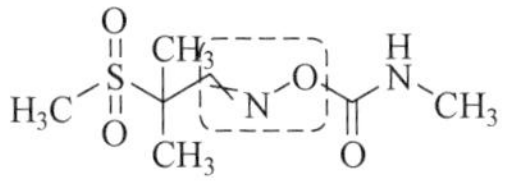

氧涕灭威 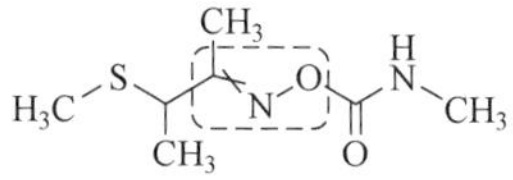　　　　　　丁酮威 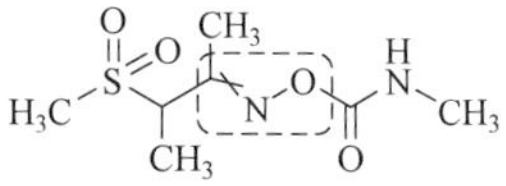　　　　　　丁酮砜威

（3）所有的拟除虫菊酯类农药品种，都含有芳香环，并且主要是苯环，如氯氰菊酯（cypermethrin）与吡氯菊酯（fenpirithrin）等。

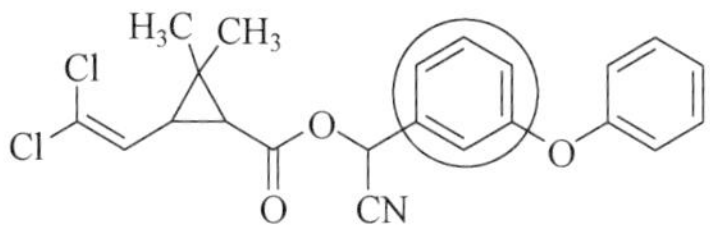

氯氰菊酯 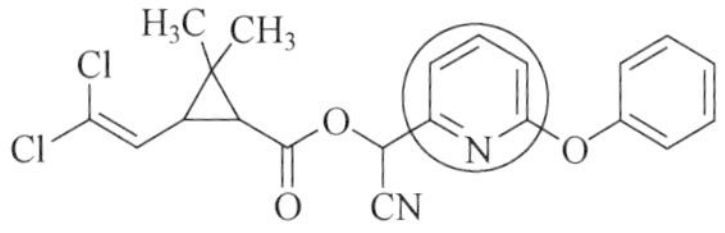　　　　　　　　　吡氯菊酯

（4）几乎所有的酰胺类农药品种的分子结构都含有苯环或芳香杂环，并且以五元环和六元环为主，如氟酰胺（flutolanil）、噻酰菌胺（tiadinil）、硅噻菌胺（silthiopham）、呋吡菌胺（furametpyr）、吡噻菌胺（penthiopyrad）、啶酰菌胺（boscalid）、丁吡吗啉（pyrimorph）等。

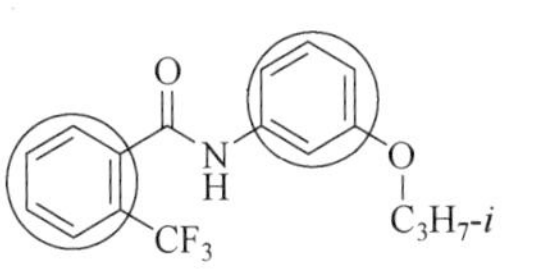

氟酰胺 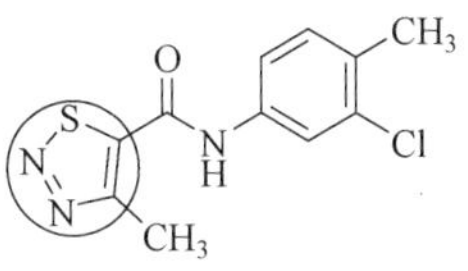　　　　　　噻酰菌胺 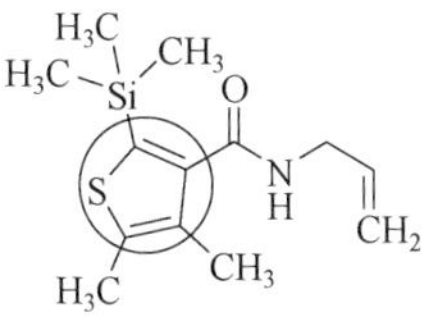　　　　　　硅噻菌胺

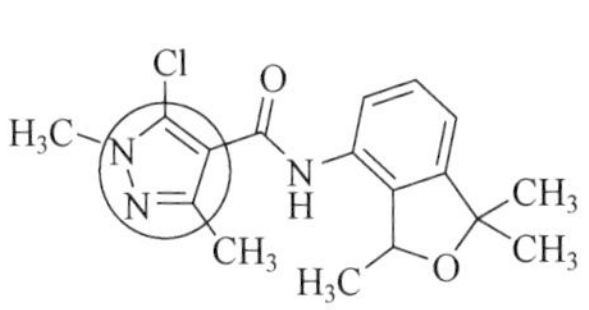

呋吡菌胺 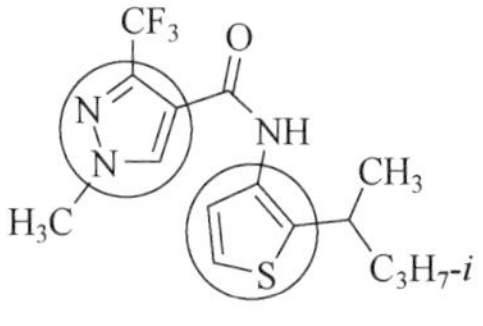　　　　　　吡噻菌胺 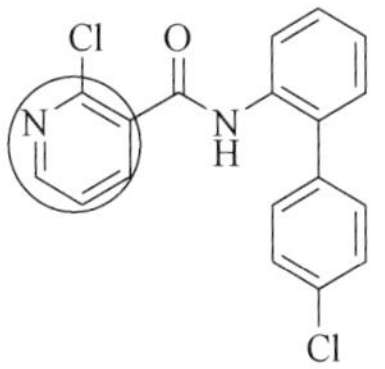　　　　　　啶酰菌胺

93

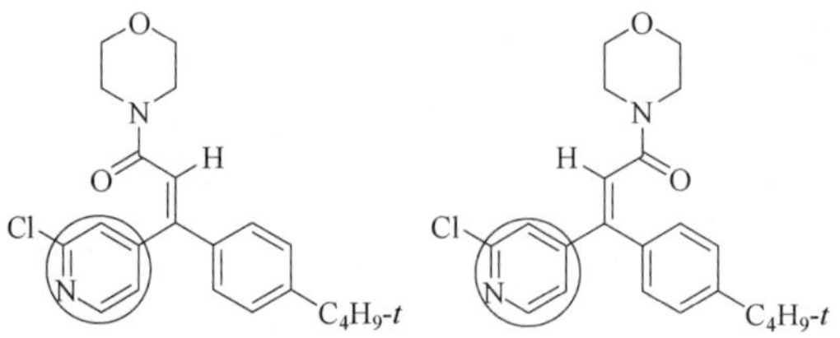

丁吡吗啉

（5）新贵甲氧基丙烯酸酯类农药，所有品种分子结构都含有芳香环，并且所用芳香环涵盖五元环、六元环、稠环及"假环"结构，如嘧螨胺（pyriminostrobin）、啶氧菌酯（picoxystrobin）、丁香菌酯（coumoxystrobin）、唑菌酯（pyraoxystrobin）、苯噻菌酯（benzothiostrobin）等。

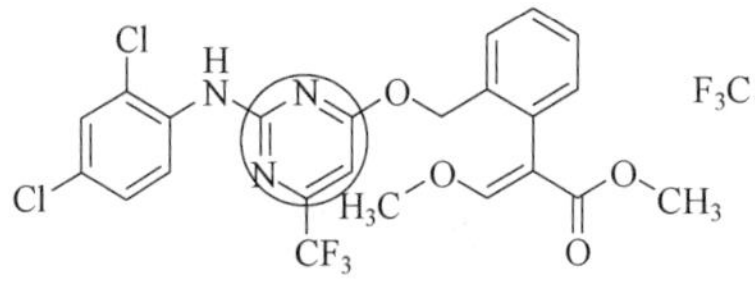

嘧螨胺 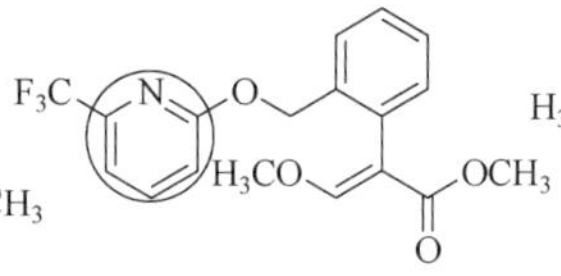　　　　　　啶氧菌酯 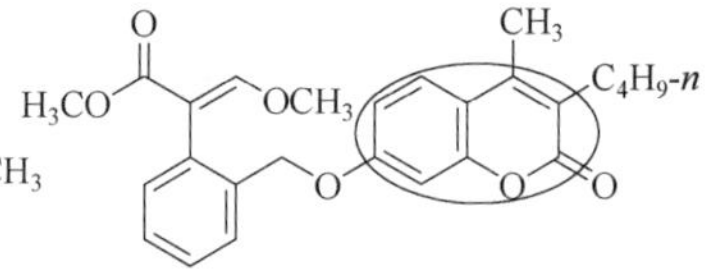　　　　　　丁香菌酯

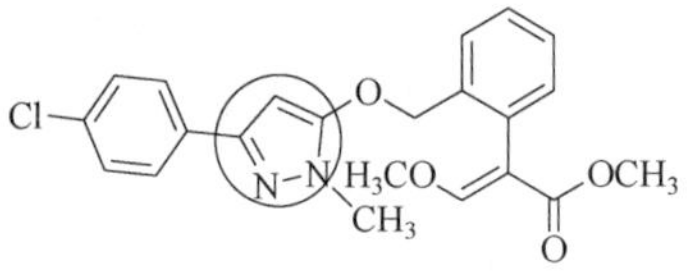

唑菌酯 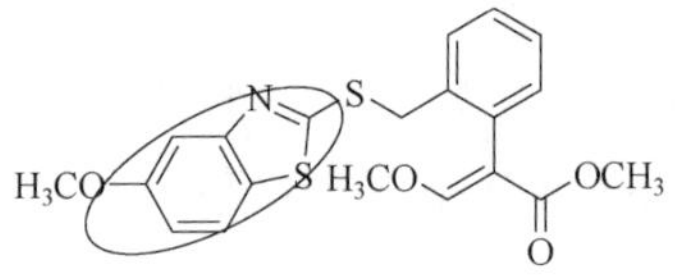　　　　　　　苯噻菌酯

（6）苯氧羧酸类除草剂所有品种，其分子结构中都含有芳香环，并且以六元环和稠杂芳香环为主，如吡氟氯禾灵（haloxyfop-methyl）、精喹禾灵（quizalofop-P-ethyl）、精噁唑禾草灵（fenoxaprop-P-ethyl）、噻唑禾草灵（fentriaprop-ethyl）、吡草醚（pyraflufen-ethyl）、氟哒嗪草酯（flufenpyr-ethyl）、氟胺草酯（flumiclorac-pentyl）等。

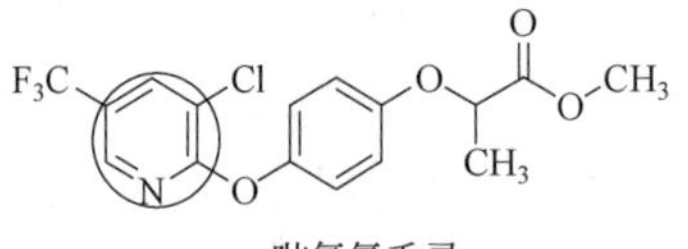

吡氟氯禾灵 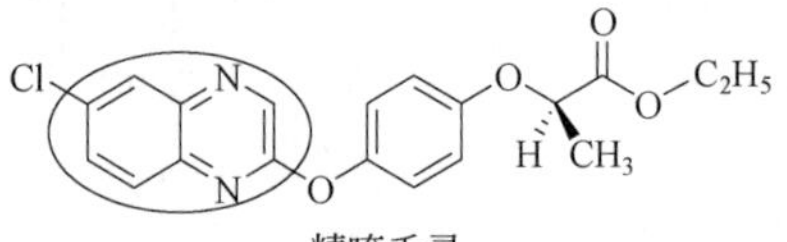　　　　　　　　　　　　精喹禾灵

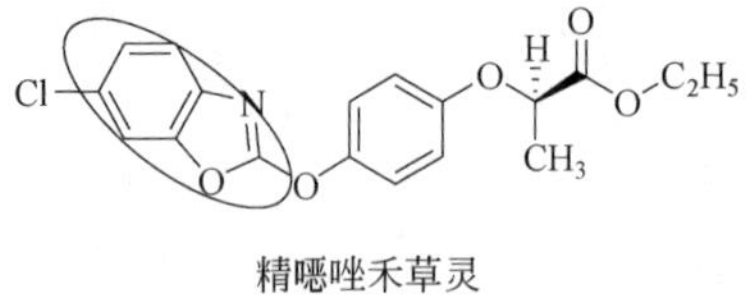

精噁唑禾草灵 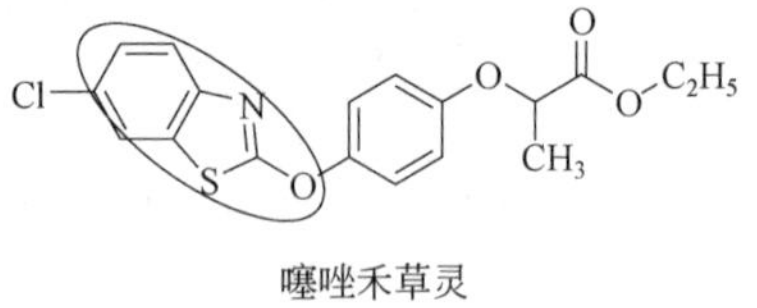　　　　　　　　　　　噻唑禾草灵

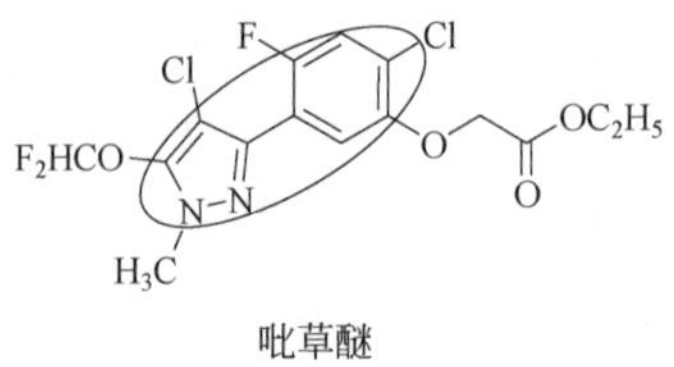

吡草醚 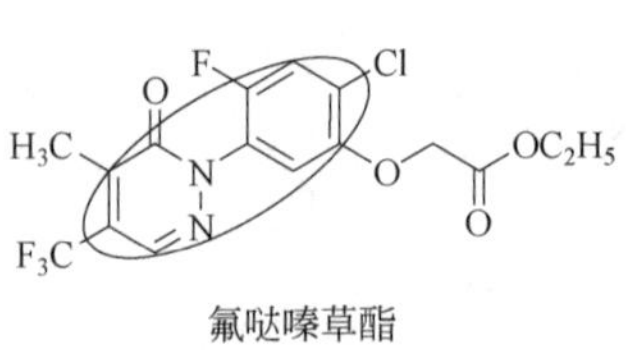　　　　　　　　　　　　　氟哒嗪草酯

氟胺草酯

（7）所有磺酰脲类除草剂品种，分子结构都含有芳香环，A 环以苯环为主，B 环以嘧啶环和三嗪环为主，近年来创制的该类新品种芳香环的利用有所扩展，已经涵盖五元环、六元环、稠环及"假环"结构，如吡嘧磺隆（pyrazosulfuron）、胺苯磺隆（ethametsulfuron-methyl）、烟嘧磺隆（nicosulfuron）、噻吩磺隆（thifensulfuron-methyl）、磺酰磺隆（sulfosulfuron）、丙嗪嘧磺隆（propyrisulfuron）等。

吡嘧磺隆　　　　　胺苯磺隆　　　　　烟嘧磺隆

噻吩磺隆　　　　　磺酰磺隆　　　　　丙嗪嘧磺隆

（8）所有环己二酮类除草剂分子结构都含有肟"假环"结构，并且肟"假环"与具有共轭芳香性的环己二酮构成该类除草剂分子优势结构。如烯草酮（clethodim）、吡喃草酮（tepraloxydim）、环苯草酮（clefoxidim）、丁苯草酮（butroxydim）等。

烯草酮　　　　　　　　吡喃草酮

环苯草酮　　　　　　　丁苯草酮

（9）其他除草剂，无论是传统品种还是近年来新创制品种，其分子结构中都含有芳香环，包括五元环、六元环、稠环及"假环"等芳香环结构。如三嗪酮类除草剂之环嗪酮（hexazinone）、嗪草酮（metribuzin）、苯嗪草酮（metamitron）、乙嗪草酮（ethiozin）等。

环嗪酮   嗪草酮   苯嗪草酮   乙嗪草酮

吡啶类除草剂如灭草烟（imazapyr）、咪唑喹啉酸（imazaquin）等。

灭草烟   咪唑喹啉酸

唑砜类除草剂如砜吡草唑（pyroxasulfone）、啶磺草胺（pyroxsulam）、五氟磺草胺（penoxsulam）等。

砜吡草唑   啶磺草胺   五氟磺草胺

（10）近年来，植物生长调节剂农药发展较好、应用较多，该类农药品种分子结构大部分含有芳香环结构。如氟节胺（flumetralin）、苄基腺嘌呤（6-benzyla-denine）、杀雄啉（sintofen）等。

氟节胺   苄基腺嘌呤   杀雄啉

3.1.5.2　农药分子设计与优化中的芳香环生物电子等排

在农药分子结构中，芳香环作为重要组成部分，五元环、六元环、稠环令人眼花缭乱；然而犹如自然界一样，看似纷乱、雾里看花，其实也有规则。

如果芳香环为优势结构中重要组成部分，而不是关键构成要素，参与等排替换的芳香环可以没有限制；如果芳香环为优势结构中关键构成要素，那么参与等排替换的芳香环在电性、是否含有杂原子及所含杂原子的性质和数量上最好具有相似相关性。

（1）硫代磷酸酯类杀虫剂，其优势结构如下所示：

其中的芳香环 Ar 属于优势结构的重要组成部分，但并非有特殊要求或特殊界定的关键构建，说明 Ar 的要求只是芳香环。因此，如毒死蜱（chlorpyrifos）、蝇毒磷（coumaphos）、杀螟腈（cyanophos）、二嗪磷（diazinon）、吡氟硫磷（flupy-razofos）、氯唑磷（isazofos）、噁唑磷（isoxathion）、哒嗪硫磷（pyridaphenthion）、喹硫磷（quinalphos）、吡菌磷（pyrazophos）、萘氨磷（Bayer 22408）等硫代磷酸酯农药品种，其共同点是分子结构中都含有芳香环结构、都具有杀虫活性，其不同点是由于各芳香环的电性、取代基性质差异，导致每个品种的毒性、生物活性及杀虫谱各不相同，如图 3-49。

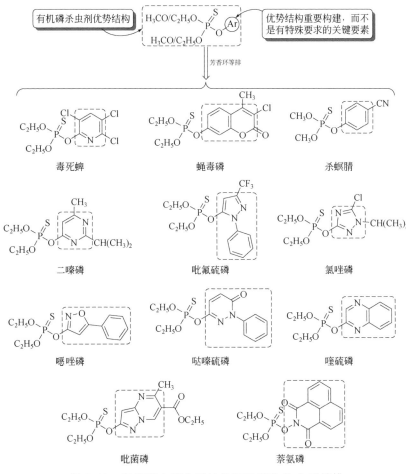

图 3-49　有机磷农药分子结构芳香环生物电子等排

可以预见，用上述 11 种芳香环之外的其他芳香环等排替换，所得新的硫代磷酸酯化合物，依然具有杀虫活性。

（2）烟碱（nicotine）属于具有杀虫活性的天然化合物，但由于其杀虫活性偏低且化学合成成本较高，因此直接作为杀虫剂农药品种使用的性价比不高，需要将其作为先导化合物进行优化筛选。

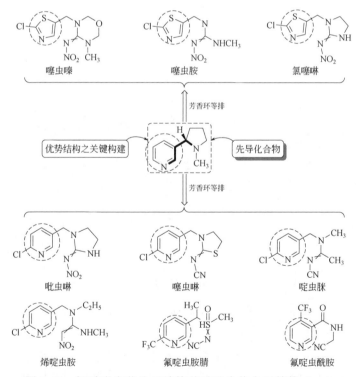

烟碱

烟碱结构比较简单，主体结构由两个含氮杂环构成，其中芳香环为含有一个 N 原子的吡啶环，立体构象相对稳定，在进行新的农药分子设计与优化时最好保留；另一个含氮杂环为吡咯烷，其立体构象有一定的可变性，如平面形、信封形、半椅形等，在进行新的农药分子设计与优化时则可以进行开环、扩环等结构变换。考虑到该先导化合物分子结构中只有 2 个 N 原子，有可能属于该先导化合物优势结构的关键要素，因此在进行分子设计与优化时其数量和位置应该保留。该先导化合物中含有 1 个手性碳结构，虽然也可能是关键结构，但烟碱化学合成的技术难度恰在此处，因此在进行分子设计与优化时应该尽量消除或替代。如在现有的商品化烟碱类杀虫剂中，无论是吡虫啉（imidacloprid）、噻虫啉（thiacloprid）、啶虫脒（acetamiprid）、烯啶虫胺（nitenpyram）、氟啶虫胺腈（sulfoxaflor）、氟啶虫酰胺（flonicamid），还是噻虫嗪（thiamethoxam）、噻虫胺（clothianidin）、氯噻啉（imidaclothiz），分子结构中的芳香环的等排替换都遵从一定的规范，如图 3-50。

图 3-50　烟碱类农药分子结构芳香环生物电子等排（一）

无论是取代吡啶，还是取代噻唑，都符合芳香环及 N 原子位置要求。众所周知，苯环和吡啶环是非常接近的芳香环，无论是芳香电性还是芳香环质量，相互间都是理想的等排替换体，然而在此处就未必适合，如图 3-51。

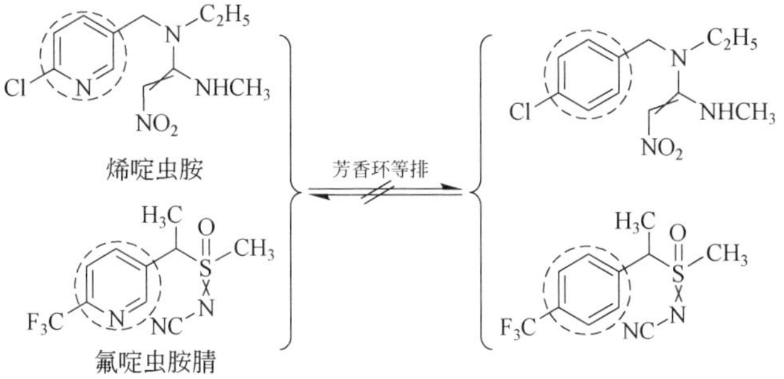

图 3-51　烟碱类农药分子结构芳香环生物电子等排（二）

（3）毒扁豆碱（physostigmine）是存在于蔓生豆科植物毒扁豆中的一种剧毒物质，对乙酰胆碱酯酶具有强烈的抑制作用，医药上可用于逆转抗胆碱能药物所致中枢毒性作用，局部应用治疗青光眼。由于毒性太高、工业生产成本高，不适合作为农药杀虫剂品种直接使用，作为一种杀虫剂先导化合物进行新农药分子设计与优化则非常理想。

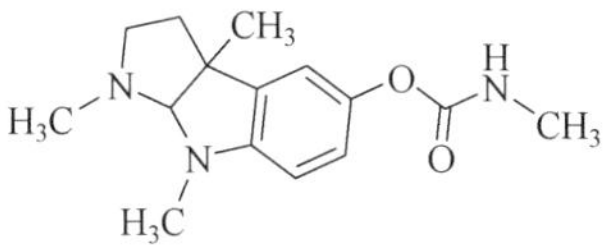

毒扁豆碱

毒扁豆碱产业化成本高的主要原因在于分子结构中的吡咯烷结构部分，因此首先考虑将其简化。该先导化合物的主要特征是具有芳香性和氨基甲酸功能基团，属于应该保留的结构。而产生芳香性的官能团是不含有杂原子的苯环，也是应该考虑的问题。因此，在目前商品化的 N-甲基氨基甲酸酯杀虫剂农药品种中，分子结构中的芳香环是不含杂原子的苯环和萘，如甲萘威（carbaryl）、灭害威（aminocarb）、灭杀威（xylycarb）等，如图 3-52。

（4）丁烯酰胺结构化合物往往具有杀菌生物活性，由此优化衍生出许多酰胺类杀菌剂。或许是由于该类杀菌剂分子结构中的芳香环是由烯衍生而来，因此该芳香环多是五元芳香环和六元芳香环，由于含有杂原子的芳香环比较容易代谢，所以芳香杂环居多。如噻氟菌胺（thifluzamide）、噻酰菌胺（tiadinil）、硅噻菌胺（silthiopham）、呋吡菌胺（furametpyr）、联苯吡菌胺（bixafen）、联苯吡嗪菌胺（pyraziflumid）、cyclobutrifluram、氟吡菌胺（fluopicolide）、氟苯醚酰胺（flubeneteram）等，如图 3-53。

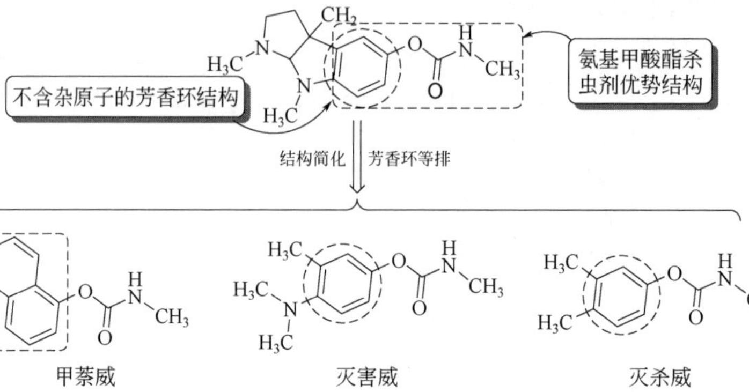

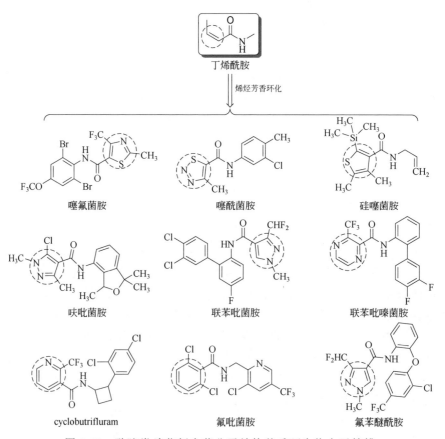

图 3-52　氨基甲酸酯类农药分子结构芳香环生物电子等排

图 3-53　酰胺类杀菌剂农药分子结构芳香环生物电子等排

（5）在农药分子设计与优化过程中，进行"me-too"和"me-better"创制时，一般情况下要考虑等排替换芳香环的电性、杂原子性质及氢键性质的相似相近原理。

如苯氧羧酸类除草剂噁唑禾草灵（fenoxaprop-ethyl）、噻唑禾草灵（fentriaprop-ethyl）及喹禾灵（quizalofop-ethyl）之间，3 个稠杂环在电性和氢键方面存在很高的相似相关性：2 个氢键受体，功能基团稠杂环摩尔质量依次为 117g/mol、133g/mol、128g/mol。

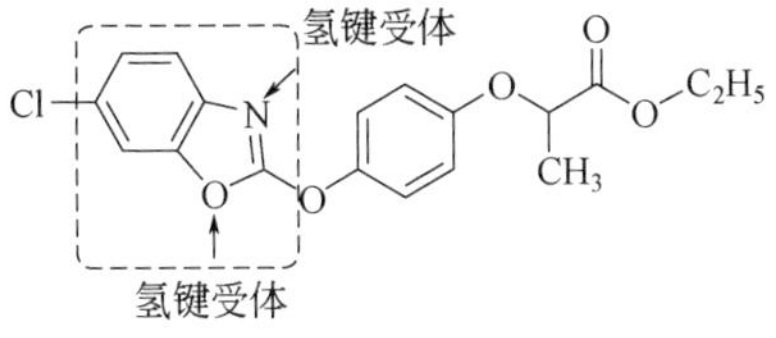

噁唑禾草灵

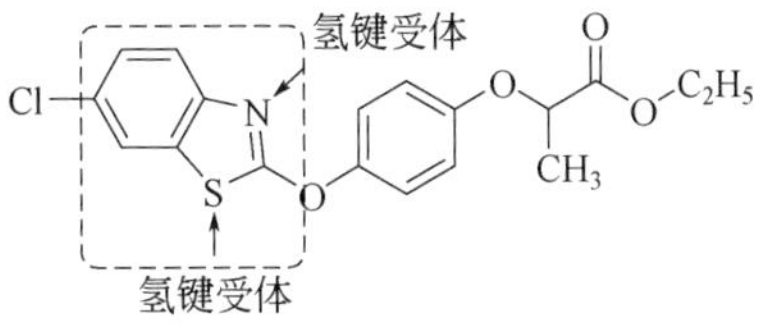

噻唑禾草灵

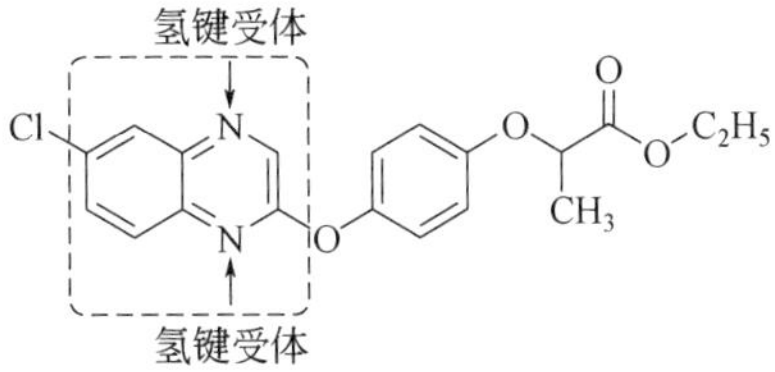

喹禾灵

类似的离子化合物杀虫剂三氟苯嘧啶（triflumezopyrim）与二氯噻吡嘧啶（dicloromezotiaz）之间 2 个芳杂环在电性和氢键方面存在很高的相似相关性：2 个氢键受体，功能基团芳杂环嘧啶环和噻唑环摩尔质量依次为 78g/mol 和 82g/mol，如图 3-54。

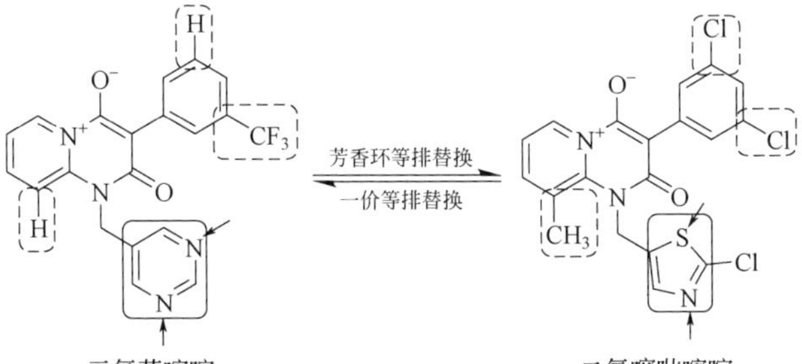

三氟苯嘧啶　　二氯噻吡嘧啶

图 3-54　芳香性生物电子等排

除草剂甲氧咪草烟（imazamox）、甲基咪草烟（imazapic）、咪唑乙烟酸（imazethapyr）、灭草烟（imazapyr）与咪唑喹啉酸（imazaquin）之间是吡啶环喹啉环之间的等排替换，虽然二者间的摩尔质量差别比较大，但二者间的电性和氢键数量、性质却非常一致，如图 3-55。

（6）当吡唑环等排替换苯环时，生物活性有时保持，有时发生改变。如除草剂苯磺噁草唑（fenoxasulfone）分子结构中苯环被吡唑环等排替换并结构修饰，所得化合物砜吡草唑（pyroxasulfone）保持除草活性，并且苯磺噁草唑、砜吡草唑二者除草作用机制相同：抑制超长链脂肪酸延长酶（VLCFAEs）活性。

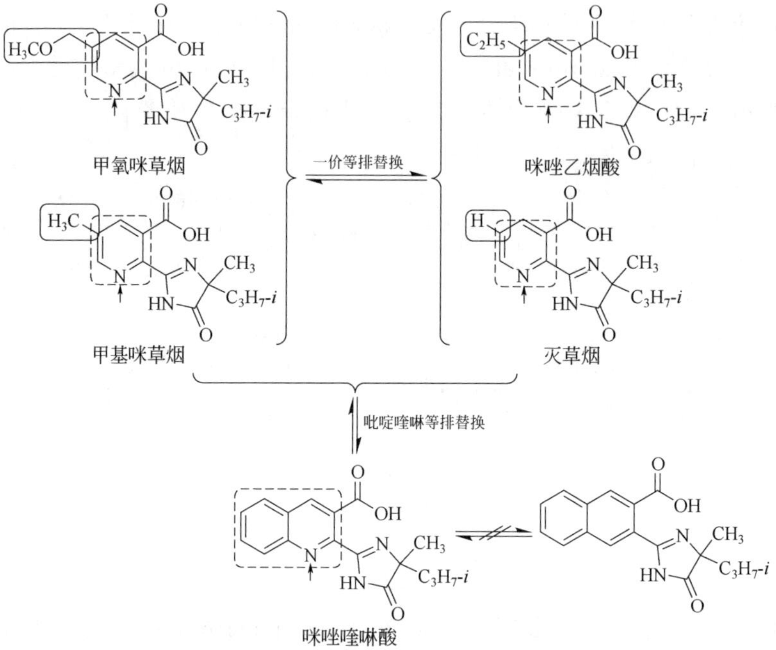

图 3-55 烟酸衍生物除草剂农药分子结构芳香环生物电子等排

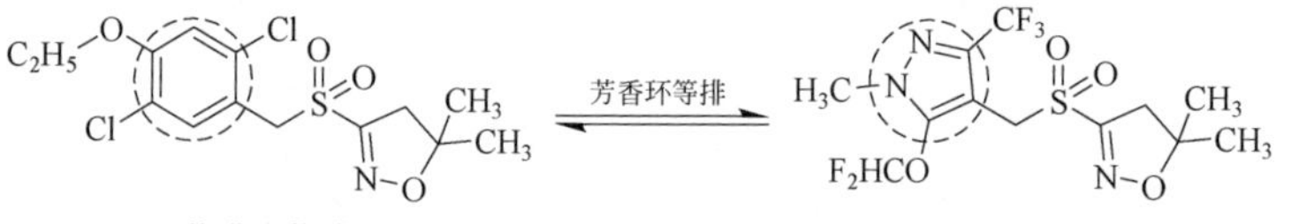

苯磺噁草唑　　　　砜吡草唑

化合物 A 和 B 分别为拜耳公司在 WO 2010069526 和 WO 2011045271 中公开的化合物，A 具有良好的杀虫活性：$500g/hm^2$ 对桃蚜致死率高于 80%；而 B 却具有良好的除草活性：$320g/hm^2$ 苗后反枝苋、狗尾草防除效果高于 70%[12]。

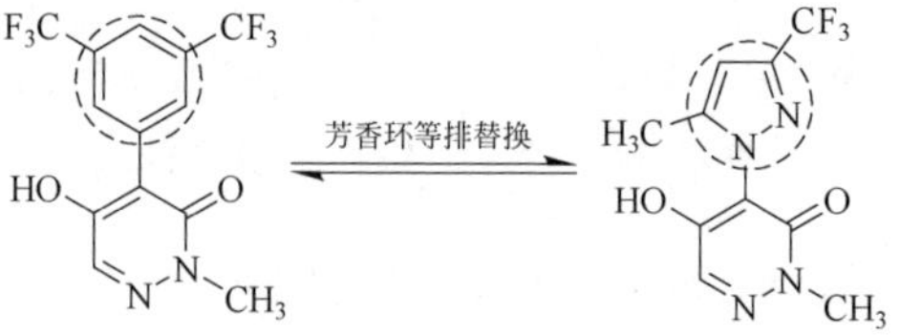

A　　　　B

（7）在农药分子结构中，有一种非环似环的“假环”，这就是常见的肟结构和亚胺，往往起到芳香杂环的作用，并且可与芳香杂环进行等排替换。

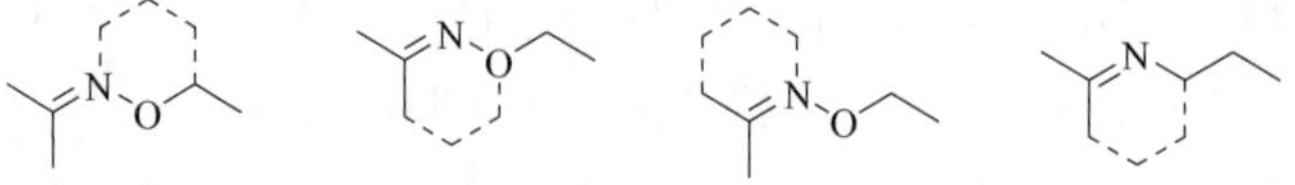

如甲氧基丙烯酸酯类杀菌剂烯肟菌酯（enoxastrobin）、肟菌酯（trifloxystrobin）、肟醚菌胺（orysastrobin）、苯噻菌酯（benzothiostrobin）、UBF-307（EP 0532022）等。

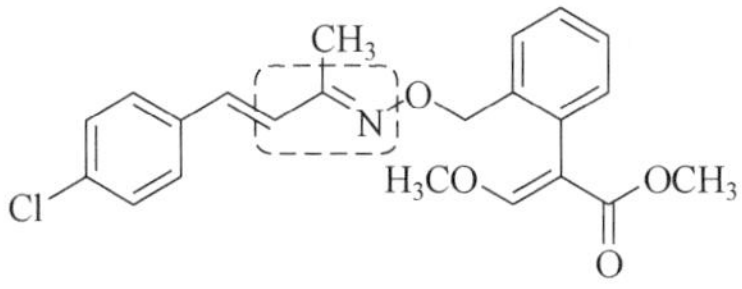

烯肟菌酯

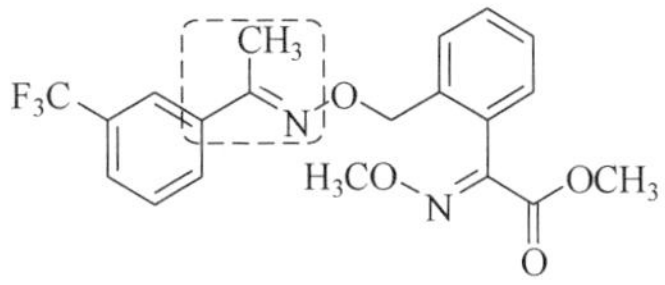

肟菌酯

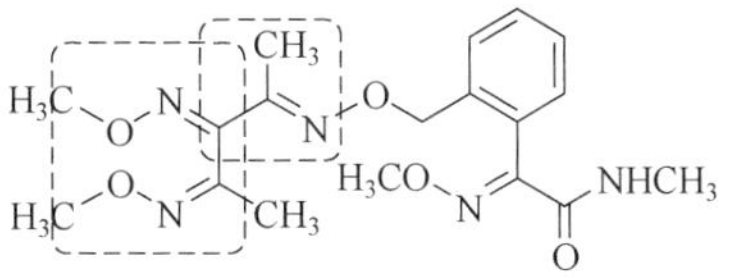

肟醚菌胺

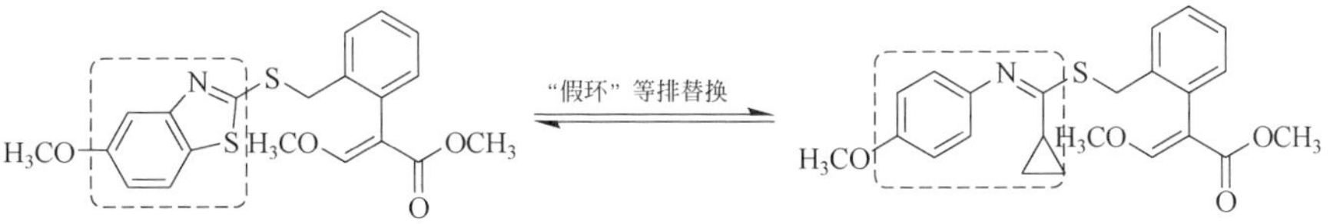

苯噻菌酯　　　　"假环"等排替换　　　　UBF-307

3.1.6　农药分子之酸性抓手——羧基相关生物电子等排

分子结构中的羧基（）既是氢键供体也是氢键受体，其氢原子可以电离而显示酸性。就电性结构如形成氢键的性质及可因电离而显示酸性等性质比较，

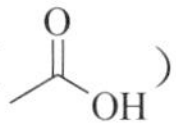

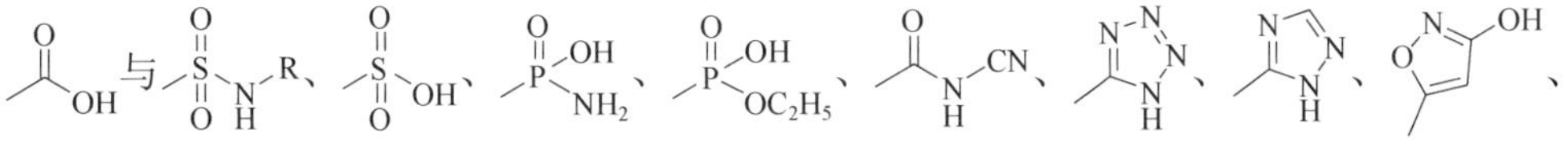

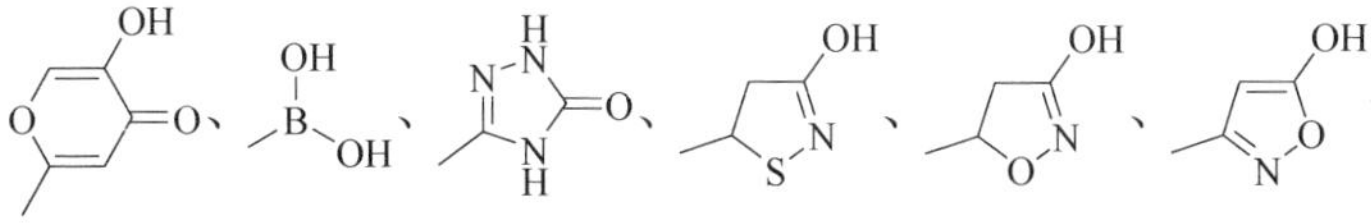

等功能基团存在相似性，理论上可以进行非经典生物电子等排体等排替换。

磺酰氨基（）N 原子上的 H 原子在一定条件下也可离解，因而具有弱酸性，但其结构中的 H 的电离性远弱于羧基（）结构中的 H，因此磺酰氨基（）酸性弱于羧基（）；磺酰氨基（）为四面体结构，类似

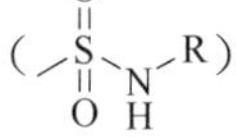

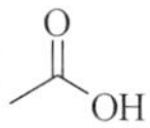

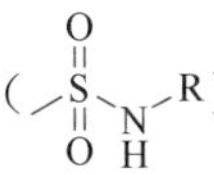

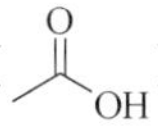

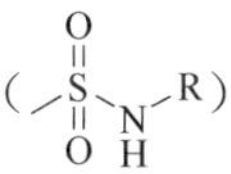

于磷酰氨基（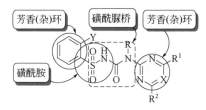），作为农药分子优势结构的组成部分时，往往产生意想不到的生物活性作用，在农药分子设计与优化过程中应用广泛。磺酰氨基除作为磺酰脲类除草剂优势结构的关键组成部分外，还经常被应用于多种类别的农药分子设计与优化。

如杀菌剂三氟咪啶酰胺（fluazaindolizine）、吲唑磺菌胺（amisulbrom）、dichlobentiazox 等。

三氟咪啶酰胺   吲唑磺菌胺   dichlobentiazox

除草剂酰嘧磺隆（amidosulfuron）、氟磺胺草醚（fomesafen）、双氟磺草胺（florasulam）等。

酰嘧磺隆   氟磺胺草醚   双氟磺草胺

一般情况下，农药直接作用于农作物茎叶表面，而有些作物新生组织部分对酸性物质比较敏感，因此就酸碱性而言，农药化合物的水混合物的酸性不宜太强。另外，农药的生产设备和施药器械很难避开金属材料，若农药化合物酸性太强，往往会对相关金属结构部位产生腐蚀作用。因此商品化的农药化合物在分子设计和优化过程中，一般将其结构酸碱性控制在中性或接近中性。若农药化合物分子结构中包含羧基功能基团，往往同时包含碱性功能基团如—NH₂、—NH—、—N=等结构，或者将羧基功能基团酯化或酰胺化或做成盐。

如吡啶类除草剂甲氧咪草烟（imazamox）、咪唑喹啉酸（imazaquin）、喹草酸

（quinmerac）等，分子结构中既包含酸性官能团，又包含碱性官能团，整个化合物形成内盐而近于中性。

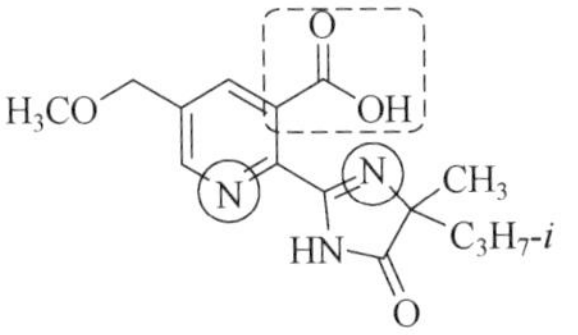

甲氧咪草烟 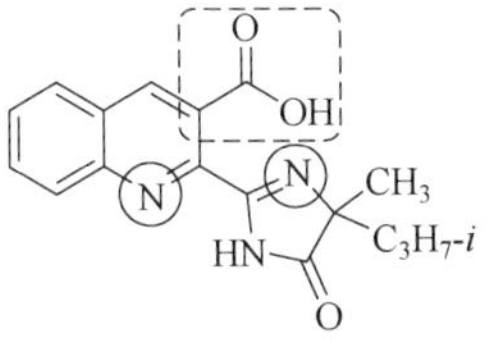　　　　　　　　咪唑喹啉酸 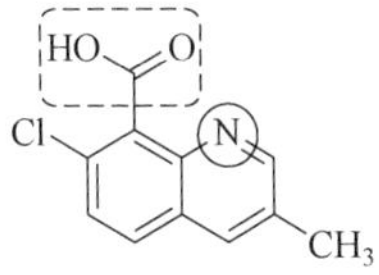　　　　　　　　喹草酸

而水杨酸衍生物除草剂双草醚（bispyribac-sodium）和嘧草硫醚（pyrithiobac-sodium）等分子结构中含有羧基（），最终做成钠盐。

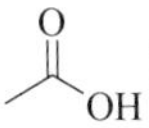

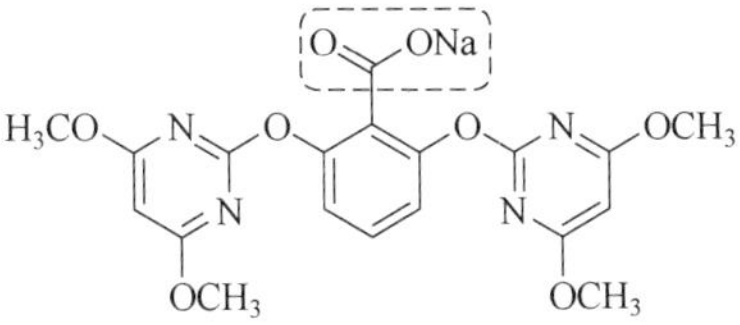

双草醚 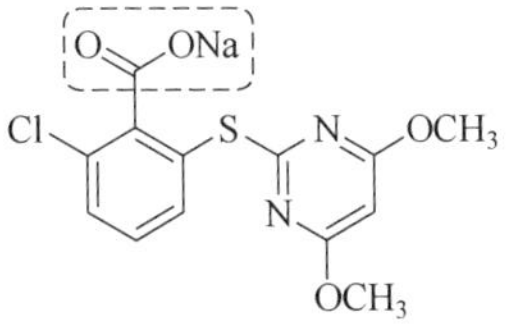　　　　　　　　　　　　嘧草硫醚

水杨酸衍生物除草剂如嘧啶肟草醚（pyribenzoxim）和嘧草醚（pyriminobac-methyl）等及苯氧羧酸类除草剂如吡氟禾草灵（fluazifop-butyl）等、二苯醚类除草剂如乳氟禾草灵（lactofen）等分子结构中含有羧基（），最终做成羧酸酯结构。

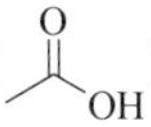

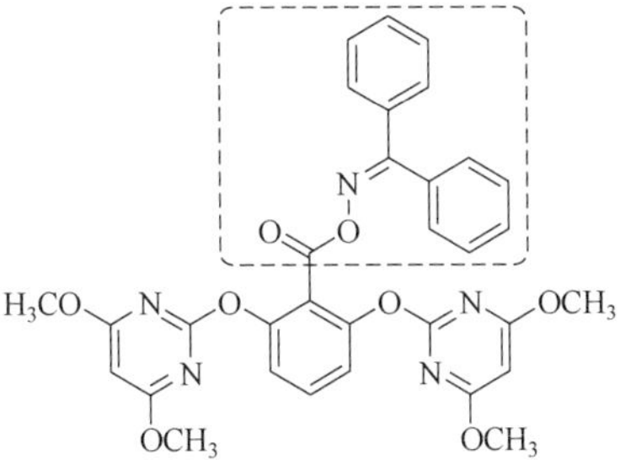

嘧啶肟草醚 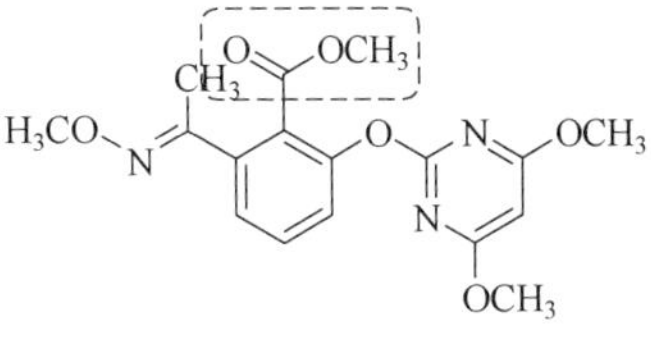　　　　　　　　　　　　嘧草醚

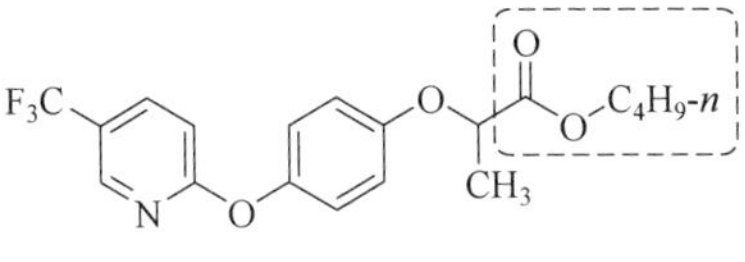

吡氟禾草灵 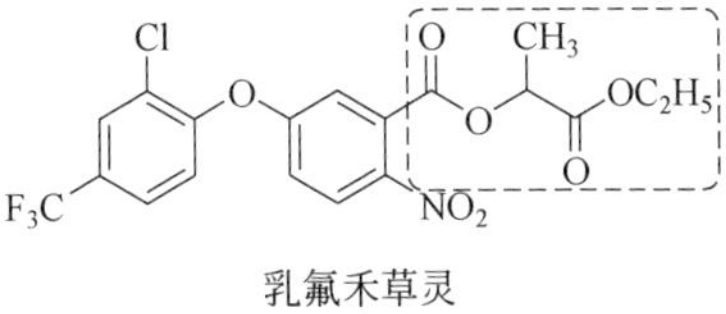　　　　　　　　　　　　乳氟禾草灵

3.1.7　农药分子药效团重组之羧酸酯与酰胺相关生物电子等排

分子结构中酯（R）中的烷氧基 O 的孤对电子可与羰基共轭，因此酯中

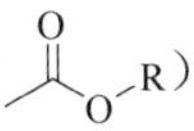

C—O 键具有某些双键的性质，如酯的结构也可表达为：（结构式），其共振式可表达为：（结构式）。酰胺 C 用 sp² 杂化轨道与 N 成键，N 与羰基共轭，导致酰胺（结构式）中 C—N 键也具有某些双键的性质，如酰胺的结构也可表达为：（结构式），其共振式可表达为[13]：（结构式），酰胺中 N 与羰基共轭导致 N 上孤对电子的负电性受到很大的削弱，因此 N—H 表现出的碱性远远低于脂肪胺中—NH₂、—NH—表现出的碱性。

就电性结构相似性而言，（结构式）与（结构式）等功能基团存在相似性，理论上可以进行非经典生物电子等排体等排替换；（结构式）

与（结构式）等功能基团存在相似性，理论上也可以进行非经典生物电子等排体等排替换。

四氮唑的双键可以离域化，基团中的氢原子离解后，负电荷分布在四氮唑基团的所有氮原子上，表现出弱碱性，四氮唑与羧基的物理化学性质相近：羰基和四氮唑的 pKₐ 值分别为 4.2～4.4 和 4.9。因此四氮唑烷基化则类似于羧酸酯化，在农药分子设计与优化过程中，羧酸酯（结构式）、酰胺（结构式）则可以与（结构式）进行等排替换，如磺酰脲类除草剂之吡嘧磺隆（pyrazosulfuron）、氯吡嘧磺隆（halosulfuron-methyl）与四唑嘧磺隆（azimsulfuron）等，如图 3-56。

羧酸酯（结构式）与酰胺（结构式）经环化可以形成异噁唑（结构式）结构，形式上等同于等排替换。如化合物 A、B 分别为杜邦公司在 WO 2008091594、WO 2010065579 中公开的化合物，其杀菌活性依次为 A：1mg/L 对黄瓜白粉病、马铃薯晚疫病防效 100%，B：13.40mg/L 对葡萄霜霉病、马铃薯晚疫病防效为 100%；化合物 C、D、E 分别为拜耳公司在 WO 2009132785、WO 2009094445、WO 2012025557 中公开的化合物，其杀菌活性依次为 C：100mg/L 对葡萄霜霉病防效高于 70%；D：10mg/L 对葡萄霜霉病、马铃薯晚疫病、马铃薯早疫病防效为 100%；E：16.10mg/L 对黄瓜霜霉病防效为 100%[14]，如图 3-57。

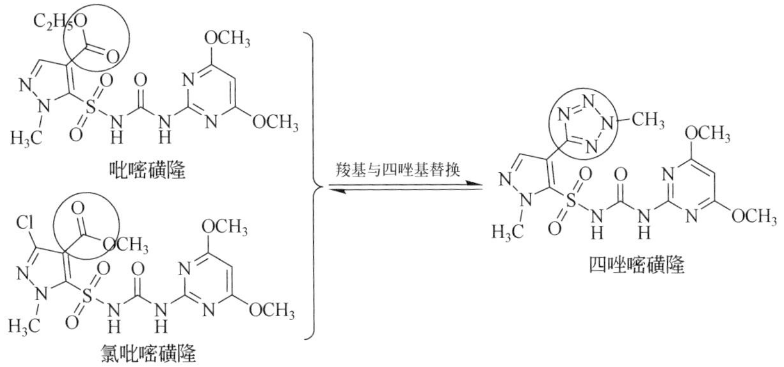

图 3-56　羧基和四氮唑基等排替换应用

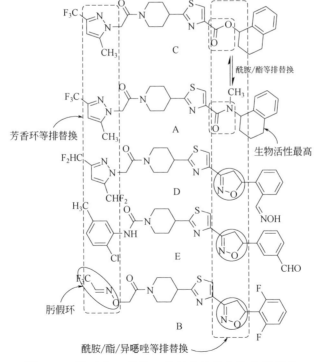

图 3-57　羧酸酯、酰胺、异噁唑结构生物电子等排

羧酸酯（R）与酰胺（R）无论是在电性还是摩尔质量上，都存在极高的相似性，唯一的差别是后者可以形成供体氢键，而前者不能，理论上可以相互进行生物电子等排体等排替换；然而事实并非如此：二者只有在作为农药分子优势结构的重要组成部分时可以相互等排替换，如螺螨酯类杀虫剂、甲氧基丙烯酸甲酯类杀菌剂及磺酰脲类除草剂农药分子结构中的羧酸酯（R）与酰胺（R）结构。

螺螨酯类杀虫剂如螺螨酯（spirodiclofen）和螺虫乙酯（spirotetramat）等。

螺螨酯 螺虫乙酯

甲氧基丙烯酸甲酯类杀菌剂如肟菌酯（trifloxystrobin）和苯氧菌胺（metominostrobin）、肟醚菌胺（orysastrobin）等。

肟菌酯 苯氧菌胺 肟醚菌胺

磺酰脲类除草剂如烟嘧磺隆（nicosulfuron）和氟啶嘧磺隆（flupysulfuron-methyl-sodium）等。

烟嘧磺隆 氟啶嘧磺隆

在磺酰脲类除草剂分子结构中，作为吸电子基团的酰胺（R）官能团结构，可以和很多具有吸电子功能的官能团如—CF₃、—OCH₂CF₃、—SO₂C₂H₅等进行等排替换，如烟嘧磺隆（nicosulfuron）与啶嘧磺隆（flazasulfuron）、三氟啶磺隆（trifloxysulfuron）、砜嘧磺隆（rimsulfuron）等，如图 3-58。

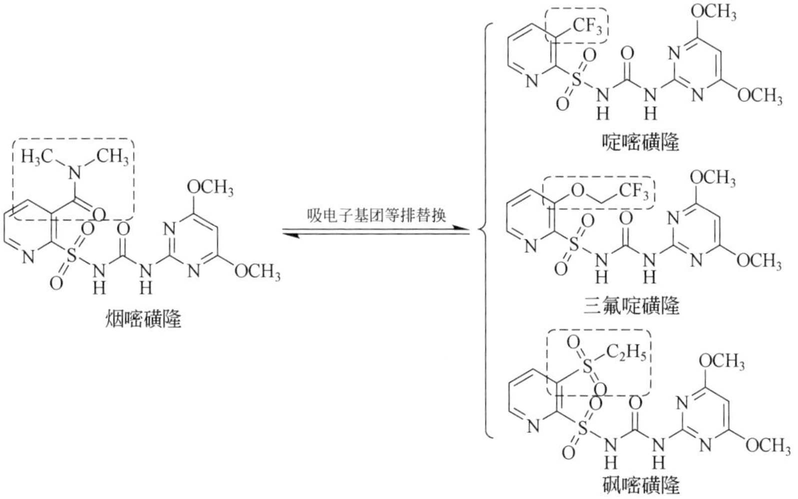
烟嘧磺隆
吸电子基团等排替换
啶嘧磺隆
三氟啶磺隆
砜嘧磺隆

图 3-58　一价吸电子基团等排替换应用

而在羧酸酯与酰胺作为农药分子优势结构的关键组成部分时则不可以相互等排替换，如无论是酰胺类杀虫剂还是酰胺类杀菌剂或者是酰胺类除草剂，当其中的酰胺（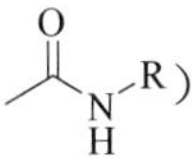）结构与羧酸酯（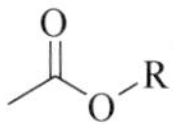）相互等排替换时，并不能获得理想的结果。

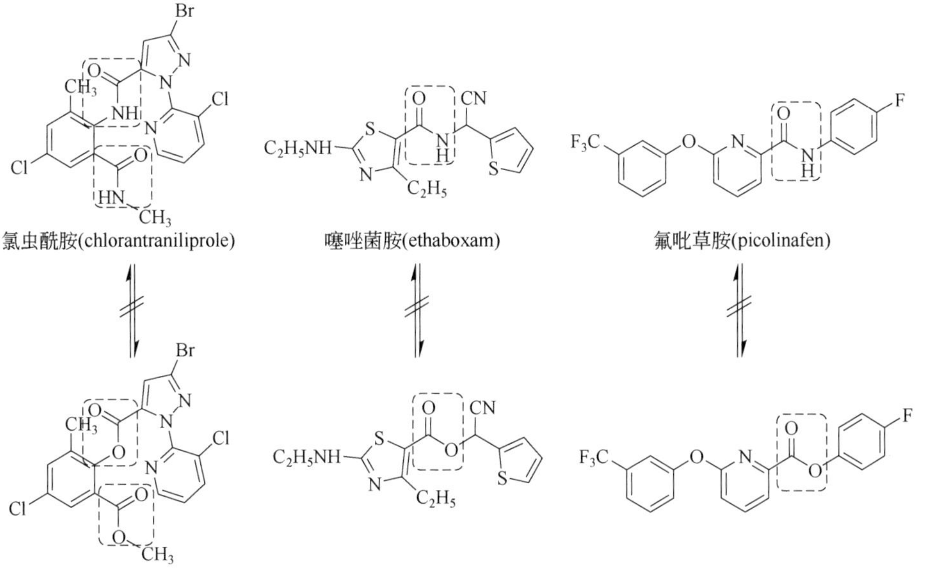
氯虫酰胺(chlorantraniliprole)
噻唑菌胺(ethaboxam)
氟吡草胺(picolinafen)

3.1.8 农药分子药效团重组之羰基、亚砜基与砜基相关生物电子等排

羰基（　O　）、亚砜基（　O　S　）与砜基（　O　S　O）三者皆为吸电子基团及氢键受体，就电性特点讲，在理论上可与 CN（=C）CN、（=CH）CN、CH=N—O 等功能基团等排替换。作为延伸，三者都可与 CN—NH₂ 作用，形成 C=N—CN、S=N—CN、O　S=N—CN 等亚胺氰基化合物，所得新化合物的生物活性一般情况下得到一定幅度的提高。羰基（　O　）、亚砜基（　O　S　）与砜基（　O　S　O）三者在农药分子设计与优化过程中应用较为广泛的当属砜基（　O　S　O），作为吸电子基团，其在杀虫剂与除草剂农药开发中的应用至今热度不减。

如杀虫剂氟虫双酰胺（flubendiamide）、氟噻虫砜（fluensulfone）、fluhexafon 等。

氟虫双酰胺　　　　氟噻虫砜　　　　fluhexafon

除草剂砜吡草唑（pyroxasulfone）、唑草胺（cafenstrole）、硝磺草酮（mesotrione）、磺酰草吡唑（pyrasulfotole）、三唑磺草酮（tripyrasulfone）、苯唑氟草酮（fenpyrazone）等。

砜吡草唑　　　　唑草胺　　　　硝磺草酮

磺酰草吡唑　　　　三唑磺草酮　　　　苯唑氟草酮

华中师范大学除草剂创制大师杨光富用磺酸酯基等排替换嘧硫草醚（pyri-thiobac-sodium）分子结构中的—Cl，创制的新颖结构除草剂 6-磺酸酯基嘧啶水杨酸类化合物对乙酰羟酸合成酶具有良好的抑制作用，同时针对乙酰羟酸合成酶抑制剂类除草剂产生抗性的杂草具有显著的反抗性抑制作用，能够防治乙酰羟酸合成酶突变导致的杂草抗性植株[14]。

3.2　牵一发而动全身——局部修饰策略应用

在农药分子设计与优化过程中，比较重要的方法与策略当属"局部修饰"，特别是在"me-too"和"me-better"过程中应用广泛。局部修饰的基本原则是在不削弱现有优势结构农药性价值、保证新化合物生物活性商业价值的前提下，增减药效团或调整其性质、位置。局部修饰（local manipuaton）或局部变换，是农药分子设计与优化的主要手段，用途广泛，可用于调整或改变化合物分子的立体构象、柔性-刚性转换、电荷分布、对称中心及不对称中心等，具体方法有相关功能基团的添加、去除、位置调整、开环与闭环、饱和碳原子数与不饱和碳原子数及芳香环与芳香杂环调整等。

3.2.1　农药分子优势结构创制方略之基团替换

局部修饰的常用方法是基团替换,而基团替换常用方法有经典生物电子等排、非经典生物电子等排、基团翻转、开环闭环等。通过基团替换修饰先导化合物的主要目的，首先是调整原有优势结构的整体结构，使其成为最佳；再者是调整先导化合物或者其相关优势结构的重要官能团，使其成为最佳药效团或者使其在先导化合物或者其相关优势结构的最佳位置，最终实现获得"me-too"和"me-better"知识产权农药产品。在"me-too"和"me-better"过程中，基团替换坚持的基本原则之一是在创新、形成新的知识产权的前提下最小修饰化、经济效益最大化；首先基团替换最小化，再者是经济投入最小化。如苯氧羧酸类除草剂吡氟禾草灵（fluazifop-butyl）与吡氟氯禾灵（haloxyfop-methyl）等，仅仅通过在原商品化产品分子结构上 H 和 Cl 之间的替换或者酯化烃基链的缩短或延伸，即实现了创新、获得了新产品，如图 3-59。

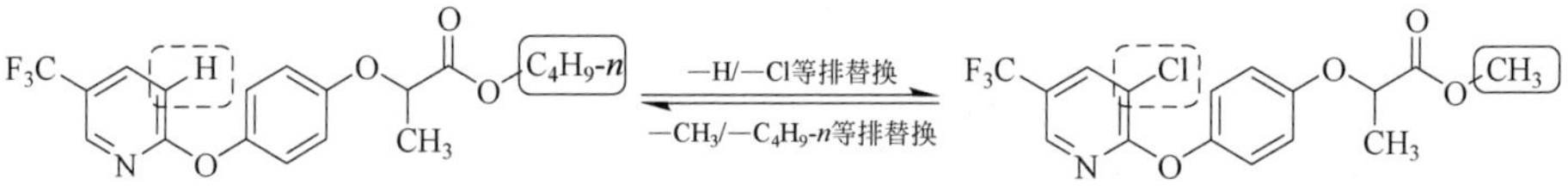

图 3-59　局部修饰之基团替换

如噁唑禾草灵（fenoxaprop-ethyl）与噻唑禾草灵（fentriaprop-ethyl）等，仅仅是将氯代苯并噻唑和氯代苯并噁唑间相互替换，即获得了知识产权新产品，分享了市场，如图 3-60。

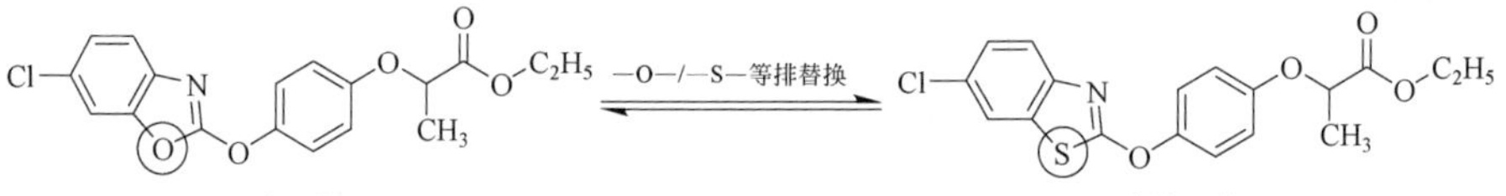

图 3-60　局部修饰之二价等排

3.2.1.1　生物电子等排

生物电子等排分为经典生物电子等排和非经典生物电子等排，见 3.1 节，此处不再复述。

3.2.1.2　基团翻转

基团翻转（reversal of functional group）一般是指羧酸酯（$R^1\!\!-\!\!\overset{\overset{O}{\|}}{C}\!\!-\!\!O\!\!-\!\!R^2$）、羧酰胺（$R^1\!\!-\!\!\overset{\overset{O}{\|}}{C}\!\!-\!\!\overset{N}{\underset{H}{}}\!\!-\!\!R^2$）及氨基甲酸酯（$R^1\!\!-\!\!O\!\!-\!\!\overset{\overset{O}{\|}}{C}\!\!-\!\!\overset{N}{\underset{H}{}}\!\!-\!\!R^2$）等官能团的翻转，通过基团翻转，原分子结构分别转变为另一种类型的羧酸酯（$R^2\!\!-\!\!\overset{\overset{O}{\|}}{C}\!\!-\!\!O\!\!-\!\!R^1$）、羧酰胺（$R^2\!\!-\!\!\overset{\overset{O}{\|}}{C}\!\!-\!\!\overset{N}{\underset{H}{}}\!\!-\!\!R^1$）及氨基甲酸酯（$R^2\!\!-\!\!O\!\!-\!\!\overset{\overset{O}{\|}}{C}\!\!-\!\!\overset{N}{\underset{H}{}}\!\!-\!\!R^1$）。虽然经过基团翻转后化合物的类别没有发生变化，但其整体分子结构甚至决定生物活性的优势结构往往发生比较大的变化，因此新化合物的生物活性很难保持或者发生很大的改变。比较有代表性的是氨基甲酸酯类农

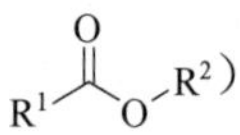

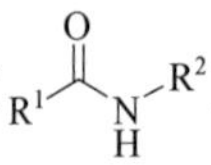

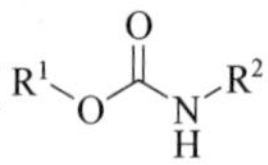

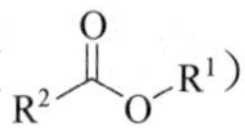

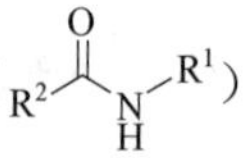

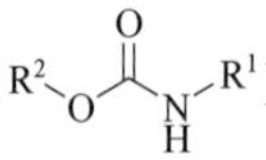

药：虽然氨基甲酸酯结构农药涵盖杀虫剂、杀菌剂、除草剂及杀鼠剂和植物生长调节剂，但在各类农药中的氨基甲酸酯结构差异却很大。

作为杀虫剂的氨基甲酸酯结构中酯部分要求具有芳香性，为取代苯基、萘基芳香环、芳香性杂环或肟酯结构，酰胺部分则为甲基，如仲丁威（fenobucarb）、丁酮砜威（butoxycarboxim）、甲萘威（carbaryl）等，如图 3-61。

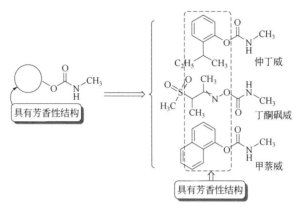

图 3-61　氨基甲酸酯杀虫剂分子结构特点

而作为除草剂的氨基甲酸酯结构正相反，酯部分一般为简单烃基，酰胺部分为芳香结构，如甜菜宁（phenmedipham）、氯苯胺灵（chlorpropham）、灭草灵（swep）等，如图 3-62。

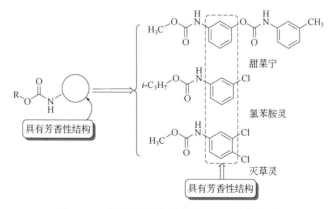

图 3-62　氨基甲酸酯除草剂分子结构特点

将具有杀虫活性的氨基甲酸酯化合物分子结构中的氨基甲酸酯功能基团进行基团翻转，然后进行结构修饰优化，所得新化合物很可能具有除草活性。

作为杀菌剂的氨基甲酸酯结构中酯部分要求为简单的烃基，而酰胺部分则没有什么规律性，如乙霉威（diethofencarb）、霜霉威（propamocarb）、苯噻菌胺（benthiavalicarb-isopropyl）、吡菌苯威（pyribencarb）、四唑吡氨酯（picarbutrazox）、多菌灵（carbendazim）等。

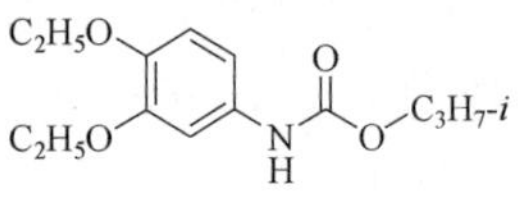

乙霉威 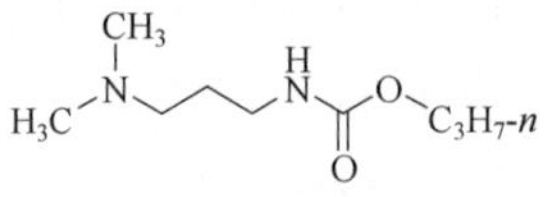　　　　　　　　霜霉威 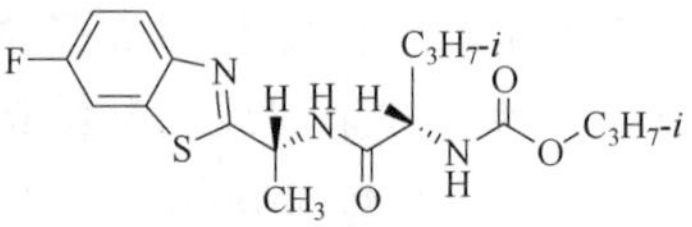　　　　　　　　苯噻菌胺

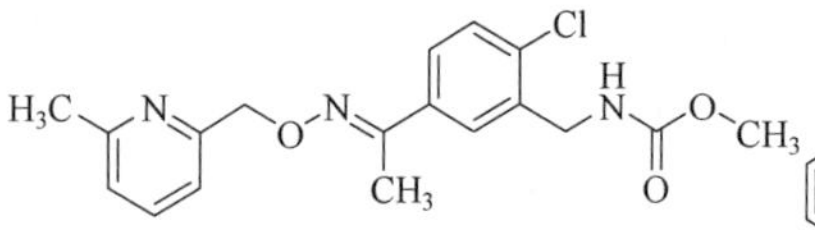

吡菌苯威 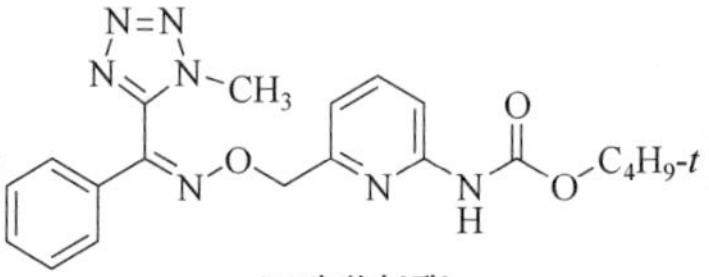　　　　　　　四唑吡氨酯 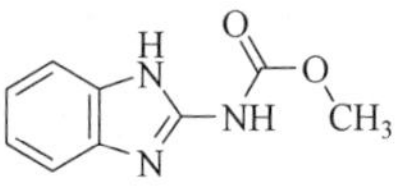　　　　　　多菌灵

3.2.1.3　开环闭环

环状化合物和非环化合物的立体构象是不相同的，非环化合物结构经过环化，可以使化合物的立体构象变得有序，如正己烷的立体构象非常无序、没有可控性，而环己烷的稳定构象为椅式构象，立体构象有序而可控。在农药分子化合物的设计和优化过程中，通过开环、闭环转换，不但可以调整目标分子的有序性、柔韧性及立体选择性，还可以通过脂肪环、芳香环、芳香杂环或稠环的变换，调节目标分子的芳香性和电性及电性中心。由于化合物在开环、闭环前后，化合物与受体或靶标的作用方式往往会发生变化，相应的生物活性也会发生变化；因此，开环、闭环转换已经成为农药分子设计与优化的常用方略。

如烟碱类杀虫剂吡虫啉（imidacloprid）与烯啶虫胺（nitenpyram）、噻虫嗪（thiamethoxam）与噻虫胺（clothianidin）等，如图3-63。

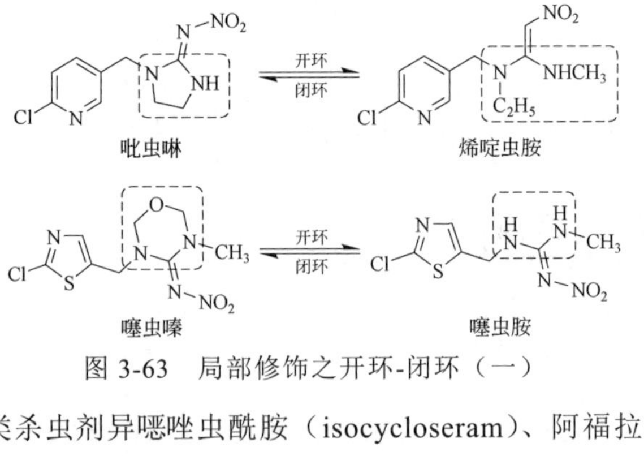

图3-63　局部修饰之开环-闭环（一）

新型异噁唑类杀虫剂异噁唑虫酰胺（isocycloseram）、阿福拉纳（afoxolaner）及氟噁唑酰胺（fluxametamide）等，如图3-64。

在阿福拉纳和氟噁唑酰胺分子结构中，分别存在"肟假环"和"氢键假环"，与异噁唑虫酰胺分子结构中的异噁唑啉酮环是等排替换关系，又是开环-闭环等排替换关系，而异噁唑虫酰胺、氟噁唑酰胺与阿福拉纳之间则存在苯环和萘环芳香环等排替换关系，二者属于不含杂原子的同类芳香环等排替换。

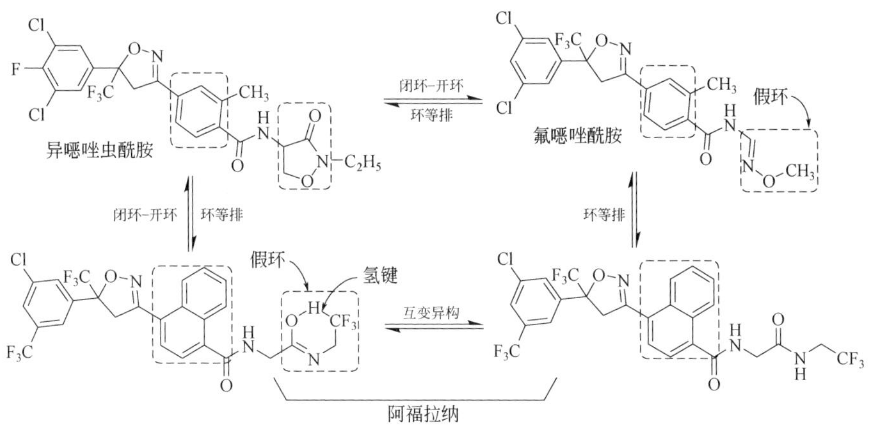

图 3-64 局部修饰之开环-闭环（二）

甲氧基丙烯酸酯类杀菌剂嘧菌酯（azoxystrobin）与氟嘧菌酯（fluoxystrobin）等，如图 3-65。

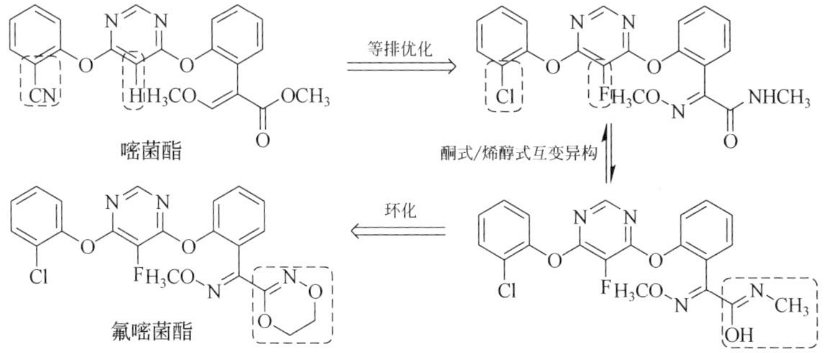

图 3-65 局部修饰之开环-闭环（三）

磺酰脲类除草剂氯吡嘧磺隆（halosulfuron-methyl）与嗪吡嘧磺隆（metazo-sulfuron）等，如图 3-66。

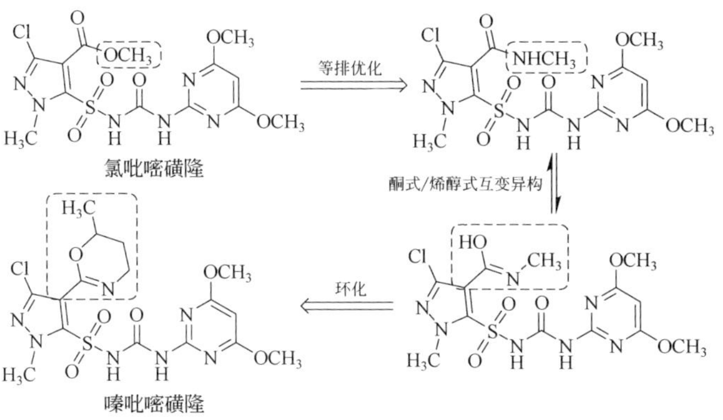

图 3-66 局部修饰之开环-闭环（四）

环化或者环的引入，往往可以提高化合物的生物活性，在农药分子设计和优化过程中，环丙烷是个不可忽视的小环。如化合物 A 是巴斯夫公司 WO 2005035486 中公开的化合物，300mg/L 对二斑叶螨致死率高于 75%，对蚕豆蚜致死率高于 85%；B 是先正达公司在 WO 2009087085 中公开的化合物，12.5mg/L 对桃蚜致死率高于 80%。将化合物 A 结构中甲基用环丙基替换，所得化合物 B 生物活性明显提高[15]。

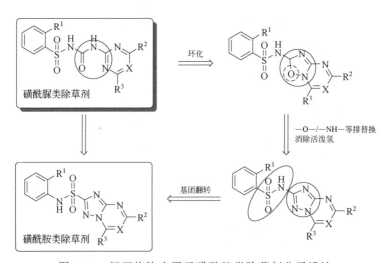

化合物 C 是巴斯夫公司 WO 2006056433 中公开的化合物，300mg/L 对棉蚜致死率高于 85%；D 是先正达公司在 WO 2009109539 中公开的化合物，200mg/L 对桃蚜致死率高于 80%[16]。将化合物 C 结构中二甲氨基 ［—N(CH₃)₂］ 环化，所得化合物 D 生物活性也有明显提高。

在农药分子设计与优化过程中，通过闭环修饰等技术处理，可以获得新的类别优势结构。如磺酰脲类除草剂与磺酰胺类除草剂之间优势结构转化，如图 3-67。

图 3-67　闭环修饰应用于磺酰胺类除草剂分子设计

3.2.1.4　理化性质调整

有些农药品种，往往具有比较强的酸碱性，不利于生产施用及药效发挥。在这种情况下，一般是做成盐或者酯、酰胺等，从而调节其酸碱性和生物活性。如三氟羧草醚（acifluorfen）与氟磺胺草醚（fomesafen）。

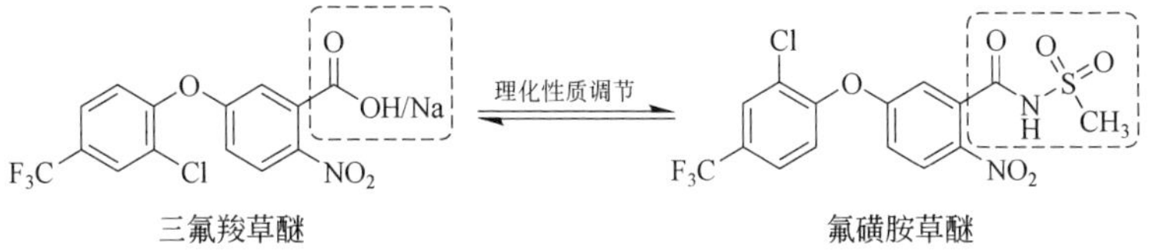

常州大学徐德锋等将嘧硫草醚（pyrithiobac-sodium）肟酯化，所创制新化合物在 45g(a.i.)/hm² 即能有效防除稗草、牛筋草、狗尾草、反枝苋、马齿苋、藜等多数禾本科杂草和阔叶杂草。同时对环境相容性好，低毒，对农作物棉花高度安全，4 种代表性的结构新颖化合物对阔叶科杂草的抑制率高于 90%，均优于嘧硫草醚[17]，如图 3-68。

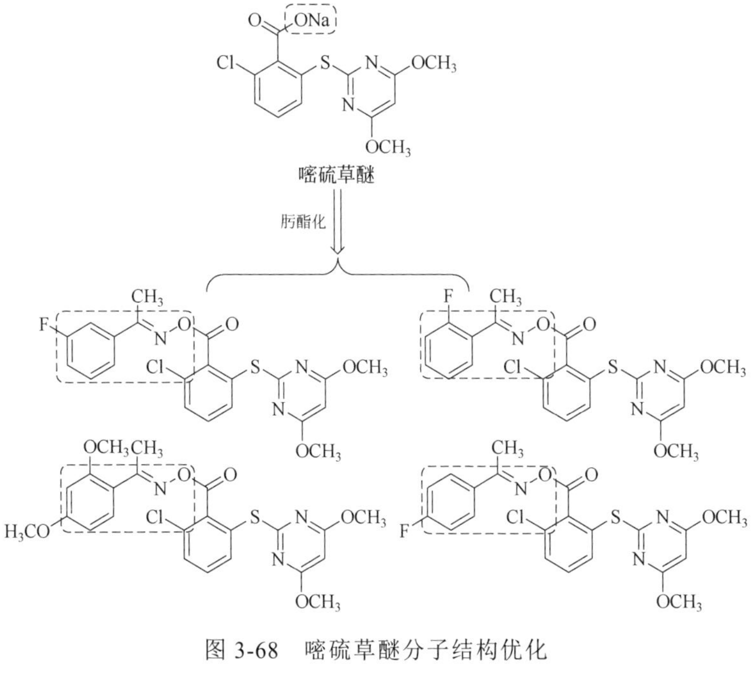

图 3-68　嘧硫草醚分子结构优化

3.2.2　农药分子优势结构创制方略之同系物变换

在农药分子设计和优化中，同系物指烃类同系物、苯衍生物同系物两种。

3.2.2.1　烃类同系物变换

有机化学范畴的烃是碳氢化合物的统称，由 C 原子和 H 原子所构成，主要包含烷烃（alkanes）、烯烃（alkenes）、炔烃（alkynes）和芳香烃（aromatic hydrocarbon）等有机化合物，烃类同系物是指分子之间遵循特定的通式、相互间只是 CH_2 数量不同的系列化合物。在农药分子设计和优化中，烃结构碳链既是连接各类药效团的纽带，又是决定分子柔韧性和立体构型的重要因素，有时还是农药分子优势结构的重要组成部分；当然，烃类官能团如烯、炔、脂肪环、芳香环等结构也常常作为药效团为化合物生物活性做出不可或缺的贡献。

烃类同系物变换若发生于农药化合物分子优势结构中，多数情况下会影响该化合物的生物活性，若是发生在只起调节化合物理化性质、亲水-疏水平衡非关键结构部位，则对该化合物生物活性的影响往往不大。如苯氧羧酸类除草剂，属于优势结构范围的同系物变换直接影响该类除草剂的生物活性，首先是侧链为奇数个亚甲基时有活性，偶数时几乎没有；再者是苯氧烷基羧酸侧链无 α-氢，则无活性，当一个烷基引入后，右旋体活性比左旋体活性高；最后是苯环上 2,4 位引入取代基可以增加活性，而 2,4,6-三取代则几乎没有活性，2,6 或 3,5 位具有氯原子的取代基衍生物也很少有活性，一般认为邻位必须有一个氢原子，但 2,4-二氯-6-氟代苯氧乙酸却具有相当的活性[18]，如图 3-69。

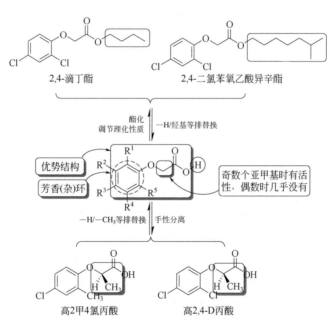

图 3-69　苯氧羧酸类除草剂分子结构烃类同系物变换

优势结构中的侧链烃基结构—CH_2—的—H 与—CH_3 进行等排替换并进行手性分离所获得的高 2 甲 4 氯丙酸（mecoprop-P）、高 2,4-D 丙酸（dichlorprop-P）除草活性与 2 甲 4 氯、2,4-D 相比，有大幅度的提高。而对 2,4-D 非优势结构的羧基 H 与烃基等排替换酯化时，所形成的 2,4-二氯苯氧乙酸异辛酯、2,4-滴丁酯

（2,4-D butylate）改善了 2,4-D 理化性质，使其由酸性变为中性，而其除草活性，与 2,4-D 相比，并没有根本性的改变。

3.2.2.2　苯衍生物同系物变换

在农药分子设计与优化过程中，作为功能基团，苯、苯衍生物结构已经成为重要应用元素，然而在不同农药类别的优势结构中，苯环不同位置、不同基团的取代对该类农药化合物的生物活性却影响很大。如同是卤代苯衍生物，杀虫剂、杀菌剂、除草剂的位置要求却不尽相同。

苯甲酰脲类杀虫剂要求是 2,6 位取代，如双三氟虫脲（bistrifluron）、氟啶脲（chlorfluazuron）、嗪虫脲（benzamide）等。

双三氟虫脲　　　　氟啶脲　　　　嗪虫脲

酰胺类杀虫剂却多为 2,4 位取代，如四氯虫酰胺（tetrachlorantraniliprole）、环丙虫酰胺（cyclaniliprole）等。

四氯虫酰胺　　　　环丙虫酰胺

亚胺类杀菌剂则多为 3,5 位取代，如腐霉利（procymidone）、异菌脲（iprodione）、乙烯菌核利（vinclozolin）等。

腐霉利　　　　异菌脲　　　　乙烯菌核利

由于酰胺类杀菌剂是由丁烯酰胺衍化而来的，所以取代基无论是 CH_3、CF_3 还是 Cl，都必须在邻位；当然，在农药分子设计和优化筛选过程中，为了提高化合物杀菌生物活性，其他位置也常常引入取代基，如氟酰胺（flutolanil）、灭锈胺（mepronil）、氟啶酰菌胺（fluopicolide）等。

119

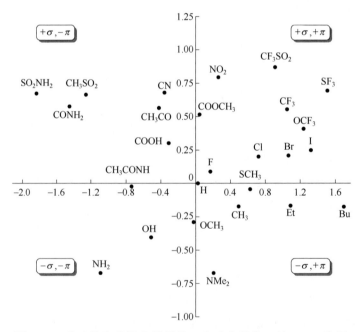

苯氧羧酸类除草剂则是 2,4 位取代，如 2,4-滴、氟吡甲禾灵（haloxyfop-methyl）、氰氟草酯（cyhalofop-butyl）等。

一般而言，苯环上在进行取代基替换时，将导致诸如分子的空间体积大小、疏水性、极化率、电性、氢键性质、代谢等方面的变化，进而导致分子的生物活性的变化。为了避免芳香族等排替换的盲目性，1971 年，Paul Craig 提出使用芳香族取代基结构变化简图[19]，利用该简图描绘出部分取代基互不相同的重要特征，如疏水性和电性，从该图的不同象限选择取代基进行等排替换，并评估不同的组合生物学性质，实现农药分子设计与优化的目的，如图 3-70。

图 3-70　芳香族取代基电性常数 σ 和疏水常数 π 的 Craig 作图

对特定的先导化合物首次优化设计，当参考数据不够丰富时，首批化合物的替换基团最好均匀地分布于 4 个象限中，并且兼顾其疏水性、亲水性、斥电子作用、吸电子作用、体积大小性质，做到尽量分散，以便在进一步的优化设计过程中有较大的修饰空间。

1972 年，John Topliss 提出了一个看起来完美的策略，即 Topliss 进化策略[20]，如图 3-71。在对芳香环结构上取代基等排替换时，根据前两个化合物中显示出较好生物活性的一个设计下一个化合物，如果新化合物生物活性得到较大改善，则引入具有相同理化性质的新取代基；若两个不同的取代基新化合物生物活性相同，则评估理化性质的变化是否在相反方向上影响其生物活性，然而这种方法不足之处是太过耗时。

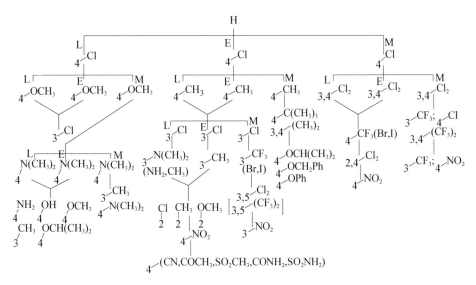

图 3-71　Topliss 策略

芳环上取代基变换操作图：M—活性增高；E—活性相同；L—活性降低

3.2.3　农药分子优势结构创制方略之环结构改变

现有商品化农药品种及开发创制中的准农药化合物，环结构的修饰、应用都处于高频率水平，从三元小环到大环到稠环，或者脂肪环，或者芳香环及芳香杂环，几乎全都涉及。对农药先导化合物优化过程中，开环、闭环、扩环可以改善或保持被修饰化合物生物活性。如化合物 A、B、C、D 是曹达公司分别在 WO 2009081579、WO 2009119089、WO 2010018686、WO 2011037128 中公开的化合物，E 是三共农化在 WO 2005070917 中公开的化合物[21]，如图 3-72。

相互间通过开环、闭环、扩环等方式互相转化，都保持了良好的杀菌生物活性。

在农药分子设计与优化过程中，当先导化合物中含有环系结构或需要引入环结构时，优化修饰方法很多，如环结构的扩大或缩小、环的添加或消除、开环与闭环、环化合物非环化与链化合物环状化之链环转化等，环结构改变或等排替换的重要原则是保持或提高先导化合物的生物活性，实际操作过程中需要遵循的基本原则有稳定性原则、可产业化原则、芳香性与非芳香性原则、氢键原则及摩尔质量原则等。

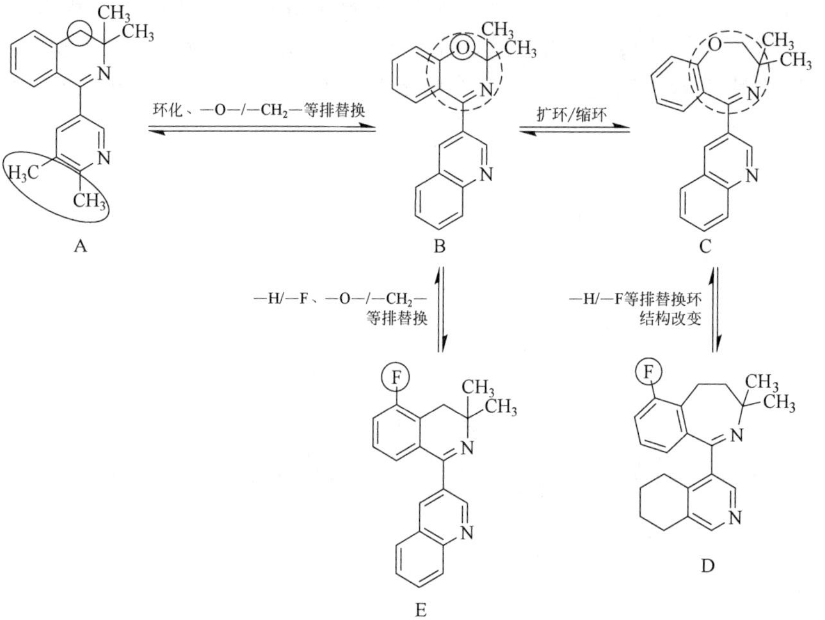

图 3-72　局部修饰之扩环-缩环

3.2.3.1　稳定性原则

任何事情的存在与发展都与环境条件有关，很难脱离其所处环境的约束或影响。自然界中存在的化合物也是如此，特别是有些天然的先导化合物，虽然历史悠久，但一旦离开了其特有的自然存在环境，往往存在稳定性问题。而很多具有生物活性的天然化合物，都含有环结构或者共轭芳香性结构；因此，在农药分子设计与优化过程中，对这类先导化合物首先要考虑解决的问题就是稳定性问题。如除虫菊素、天然微生物 strobilurin 等。

天然微生物 strobilurin 类化合物具有杀菌活性，并且作用机制新颖：通过阻碍细胞色素 b 和 c_1 之间的电子传递，抑制线粒体的呼吸，属于病原菌线粒体呼吸抑制剂[22]。

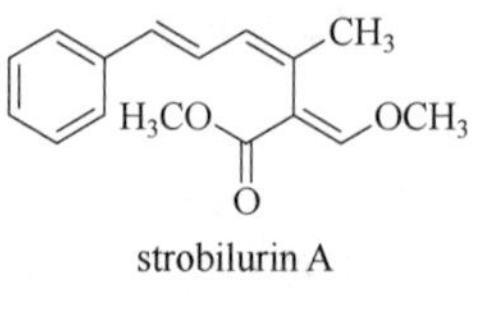

strobilurin A

该类化合物杀菌活性特征结构为 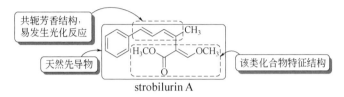，但其分子中的共轭芳香结

构 在光照时容易发生 4+2 及 2+2 等光化加成反应，属于不稳定关键

因素。

strobilurin A

因此，对天然微生物 strobilurin 类先导化合物优化首先要考虑的问题就是稳

定性问题[23]。通过对 结构环化，—O—/—CH=CH—、—CH=/—N=等

排替换等优化筛选，先正达公司和巴斯夫分别开发出优秀杀菌剂嘧菌酯（azoxys-
trobin）和醚菌酯（kresoxim-methyl），如图 3-73。

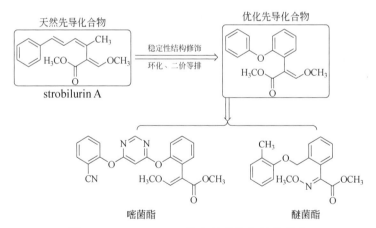

图 3-73　strobilurin A 稳定性修饰与结构优化

拟除虫菊酯类杀虫剂农药的开发情况类似，天然除虫菊素同样存在光不稳定
性，将天然除虫菊素作为先导化合物首先要解决的问题也是稳定性问题。早期开
发的拟除虫菊酯类杀虫剂喃烯菊酯（japothrins）、烯丙菊酯（allethrin）等仍然没
有解决光稳定性问题，经过苯环及二苯醚结构的引入，如苯醚菊酯（phenothrin）
和苄菊酯（dimethrin）等拟除虫菊酯的创制，及利用结构修饰、等排替换等优化
方略，开创了"超高效杀虫剂"新局面，如图 3-74。

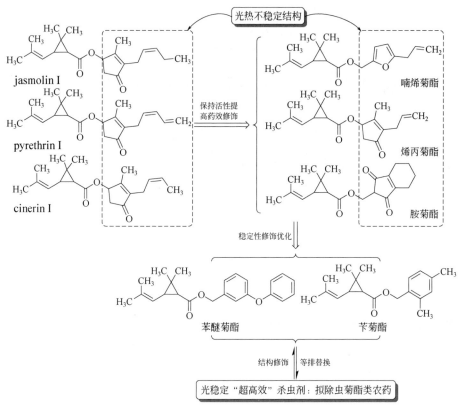

图 3-74 天然除虫菊素稳定性修饰与结构优化

3.2.3.2 可产业化原则

归根结底，对农药先导化合物的优化往往属于经济利益或社会效益驱动。而经济利益的实现，往往需要产业化，特别是作为精细化学品的农药。因此，在农药分子设计和优化过程中，可产业化原则则显得尤为重要。许多具有生物活性、适合做农药先导化合物或可作为农药直接使用的天然化合物，由于存在手性结构或结构相对比较复杂，如果不经过结构修饰、优化而直接工业化生产，其经济效益性价比往往令人失望。如烟碱（nicotine）和沙蚕毒素（nereistoxin）分子结构虽然看上去比较简单，但真正产业化生产并非易事。

烟碱   沙蚕毒素

在保持和优化杀虫优势结构的情况下，对烟碱通过环转移及芳香环等排替换、扩环、开环、闭环等方略，开发出性价比远远高于烟碱、毒性远远低于烟碱的高效低毒烟碱类杀虫剂，如吡虫啉（imidacloprid）、噻虫啉（thiacloprid）、噻虫嗪（thiamethoxam）等，如图 3-75。

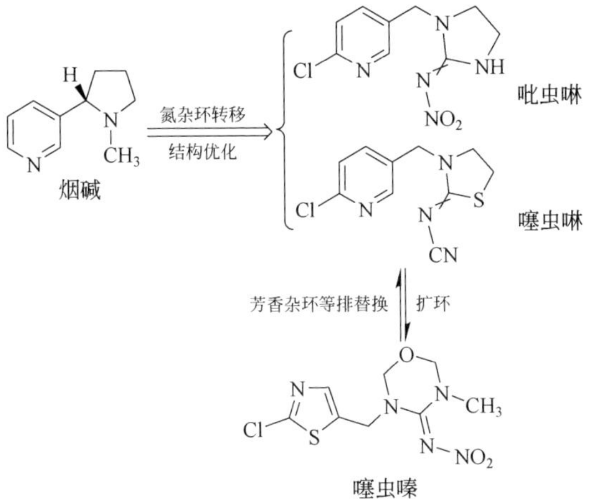

图 3-75　烟碱产业化修饰与结构优化

　　将沙蚕毒素的五元杂环扩为六元杂环获得杀虫环（thiocyclam），同样简化了生产工艺、降低了毒性，产业化性价比得到很大提高；通过开环修饰优化创制出杀虫单（monosultap）、杀虫双（bisultap）、杀虫磺（besultap）、杀螟丹（cartap）等沙蚕毒素类杀虫剂（具体见 2.1 农药分子设计与结构优化的一般过程）。

　　而毒扁豆碱（physostigmine）不但存在高毒问题，而且其分子中的苯并吡咯烷结构给产业化带来极大的难度，通过对该结构单元简化及分子结构修饰，开发创制出大批量的高效杀虫剂农药——氨基甲酸酯类杀虫剂，如图 3-76。

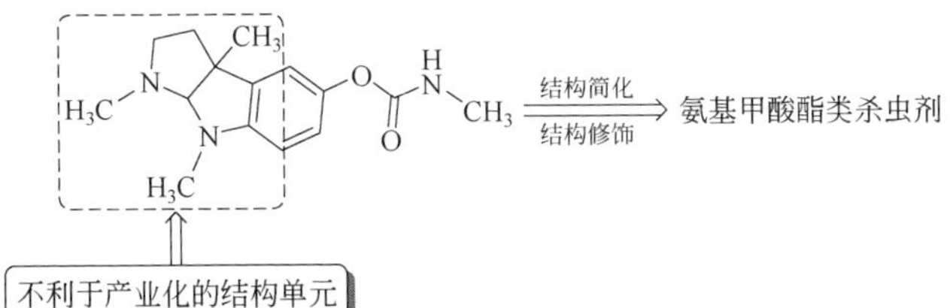

图 3-76　毒扁豆碱产业化修饰与结构优化

3.2.3.3　芳香性与非芳香性原则

　　从构象限制角度讲，从链状化合物到脂肪环化合物再到芳香环化合物，其分子的构象是逐步限制固定的，如 N,N-二乙基基团，其立体构象几乎是没有什么规律可言，而环化为吡咯烷时则固定了构象，此时叔胺键角减小，导致阳离子基团比较容易靠近，当替换成吡咯时，则成为构象唯一的刚性结构的芳香环，阳离子基团更容易靠近，相关生物活性往往得到改善。

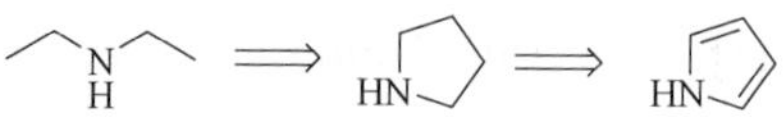

二乙胺　　　　　吡咯烷　　　　　吡咯

商品化或创制中的农药品种，分子中含氮结构的比例越来越多，多是氮杂脂肪环或氮杂芳香环，如芳香杂环

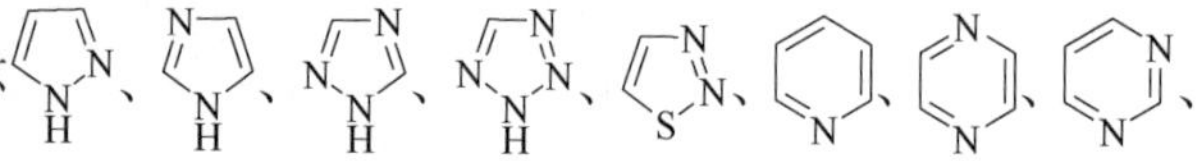

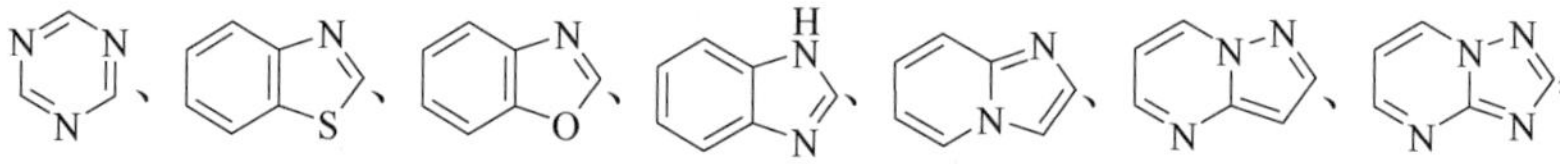

等经常作为活性基团出现于各类农药分子结构中。

在农药分子设计与优化中，芳香环化往往导致生物活性产生或提高。如将苯氧羧酸类除草剂分子结构中的苯环替换为环己烷结构，除草活性消失。

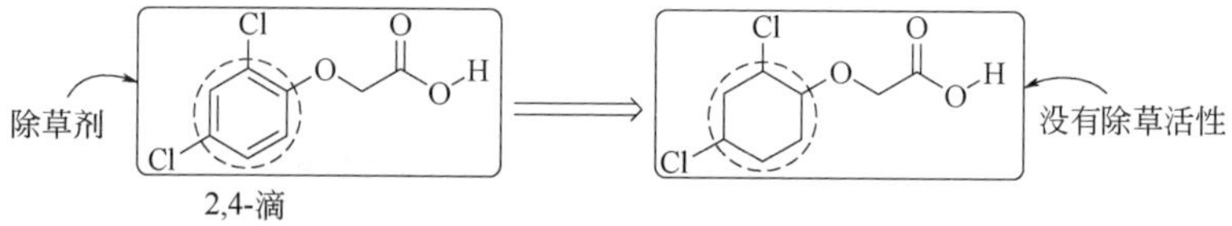

丁烯酰胺结构属于具有杀菌活性的功能基团，而将烯键替换为芳香环结构时，邻甲基芳香酰胺化合物则成为酰胺类杀菌剂的特征结构，如图3-77。

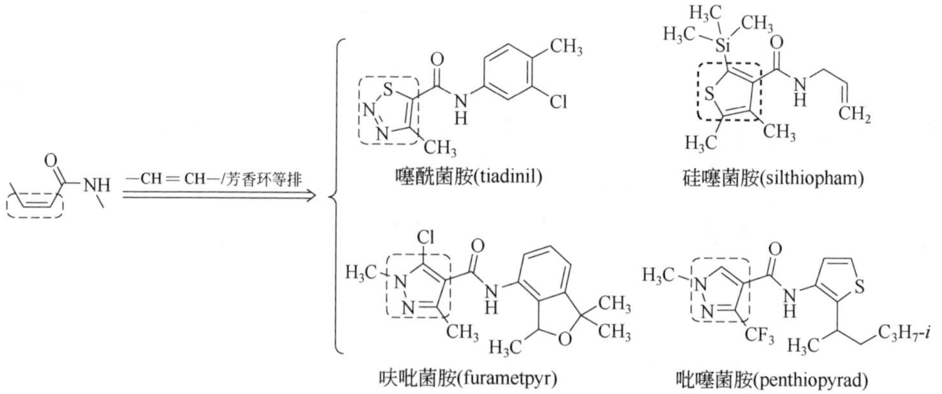

图 3-77　烯键与芳香环生物电子等排应用于丁烯酰胺结构优化

3.2.3.4　氢键原则及摩尔质量原则

在农药分子设计与优化中，氢键数量、性质、位置及摩尔质量相近的芳香环可作为"芳香同系物"对待，相互间进行等排替换时，大概率的是生物活性保持或变化不大；在不考虑优势结构的情况下，氢键因素重要于摩尔质量因素，如表3-2。

表 3-2　芳香环氢键及摩尔质量（g/mol）

根据氢键及摩尔质量原则，六元芳香环、吡啶、吡嗪、嘧啶、三嗪、四嗪虽然都是六元芳香环，并且摩尔质量相近，但氢键数量不同，所以相互之间并不是理想的等排体，而吡嗪和嘧啶却是等排体；对于萘、喹啉、喹喔啉、苯并噻吩、吲哚、苯并呋喃来说，喹啉、苯并噻吩、苯并呋喃属于理想的等排替换体，而萘和喹喔啉则不然。苯和萘虽然质量差别比较大，却是勉强的等排体。

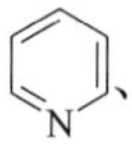

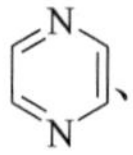

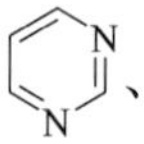

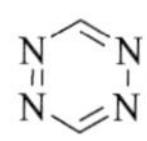

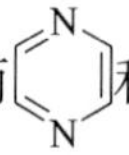

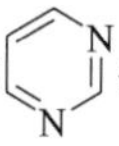

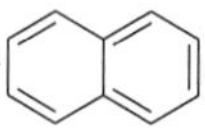

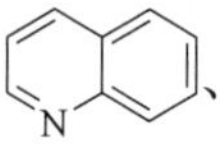

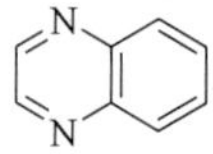

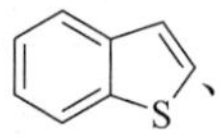

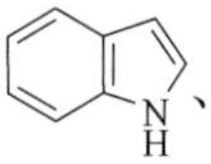

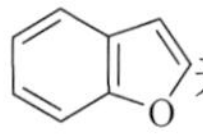

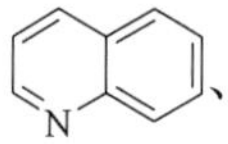

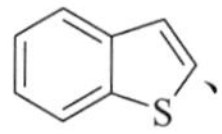

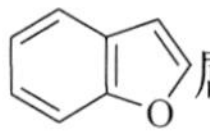

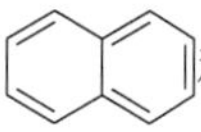

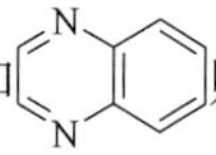

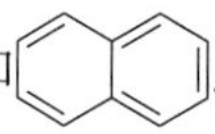

如除草剂啶磺草胺（pyroxsulam）与五氟磺草胺（penoxsulam）分子中的功能基团三唑并嘧啶和三唑并嘧啶结构，看上去不一样，但无论摩尔质量还是氢键数量、性质都一样，则可以看作同系物而在农药分子设计和优化过程中进行等排替换，如图 3-78。

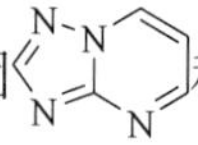

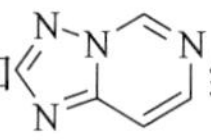

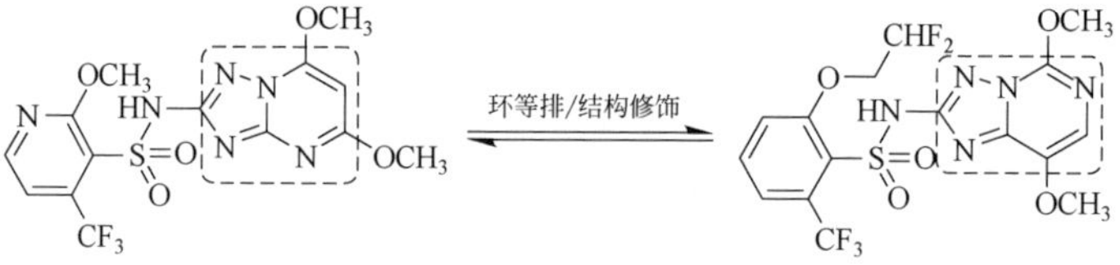

图 3-78　局部修饰之稠环等排

在农药分子设计和优化过程中，在保证优势结构的情况下，开环、闭环、扩环及环等排替换等环结构改变，往往是和骨架迁越、生物电子等排替换同时进行：只有各种策略与方法综合运用，才能达到其愿望。如化合物 A、B、C、D、E、F 是先正达公司分别在 WO 2005061512、WO 2007085945、WO 2005058035、WO 2005058897、WO 2009138219、WO 2006003494 中公开的化合物[24]，如图 3-79。

这些化合物对烟芽夜蛾、棉贪夜蛾、小菜蛾、埃及斑蚊、南部灰翅夜蛾等有害生物都表现出良好的生物活性。

3.2.4　农药分子优势结构创制方略之功能基团添加或减少

农药分子设计和优化过程中，一旦优势结构确定，接下来就是药效团或活性功能基团的灵活应用问题了，因此，功能性基团的添加或减少就显得尤为重要。在"me-too"和"me-better"创制过程中，进行新农药分子设计和优化的主要方略就是功能基团添加和局部修饰。如具有杀虫生物活性、含有异噁唑啉结构的化合物被世界各农药开发研究机构进行了广泛的研究，目前已产业化的农药品种有异噁唑虫酰胺（isocycloseram）、氟噁唑酰胺（fluxametamide）等。

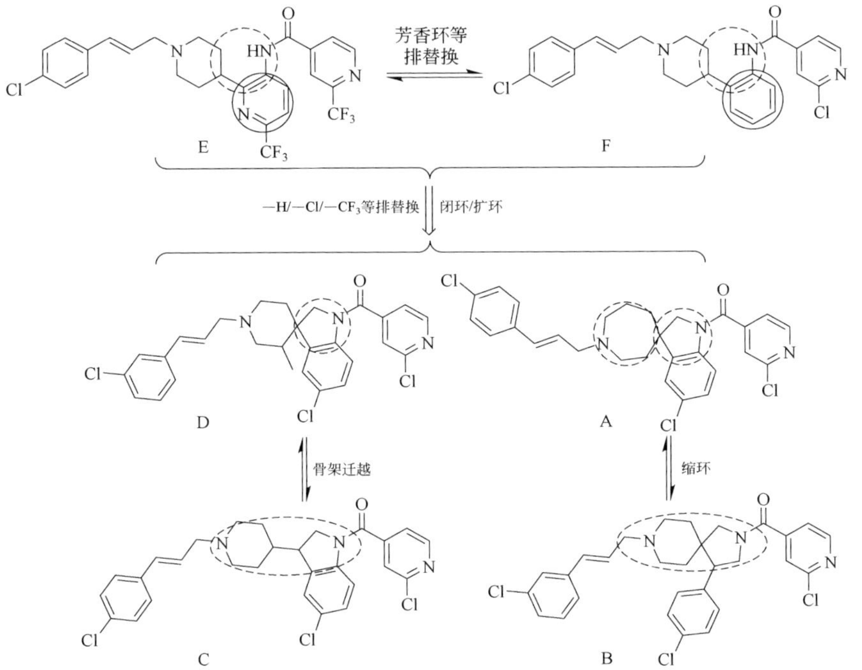

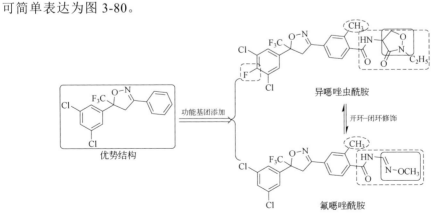

图 3-79　各种策略与方法综合运用实例

异噁唑虫酰胺

氟噁唑酰胺

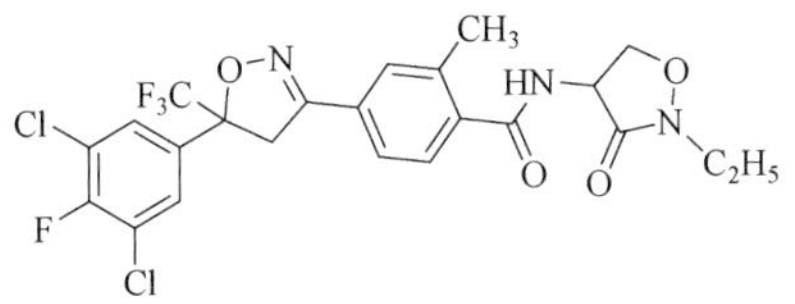

异噁唑虫酰胺和氟噁唑酰胺创制渊源优势结构及其农药分子设计与优化过程可简单表达为图 3-80。

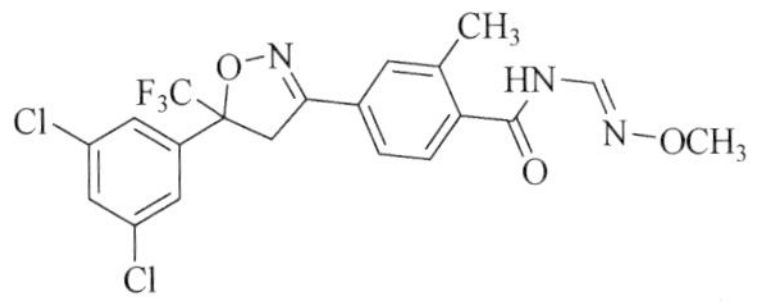

图 3-80　功能性基团运用实例（一）

其间，其他农药开发研究机构的相关农药分子设计与优化[25]见图 3-81。

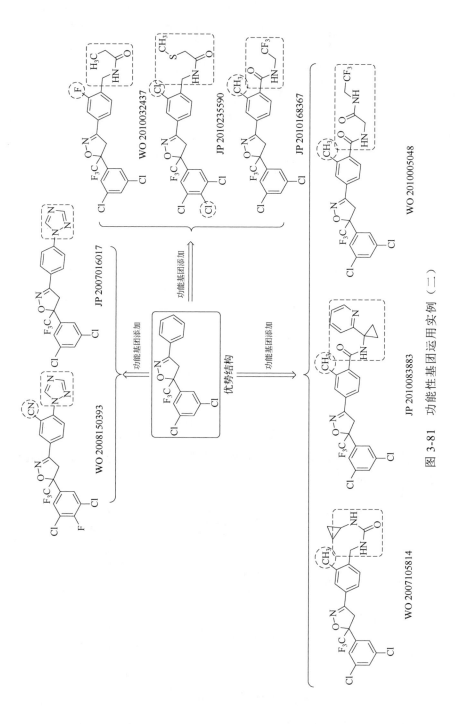

图 3-81 功能性基团运用实例（二）

相关局部修饰与优化见图 3-82。

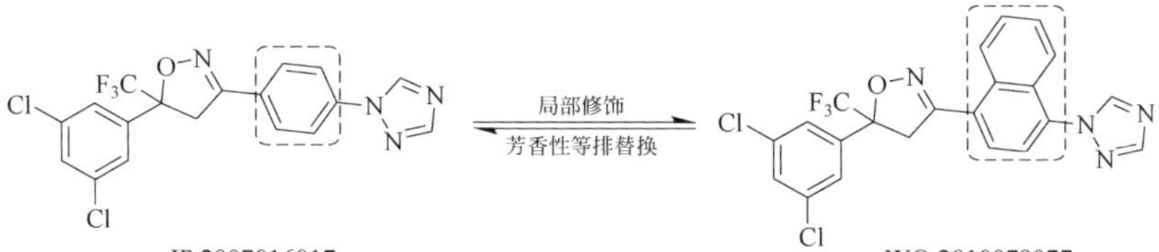

JP 2007016017　　WO 2010079077

图 3-82　局部修饰之芳香环等排

根据先导化合物及新创化合物分子结构特征，结合新创化合物化学合成可行性，在母体分子结构的一个或多个位置添加新的基团或片段结构时，可采用延伸或拼合方法。如苯氧羧酸类除草剂噁唑禾草灵（fenoxaprop-ethyl）、喹禾灵（quizalofop-ethyl）之与苯氧羧酸优势结构之间的关系，如图 3-83。

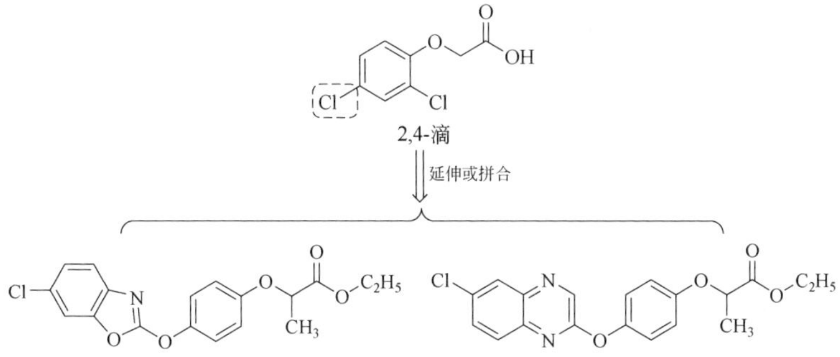

噁唑禾草灵　　喹禾灵

图 3-83　芳香体系延伸应用于苯氧羧酸类除草剂分子结构修饰

从目前上市的新农药品种看，新农药开发分子结构正向着相对复杂化、多官能团化、环化方向发展。如杀菌剂氟噻唑吡乙酮（oxathiapiprolin）、fluoxapi- prolin，杀虫剂四唑虫酰胺（tetraniliprole）、异噁唑虫酰胺（isocycloseram）等。

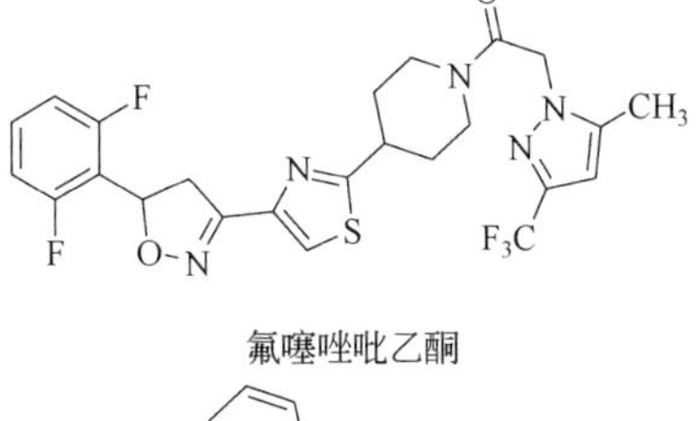

氟噻唑吡乙酮

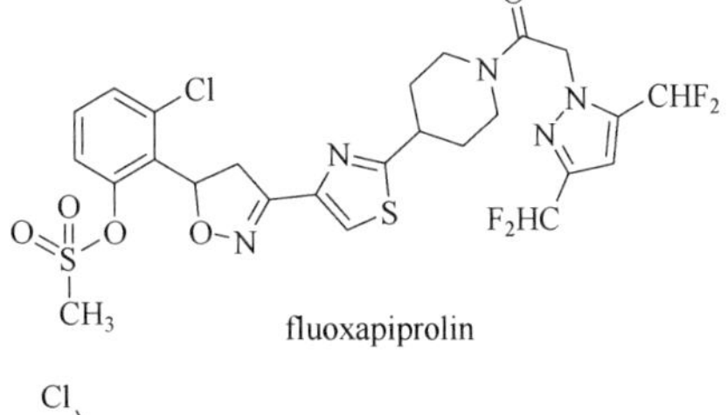

fluoxapiprolin

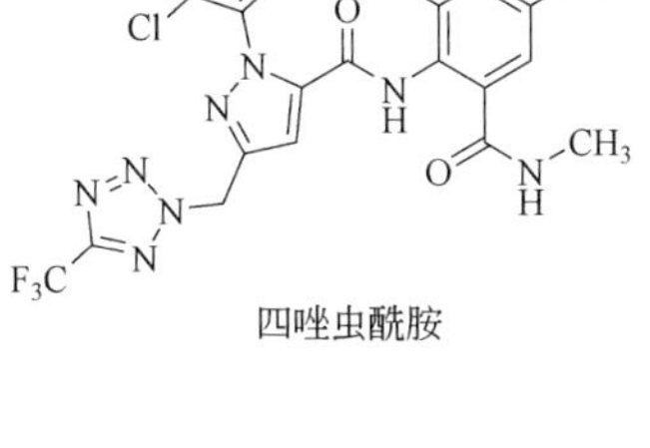

四唑虫酰胺

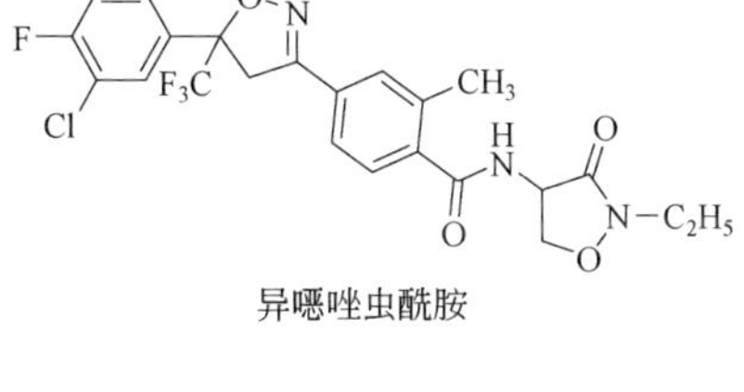

异噁唑虫酰胺

　　农药分子设计和优化过程中，分子结构的相对复杂化、多官能团化和环化发展趋势，对功能性基团的添加或减少提出更高的要求，功能性基团添加或减少的主要目的是形成最佳优势结构和新的知识产权，获得具有经济效益的新产品或实现农药品种的更新换代。

　　如二苯醚类除草剂三氟羧草醚（acifluorfen）与氟磺胺草醚（fomesafen），虽然作用机制一致，杀草谱也差别不大，但在前者基础上通过添加甲基磺酰胺，形成了新的知识产权产品。

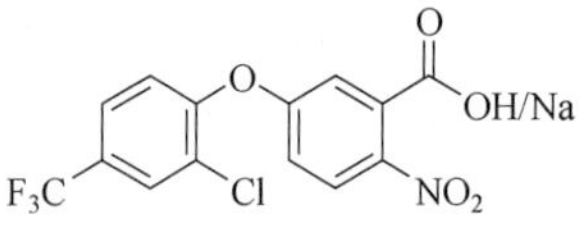

三氟羧草醚 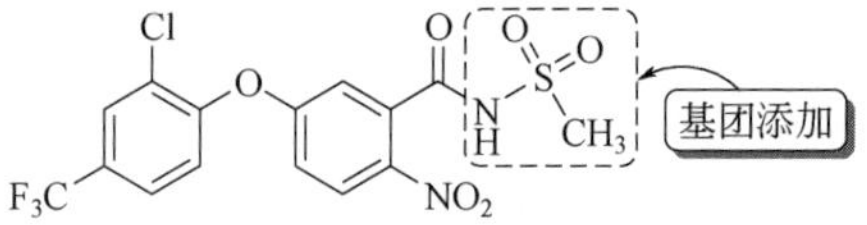　　　　　　　　　　氟磺胺草醚

　　再如通过对除草剂磺酰草吡唑（pyrasulfotole）的功能基团添加或等排替换或位置调整，形成双唑草酮（bipyrazone）、环吡氟草酮（cypyrafluone）、苯唑氟草酮（fenpyrazone）、三唑磺草酮（tripyrasulfone）、吡唑特（pyrazolynate）、苄草唑（pyrazoxyfen）、吡草酮（benzofenap）等系列除草剂产品。

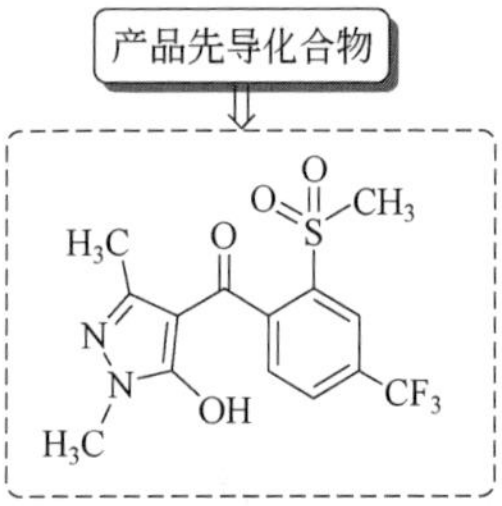

磺酰草吡唑 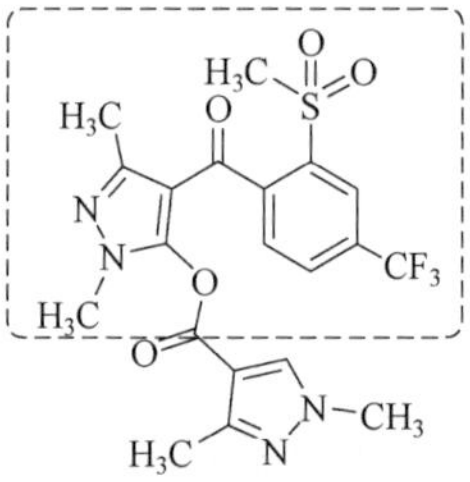　　　　　　　双唑草酮 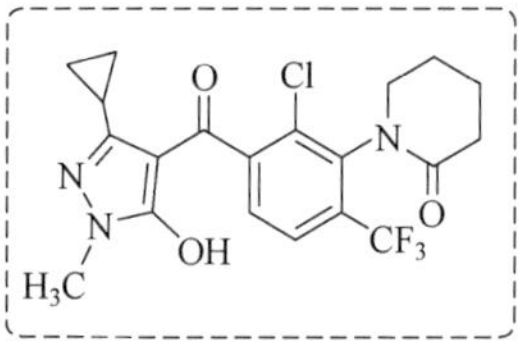　　　　　　　　环吡氟草酮

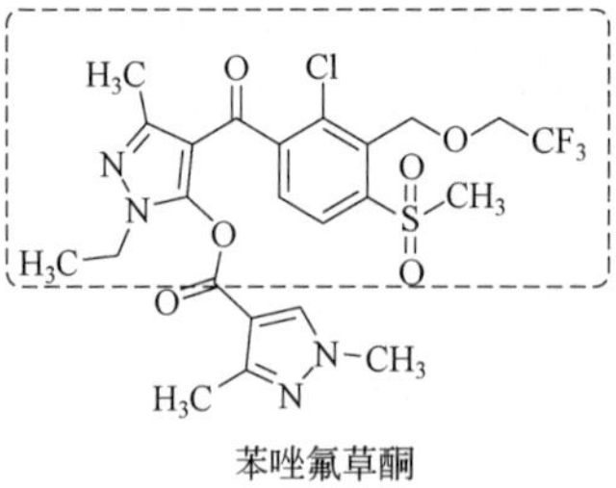

苯唑氟草酮 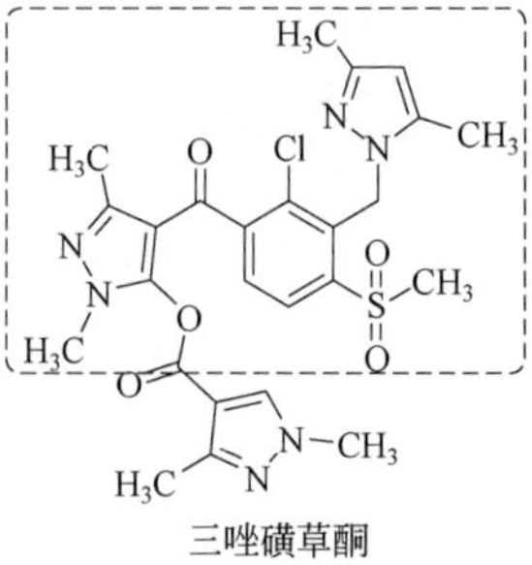　　　　　　　　　　三唑磺草酮

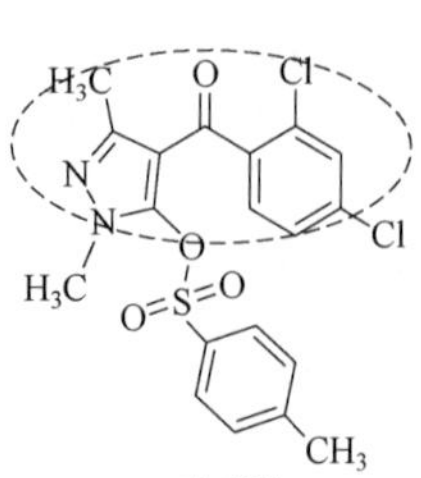

吡唑特 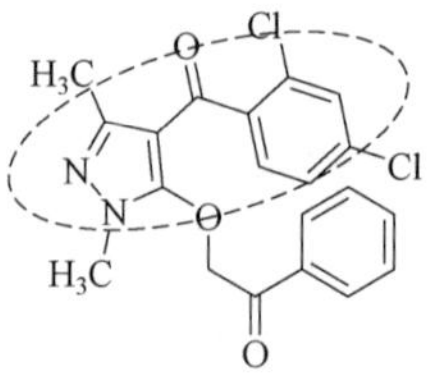　　　　　　　　　苄草唑 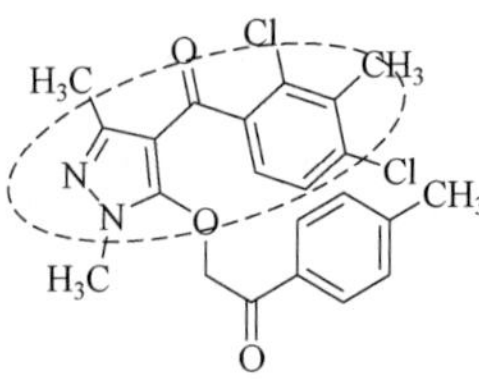　　　　　　　　　吡草酮

功能性基团添加或减少的常用方法是引入活性功能基团或简化掉先导化合物结构中无关紧要的部分形成新的先导化合物或新产品。

苯氧羧酸类除草剂除草剂 2,4-滴的创制具有划时代意义，然而苯氧羧酸结构却限制了该类除草剂的分子设计和优化的发展空间。

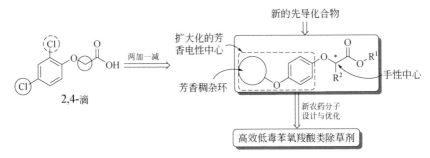

通过在苯环对位添加芳香杂环，扩大负电中心；在烃基位置添加甲基，形成手性中性；减少苯环 Cl 数量，减少苯环旋转限制；通过"两加一减"技术操作，形成新的先导化合物，扩大了农药分子设计与优化的空间，创制出一系列高效苯氧羧酸类除草剂，开创了该类除草剂创制的新局面，如图 3-84。

图 3-84　创新先导化合物应用于苯氧羧酸类除草剂分子结构优化

通过对烟碱（nicotine）吡咯烷开环，环转移，添加—Cl、=N—NO$_2$、=N—CN 基团等技术处理，创制出吡虫啉（imidacloprid）和啶虫脒（acetamiprid）等烟碱类杀虫剂，如图 3-85。

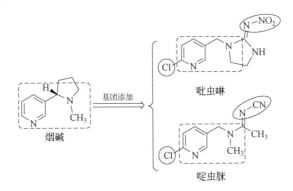

图 3-85　创新先导化合物应用于烟碱类杀虫剂分子结构优化

而氨基甲酸酯类杀虫剂的创制，则是通过对毒扁豆碱（physostigmine）结构中无关紧要的部分进行简化处理，形成新的先导化合物，在此基础上进行新的农药分子设计与优化，开发出在杀虫剂领域举足轻重的氨基甲酸酯类杀虫剂，如图 3-86。

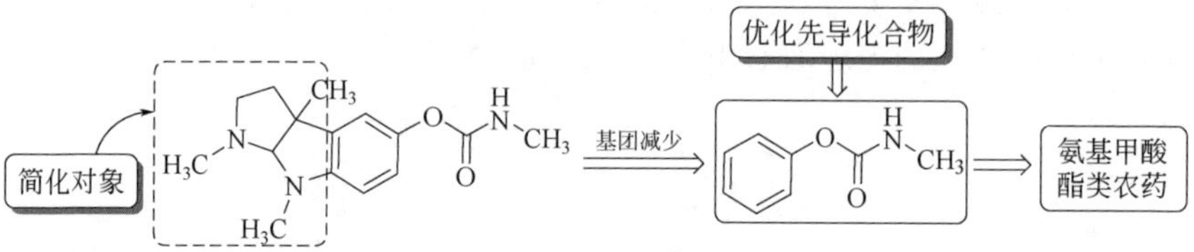

图 3-86　创新先导化合物应用于氨基甲酸酯类杀虫剂分子结构优化

在保持或完善优势结构、充分利用优良构效关系的情况下，功能性基团添加或减少需要遵循的基本原则有通用性和选择性等原则。

通用性原则：有些功能性官能团，无论是在杀虫剂分子结构中，还是杀菌剂、除草剂分子结构中，都可发挥其药效官能团的作用，如—X（卤素）、—CN、—CF_3、吡唑基（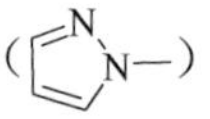）等，可以通用于杀虫剂、杀菌剂或除草剂分子结构设计和优化，如丁烯氟虫腈（flufiprole）、双氯氰菌胺（diclocymet）、氰氟草酯（cyhalofop-butyl）虽然分属杀虫剂、杀菌剂和除草剂，但其分子结构中的—CN 都起到了提高生物活性的重要作用。

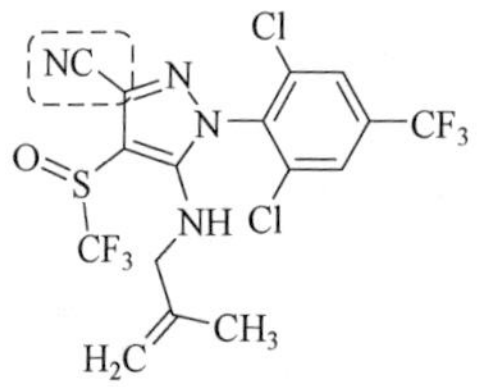
丁烯氟虫腈

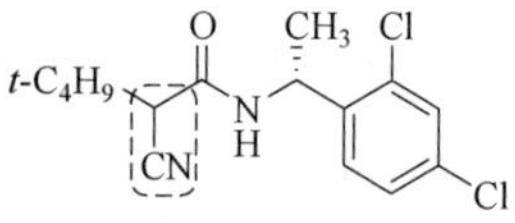
双氯氰菌胺

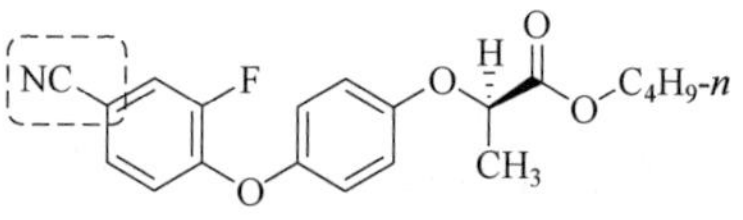
氰氟草酯

再如 pyrafluprole、氟醚菌酰胺（fluopimomide）和 bencarbazone 分属杀虫剂、杀菌剂和除草剂，其分子结构中的功能基团—CF_3 对各自化合物生物活性的提高，起到不可或缺的作用。

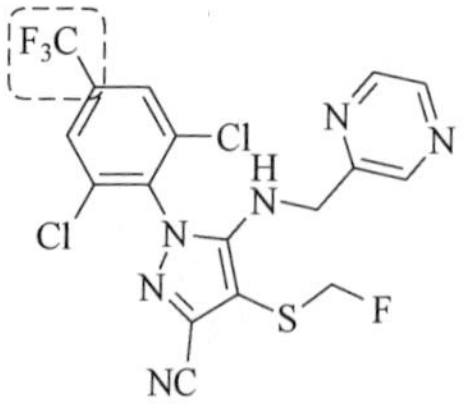
pyrafluprole

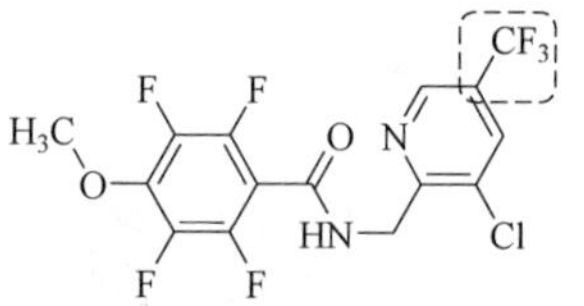
氟醚菌酰胺

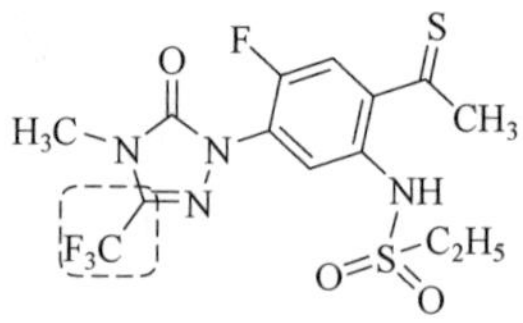
bencarbazone

选择性原则：有些功能性官能团，在农药分子结构中所起生物活性作用具有选择性，在添加选择时只能在相应类别的农药分子设计与优化中应用。如

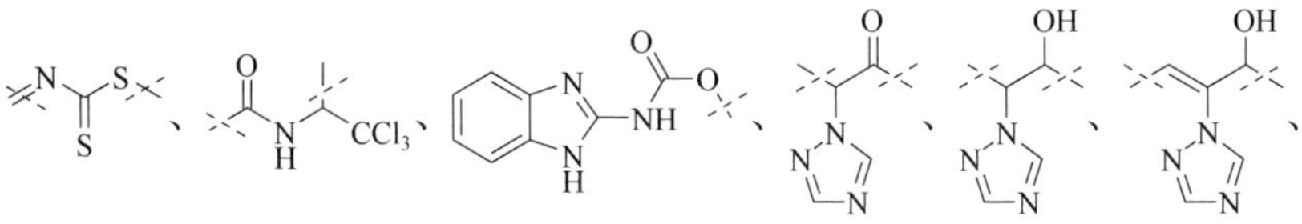

、　、　、　、　、　、　1,2,4-三唑等

片段或官能团，属于具有杀菌活性作用的基团[26]，因此在农药分子设计与优化时，一般只应用于杀菌剂农药化合物的创制。如水杨菌胺（trichlamide）、fluoxytioconazole、吲唑磺菌胺（amisulbrom）等杀菌剂农药品种。

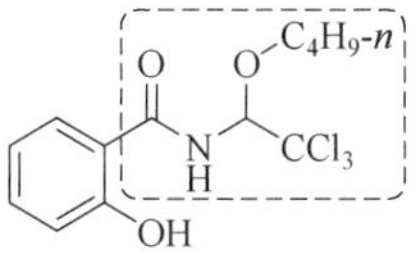

水杨菌胺 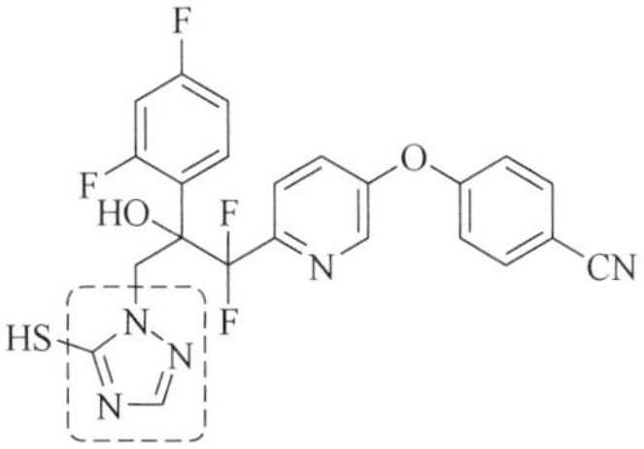　　　　　　fluoxytioconazole 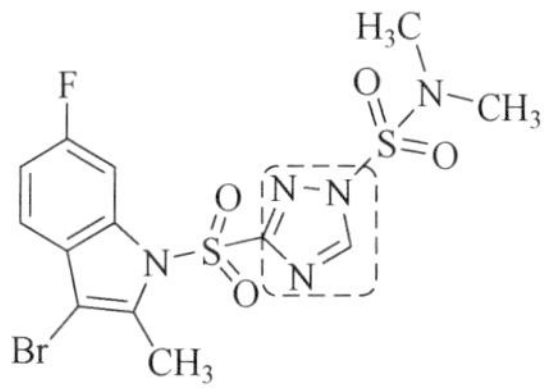　　　　　　吲唑磺菌胺

而芳香酮类结构如　、　、　则属于具有除草

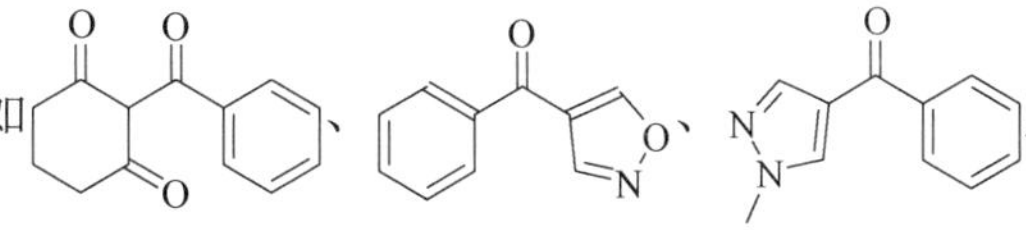

活性作用的基团，在农药分子设计与优化时，一般只应用于除草剂农药化合物的创制。如吡唑特（pyrazolynate）、异噁唑草酮（isoxaflutole）、喹草酮（quinotrione）等除草剂农药品种。

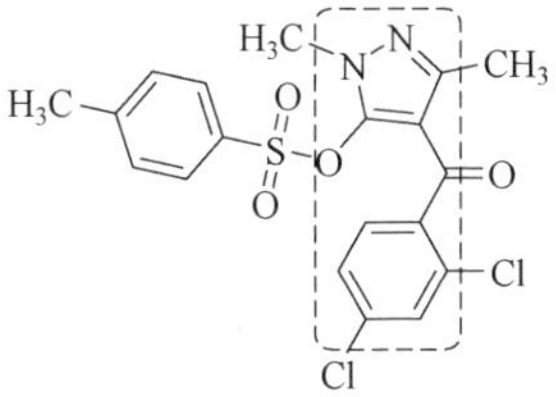

吡唑特 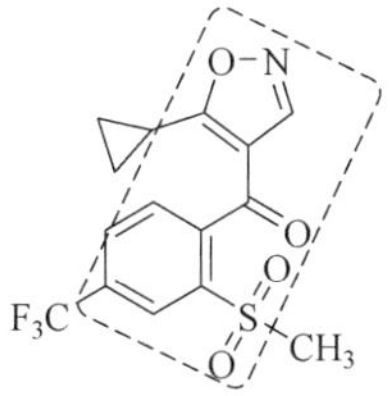　　　　　　异噁唑草酮 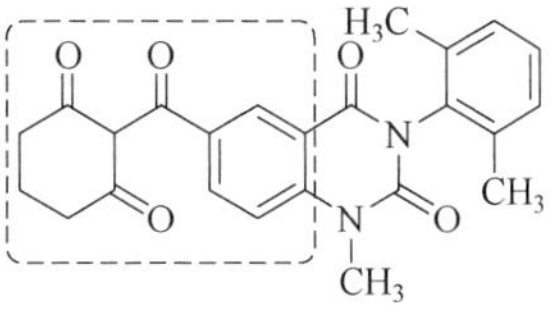　　　　　　喹草酮

在局部修饰过程中，在生物活性分子中插入具有可输送电子的π键的苯环、芳杂环等功能基团，可改变分子的电性、立体化学性质、分子构型和构象等，从而影响药物的生物活性、代谢以及毒性。如啶虫丙醚（pyridalyl）为日本住友化学公司开发的二氯丙烯醚类杀虫化合物，该杀虫剂具有化学结构新颖、作用机制新颖、与其他杀虫剂无交互抗性优势的特点。

据报道，该杀虫的创制起源于具有杀虫活性二氯丙烯醚化合物 a，通过插入苯环、亲水性芳香杂环等排替换，获得新的优势结构 b，通过—H、—Cl 及—CH₂CH₃、—CF₃等排替换，及烃基链调整，创制获得高效杀虫剂啶虫丙醚，如图 3-87。

135

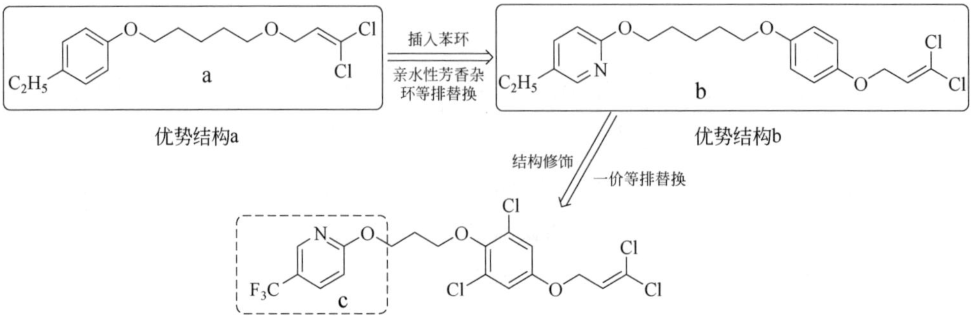

图 3-87 哒虫丙醚创制经纬

哒虫丙醚分子结构的 c 部分，属于含有吸电子基团的吡啶含氮芳香杂环，可以与其进行等排替换的相关芳香杂环众多。许多农药公司以哒虫丙醚作为先导化合物进行了"me-too"创制，通过吸电子取代基芳香杂环吡啶环结构 c、二氯苯环等排替换及烃基环化，所得系列化合物都具有较高的杀虫生物活性。据 WO 2006130403、WO 2005112941、CN 101747276、CN 101747276、CN 102952087B、CN 104974083A 等报道，其各自的杀虫活性为：A、B：0.25mg/L 对烟芽夜蛾致死率 100%，C：20mg/L 对水稻褐飞虱、黏虫、红蜘蛛、苜蓿蚜虫致死率 100%，D：0.25mg/L 对烟芽夜蛾致死率 100%，E：9.38mg/L 对甜菜夜蛾具有较好的致死率，F：9.38mg/L 对甜菜夜蛾致死率 100%，G：37.5mg/L 对甜菜夜蛾致死率 100%，H：100mg/L 对甜菜夜蛾致死率 100%，J：10mg/L 对黏虫致死率大于 80%，K：20mg/L 对斜纹夜蛾致死率 100%，L、N、M：20mg/L 对黏虫、褐飞虱和蚜虫具有广谱防治效果[27-30]。

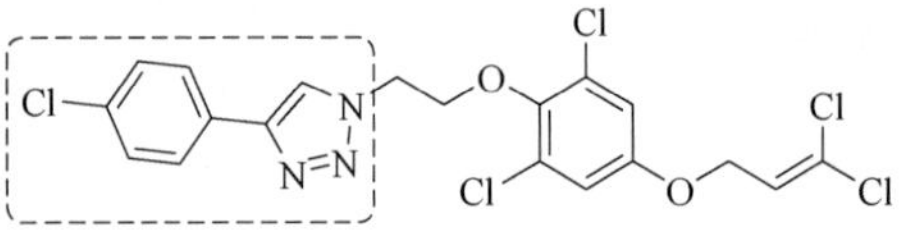

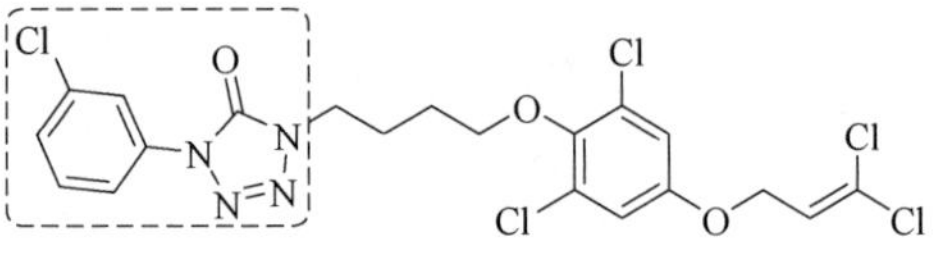

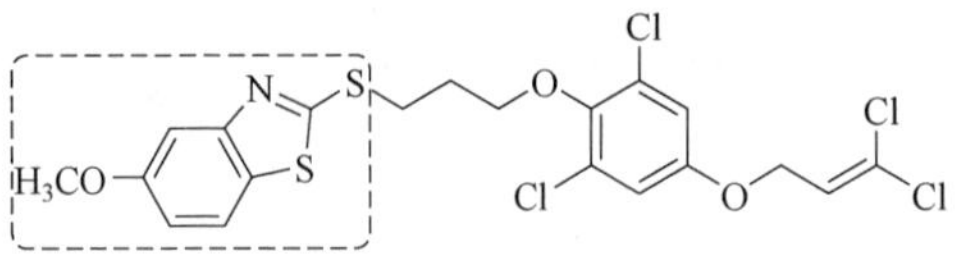

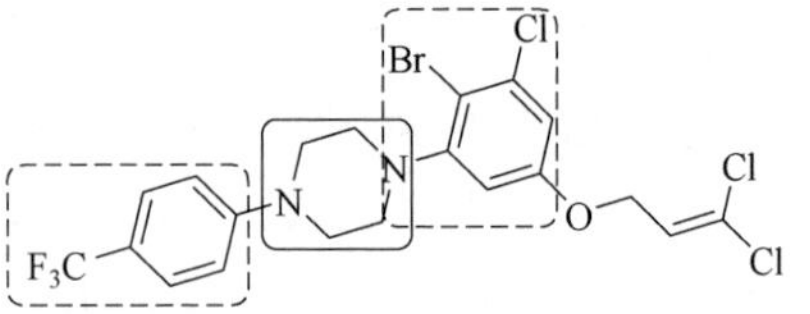

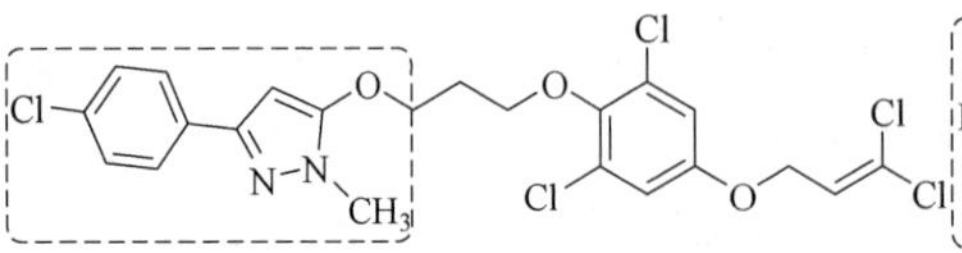

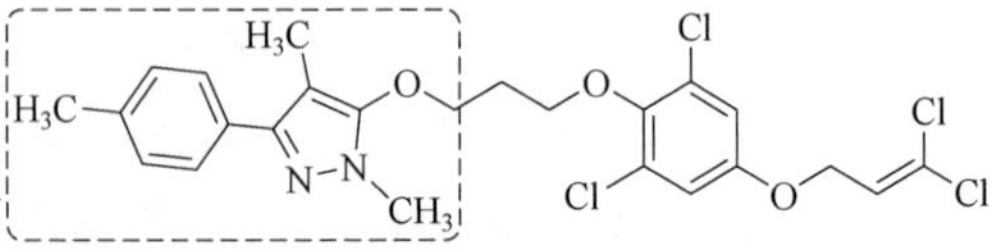

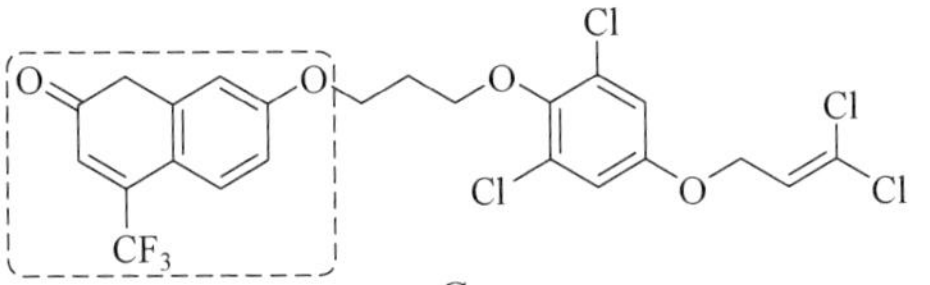

G

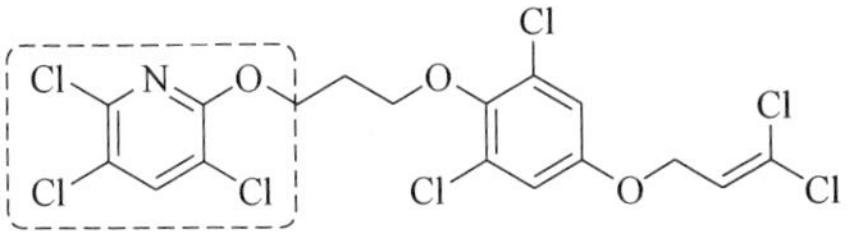

H

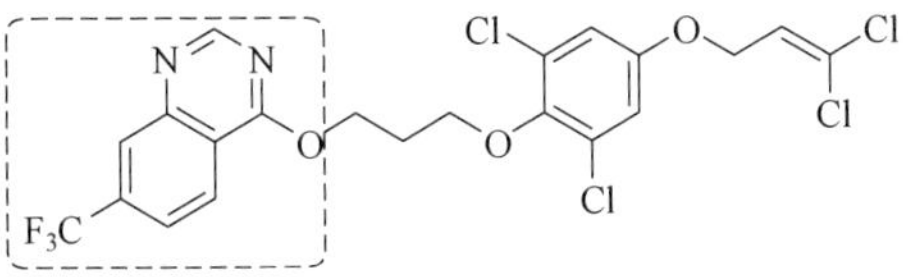

J

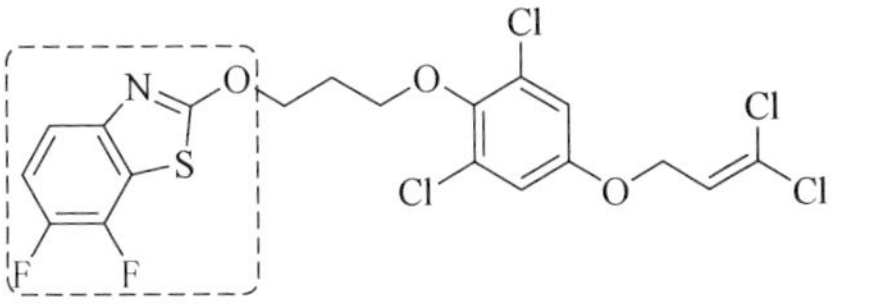

K

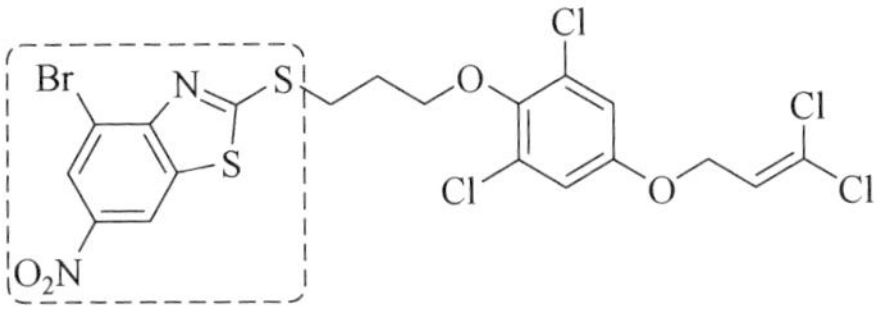

L

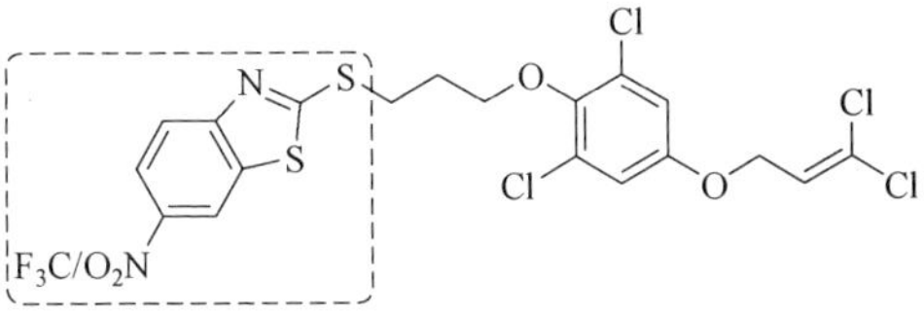

N/M

化合物 O 和 P 是 CN 101747276 和 CN 101747276 公开的两个二氯丙烯醚化合物，具良好的杀虫活性（O：9.38mg/kg 对小菜蛾、棉铃虫致死率为 100%，P：9.38mg/kg 对小菜蛾防效好），表明二氯丙烯醚类杀虫化合物分子结构中，吡啶（）和（）在作为优势结构非关键构件时，也是合适的等排替换体。

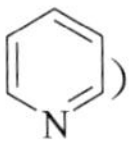

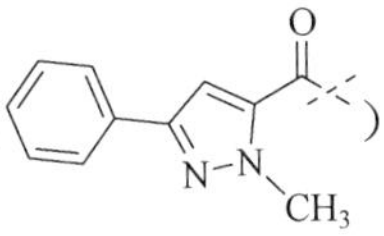

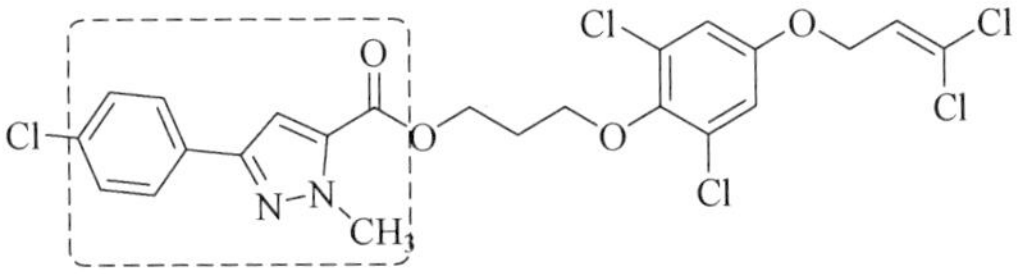

O

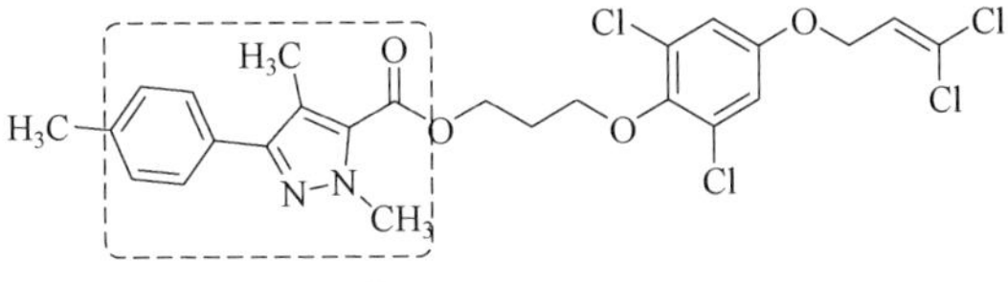

P

看上去常规的非经典生物电子等排替换，有时也会引起生物活性发生戏剧性的变化。苯甲酰脲类杀虫剂分子优势结构中的羰基（）与磺酰基（）等排替换，然后进行局部修饰，通过芳香杂环与苯环等排替换、取代基位置变换及电性优化筛选，获得磺酰脲除草剂分子优势结构，一系列的操作和技术处理，竟

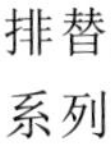

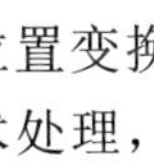

137

然实现了杀虫剂优势结构→除草剂优势结构的转换。

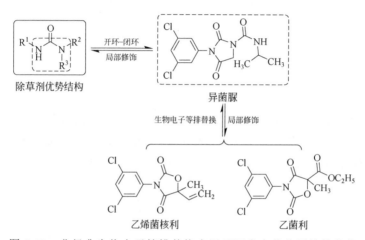

类似的，脲类除草剂优势结构中特征结构脲部分环化，经过局部修饰、优化筛选可形成异菌脲（iprodione）结构，而异菌脲与乙烯菌核利（vinclozolin）和乙菌利（chlozolinate）之间存在局部修饰、生物电子等排替换等修饰关系，如图3-88。

图 3-88　非经典生物电子等排替换应用于脲类农药分子结构修饰

参考文献

[1] Langmuir I. Isomorphism, isosterism and covalence. J Am Chem Soc, 1919, 41: 1543-1559.

[2] Grimm H G. The system of chemical compounds from the viewpoint of atom research, several problems of experimental research. Part I. Naturwissenschaften, 1929, 17: 535-540.

[3] Erlenmeyer H, Leo M. Ueber Pseudoatome. Helv Chim Acta, 1932, 15: 1171-1186.

[4] Patani G A, LaVoie F J. Bioisosterism: A rational approach in drug design. Chem Rev, 1996, 96(8): 3147-3176.

[5] 李英春. 氟化合物制备及应用. 北京: 化学工业出版社, 2010. 8: 39.

[6] 唐除痴. 农药化学. 天津: 南开大学出版社, 1998. 3: 29.

[7] 邢其毅. 基础有机化学. 3版. 北京: 高等教育出版社, 2005: 749.

[8] 邢其毅. 基础有机化学. 3版. 北京: 高等教育出版社, 2005: 784.

[9] 杨华铮. 现代农药化学. 北京: 化学工业出版社, 2013. 9: 604-606.

[10] 孙家隆. 农药化学合成基础. 3版. 北京: 化学工业出版社, 2019: 332.

[11] 邢其毅. 基础有机化学. 3版. 北京: 高等教育出版社, 2005: 308-309.

[12] 刘长令. 新农药创制与合成. 北京: 化学工业出版社, 2013: 522.

[13] 邢其毅. 基础有机化学. 3版. 北京: 高等教育出版社, 2005: 599-600.

[14] 刘长令. 新农药创制与合成. 北京: 化学工业出版社, 2013: 487-489.

[15] 杨光富. 一种 6-磺酸酯基嘧啶水杨酸类化合物及其制备方法和应用, CN 106831609 B.

[16] 刘长令. 新农药创制与合成. 北京: 化学工业出版社, 2013: 492.

[17] 徐德锋. 嘧啶水杨酸肟酯类化合物的制备方法及作为除草剂的应用, CN 110317177 A.

[18] 杨华铮. 现代农药化学.北京: 化学工业出版社, 2013. 9: 544-545.

[19] Craig P N. Interdependence between physical parameters and selection of substituent groups for correlation studies. J Med Chem, 1971, 14: 680-684.

[20] Topliss J G. Utilization of operational schemes for analog synthesis in drug design. I MED Chem, 1972, 15: 1006-1011。

[21] 刘长令. 新农药创制与合成. 北京: 化学工业出版社, 2013: 476-477.

[22] 孙家隆. 农药化学合成基础. 3 版. 北京: 化学工业出版社, 2019: 207.

[23] 孙家隆. 农药化学合成基础. 2 版. 北京: 化学工业出版社, 2013: 200.

[24] 刘长令. 新农药创制与合成. 北京: 化学工业出版社, 2013: 485-486.

[25] 刘长令. 新农药创制与合成. 北京: 化学工业出版社, 2013: 409-417.

[26] 唐除痴. 农药化学. 天津: 南开大学出版社, 1998: 336-337.

[27] 刘长令. 新农药创制与合成. 北京: 化学工业出版社, 2013: 566-569.

[28] 李斌. 一种含有喹唑啉环的醚类化合物及其用途, CN 102952087 B.

[29] 杨光富. 二氯烯丙基醚类化合物、杀虫剂及其应用, CN 104974083 A.

[30] 杨光富. 苯并噻唑杂环的二氯丙烯衍生物及其制备方法和杀虫剂组合物, CN 101906080 A.

第 4 章

农药分子设计与结构优化常用策略

所谓农药分子设计与结构优化策略，实际上就是实现农药分子结构优化、获得新的商业化农药活性化合物的方案集合，是对农药先导化合物各种优化方法的综合运用。根据农药先导化合物性质类型，制订出优化方案，并在新农药分子设计与优化过程中根据实际情况的发展变化对预定方案进行调整。

4.1 策略概述

毋庸讳言，农药分子设计与优化最终目标是创造性地形成新的具有潜在修饰价值的优势结构，实现对农药先导化合物的优化，创制开发出化学结构新颖、作用机制独特、具有知识产权的农药新品种。该过程中首先要做的就是先导化合物的确定，这就存在策略问题。众所周知，新农药品种的开发要有客观的经济投入，收益和风险并存，如何规避风险、实现经济效益最大化，在该过程的开始就需要策略性的决策。如选择天然化合物为先导化合物，则意味着无论是经济投入，还是技术投入，要求都比较高。先导化合物选择恰当，大概率趋于成功——获得功能新颖、作用机制新颖、化学结构新颖、高活性、低毒、环境相容性好的农药新品种，甚至开创农药新类别；而若先导化合物选择不当，或将面临失败——投入巨大却无功而返。若选择商品化的农药品种做先导化合物，则没有这种不确定性：在原先导化合物优势结构的基础上，通过技术手段"me-too"或"me-better"，即可获得具有类似生物活性的同类产品，从而分享已经形成或即将形成的相关产品市场，实现经济效益。因此，在农药分子设计与优化领域，形成了一个有趣现象：一旦某种由天然化合物为先导化合物优化创制的功能新颖、作用机制新颖、化学结构新颖、高活性、低毒、环境相容性好的农药新品种上市，由该农药新品种作为先导化合物的"me-too"和"me-better"立刻竞相展开。然而，无论是"me-too"

还是"me-better",都存在潜在交互抗性和利润趋小问题,确切地说是时效问题,错过了最佳时效,都将失去"me-too"或"me-better"意义。

所谓"me-too"和"me-better"研究,实际上就是修饰竞争对手的先导化合物,甚至是成功推广应用的农药化合物分子结构,从而更快捷、更有效地获得选择性或生物活性更好的、具有自主知识产权的类似农药活性化合物。通过"me-too"和"me-better"形式的竞争,往往导致某一类别的农药品种迅速涌现,在避免了大量重复性工作的同时,也推动了农药化学的研究发展。

如 strobilurins 类似物杀菌剂的开发,由于该类杀菌剂优异的杀菌活性及其带来的诱人经济效益,继巴斯夫和先正达分别由 strobilurin A 创制出醚菌酯(kresoxim-methyl)、啶氧菌酯(picoxystrobin)和嘧菌酯(azoxystrobin)以来,世界各大公司竞相进行"me-too"和"me-better"开发,短短几年,发展成 strobilurins 类似物系列杀菌剂,迅速占据了杀菌剂 25%以上市场份额。

天然化合物 strobilurin A 作为先导化合物进行优化:巴斯夫醚菌酯和先正达啶氧菌酯、嘧菌酯创制,如图 4-1。

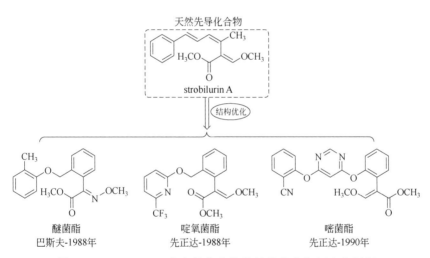

图 4-1 strobilurin A 为先导化合物的结构优化与新农药创制

现有商品化农药品种做先导化合物进行"me-too"和"me-better"开发的例子。

① 以醚菌酯(kresoxim-methyl)、啶氧菌酯(picoxystrobin)为先导化合物:如嘧螨胺(pyriminostrobin)、氟菌螨酯(flufenoxystrobin)、肟菌酯(trifloxystrobin)、唑菌酯(pyraoxystrobin)、苯噻菌酯(benzothiostrobin)、氯啶菌酯(triclopyricarb)、丁香菌酯(coumoxystrobin)、唑胺菌酯(pyrametostrobin)等甲氧基丙烯酸酯类杀菌剂农药品种的创制,如图 4-2。

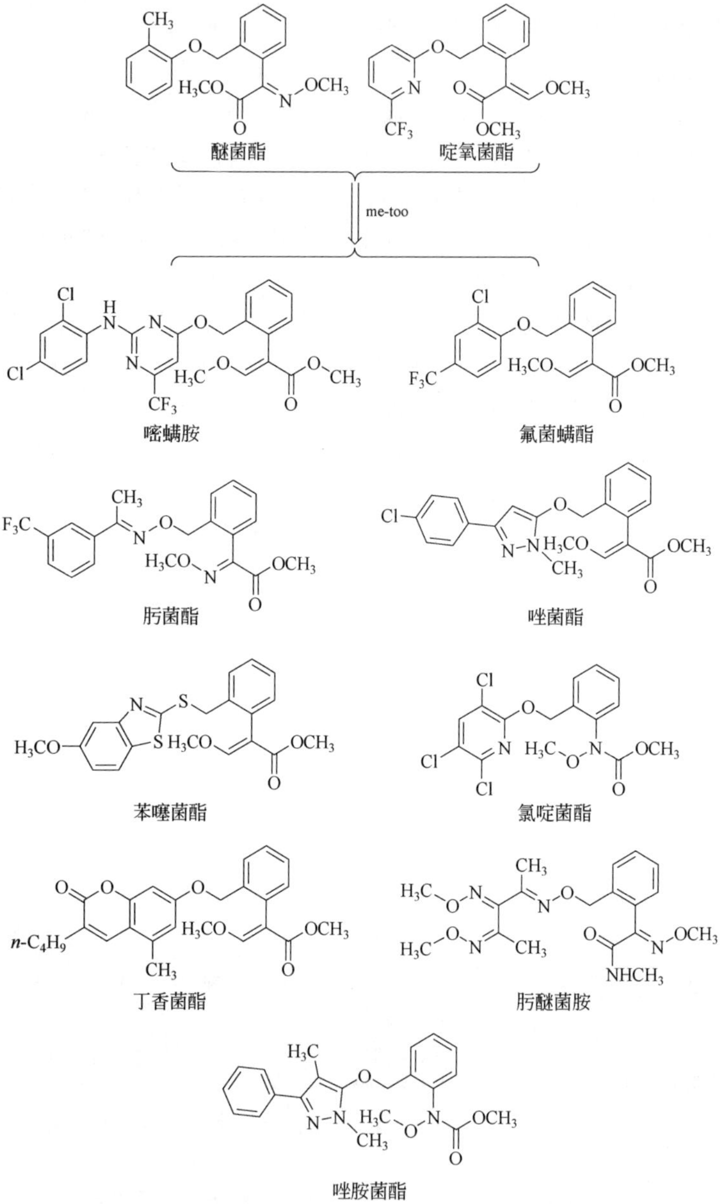

图 4-2　以现有农药品种为先导化合物的结构优化与新农药创制（一）

② 以嘧菌酯（azoxystrobin）为先导化合物：如氟嘧菌酯（fluoxystrobin），如图 4-3。

农药先导化合物优化过程中，就具体优化对象来说策略或方法很多，诸如原子或者基团的电子等排替换、开环或者将分子柔性部分成环、引入疏水性模块及优化取代基团等。

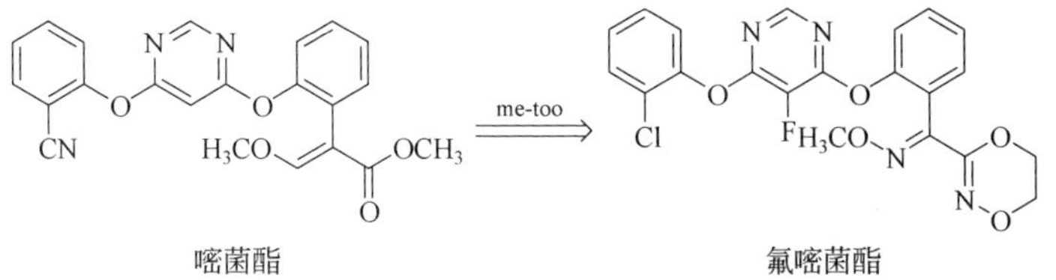

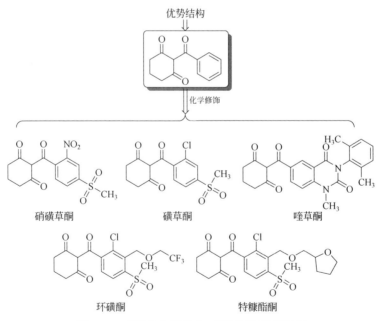

图 4-3　以现有农药品种为先导化合物的结构优化与新农药创制（二）

下述技术处理属于农药分子设计和优化过程中的一般性常用策略。

（1）特定的药效团或者优势结构决定农药分子与受体或靶标的特异结合性质，进而决定农药分子的生物活性，因此在此基础上只适合做有限的化学修饰。如三酮类除草剂，三酮结构为其除草活性优势结构，对该类农药分子的生物除草活性起决定性作用，相关的优化设计只是以三酮结构为中心进行的有限的化学修饰，如硝磺草酮（mesotrione）、磺草酮（sulcotrione）、喹草酮（quinotrione）、环磺酮（tembotrione）、特糠酯酮（tefuryltrione）等农药分子结构都是以三酮结构为中心进行功能基团等排替换等修饰而获得的，如图 4-4。

图 4-4　三酮优势结构与三酮类除草剂创制

（2）添加附加功能基团以增加农药分子与靶标的结合能力、提高化合物的生物活性。有些农药优势结构有时并无令人满意的生物活性或者根本没有生物活性，然而当某些可以增加分子与靶标结合能力、提高化合物生物活性的功能基团与其相结合时，新化合物往往表现出令人惊讶的特殊生物活性，如吡唑与苯环或吡啶形成的结构即有如此特点：通过添加功能基团获得相应类别的高效低毒杀虫剂，如丁烯氟虫腈（flufiprole）、pyrafluprole、乙虫腈（ethiprole）及氯虫苯甲酰胺（chlorantraniliprole）、环溴虫酰胺（cyclaniliprole）、四唑虫酰胺（tetraniliprole）创制，如图 4-5、图 4-6。

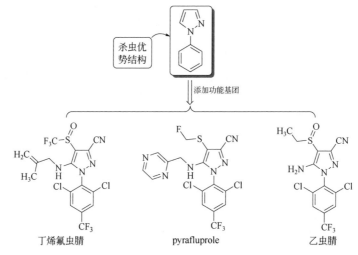

图 4-5　优势结构功能基团添加（一）

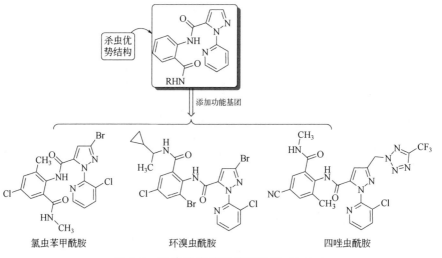

图 4-6　优势结构功能基团添加（二）

（3）虽然有些基团不影响农药分子与靶标结合能力，但可以影响农药化合物的亲脂-亲水平衡，从而影响农药化合物的吸收、代谢及相关毒理学性质。如苯氧羧酸类除草剂 2,4-滴（2,4-D）与 2,4-滴丁酯（2,4-D butylate）、2,4-二氯苯氧乙酸异辛酯（2,4-D isooctyl ester）。

2,4-滴　　　　　　　　2,4-滴丁酯　　　　　　2,4-二氯苯氧乙酸异辛酯

（4）利用农药分子结构中的某些官能团在生物体内代谢或分解，获得可以真正发挥药效的化合物。如可以阻断害虫神经细胞中的钠离子通道的高效杀虫剂茚虫威（indoxacarb），其本身对害虫靶标生物活性很低，但其在昆虫体内被迅速转化为高活性、高毒性 DCJW（N-去甲氧羰基代谢物），由 DCJW 作用于昆虫神经细胞失活态电压门控钠离子通道，不可逆阻断昆虫体内的神经冲动传递，破坏神经冲动传递，导致害虫运动失调、不能进食、麻痹并最终死亡[1,2]。

茚虫威　　　　　　　　　　　　　　　　　　DCJW

（5）引入或除去疏水或亲水基团可以调节农药分子的亲脂性和亲水性或酸碱性、电性。如苯氧羧酸除草剂之 2,4-滴与 2,4-滴酯及三氟羧草醚（acifluorfen）与氟磺胺草醚（fomesafen）等。

2,4-滴(2,4-D)　　　　　　　　2,4-滴丁酯
酸性、亲水性　　　　　　　　中性、亲脂性

三氟羧草醚　　　　　　　　　氟磺胺草醚
酸碱性、亲水性　　　　　　　中性、亲脂性、电性改变

（6）调整芳香环或者芳香杂环上的取代基。如双酰肼类杀虫剂，通过增加抑食肼（RH-5849）苯环上的取代基数量，获得杀虫活性高于抑食肼（RH-5849）的双酰肼类杀虫剂虫酰肼（tebufenozide）、甲氧虫酰肼（methoxyfenozide）等。

虫酰肼　　　　　　　　　抑食肼　　　　　　　　甲氧虫酰肼

通过抑制乙酰乳酸合成酶（ALS），主要用于玉米、麦类等作物防除阔叶杂草的高效、广谱性三唑并嘧啶磺酰胺类除草剂氯酯磺草胺（cloransulam-methyl）、双氯磺草胺（diclosulam）、双氟磺草胺（florasulam）、啶磺草胺（pyroxsulam）等农药品种之间的差异也是取代基调整的结果。

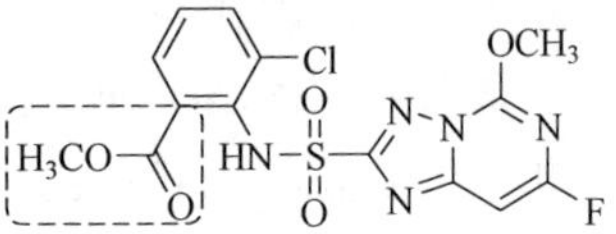

氯酯磺草胺 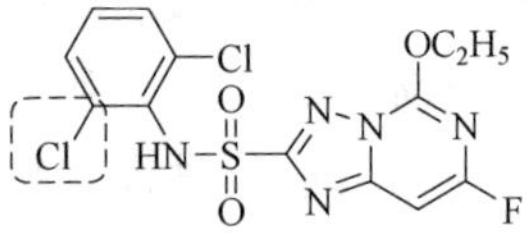　　　　　　　　　双氯磺草胺

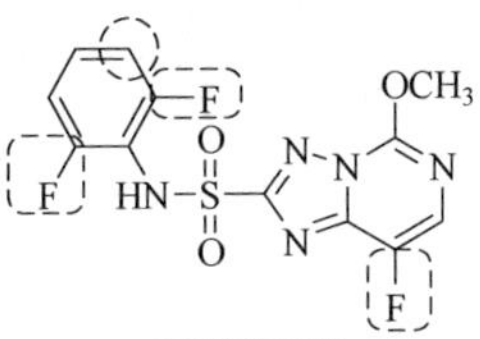

双氟磺草胺 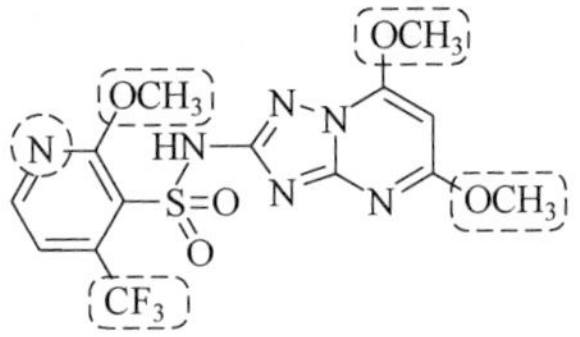　　　　　　　　　啶磺草胺

（7）脂肪链上引入或者除去杂原子或活性原子团。如卤代菊酯类拟除虫菊酯杀虫剂，通过在脂肪链引入功能基团—CN 基或—CF₃，极大地提高了化合物的杀虫活性，如氯氰菊酯（cypermethrin）、氯氟氰菊酯（cyhalothrin）之于氯菊酯（permethrin），如图 4-7。

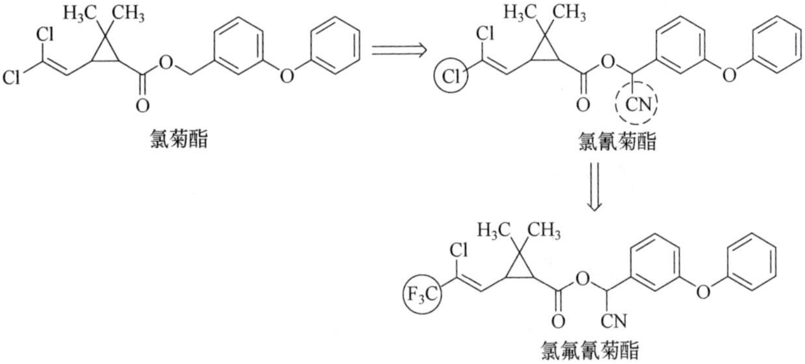

氯菊酯　　　　　　　　　　　氯氰菊酯

氯氟氰菊酯

图 4-7　药效基团添加

（8）改变脂肪族基团或脂肪链的长短。如三唑类杀菌剂苯醚甲环唑（difenoconazole）与丙环唑（propiconazole）、种菌唑（ipconazole）与叶菌唑（metconazole）等。

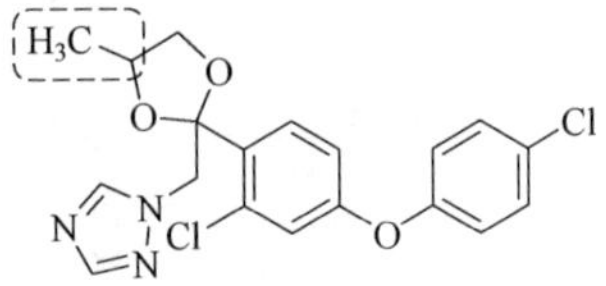

苯醚甲环唑 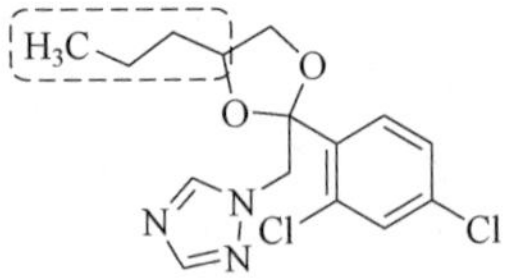　　　　　　　　　丙环唑

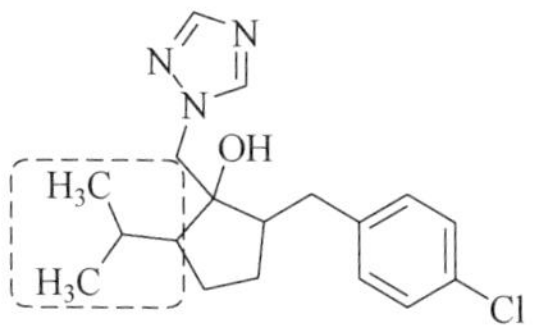

种菌唑 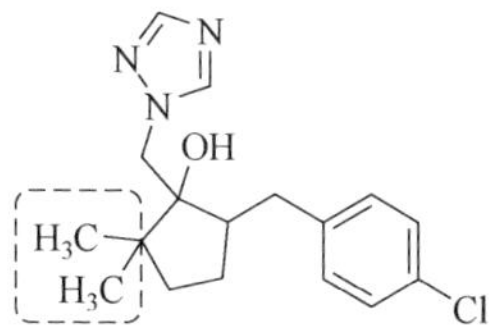　　　　　　　　　　　　叶菌唑

（9）利用特殊结构保持特定的高活性构象。如烟碱类杀虫剂之吡虫啉（imidacloprid）与哌虫啶（paichongding）。

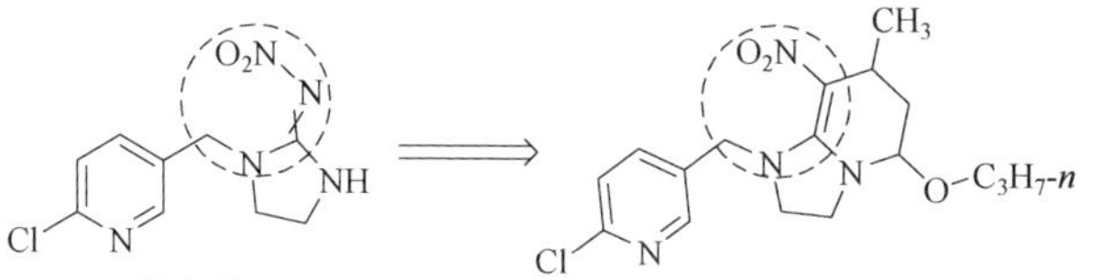

吡虫啉　　　　　　　　　　　哌虫啶

（10）改变脂肪环或者杂环的大小。如烟碱类杀虫剂吡虫啉（imidacloprid）与噻虫嗪（thiamethoxam）等。

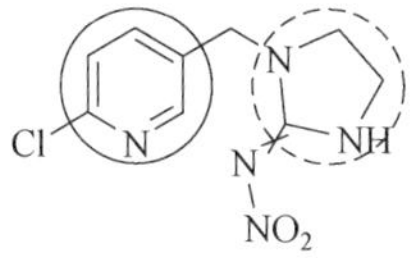

吡虫啉 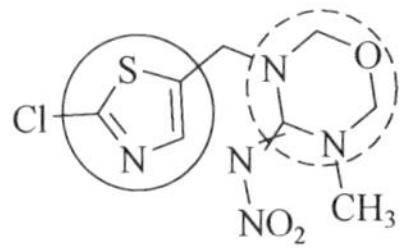　　　　　　　　　　噻虫嗪

（11）引入或去除脂肪环、芳香环或芳香杂环，调整农药分子结构的柔性-刚性，提高生物活性。如啶虫丙醚（pyridalyl）的创制解析[3]：先导化合物优化的第一步是引入苯环刚性结构，即调节了先导化合物的分子结构的柔性和电性，化合物由原来的一个负电中心转化为两个负电中心，如图 4-8。

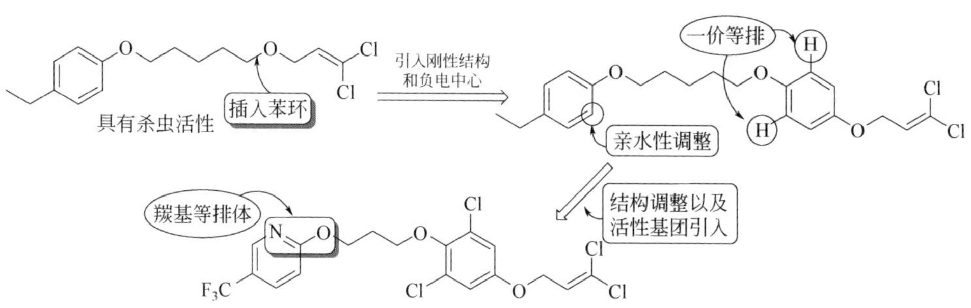

图 4-8　啶虫丙醚创制解析

化合物 A 为拜耳公司在 WO 2011045271 中公开的化合物，具有良好的除草活性：320g/hm² 苗后反枝苋、狗尾草防除效果高于 70%；化合物 B 为杜邦公司在 WO 200908041 中公开的化合物，具有更加优良的除草活性：16g/hm² 苗前苗后均

具有很好的除草效果[4]。

（12）开环或闭环。如烟碱类杀虫剂之吡虫啉（imidacloprid）与烯啶虫胺（nitenpyram）。

（13）增加手性中心来提高选择性。如拟除虫菊酯类杀虫剂之氯氰菊酯到高效氯氰菊酯。

（14）去除手性中心实现简化结构。如氨基甲酸酯类农药的创制，天然先导化合物毒扁豆碱（physostigmine）分子结构中存在苯并吡咯烷手性结构，给工业化生产带来很大难度，对其优化的第一步就应该考虑将其去除或简化。

（15）增加芳香环代谢稳定性，提高化合物生物活性，比较常用的方法是引入F原子或Cl原子。如拟除虫菊酯类杀虫剂四氟甲醚菊酯（dimefluthrin）、momfluo-rothrin等。

　　根据先导化合物性质，若是天然活性化合物，则应在保持原有活性基础上尽量多地尝试不同类别，以确认或发现最佳优势结构和药效团。对现有品种"me-too"或"me-better"，首先要考虑保持优势结构，化合物类别轻易不能改变。

4.2　拼合与简化

4.2.1　有效拼合

　　农药分子设计与优化中的拼合，是指将两种或两种以上农药分子优势结构或农药分子结构中的部分结构单元进行有选择性的拼合，形成新的农药分子优势结构或农药分子结构过程，所形成的新农药分子优势结构或农药分子，或兼具原农药分子优势结构或农药分子活性性质，或产生新的生物活性。分子设计与优化中的拼合一般有链接基模式、重叠模式和无链接基模式等拼合类型，农药分子设计与优化中的拼合主要为链接基模式和重叠模式。

　　（1）链接基模式拼合　　是指相互拼合的结构单元通过链接基拼合成新的农药分子优势结构或新农药分子结构，前者可以修饰、优化成新的农药类别，后者可直接形成新结构的农药品种，链接基有二价原子（如—S—）、二价生物电子等排体（如—NH—）、二价金属离子（如 Zn^{2+}、Mn^{2+}、Fe^{2+} 等）、二价烃基 [如—$(CH_2)_n$—] 等，农药品种如磷亚威（U-47319）和硫双灭多威（thiodicarb）等。

　　磷亚威（U-47319）[5]是灭多威（methomyl）的硫代磷酰胺衍生物，其主要用途与灭多威相似，可用于棉花、蔬菜、果树、水稻等作物，防治鳞翅目害虫、甲虫和椿象等。对抗性棉蚜的防效与灭多威基本一致，对抗性棉铃虫的防效优于灭多威，但急性毒性较灭多威低。化学性质不稳定：易水解、易氧化、热分解、易于在自然环境中或动植物体内降解。

　　此为双效拼合，有机磷农药化合物 A 和氨基甲酸酯农药灭多威通过链接基 S 拼合为磷亚威；磷亚威在靶标体内又代谢为 A 和灭多威，起到 A 和灭多威等摩尔复配的效果，因此对抗性棉铃虫的防效优于灭多威；由于有机磷农药和氨基甲酸酯农药杀虫作用机制相近，都是作用于乙酰胆碱酯酶，有机磷农药和氨基甲酸酯农药复配鲜有增效现象，因此磷亚威在实际应用过程中，相比灭多威的优越性并不特别明显，并且仍属高毒农药系列 [磷亚威急性经口 LD_{50}（mg/kg）：大白鼠 29，小白鼠 16，豚鼠 10，鸡 12；兔急性经皮 LD_{50} 40mg/kg]，并且存在易水解、易氧化、热分解等化学稳定性问题及和有机磷和氨基甲酸酯类农药存在交互抗性问题，导致磷亚威已被淘汰。

硫双灭多威（thiodicarb）[6]又称硫双威，1977 年由美国联碳公司和瑞士汽巴-嘉基公司同时开发，现已在 30 多个国家注册登记；属于高效、广谱、内吸性 N-甲氨基甲酸肟酯类杀虫、杀螨剂，是灭多威低毒化衍生物之一；杀虫活性与灭多威相当，但毒性为灭多威的十分之一；对鳞翅目、鞘翅目和双翅目害虫都有防治效果，对有机磷、拟除虫菊酯类农药产生抗性的棉铃虫有很好的防治效果。

灭多威 硫双灭多威

此为双分子拼合，由氨基甲酸酯农药灭多威通过链接基 S 拼合为硫双灭多威（thiodicarb）；硫双灭多威在靶标体内又代谢为灭多威，杀虫作用机制没有发生变化，与灭多威也存在交互抗性问题。硫双灭多威的毒性较灭多威低［硫双灭多威原药大白鼠急性经口 LD_{50}（mg/kg）：143（雄）、119.7（雌）］，属于中等毒性，相当于高毒农药低毒化使用，在当前世界农药领域占有一定的市场份额，特别是在限制或禁止使用灭多威的国家和地区。

通过链接基模式拼合农药品种：如双硫磷（temephos）、福美锌（ziram）、双胍辛胺（iminoctadine）、双甲脒（amitraz）、磷硫灭多威（U-56295）、噻森铜（thiosen copper）、噻唑锌（zinc-thiazole）、噻菌铜（thiodiazole copper）等。

双硫磷 福美锌 双胍辛胺

双甲脒 磷硫灭多威

噻森铜 噻唑锌 噻菌铜

日本吴羽株式会社及华东理工大学以烟碱类杀虫剂为基础，通过链接基模式拼合设计了许多化合物，大多数保持了原杀虫剂分子的杀虫活性，但不可避免地也与原杀虫剂存在交互抗性问题，或许是由于施用性价比原因，皆尚未进行商业开发。

相关专利及其公开的相关链接基模式拼合化合物[7-9]，如图 4-9、图 4-10。

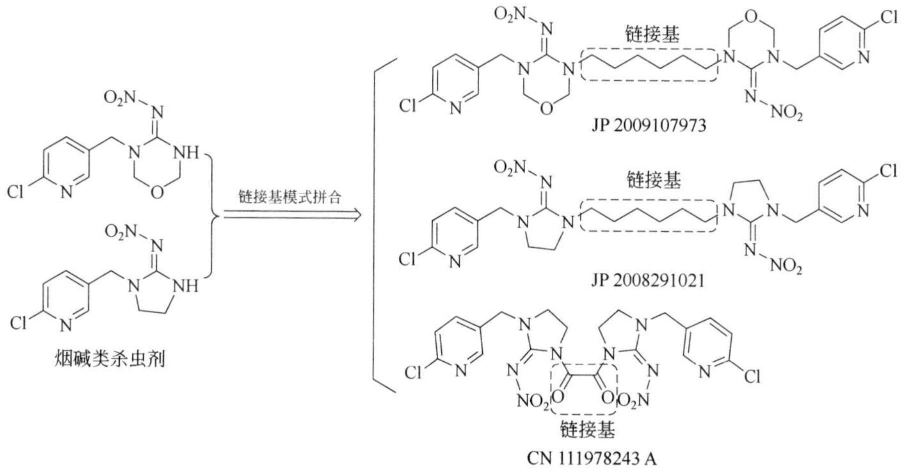

图 4-9　烟碱类农药分子链接基模式拼合创制（一）

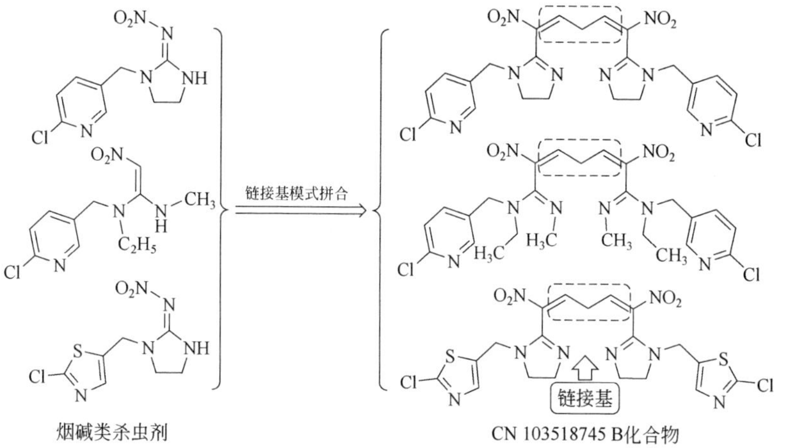

图 4-10　烟碱类农药分子链接基模式拼合创制（二）

　　拜耳公司以乙虫腈（ethiprole）为基础，通过链接基模式拼合、修饰，获得双 1-苯基吡唑衍生化合物，虽然具有良好的杀虫生物活性[10]，但却没有商品化、产业化，如图 4-11。

　　贵州省茶叶研究所杨文等将溴代吡咯腈（tralopyril）通过链接基进行两分子拼合，所得新化合物虽然具有较好的生物活性，但仍然没有达到预期目标[11]，如图 4-12。

　　沈阳中化农药化工研发有限公司杨辉斌、孙冰等将新颖除草剂分子结构通过链接基进行两分子拼合，所得新化合物对多种杂草普遍具有较高防效[12-14]，如图 4-13。

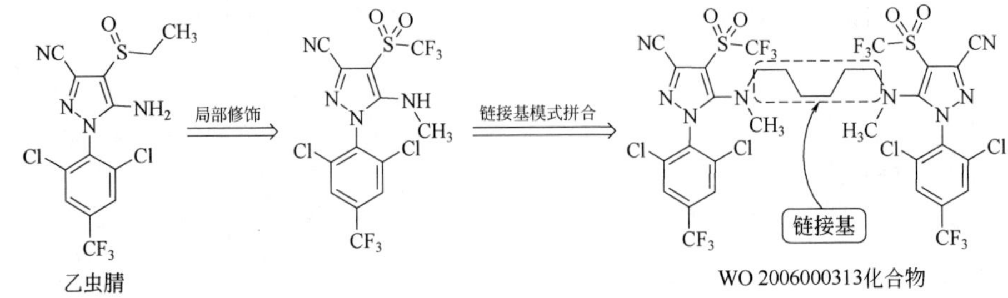

图 4-11 链接基模式拼合应用（一）

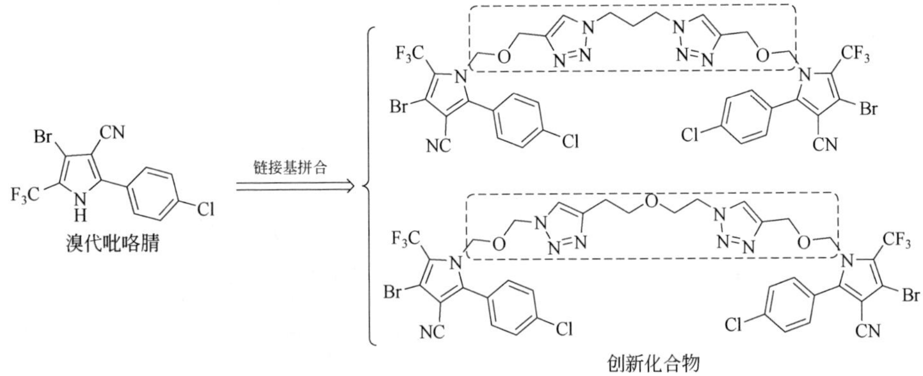

图 4-12 链接基模式拼合应用（二）

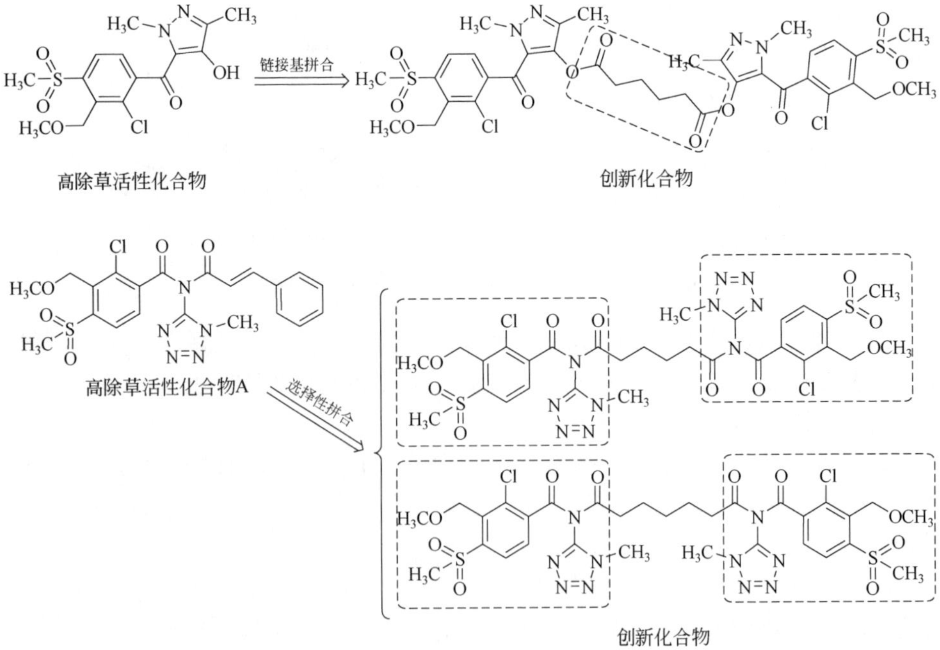

图 4-13 链接基模式拼合应用（三）

由于通过链接基模式拼合修饰所得到的创新化合物几乎"完整地"保留了原拼合农药的分子结构，本质上讲，拼合前后优势结构性质没有发生大的变化，所得新化合物的作用机制与原化合物基本一致，往往与原化合物存在交互抗性；因此，若拼合原化合物不属于新上市的大潜力农药品种、拼合新化合物生产工艺未实现创造性的革新且其施用性价比未实现飞跃性变化时，链接基模式拼合策略在农药分子设计与优化中的应用受到一定的限制。

（2）重叠模式拼合　重叠模式拼合是指将两种或几种农药优势结构或农药分子结构的重要组成部分进行有效拼合，形成新的农药优势结构或农药分子结构的农药分子设计与优化过程。重叠模式拼合的目的或结果是形成新的优势结构或获得化学结构新颖、作用机制新颖、具有开发潜力、高效、环境相容性好的符合现代要求的农药新品种。

重叠模式拼合在苯氧羧酸类除草剂农药分子设计与优化过程中应用得很有艺术性，值得借鉴，如亚胺类除草剂分子结构与苯氧羧酸类除草剂分子结构重叠拼合，形成了新的除草剂优势结构，如图 4-14；以该优势结构为基础，创制出除草剂氟胺草酯（flumiclorac-pentyl）、epyrifenacil、三氟草嗪(trifludimoxazin)、氟嘧硫草酯（tiafenacil）等新型除草剂品种，如图 4-15。

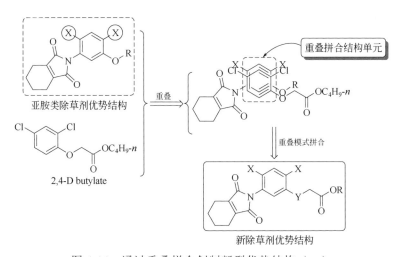

图 4-14　通过重叠拼合创制新型优势结构（一）

通过重叠模式拼合及局部修饰所得 4 种除草剂氟胺草酯、三氟草嗪、epyrifenacil、氟嘧硫草酯虽同属苯氧羧酸类别，但分子结构各有千秋，除草作用机制相似之中存在差异，丰富了苯氧羧酸类除草剂品种系列。

乙螨唑（etoxazole）为日本住友化学株式会社研发的一种全新具特殊结构的杀螨剂，化合物 NK-17 为南开大学汪清民课题组创制的含有醛肟醚结构的苯甲酰脲类几丁质合成抑制剂，具有非常好的杀虫活性，将二者分子结构进行有效拼合，获得新的杀螨活性优势结构 A[15]，如图 4-16、图 4-17。

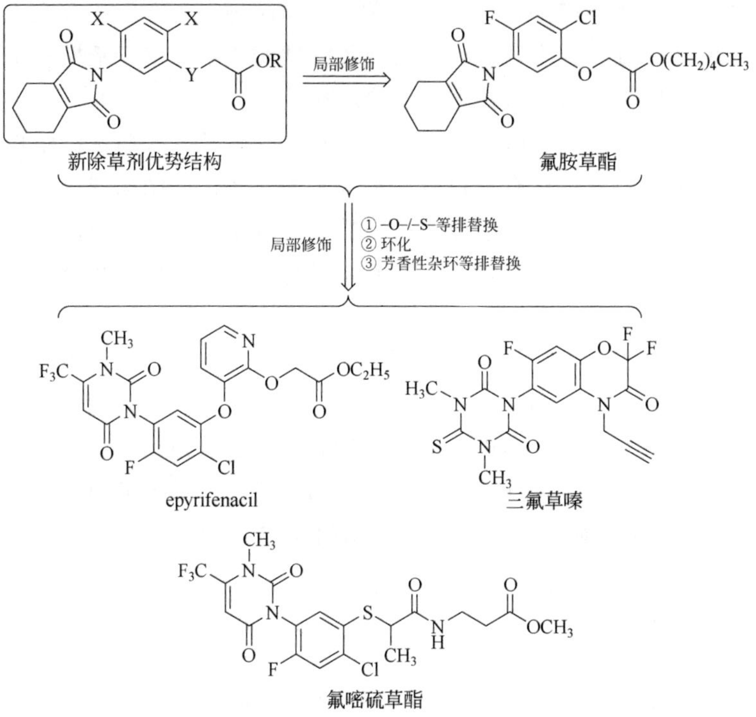

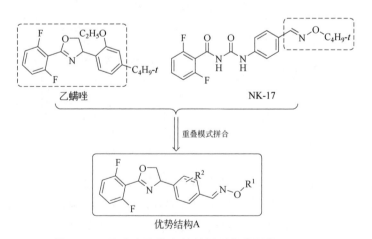

图 4-15　通过新型优势结构创制新农药品种（一）

图 4-16　通过重叠拼合创制新型优势结构（二）

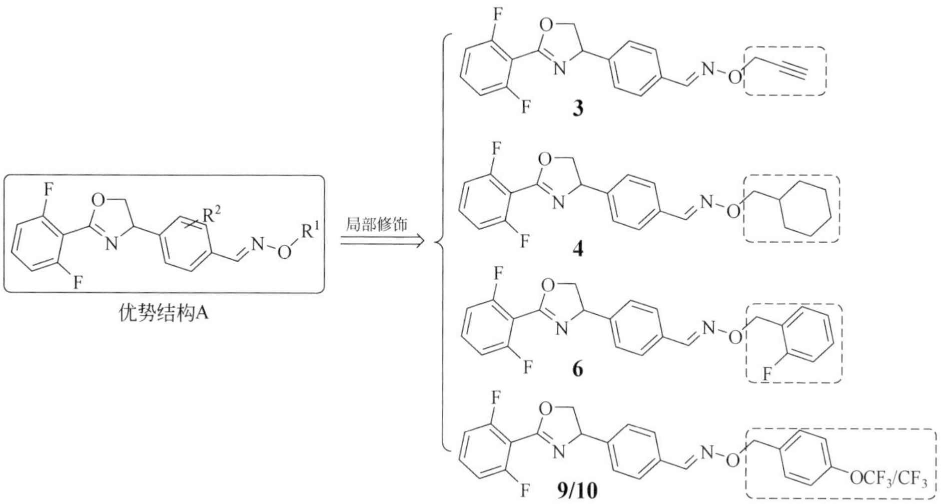

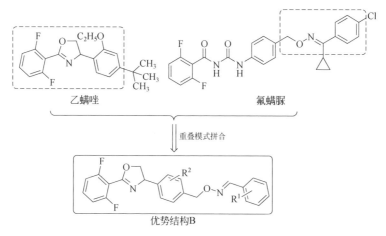

图 4-17　通过新型优势结构创制新农药品种（二）

在新优势结构 A 的基础上进行新的农药分子设计与优化，通过局部修饰获得化合物 **3**、**4**、**6**、**9/10**，它们对幼螨致死率远远高于乙螨唑，化合物 **9** 和 **10** 对幼螨在 0.0001μg/mL 的浓度下都表现出 100%的致死率，对螨卵的活性也都为 100%，有效拼合操作获得极大成功。

类似的，将乙螨唑分子结构与氟螨脲（flucycloxuron）分子结构进行选择性的有效拼合，获得新的杀螨活性优势结构 B[16]，如图 4-18。

图 4-18　通过重叠拼合创制新型优势结构（三）

在新优势结构 B 的基础上进行新的农药分子设计与优化，通过局部修饰获得的化合物多数表现出很好的杀朱砂叶螨幼螨和卵活性，并且都表现出远高于乙螨唑的杀朱砂叶螨幼螨和卵活性，化合物 **5**～**11** 对幼螨在 0.0001mg/L 的浓度下都表现出 100%的致死率，化合物 **5**、**9**、**10** 对螨卵致死率在 0.0001mg/L 的浓度下都为 100%，有效拼合操作再次获得极大成功，如图 4-19。

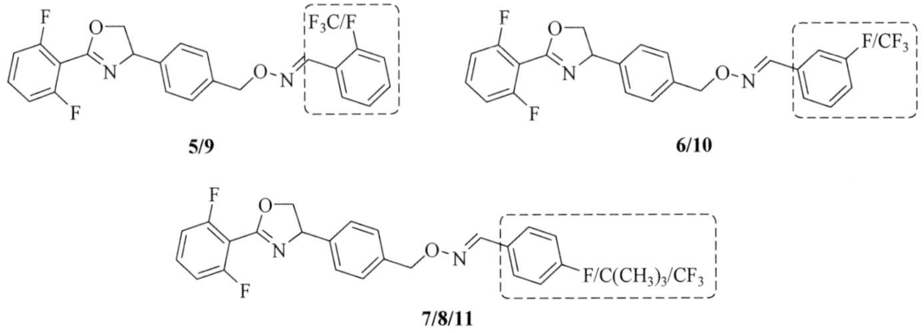

5/9　　　　　　　　　　　　**6/10**

7/8/11

图 4-19　通过新型优势结构创制新农药品种（三）

在农药分子设计与优化过程中，重叠模式拼合策略备受推崇，主要是因为形成了新的优势结构，有望获得化学结构新颖、作用机制新颖、具有开发潜力、高效、环境相容性好的符合现代要求的农药新品种，但技术性要求很高。拼合前优势结构或具体农药分子结构，在通过重叠模式拼合策略、灵活应用农药分子结构优化方法创制的新化合物分子结构中若隐若现，生物活性作用机制相似之中存在差异，往往是将原农药品种的单一作用机制拓展为多作用机制，新化合物展现出良好的生命力，实现了具体农药类别的扩展，丰富了该类别农药品种数量。

（3）无链接基模式拼合　在当下农药分子设计与优化过程中，或许是因为链接基模式拼合类似的原因，以及实际操作方面的问题，应用无链接基模式拼合策略成功创制新农药品种的范例很少。杀菌剂福美双（thiram）生命力之所以经久不衰，大部分是因为其独特的作用机制：分子结构中的富电子体系与生物体重金属离子形成螯合物，抑制或杀死靶标病原菌，本质上是发生了无机化学络合化学反应，导致福美双产生抗性比较缓慢。

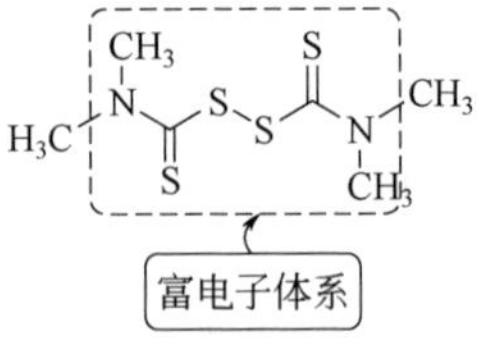

在农药分子设计与优化过程中，拼合作为农药分子结构优化策略，需要灵活运用才能体现出其特有的魅力。首先是相对于作用机制单一的活性先导化合物，通过拼合创制新农药品种的成功概率往往不大。再者是先导化合物经过拼合后整体分子结构发生改变，与原先导化合物的受体或靶标的作用方式未必一致，因而导致生物活性发生改变，进而导致新创制的化合物的生物活性和毒性无法预判。

如除草剂敌草腈（dichlobenil）的水解代谢产物 2,6-二氯苯甲酸具有一定的除草活性，如将其与另一种除草剂敌草隆（diuron）通过重叠模式拼合，可获得具有苯甲酰脲类杀虫剂结构特征及相应杀虫活性的化合物，如图 4-20。

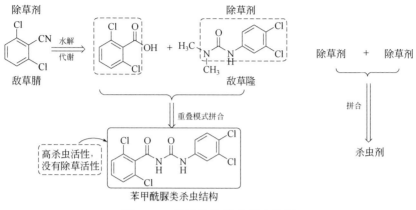

图 4-20　无链接基模式拼合特例

（4）选择性拼合　选择性拼合主要原则是选择两种或多种农药或农药生物活性化合物分子结构中的部分片段进行拼合，形成新的分子骨架，然后在此基础上进行结构优化、修饰、筛选，有望获得兼具原化合物农药生物活性，并且生物活性有所提高或完善的新颖农药。选择性拼合是一种行之有效的农药分子设计方法，该法虽然技术要求比较高，但常常会有令人惊喜的发现。如青岛科技大学许良忠等将氯虫苯甲酰胺（chlorantraniliprole）和 tioxazafen 分子骨架进行选择性拼合、修饰，所得创新化合物的生物活性与氯虫苯甲酰胺相同或相近[17]，如图 4-21。

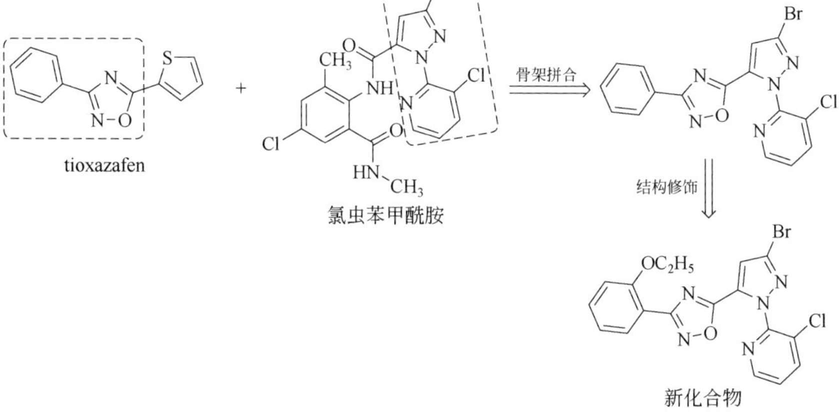

图 4-21　选择性拼合（一）

南通大学戴红等将氯虫苯甲酰胺与唑螨酯（fenpyroximate）进行选择性骨架拼合，所得创新化合物虽然具有较好的杀虫活性，但与预期还有距离[18]，如图 4-22。

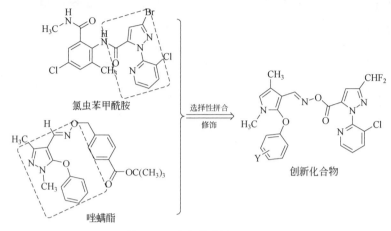

图 4-22　选择性拼合（二）

农药分子设计与优化过程中，在着手拼合设计以前，应该尽量详细研究优势结构或具体农药分子的作用机制，掌握各优势结构或具体农药分子结构的拼合单元与整体优势结构或具体农药分子生物活性间的构效关系，明确相关药效团的作用功能，正确选择拼合单元及相互间的拼合方式和后续修饰、优化方法。

4.2.2　结构简化

农药分子结构越简单越好，在农药分子设计与优化过程中，除非为了规避知识产权进行的"me-too"创制，其余应该尽量去掉分子结构中多余的组成部分。首先是新创农药分子结构要做到尽量简单化，相同防治效果的情况下，摩尔质量越小越好。施用性价比得到提高，不但在施药过程中投入环境的药量下降、对环境产生的负面影响变小，而且农药生产时消耗的原材料也少，生产成本降低，意味着经济效益的升高。再者是新创农药的生产工艺要尽量简单化，这样在农药生产过程中投入的生产设备减少、生产成本降低、生产过程中对环境产生的影响也减小。

在现有的农药品种中，不乏结构简单却产生巨大作用的农药品种，如氟啶虫酰胺（flonicamid）、多菌灵（carbendazim）、百菌清（chlorothalonil）、草甘膦（glyphosate）等。

氟啶虫酰胺　　　　多菌灵　　　　百菌清　　　　草甘膦

对于比较复杂的先导化合物的结构简化，一般是去除非关键结构，保留核心构件。

如氨基甲酸酯类农药之毒扁豆碱（physostigmine）的优化：去繁就简，创新设计，如图 4-23。

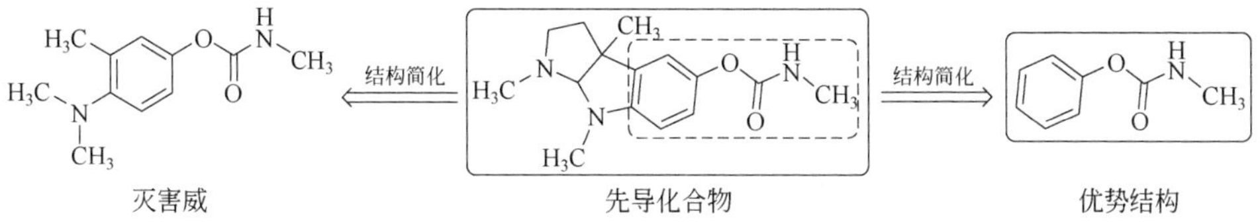

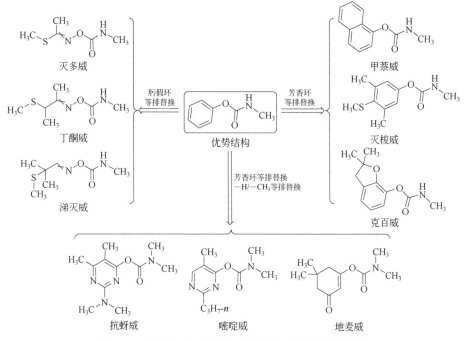

图 4-23　毒扁豆碱分子结构去繁就简创新设计

相关后续修饰与优化：氨基甲酸酯类杀虫剂农药品种的创制解析，如图 4-24。

图 4-24　氨基甲酸酯类杀虫剂农药品种的创制解析

当先导化合物为现有农药品种时，在农药分子设计与优化过程中首先想到的是在结构简化的前提下创制作用机制新颖、化学结构创新的新农药品种，而不是在原农药分子结构基础上堆砌相关药效基团。

新烟碱类杀虫剂氟啶虫酰胺（flonicamid）与原烟碱类杀虫剂吡虫啉（imidacloprid）结构关系解析，如图 4-25。

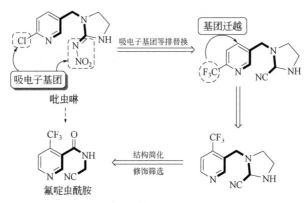

图 4-25 不同新烟碱类杀虫剂品种结构解析

经典的烟碱类杀虫剂含有 2-氯吡啶环或 2-氯噻唑环芳香杂环结构,而新烟碱类杀虫剂呋虫胺(dinotefuran)的创制说明,2-氯吡啶环或 2-氯噻唑环芳香杂环结构应该属于烟碱类杀虫剂的重要结构组成部分,而非关键的必不可换的关键构件,但杂原子的位置相对固定,如吡虫啉、呋虫胺分子结构关键构件比较。

吡虫啉   呋虫胺

由武汉工程大学巨修炼团队和武汉中鑫化工有限公司联合创制的新烟碱类杀虫剂环氧虫啉与原烟碱类杀虫剂如吡虫啉结构关系解析:此处仅为结构解析。

吡虫啉   结构简化修饰筛选   环氧虫啉

4.3 农药活性化合物分子骨架构建

4.3.1 骨架构建与分子结构修饰

(1)农药分子结构中的骨架概念 通常情况下,农药化学分子结构可分为环体系(ring system)、链接基(linker)及侧链(side chain)三个组成部分[19]。农药分子骨架(framework)则是指环体系和链接基的连续性组合,可表示为分子骨架(molecuar framework)和图形骨架(graph framework)。如 pyrafluprole 的分子骨架和图形骨架,图 4-26。

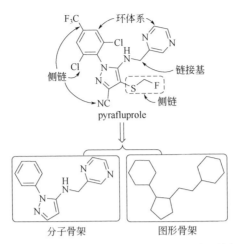

图 4-26　pyrafluprole 的分子骨架和图形骨架

其中分子骨架是指环体系和链接基组合，图形骨架是将分子骨架结构中原子类型和化学价键信息忽略后的抽象表达；分子骨架是农药分子设计与优化过程中新农药活性化合物分子骨架构建对象，而图形骨架则应用于通过数据库计算法进行新农药活性化合物分子骨架构建过程。

一种图形骨架可以代表多种分子骨架，在符合生物电子等排原则的情况下，一种图形骨架衍生出的不同分子骨架往往具有相似或相同的生物活性。如青岛科技大学许良忠等在 CN 109320506 A 公开的几种创新化合物，图形骨架与 tioxazafen 相同，其杀螨活性也与 tioxazafen 相近[20]，如图 4-27。

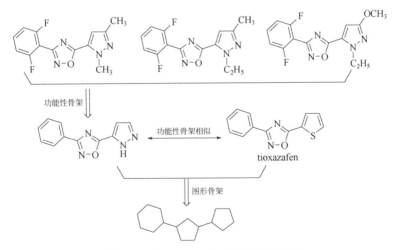

图 4-27　与 tioxazafen 相关图形骨架

近年来颇受青睐的几种分子骨架[21-36]：

分子骨架又可分为功能性骨架（functional scaffold）和结构性骨架（structural scaffold），具体的农药分子可以看作结构性骨架和药效团的有机结合体，药效团体现农药分子与受体或靶标结合的本质，而结构性骨架则是药效团发挥效用的必要的支撑载体。严格地讲，农药分子的生物活性是分子骨架与药效团所构成的整个农药分子的综合表现，并且当结构性骨架也含有具有药效团特征的结构单元时，骨架本身也可以与受体或靶标作用，这种情况下结构性骨架就转化为功能性骨架。

在众多的农药品种中，通过对农药分子结构解析，可以发现一个有趣的现象，即有的骨架结构经常出现于不同生物活性的农药品种或农药类别中，如：

① 二 苯 醚 （R¹ ⌬—O—⌬ R²） 及 其 衍 生 结 构 （R¹ ⌬—O—⌬ R²、

R¹ ⌬—O—⌬ R²、R¹ ⌬—O—⌬ R²、R¹ ⌬—O—⌬ R²、R¹ ⌬—O—⌬ R²

等）。具体实例如氯氰菊酯（cypermethrin）、苯氧菌胺（metominostrobin）、氟磺
胺草醚（fomesafen）等农药分子结构。

氯氰菊酯　　　　　　　　苯氧菌胺　　　　　　　　氟磺胺草醚

② 1-苯基吡唑 （⌬—N—N⌬ R¹/R²） 及 其 衍 生 结 构 （⌬—N—N⌬ R¹/R²、 ⌬—N—N⌬ R¹） 等。

具体实例如 cyclaniliprole、ethiprole、fenpyrazamine、pyraclonil 等农药分子结构。

cyclaniliprole　　　　　ethiprole　　　　　fenpyrazamine　　　　pyraclonil
杀虫剂　　　　　　　　杀虫剂　　　　　　　杀菌剂　　　　　　　除草剂

③ 异噁唑 （O—N⌬） 及其衍生结构 （O—N⌬—⌬、 O—N⌬—S、 ⌬—O—N⌬—S/N、

O—N⌬—⌬） 等[37]。具体实例如 fluxametamide、fluoxapiprolin、topramezone
等农药分子结构。

fluxametamide　　　　　　　　　　　　fluoxapiprolin
杀虫剂　　　　　　　　　　　　　　　杀菌剂

topramezone
除草剂

该类骨架被称为优势骨架（privileged scaffold 或 privileged structure），其具体内涵是：能够与多种受体或靶标发生结合的某种结构骨架，这种骨架经适当修饰可呈现不同的生物活性[38]。从农药分子设计与结构优化角度讲，优势骨架也可以理解为比较通用或者使用频率比较高的生物电子等排体。

（2）药效团与骨架关系及修饰　药效团是离散的药效功能基团，为农药分子的生物活性做贡献；骨架是连续的结构，承载并固定药效团的合适位置。离开骨架，药效团无法发挥作用；没有药效团，骨架不能称之为农药分子。在农药分子设计与优化过程中，为了提高新设计的化合物生物活性、优化新化合物理化性质或环境相容性而获得新的知识产权农药化合物，经常采用三种策略：其一是在骨架不变的情况下对药效团（侧链）进行变换或者微调，其二是在药效团（侧链）确定的条件下变换或者重新构建分子骨架，其三是药效团和骨架都进行适度调整。如：

① 酰胺类杀虫剂氯虫酰胺（chlorantraniliprole）与氟氯虫双酰胺（fluchlordiniliprole）、氰虫酰胺（cyantraniliprole）、四唑虫酰胺（tetraniliprole）及 CN 101743237 A-a[39]、CN 103265527 B-b[40]等，如图 4-28。

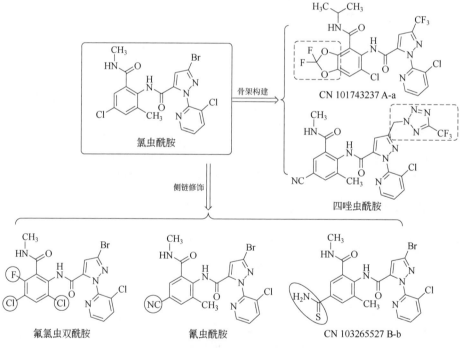

图 4-28　酰胺类杀虫剂药效团与骨架关系及修饰

② 甲氧基丙烯酸酯类杀菌剂醚菌酯（kresoxim-methyl）与啶氧菌酯（picoxystrobin）、嘧螨酯（fluacrypyrim）、氟菌螨酯（flufenoxystrobin）、丁香菌酯（coumoxystrobin）、苯噻菌酯（benzothiostrobin）、肟醚菌胺（orysastrobin）、烯肟菌酯（enestroburin）等，如图 4-29。

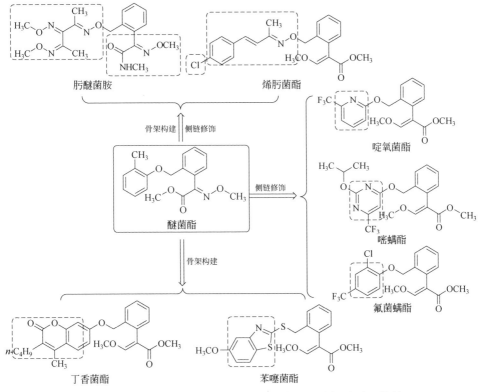

图 4-29　甲氧基丙烯酸酯类杀虫剂药效团与骨架关系及修饰

　　众所周知，农药化合物专利一般都是根据分子骨架展开权利保护，因此分子骨架的新颖性就成为专利的核心部分；在分子骨架确定之后，又对取代基（即药效团或侧链）的保护做到尽量详尽。因而，在农药分子设计与优化过程中设计新颖的分子骨架往往成为形成具有自主知识产权的新农药化合物的关键。基于"分子骨架有明显差异但功能相似的分子结构[41]"在农药化学中的普遍存在现象，药效基团迁越与新农药活性化合物分子骨架构建成为"me-too"或"me-better"新农药创制中农药分子设计与优化的重要策略。如甲氧基丙烯酸酯类之醚菌酯（kresoxim-methyl）与嘧菌酯（azoxystrobin）。

醚菌酯　　　　　　　　　　　　骨架迥异　　　　　　　　　　嘧菌酯
　　　　　　　　　　　　　　　活性相似

4.3.2 骨架构建步骤

（1）明确骨架构建的目的　在进行骨架构建设计之初，首先要明确骨架构建的目的，科学地选择需要构建的目标骨架、切实可行的化学合成方法。在农药分子设计与优化过程中，骨架构建主要目标有如下几点。

① 增强农药分子与受体或靶标间的相互作用。在农药分子设计与优化过程中，新化合物分子骨架尽量构建为功能性骨架，在这种情况下，可以通过骨架构建增加农药分子与受体或靶标间的相互作用力，从而达到提高新化合物的生物活性目的，常用的方法有扩大骨架环体系、改变分子骨架中杂原子的位置或者引入新的杂原子或者去除原有杂原子、柔性分子骨架与刚性骨架间的变换替换等。相关农药品种如2,4-滴（2,4-D）、2,4-滴丁酯（2,4-D butylate）与喹禾灵（quizalofop-ethyl）、噁唑禾草灵（fenoxaprop）等，如图4-30。

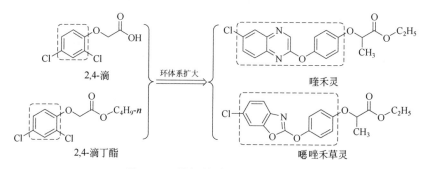

图 4-30　骨架构建之环体系扩大

② 亲水性极性骨架-疏水性非极性骨架之间的等排替换。如含杂原子芳香环代替苯环或其他芳香稠环，调节农药分子理化性质，改善农药化合物渗透与吸收性能。如嘧菌酯（azoxystrobin）创制过程中的骨架构建，如图4-31。

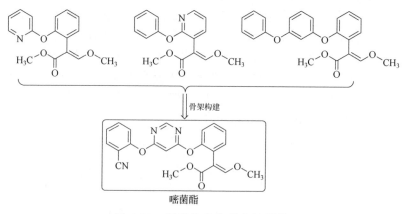

图 4-31　骨架构建之疏水性调节

③ 增加农药化合物的稳定性。在先导化合物的优化修饰过程中，有些先导化合物的分子骨架存在不稳定现象，可用稳定性强的骨架替换修饰，如拟除虫菊酯类农药的创制中苯环衍生引入骨架，获得氯氰菊酯（cypermethrin）、氟氯氰菊酯（cyhalothrin）、七氟甲醚菊酯（heptafluthrin）等光稳定性拟除虫菊酯类杀虫剂，如图 4-32。

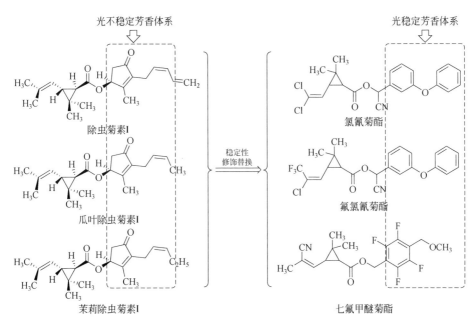

图 4-32　骨架构建之稳定性增加

④ 降低农药分子毒性和相关不良反应。有些分子骨架毒性很高，对应的活性化合物不适于作为农药使用，在农药分子骨架构建时应尽量避免或进行低毒化修饰。如茚虫威（indoxacarb）的创制：oxadiazines 杀虫活性很高，但对哺乳动物高毒性；稳定化修饰后所得茚虫威杀虫活性较低，但对哺乳动物低毒，并且在昆虫体内迅速转化为 oxadiazines。

⑤ 形成新知识产权农药品种。前已述及，农药化合物专利一般都是根据分子骨架展开权利保护，并且在分子骨架确定之后，又对取代基（即药效团或侧链）的保护做到尽量详尽。因此，在"me-too"或"me-better"创制过程中应该对原

专利化合物的分子骨架进行合理的骨架重构，设计创制能够获得知识产权、具有潜在开发价值的新农药化合物。如甲氧基丙烯酸酯类杀菌剂醚菌酯（kresoxim-methyl）与氯啶菌酯（triclopyricarb）、唑菌酯（pyraoxystrobin）等，如图 4-33。

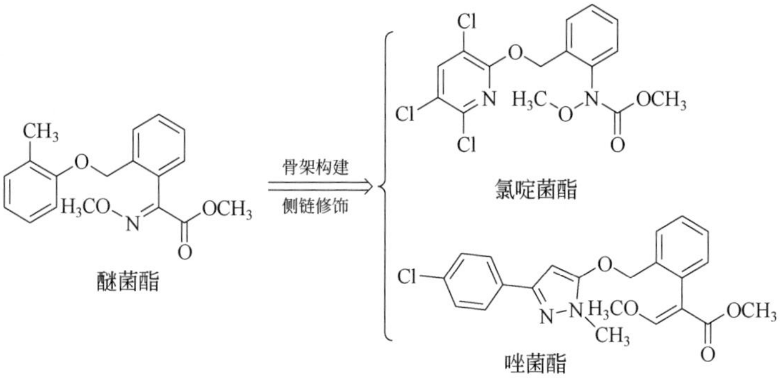

图 4-33　骨架构建之骨架重构

（2）骨架构建的一般原则　在农药分子设计与优化过程中，骨架构建目的初步明确后，应该遵循以下原则进行骨架构建实施。

①　新化合物分子骨架化学合成可行性评价。任何思路和设计，最终都要落实到产业化，否则多么美妙的设想都是空中楼阁，毫无现实意义。因此，一旦新设计农药分子骨架雏形初具，首先要做的工作就是查新和检索、设计研究相关化学合成技术。一般情况下，应该尽量避免设计过于复杂或难以合成的分子骨架，比较理想的农药分子骨架应该便于合成生产、易于后续衍生化和进一步展开构效关系研究。

②　骨架筛选。构建多种具有一定差异性的分子骨架，在侧链或取代基不变的情况下进行构效关系研究和生物活性筛选，从中优选出相对最优的分子骨架。

③　骨架优化。在所构建的最优分子骨架上嫁接相关侧链或取代基，通过构效关系研究，筛选出最佳生物活性化合物。在这个过程中，不应该拘泥于原先导化合物中的相关功能基团，而是更大范围地尝试、选择、优化，因为新的分子骨架往往会引起构效关系的变化，原先导化合物中相关侧链或取代基未必最优，甚至已经不合适。

（3）骨架构建的常用方法　在先导化合物的基础上进行新农药化合物分子骨架构建，常用的方法有环体系的生物电子等排替换、环结构开环或烃结构闭环以及基于拓扑形状即图形骨架的骨架构建。

①　环体系的生物电子等排替换。一种情况是在先导化合物分子骨架不变的情况下，只对环体系结构中的 C、N、S、O 等原子，进行等排替换，实现环结构变换，在这种情况下分子骨架不变，生物活性易于保持。如苯氧羧酸类除草剂噁唑禾草灵（fenoxaprop-ethyl）和噻唑禾草灵（fentriaprop-ethyl）。

再一种情况是对环体系中的芳香环或脂肪环根据芳香性等排替换原则进行等排替换，如苯氧羧酸类除草剂噁唑禾草灵（fenoxaprop-ethyl）和喹禾灵（quiza-lofop-P-ethyl）。

② 环结构开环或烃结构闭环。开环-闭环技术是农药分子设计与优化过程中常用方略，如烟碱类杀虫剂噻虫嗪（thiamethoxam）与噻虫胺（clothianidin）。

③ 基于图形骨架的骨架构建。这种骨架构建方法难度比较大，所设计的分子骨架创新度高、容易形成知识产权实体，但需要借助计算机和相关数据库进行，一般通过下述三种方法完成骨架构建操作。第一种方法是在相关农药分子设计数据库中搜寻与图形骨架整体结构高度相似，但是环结构与先导化合物不同的分子；第二种方法是基于拓扑形状的药效团性质来进行相似性的功能基团搜索；第三种方法是根据分子骨架在三维空间的几何性质相似性程度进行骨架及药效团等排替换修饰[42]。

4.4　基于片段的农药分子设计与优化

根据农药分子与受体或靶标结合作用情况，农药分子结构可分为原子、基团及片段，他们通过链接基形成具有生物活性的农药分子结构。农药分子设计与优化中所谓的片段（fragment）是指可以构成先导化合物的结构片段，具有分子多样性，化学修饰可行性，属于农药化学中的优势结构或优势骨架、氢键给予体或接受体，能与相关受体或靶标发生特异性作用，分子量比较小等特点的一类特殊分子[43]。农药分子设计与优化中常见的片段如：

等。基于片段的农药分子设计与优化通常有片段生长法和片段连接法。

（1）片段生长法　片段生长法是指在选定的片段的分子结构基础上，通过连接增加特定的原子、功能性基团或者其他片段，实现由片段演化为先导化合物、进而优化筛选出活性农药化合物的方法。

① 烟碱类杀虫剂的创制：吡虫啉（imidacloprid）、烯啶虫胺（nitenpyram）、氟啶虫胺腈（sulfoxaflor）、氟吡呋喃酮（flupyradifurone）等烟碱类杀虫剂的分子结构骨架，可以看作是在烟碱（nicotine）分子结构的关键片段基础上"生长"出来的，如图 4-34。

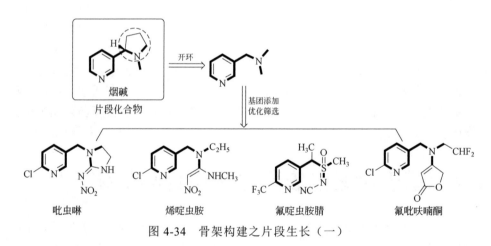

图 4-34　骨架构建之片段生长（一）

② 肉桂酰胺（cinnamamide）与烯酰吗啉（dimethomorph）、氟吗啉（flumorph）的创制[44]，如图 4-35。

③ 丁烯酰胺（crotonamide）与酰胺类杀菌剂创制：几乎所有酰胺类杀菌剂如氟酰胺（flutolanil）、噻氟菌胺（thifluzamide）、噻酰菌胺（tiadinil）、呋吡菌胺（furametpyr）等分子结构中都包含丁烯酰胺分子结构片段，如图 4-36。

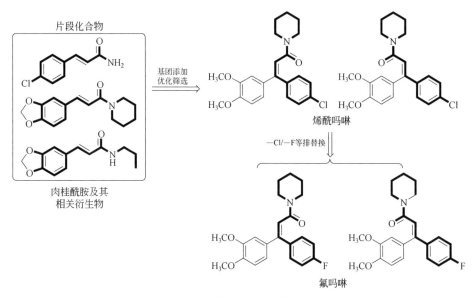

图 4-35　骨架构建之片段生长（二）

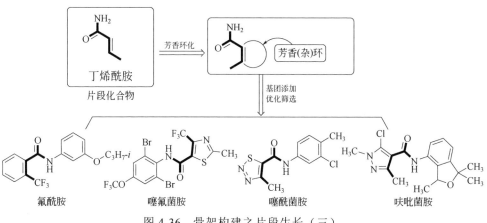

图 4-36　骨架构建之片段生长（三）

④ 吡蚜酮（pymetrozine）优化及氟虫吡喹（pyrifluquinazon）创制。此为日本农药公司 20 世纪 90 年代初作品。

骨架构建解析：

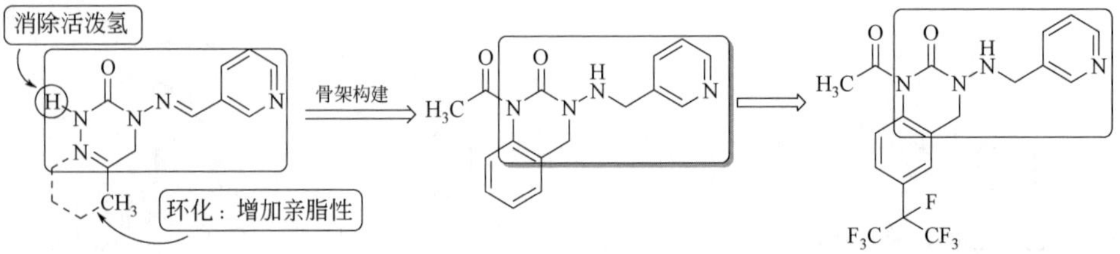

类似的研究仍在持续，据李斌等在 CN 104650036 A[45]、CN 104650038 A[46] 报道，化合物 A、B、C 在低剂量下杀虫活性令人满意，如图 4-37。

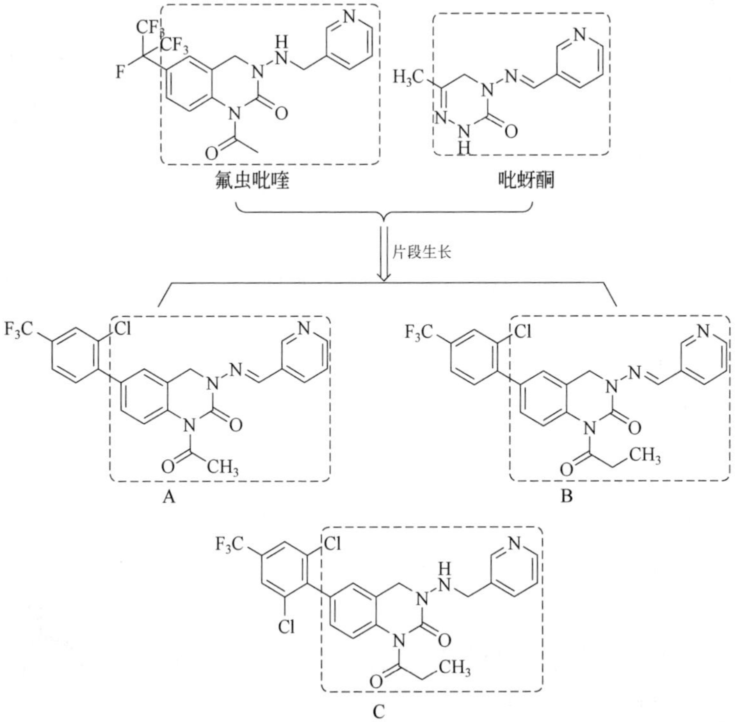

图 4-37　骨架构建之片段生长（四）

据南开大学汪清民等 CN 104892577 A[47]报道，在 5mg/kg 浓度时，E、F、G、H、J、K、L 表现出和吡蚜酮相当的杀蚜虫活性。尤其是化合物 M、N 在 5mg/kg 浓度时表现出高于吡蚜酮的杀蚜虫活性；在 2.5mg/kg 浓度时化合物 M、N 仍表现出杀蚜虫活性，而吡蚜酮没有杀蚜虫活性。化合物 N、O 对蚊幼虫表现出很高的活性，在 0.5mg/kg 时，N 表现出 40%的杀虫活性，在 0.01mg/kg 时，O 表现出 20%的杀虫活性，如图 4-38。

不同于"me-too"创制，片段生长法对策略性和技术性要求比较高，关键是在片段生长时要长出能够改善或提高生物活性的结构成分，从而达到作用机制更新目的。

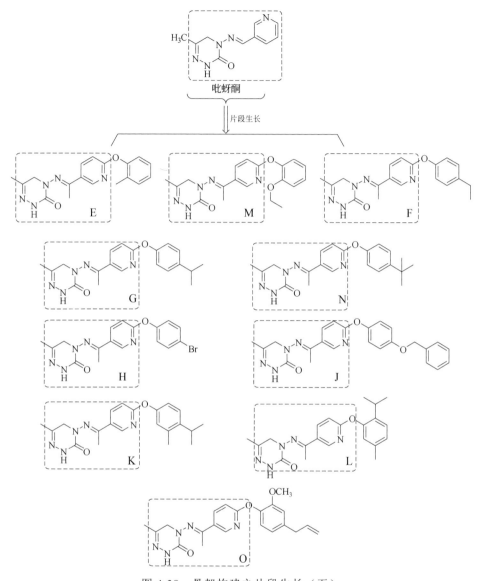

图 4-38　骨架构建之片段生长（五）

（2）片段连接法　片段连接法是指在选定片段的分子结构基础上，通过连接特定的其他片段，实现由片段演化为先导化合物、进而优化筛选出活性农药化合物的方法。

① 苯氧羧酸类除草剂精噁唑禾草灵（fenoxaprop-P-ethyl）与噻唑禾草灵（fentriaprop-ethyl）结构解析，如图 4-39。

② 甲氧基丙烯酸酯类杀菌剂苯噻菌酯（benzothiostrobin）与丁香菌酯（coumoxystrobin）结构解析，如图 4-40。

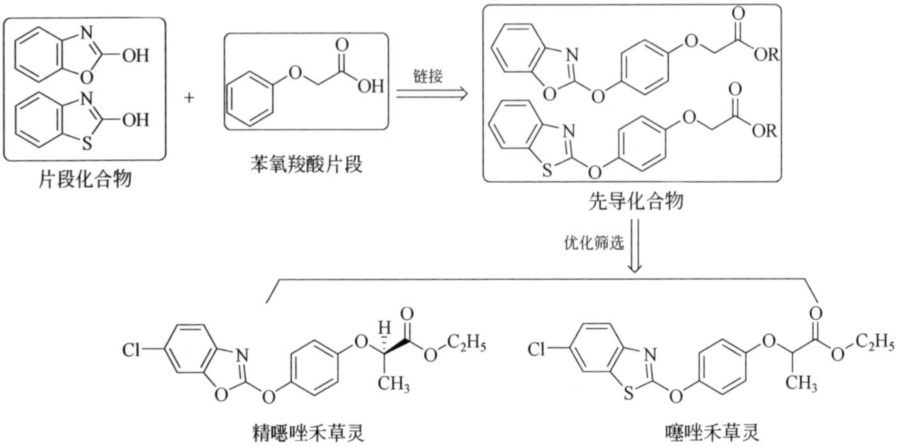

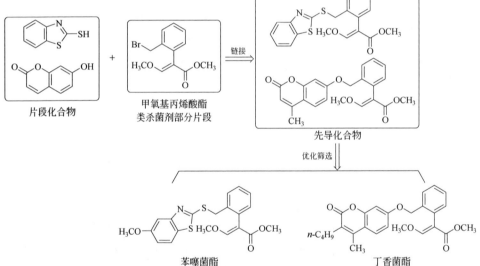

图 4-39　骨架构建之片段连接（一）

图 4-40　骨架构建之片段连接（二）

4.5　老树新花

农药是农业生产必需品。狭义地讲农业离不开农药，广义地讲健康发展的社会离不开农药，只是不同历史阶段对农药有不同的要求。在社会历史早期，农药作用比较单一，只是农药-农业二级关系；当今农药的作用非常广泛，已经发展为农药-农业-环境三级关系。因此早期对农业生产发挥过巨大作用的农药如六六六、滴滴涕等农药品种，因为在环境中降解缓慢、不能满足环境相容性好要求而被淘汰。像甲胺磷（methamidophos）、对硫磷（parathion）、甲基对硫磷（parathion methyl）、久效磷（monocrotophos）和磷胺（phosphamidon）、克百威（carbofuran）、灭多威（methomyl）等农药因品种高毒而被禁用，有些被禁用或限用的高毒农药品种若能将其低毒化处理，尚有利用价值。还有一些农药品种如吡虫啉（imidacloprid）等，虽然还在广泛使用，但由于其使用时间比较长，抗性已经严重，却没有植保作用相似的新农药品种。所谓老树新花，就是以当前高毒或抗性严重或不适宜新环境要求的农药品种为先导化合物，开发创制更新换代新农药品种。这种情况下的农药分子设计和优化技术和策略往往不同于常规，一般有简单拼合、功能骨架再利用及青出于蓝三种方略。

　　严格地说所有专利保护期外，农药品种的"me-too"或"me-better"都属于老树新花范围。老树新花的基本原则：降低成本与毒性、提高药效、环境友好、避免交互抗性、扩大施用范围、扩展作用机制。

　　（1）简单拼合　简单拼合策略就是在原来高毒农药分子结构上链接某种特殊片段，形成毒性低于原来高毒农药品种的新农药品种，该新农药品种在害虫体内往往比较容易代谢为原来高毒农药品种和链接片段，新农药品种作用机制、杀虫谱与原高毒农药品种一致，缺陷是与原高毒农药品种存在交互抗性。如呋线威（furathiocarb）。

其他类似农药品种有丁硫克百威（carbosulfan）、丙硫克百威（benfuracarb）、棉铃威（alanycarb）等，结构如下。

　　由于这种方法创制的新农药品种在施用过程中，一旦出现失误，其在非靶标体内依然代谢为原高毒农药品种，存在隐性高毒问题，因此，这种方法已经基本被淘汰。

（2）功能骨架再利用　功能骨架再利用意指有效利用现有农药品种功能性分子骨架，通过链接基或侧链修饰，创制设计新颖农药分子方略。如南开大学农药创制大师汪清民将吡蚜酮（pymetrozine）功能性骨架合理拆分，添加链接基，所创制系列结构新颖三嗪酮衍生物，皆表现出和吡蚜酮相当的活性，同时还具有杀菌活性，部分化合物对蚜虫生物活性超过吡蚜酮[48-50]，如图4-41～图4-43。

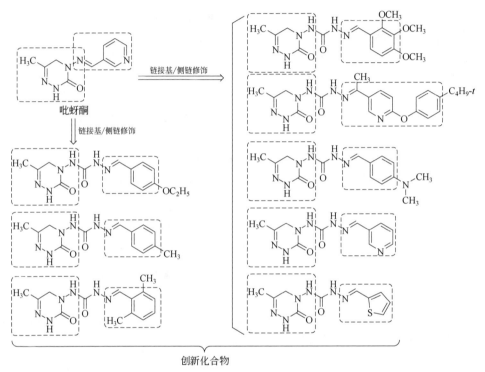

图 4-41　吡蚜酮功能骨架再利用（一）

先正达参股股份有限公司 S·伦德勒等则在吡蚜酮功能性分子骨架基础上进行侧链修饰，所创制的大多数新颖结构化合物在 200mg/kg 的浓度下对蚜虫展示出超过 80%的活性[51]。

（3）青出于蓝　相对于先导化合物而言，简单拼合完整保留结构，而青出于蓝策略则是先导化合物结构在新创化合物中若隐若现、体现传承，表达青出于蓝而胜于蓝的创制理念，类似于"me-better"，又不同于"me-better"。如烟碱类杀虫剂氟啶虫胺腈（sulfoxaflor）、氟吡呋喃酮（flupyradifurone）与烟碱（nicotine）、啶虫脒（acetamiprid），如图4-44。

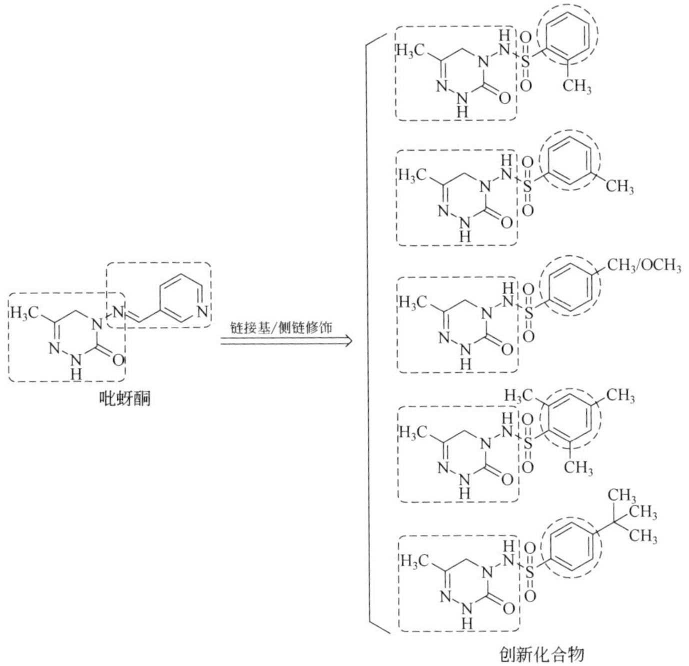

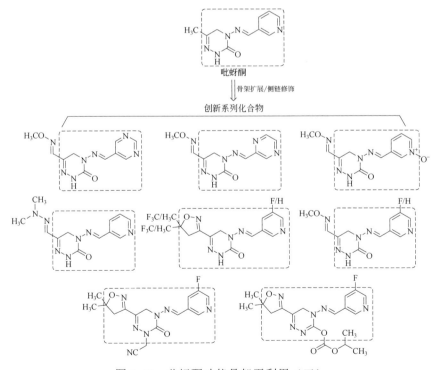

图 4-42　吡蚜酮功能骨架再利用（二）

图 4-43　吡蚜酮功能骨架再利用（三）

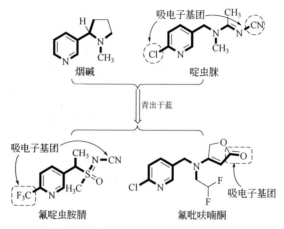

图 4-44　烟碱类杀虫剂之青出于蓝

对于新农药品种的创制，最终基本原则是所创制的新农药品种化学结构和生产工艺越简单越好，这样所得新农药品种易于产业化且生产成本低。如农药领域市场份额最大的灭生性除草剂草甘膦（glyphosate）的化学结构就相当简单，氟啶虫酰胺（flonicamid）及噁霉灵（hymexazol）亦如此。

草甘膦　　　　　　　氟啶虫酰胺　　　　　　噁霉灵

因此，新农药创制的最后一步是：回过头来检视一下，看看是否还有可以简化的冗余结构。当然，为了规避专利保护的"me-too"或"me-better"创制又另当别论：刚上市的新产品利润高、生产成本就成为次要问题。

4.6　他山之石

广义地讲，所有精细化学品的分子设计与优化理念都是相通的，只是各自的关注点有所差异而已，可以相互借鉴、相互启发。就用途而言，农药领域的杀菌剂和杀虫剂与医药、兽药领域的消炎镇痛药及杀虫剂相互借鉴性很强。笼统地讲，某些类别的药剂在农药、医药及兽药三个领域可以通用。原则上讲，农药、医药及兽药三个领域用药又应该完全隔离，特别是某些稳定性比较强、持效期比较长、容易富集的化学药品。因为"饲料、粮食—肉类—人"是自然界自然形成的食物链，如果三个环节用药相同，随着时间的积累，耐药性或抗药性的产生将是必然的，一旦某种耐药性或抗药性疾病发生，在缺乏备用新药的情况下很可能危及人类健康。

4.6.1　农药与医药

农药与医药可借鉴幅度比较大的当属农药领域的杀菌剂与医药领域的消炎镇痛药，早期的如苯醚甲环唑（difenoconazole）与特康唑（terconazole）。

苯醚甲环唑　　　　　　　　　　　　　　特康唑

近期的如氟喹唑（fluquinconazole）与喹诺酮类抗菌药（quinolone antimicrobial agent）诺氟沙星（norfloxacin）、环丙沙星（ciprofloxacin）。

氟喹唑　　　　　　　诺氟沙星　　　　　　　环丙沙星

兰州大学刘映前等对喹诺酮类医药用化合物在农业生产中的应用做了比较广泛的研究，发现氟罗沙星、依诺沙星、加替沙星、盐酸莫西沙星、恩诺沙星、马波沙星、氟哌酸、甲磺酸丹诺沙星、普卢利沙星、巴诺沙星、甲磺酸帕珠沙星、吡哌酸、司帕沙星、盐酸二氟沙星、盐酸洛美沙星、培氟沙星、甲苯磺酸妥舒沙星、西诺沙星、加雷沙星、盐酸贝西沙星、氧氟沙星、萘啶酮酸、克林沙星和西他沙星等医药化学品，可防治由柑橘溃疡病菌引起的细菌性病害，尤其是加替沙星、盐酸莫西沙星、甲磺酸丹诺沙星、司帕沙星、甲苯磺酸妥舒沙星、克林沙星、西他沙星对柑橘溃疡病菌表现出优异的抑菌活性[52]。

西安临港科技创新发展有限公司李敏及山东省联合农药工业有限公司唐剑峰等创制的该类结构新颖化合物，室内生测数据表明，在低剂量下对各种病原菌抑菌率好于对照药剂喹啉铜、中生菌素、春雷霉素、乙蒜素等[53-56]，相关结构如下。

通式　　　　　　　　　　　　　：

4.6.2 农药与兽药

农药和兽药可以互相通用的药品很多，特别是体外兽用杀虫剂，如阿维菌素（avermectins）、敌百虫（trichlorfon）、二嗪磷（diazinon）、氯氰菊酯（cypermethrin）、溴氰菊酯（deltamethrin）、依维菌素（ivermectin）等，在此不再赘述。近年来开发创制的杀虫剂新品种中，农药领域杀虫剂氟噁唑酰胺（fluxametamide）、异噁唑虫酰胺（isocy-closeram）与兽用杀虫药阿福拉纳（afoxolaner）、氟雷拉纳（fluralaner）的分子结构相似性值得关注。

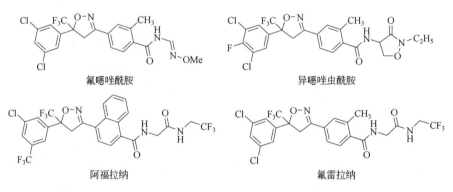

氟噁唑酰胺   异噁唑虫酰胺

阿福拉纳   氟雷拉纳

四种化学药品中，主要分子骨架相同或相似，并且相互关联：

芳香环、芳香稠环等排替换

四种化学药品分子结构存在相互修饰关系如图 4-45。

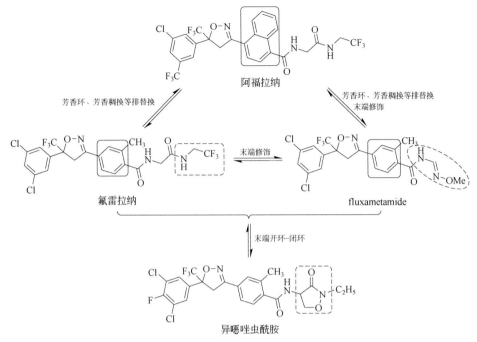

图 4-45　他山之石之农药与兽药

参考文献

[1] 李富根. 茚虫威的作用机制与抗性研究进展. 农药, 2013, 52(8): 558-560.

[2] 王芹芹. 茚虫威的杀虫作用机理及害虫的抗药性研究现状. 植保科技创新与农业精准扶贫会议论文, 261-266.

[3] 刘长令. 新农药创制与合成. 北京: 化学工业出版社, 2013: 115.

[4] 刘长令. 新农药创制与合成. 北京: 化学工业出版社, 2013: 522-523.

[5] 孙家隆. 农药化学合成基础. 3 版. 北京: 化学工业出版社, 2019: 32.

[6] 孙家隆. 农药化学合成基础. 3 版. 北京: 化学工业出版社, 2019: 43.

[7] 刘长令. 新农药创制与合成. 北京: 化学工业出版社, 2013: 537.

[8] 赵毓. 草酸单酯类衍生物的合成及其应用. CN 111978243 A.

[9] 李忠. 二醛构建的具有杀虫活性的含氮或氧杂环化合物及其制备方法. CN 103518745B.

[10] 刘长令. 新农药创制与合成. 北京: 化学工业出版社, 2013: 422.

[11] 杨文. 一类溴代吡咯腈二聚体及其制备方法和应用. CN 110041312 A.

[12] 杨辉斌. 一种羧酸酯类化合物及其应用. CN 112624973 A.

[13] 杨辉斌. 一种酰胺类化合物及其应用. CN 112624989 A.

[14] 孙冰. 一种肉桂酰胺类化合物及其应用. CN 112624991 A.

[15] 汪清民. 4-苯基对位含有醛肟醚结构的噁唑啉类化合物及其制备和在防治虫螨菌草方面的应用. CN 104910092 A.

[16] 汪清民. 4-苯基对位含有醇肟醚结构的噁唑啉类化合物及其制备和在防治虫螨菌草方面的应用. CN 104910093 A.

[17] 许良忠. 一种噁二唑连吡唑类化合物及其用途. CN 108341808 A.

[18] 戴红，王杨，荀校，等. 含二氟甲基吡唑联吡啶基的吡唑肟化合物的制备方法和用途. CN 110804040 A.

[19] Bemis G W, Murcko M A. The properties of known drugs. 1. Molecuar frameworks. J. Med. Chem. 1996, 39: 2887-2893.

[20] 许良忠. 一种二氟苯基噁二唑类杀虫杀螨剂. CN 109320506 A.

[21] 张爱东. 多卤代 5-(2-羟基苯基)异噁唑类化合物及其制备方法和应用. CN 111217762 B.

[22] 叶永浩. 含噁唑环的吩嗪类化合物及作为农用杀菌剂的用途. CN 110551117 A.

[23] 刘幸海. 一种含甲氧基苯并吡嗪结构的 1,2,4-三唑衍生物及其制备方法和应用. CN 106243110 B.

[24] 汤日元. 一种咪唑并杂环偶氮衍生物及其制备方法和应用. CN 105713015 B.

[25] 刘映前. 白叶藤碱 D 环衍生物在制备防治或抗植物病害的药物中的应用. CN 112438271 A.

[26] 马毅辉. 含有 1-(3-氯-2-吡啶基)-1-氢-吡唑活性片段的化合物在制备杀菌剂中的应用. CN 110122495 A.

[27] 吴清来. 取代芳基亚甲基型 Rubrolide 类化合物及其制备方法和应用. CN 109761939 A.

[28] 王威. 5-(2,2-二氟-1,3-苯并二氧杂环戊烯-4-基)-1,3,4-噁二唑-2-硫醇衍生物及其应用. CN 106008489 B.

[29] 刘映前. 一种"Aza"型异白叶藤碱衍生物在防治农业植物病害中的应用. CN 111937892 A.

[30] 刘映前. 新白叶藤碱衍生物在防治植物源病菌中的应用. CN 109090123 A.

[31] 周成合. 席夫碱类咪唑并苯并噻唑化合物及其制备方法和应用. CN 108558910 B.

[32] 曹华. 一种 6-氟咪唑并吡啶衍生物的用途. CN 109010157 A.

[33] 刘幸海. 一种 1,2,4-三唑并噻二唑硫醚衍生物及其制备方法和应用. CN 106699776 B.

[34] 翟志文. 一种含三氟甲基吡唑的三唑类化合物在制备杀菌剂中的应用. CN 106234374 B.

[35] 马毅辉. 一种 1,5-二芳基-3-甲酸酯吡唑类化合物、制备方法及用途. CN 105924397 B.

[36] 张明智. 天然产物 Streptochlorin 及其衍生物的制备方法和应用. CN 111333634 A.

[37] 穆雅利. 异唑啉类化合物生物活性研究进展. 农药，2019, 58(12): 864-869.

[38] Evans B E, Rittle K E, Bock M G, et al. Methods for drug discovery; development of potent, selective, orally effective cholecyctokinin antagonists. J Med Chem, 1988,3:2235-2246.

[39] R·G·霍尔. 稠合的邻氨基苯甲酰胺杀虫剂. CN 101743237 A.

[40] 孔繁蕾. 邻氨基苯甲酰胺化合物及其制备方法和应用. CN 103265527 B.

[41] Schneider G, Neidhart W, Giller T, et al. "Scaffold-Hopping" by topological pharmacophore scarch: a contribution to virtual screening. Angew. Chem. Int. Ed. Engl. 1999, 38: 2894-2896.

[42] 盛春泉. 药物结构优化——设计策略和经验规则. 北京: 化学工业出版社, 2018: 114-115.

[43] Congreve M, Carr R, Murray C, et al. A "rule of three" for fragment-based lead discovery. Drug Discov Today, 2003,8:876-877.

[44] 胡冠芳. 一种肉桂酰胺衍生物在防治农作物真菌病害中的应用. CN 110771610 B.

[45] 李斌. 6-取代苯基喹唑啉酮类化合物及其用途. CN 104650036 A.

[46] 李斌. 6-取代吡啶基喹唑啉酮类化合物及其用途. CN 104650038 A.

[47] 汪清民. 吡蚜酮衍生物及其制备方法和在杀虫方面的应用. CN 104892577 A.

[48] 汪清民. 含有酰腙结构三嗪酮衍生物及其制备方法和在杀虫、杀菌方面的应用. CN 107266381 B.

[49] 汪清民. 含有单脲桥结构三嗪酮衍生物及其制备方法和在杀虫、杀菌方面的应用. CN 107266379 B.

[50] 汪清民. 含有磺酰基结构三嗪酮衍生物及其制备方法和在杀虫、杀菌方面的应用. CN 107266378 A.

[51] S·伦德勒. 杀昆虫三嗪酮衍生物. CN 104011042 B.

[52] 刘映前. 喹诺酮类化合物在防治植物细菌性病害柑橘溃疡病上的新用途. CN 111771895 A.

[53] 李敏. 一种具有杀菌活性的化合物噁喹酸在农业上的应用. CN 109942591 A.

[54] 唐剑峰. 一种喹诺酮类化合物或其农药学上可接受的盐及其制备方法与用途. CN 110551124 B.

[55] 唐剑峰. 一种新型喹诺酮类化合物及其制备方法和应用. CN 110563645 B.

[56] 唐剑峰. 喹诺酮类化合物用于防治有用植物中细菌性有害生物的用途. CN 110122493 A.

第 **5** 章

农药分子结构解析

5.1 有机磷

在现有在用商品化的农药产品中，有机磷农药早已失去昔日的辉煌。但仍然有相当数量的有机磷农药品种在植物保护领域发挥着巨大的、不可替代的作用，并且当前市场份额最大的单一产品仍然是有机磷农药品种——草甘膦。高毒有机磷农药品种的施用已经成为历史，但中等毒性以及低毒有机磷农药品种多数仍在扮演着重要角色。并且，有机磷农药分子设计的理念和分子结构之间存在的内在关系和规律，对当前农药分子设计与优化仍有借鉴和指导意义。

目前，商品化的在用有机磷农药杀虫剂品种在 30 种以上。其中大多数品种为杀虫剂，有些品种同时兼具杀螨活性，部分品种为杀菌剂和除草剂。应用最为广泛、市场份额巨大的有机磷农药品种当属草甘膦和草铵膦。

5.1.1 现有品种及其分类

（1）根据用途，有机磷农药可分为杀虫剂、杀菌剂、除草剂和植物生长调节剂。

① 杀虫剂。有机磷农药中大部分品种属于杀虫剂，目前没有杀螨剂品种。用于杀线虫的品种大部分属于高毒有机磷农药品种，目前施用的有噻唑膦（fosthiazate）、imicyafos 等。

噻唑膦   imicyafos

二者都属于硫代磷酰胺结构，imicyafos 的分子结构当属有机磷农药分子优势结构与烟碱农药分子优势结构拼合修饰的成功典范案例。

② 杀菌剂。作为杀菌剂的有机磷农药往往含有 S 原子或杀菌活性基团或代谢后为杀菌活性基团,如异稻瘟净(iprobenfos)、甲基立枯磷(tolclofos-methyl)、灭菌磷(ditalimfos)、威菌磷(triamiphos)、吡菌磷(pyrazophos)等。

异稻瘟净　　　　　　甲基立枯磷　　　　　　灭菌磷

威菌磷　　　　　　　吡菌磷

③ 除草剂。作为除草剂的品种主要有有机磷结构和硫代磷酰胺结构,甚至苯氧羧酸结构,如磺草膦、草硫膦(sulphosate)、草砜膦(SC-0545)、双丙氨酰膦(bialaphos)、胺草磷(amiprophos)、抑草磷(butamifos)、clacyfos、草甘膦(glyphosate)、草铵膦(glufosinate)等。

磺草膦　　　　　　　草硫膦　　　　　　　草砜膦

双丙氨酰膦　　　　　　胺草磷　　　　　　　抑草磷

clacyfos　　　　　　草甘膦　　　　　　　草铵膦

④ 植物生长调节剂。作为植物生长调节剂的有机磷农药品种,多数为有机磷酸或其酯,如增甘膦(glyphosine)、乙烯利(ethephon)、乙二磷酸(EDPA)等。

增甘膦　　　　　　　乙烯利　　　　　　　乙二磷酸

(2)根据化学结构,有机磷农药大体可分为以下几类。

① 磷酸酯。磷酸酯结构有机磷农药品种,往往毒性比较高,目前在用品种不

多，如敌敌畏（dichlorvos）、毒虫畏（chlorfenvinphos）、二溴磷（naled）等。

二溴磷等。

敌敌畏　　　　　　　毒虫畏　　　　　　　二溴磷

② 硫代和二硫代磷酸酯。磷酸酯分子中一个"O"被"S"取代形成硫代磷酸酯，两个"O"被"S"取代形成二硫代磷酸酯，如二嗪磷（diazinon）、辛硫磷（phoxim）、三唑磷（triazophos）、丙溴磷（profenofos）、莎稗磷（anilofos）、马拉硫磷（malathion）等。

二嗪磷　　　　　　　辛硫磷　　　　　　　三唑磷

丙溴磷　　　　　　　莎稗磷　　　　　　　马拉硫磷

③ 磷酰胺和硫代磷酰胺。磷酸酯分子中一个—OR 被—NR′R″替代形成磷酰胺，如果其分子中的"O"被"S"替代，则形成硫代磷酰胺，如甘氨硫磷（alkatox）、灭菌磷（ditalimfos）、胺草磷（amiprophos）、乙酰甲胺磷（acephate）、噻唑膦（fosthiazate）、imicyafos 等。

甘氨硫磷　　　　　　灭菌磷　　　　　　　胺草磷

乙酰甲胺磷　　　　　噻唑磷　　　　　　　imicyafos

④ 膦酸酯和硫代膦酸酯。磷酸酯分子中一个 P—O—R 被 P—C 替代，形成膦酸酯，如敌百虫（trichlorfon）、乙烯利（ethephon）、草甘膦（glyphosate）等。

敌百虫　　　　　　　乙烯利　　　　　　　草甘膦

5.1.2　结构关系解析

（1）与乙酰胆碱关系　研究发现，有机磷杀虫剂的作用机制为：由于有机磷酸酯的空间构型与天然底物乙酰胆碱类似，因此有机磷酸酯容易与乙酰胆碱酯酶结合，抑制了乙酰胆碱与酶的结合，同时由于磷酸酯与酶形成复合物后水解速度比乙酰胆碱与酶形成的复合物慢，造成乙酰胆碱的水解受到抑制，从而使突触间隙附近的乙酰胆碱大量滞留，引起突触后膜的兴奋，产生重复后放现象，神经冲动受到干扰，生物机体受到严重的甚至是致死的损害[1]。

若将乙酰胆碱视作先导化合物，选取部分代表性有机磷杀虫剂进行结构解析，会发现它们与乙酰胆碱这个先导化合物存在"千丝万缕"的关系。有机磷农药属于神经毒剂，干扰靶标害虫的神经传递的原因是分子结构与乙酰胆碱结构和性质具有相似性，所以有机磷分子结构和乙酰胆碱分子结构相似度越高，就越容易与乙酰胆碱酯酶结合，表现出的杀虫活性就越高；由于在神经传导方面动物与昆虫存在相似之处，因此，与乙酰胆碱分子结构相似度越高的有机磷农药品种，对动物的毒性也越高。如因为高毒而被禁用的久效磷（monocrotophos）、氧乐果（omethoate）、亚砜吸磷（oxydemeton-methyl）及对硫磷（parathion）和甲基对硫磷（parathion-methyl）等有机磷农药品种，如图 5-1。

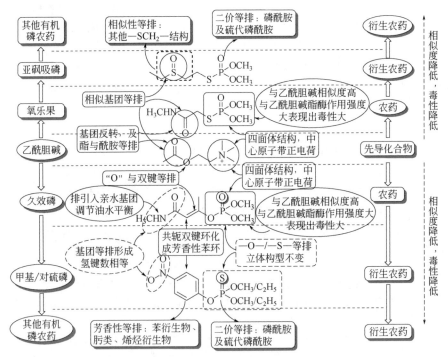

图 5-1　部分有机磷农药品种分子结构与乙酰胆碱分子结构相关性

（2）简单拼合　将有机磷正电中心进行简单拼合，得到高毒农药（由于毒性问题，已经限用）：治螟磷（sulfotep）、丙硫特普（aspon）和八甲磷（schradan），如图 5-2。该类有机磷品种由于高毒，皆已淘汰。

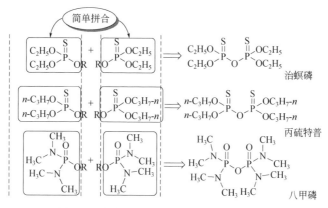

图 5-2　有机磷正电中心简单拼合（一）

　　将有机磷正电中心与其他生物活性基团进行简单拼合，所得新化合物，往往具有相应的生物活性。如将氟虫腈（fipronil）分子结构中的氨基（—NH$_2$）与有机磷酸酯（$\overset{\text{O}}{\underset{\text{OC}_2\text{H}_5}{\text{P—OC}_2\text{H}_5}}$）正电中心相连接，形成磷酰胺结构新化合物依然具有比较高的杀虫活性；而将氟虫腈分子结构中亚砜功能基团（$\overset{\text{O}}{\text{S—CF}_3}$）与有机磷酸酯（$\overset{\text{O}}{\underset{\text{OCH}_3}{\text{P—OCH}_3}}$）功能基团等排替换，所得有机磷结构新化合物依然具有杀虫活性，如图 5-3。

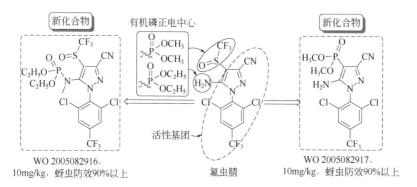

图 5-3　有机磷正电中心简单拼合（二）

　　乙唑螨腈（cyetpyrafen）为沈阳化工研究院创制的杀螨剂农药品种，将其经过—CH$_3$、—Br 等排替换及羰基（$\overset{\text{O}}{\text{C}_4\text{H}_9\text{-}t}$）、磷酸酯（$\overset{\text{O}}{\underset{\text{OC}_2\text{H}_5}{\text{P—OC}_2\text{H}_5}}$）非经典等排替换修饰，所得新化合物依然具有杀螨活性：400mg/kg 对蚜虫螨类防效 100%[2]，如图 5-4。

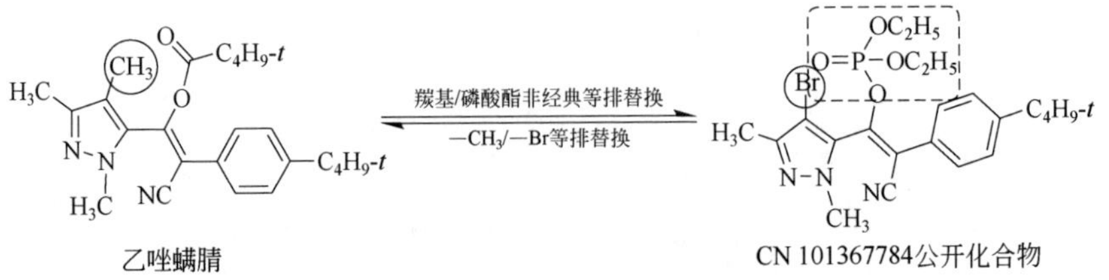

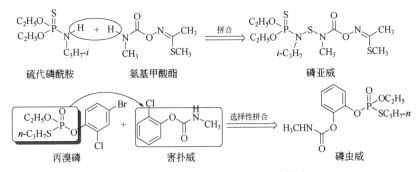

图 5-4　有机磷正电中心简单拼合（三）

或许由于性价比原因，这方面目前尚无成功的商品化例子。

而将有机磷与氨基甲酸酯拼合，成功的例子是磷亚威和磷虫威（phospho-carb），称之为双效拼合，如图 5-5。

图 5-5　有机磷-氨基甲酸酯双效拼合

（3）局部修饰　局部修饰为农药分子设计和结构优化的最基本的方法，包括烃基的延长与缩短、取代基变换、开环与闭环、元素及基团的生物等排、特殊部位的氧化与还原、外消旋体的拆分等。由于有机磷农药分子结构相对简单（一个正电中心和一个负电中心即可），加上历史原因，局部修饰方法在有机磷农药分子设计的过程中，可谓得到淋漓尽致的发挥，导致很多农药品种的分子结构如兄弟姐妹一般容貌相似。

① 烃基变换。主要是摩尔质量较小的烃基之间，如氢基与甲基/乙基、甲基与乙基/丙基/异丙基等，如百治磷（dicrotophos）-磷胺（phosphamidon）、乙拌磷（disulfoton）-异拌磷（isothioate）、丙虫磷（propaphos）-甲硫磷（GC 6506）、毒虫畏（chlorfenvinphos）-甲基毒虫畏（dimethylvinphos），如图 5-6。

② 取代基变换。有机磷农药分子结构之间的取代基等排替换主要发生在摩尔质量较小的烃基及活性原子团（如卤素、硝基、氰基等）之间，如甲基毒虫畏（dimethylvinphos）与杀虫畏（tetrachlorvinphos）、溴硫磷（bromophos）与皮蝇磷（fenchlorphos）、杀螟腈（cyanophos）与对硫磷（parathion）等，如图 5-7。

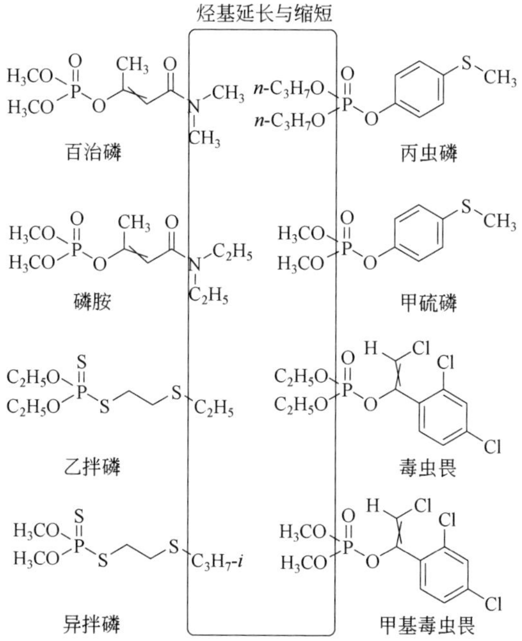

图 5-6　有机磷结构修饰之烃基变换

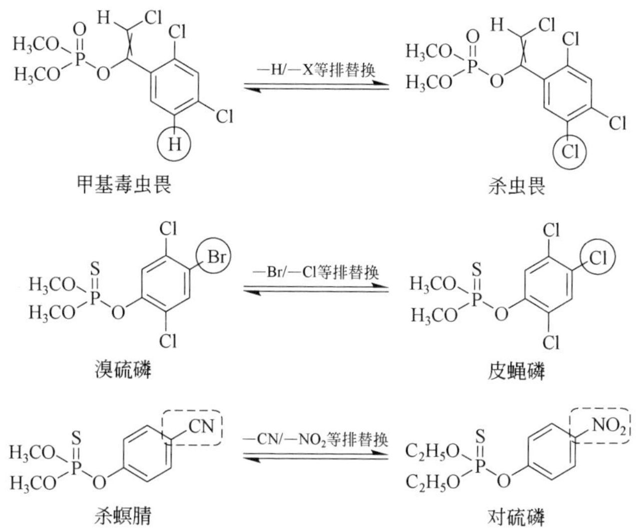

图 5-7　有机磷结构修饰之取代基变换

③ 环化与开环。开环-闭环是农药分子优化与修饰常用的技术手段，环化有利于活性提高，如蝇毒磷（coumaphos）、扑杀磷（potasan）与畜虫磷（coumithoate）、吡嗪磷（EL72016）与喹硫磷（quinalphos）等，如图 5-8。

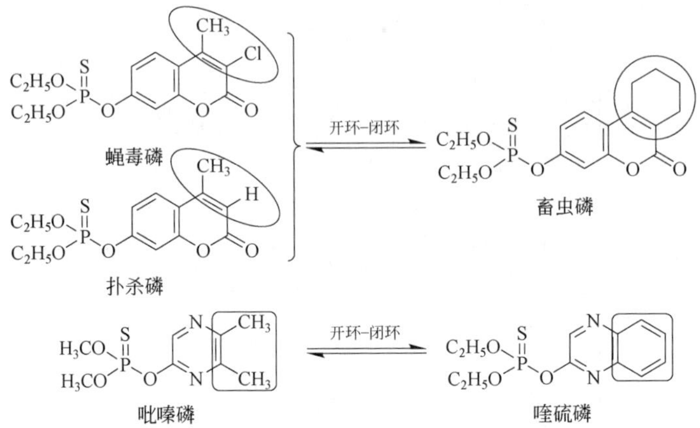

图 5-8　有机磷结构修饰之开环-闭环

④ 特殊基团的氧化-还原。有机磷农药主要表现在硫醚-砜-亚砜之间的变换，如甲基内吸磷（demeton-S-methyl）、亚砜吸磷（oxydemeton-methyl）、砜吸磷（demeton-S-methylsulphone）之间。

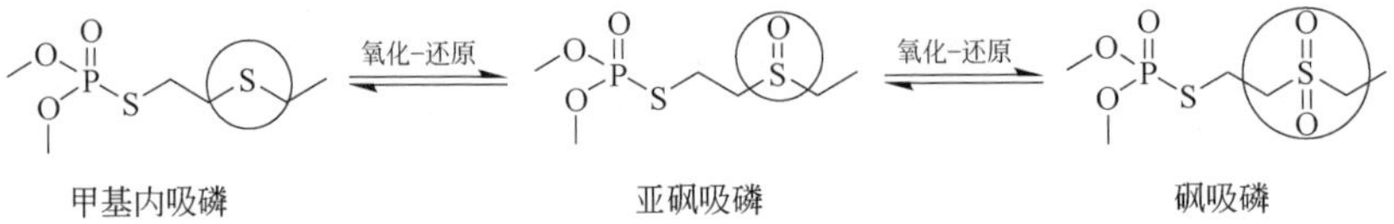

⑤ 引入三苯基鏻阳离子。覃兆海将三苯基磷阳离子引入甲氧基丙烯酸酯类化合物结构中，所创制的新化合物抑菌活性比对照药剂醚菌酯强很多[3]；参考丁氟螨酯（cyflumetofen），通过拼合三苯基鏻阳离子结构片段，所创制的多种新颖结构化合物对朱砂叶螨、二斑叶螨、柑橘全爪螨和苹果全爪螨均表现优异的抑制活性和抑菌活性，特别是 A 化合物对四种害螨的 EC_{50} 比对照药剂丁氟螨酯还要低很多，并且对玉米大斑病菌表现出优秀抑制活性，其抑制活性优于啶酰菌胺（boscalid）[4]。

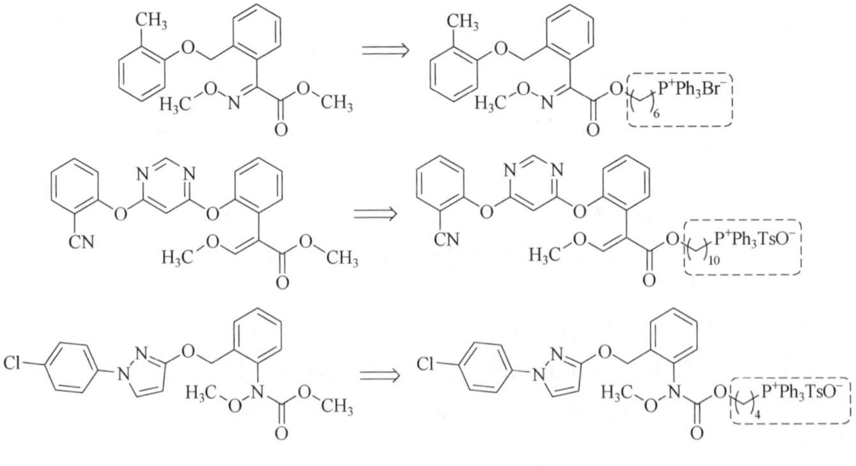

（4）生物电子等排　有机磷农药分子之间的生物等排，主要表现在元素价电、原子团相似性等排及电性等排。

① 大类有机磷农药分子之间的等排关系，通过二价生物电子等排，实现了磷酸酯、硫代磷酸酯、二硫代磷酸酯、磷酰胺、硫代磷酰胺及膦酸酯、硫代膦酸酯之间的转换，如图 5-9。

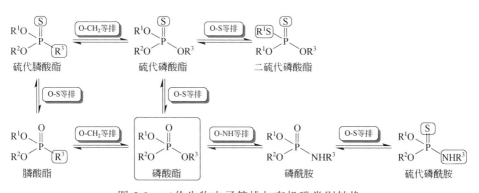

图 5-9　二价生物电子等排与有机磷类别转换

通过芳香性等排替换，实现了芳基磷酸酯、乙烯基磷酸酯、磷酸肟酯之间的转换。

191

② 非经典生物电子等排替换。主要表现在酰胺结构与酯结构之间，如甲基乙酯磷（methylacetophos）、乙酯磷（acetophos）与氧乐果（omethoate）、果虫磷（cyanthoate）等，如图 5-10。

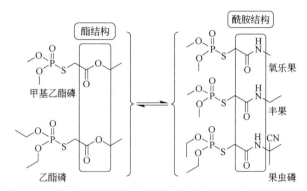

图 5-10　有机磷农药分子结构非经典生物电子等排替换

③ 芳香性等排。主要表现在取代苯环、芳香性杂环/稠环及芳香性共轭结构之间的等排，如对氧磷（paraoxon）、喹硫磷（quinalphos）、久效磷（monocrotophos）、吡嗪磷（EL72016）、毒死蜱（chlorpyrifos）、扑杀磷（potasan）、嘧啶磷（pirimiphos-ethyl）、三唑磷（triazophos）、益棉磷（azinphos-ethyl）、杀扑磷（methidathion）等，如图 5-11。

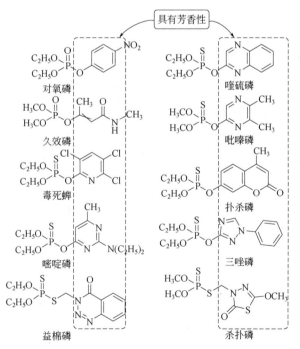

图 5-11　有机磷农药分子结构芳香性等排

（5）基团迁越　对草甘膦（glyphosate）和草铵膦（glufosinate）两种农药的结构进行对比解析，会发现一个有趣的现象：在基本骨架没有变化的情况下，草铵膦只是草甘膦中的氨基迁越的结果。

氨丙膦酸（ampropylfos）、磺草膦、草硫膦（sulphosate）、草砜膦、双丙氨酰膦（bialaphos）骨架结构之间存在类似的情况。

5.2　氨基甲酸酯

在 1864 年，人们发现西非生长的一种蔓生豆科植物毒扁豆中存在一种剧毒物质毒扁豆碱（physostigmine），1925 年确认了其结构，1931 年对其完成了化学合成；后续研究发现该化合物对乙酰胆碱酯酶具有强烈的抑制作用，其中结构片段 是其特征功能基团。美国 Union Carbide 公司以其为先导化合物，于 1953 年优化创制出了甲萘威（carbaryl）。自此以后，新品种不断出现，并得到广泛的应用，迅速成为现代杀虫剂主要类型之一[5]。

经典氨基甲酸酯通常具有如下 A 结构式：其中，与酯基对应的羟基化合物 ROH 往往是弱酸性的，如烯醇、酚、羟肟等；R^1 是甲基，R^2 是氢或易于被化学或生物方法断裂的基团；这种结构氨基甲酸酯大多作为杀虫剂使用，个别具有除草活性。当 R^1、R^2 为非甲基时，该类化合物往往具有除草活性。新型氨基甲酸酯类杀虫剂茚虫威相反：ROH 为甲醇，而 N 与芳香性基团相连。当 ROH 为小分子醇类时，化合物往往是杀菌剂或除草剂。

基团 RO 中的 O 被 S 等排替换，形成具有结构 B 的硫（醇）代氨基甲酸酯化合物，多具有除草活性，个别用于杀虫。

在 B 的基础上，羰基 O 用 S 等排替换，获得二硫代氨基甲酸酯类化合物 C，成为杀菌剂一大类别，个别的具有杀线虫及除草活性。

在 A 的基础上，将 N 用 O 等排替换，获得碳酸酯类化合物 D，可用作杀螨剂。

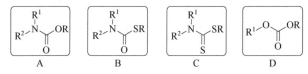

5.2.1　现有品种及其分类

根据用途，氨基甲酸酯及硫代氨基甲酸酯农药可分为杀虫剂、杀菌剂、除草剂、杀鼠剂和植物生长调节剂。

① 杀虫剂。氨基甲酸酯及其衍生的碳酸酯类农药中大部分品种属于杀虫剂，结构分为 N-甲氨基甲酸酯类、N-甲氨基甲酸肟酯类、N,N-二甲氨基甲酸酯类、N-酰基(烃硫基)-N-甲基氨基甲酸酯类、碳酸酯类，相应农药品种如灭害威（aminocarb）、甲萘威（carbaryl）、仲丁威（fenobucarb）、丁酮威（butocarboxim）、丁酮砜威（butoxycarboxim）、戊氰威（nitrilacarb）、抗蚜威（pirimicarb）、吡唑威（pyrolan）、嘧啶威（pyramat）、丁硫克百威（carbosulfan）、硫双灭多威（thiodicarb）、消螨通（dinobuton）、消螨威（MC 1072）、消螨多（dinopenton）等。

灭害威　　　　甲萘威　　　　仲丁威

丁酮威　　　　丁酮砜威　　　　戊氰威

抗蚜威　　　　吡唑威　　　　嘧啶威

丁硫克百威　　　　硫双灭多威

消螨通　　　　　消螨威　　　　　消螨多

② 杀菌剂。作为杀菌剂的氨基甲酸酯与具有杀虫活性的氨基甲酸酯结构存在较大差异：与 O 相连接的功能基团不再有芳香性要求；由氨基甲酸酯衍生得到的硫代氨基甲酸酯一般用作杀菌剂。如乙霉威（diethofencarb）、磺菌威（methasulfocarb）、异丙菌胺（iprovalicarb）、苯噻菌胺（benthiavacarb-isopyl）、苯吡菌酮（fenpyrazamine）等。

乙霉威　　　　　　磺菌威　　　　　　异丙菌胺

苯噻菌胺　　　　　　苯吡菌酮

③ 除草剂。作为除草剂的氨基甲酸酯多为等排衍生硫（醇）代氨基甲酸酯结构或具有杀虫活性的氨基甲酸酯基团翻转结构。

芳香基团─O─烃基　═基团翻转═▷　芳香基团─烃基

相关品种如苯胺灵（propham）、稗蓼灵（chlorbufam）、燕麦灵（barban）、甜菜安（desmedipham）、甜菜宁（phenmedipham）、燕麦敌（diallate）等。

苯胺灵　　　　　　稗蓼灵　　　　　　燕麦灵

甜菜安　　　　　　甜菜宁　　　　　　燕麦敌

④ 杀鼠剂与植物生长调节剂。与 N 原子相连接的为芳香结构，而与 O 原子相连接的为烃基，如灭鼠安（RH 945）、灭鼠腈（RH 908）、氯苯胺灵（chlorpropham）等。

灭鼠安　　　　　　灭鼠腈　　　　　　氯苯胺灵

5.2.2 结构关系解析

（1）先导化合物及其优化 先导化合物毒扁豆碱（physostigmine）解析：整体结构相对简单，但化学合成相对比较困难；分子结构中比较难以合成的苯并吡咯为 3 级胺结构，碱性比较强；分子中含有较多的可以形成氢键的氮、氧元素，一个负电中心为芳香性苯环，如图 5-12。

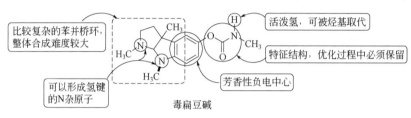

图 5-12 毒扁豆碱分子结构解析

部分代表性氨基甲酸酯类农药品种与先导化合物毒扁豆碱分子结构关系解析：通过结构简化、芳香性等排及活泼氢甲基化等优化处理，形成 *N*-甲基氨基甲酸芳香酯和 *N*,*N*-二甲基氨基甲酸酯类结构，通过"肟假环"等排替换获得 *N*-甲氨基甲酸肟酯类结构，通过拼合及二价等排替换则获得其他结构的氨基甲酸酯类农药品种，如图 5-13。

（2）优化与设计策略

① 骨架修饰。骨架修饰的基本原则是保持先导化合物的优势结构变化不大的情况下对其进行有效修饰，其目的是提高先导化合物骨架的有效性和可修饰性及化学合成可行性。

A．骨架简化。先导化合物毒扁豆碱（physostigmine）存在 2 个通过桥环连接的苯并吡咯环，对其进行及结构简化，保留和苯环连接的烃链部分，获得优化先导化合物灭害威（aminocarb），幸运的是该先导化合物具有良好的杀虫活性，如图 5-14。

B．基团迁越。将功能基团迁越到合理位置，目的是提高生物活性或降低化学合成难度。

杂环迁越：保留五元杂环，但位置迁越到邻位，如噁虫威（bendiocarb）、克百威（carbofuran）、猛捕因（4-benzothienylmethylcarbamate）及壤虫威（fondaren）、二氧威（dioxacarb）等，如图 5-15。

烃基迁越：往往获得新的同类农药，如甜菜宁（phenmedipham）与阔叶宁（SN-40454）、棉胺宁（phenisopham）等，如图 5-16。

C．拼合。拼合是农药分子设计与优化过程中常用的有效策略，可以形成新的高活性化合物或新的优势结构。

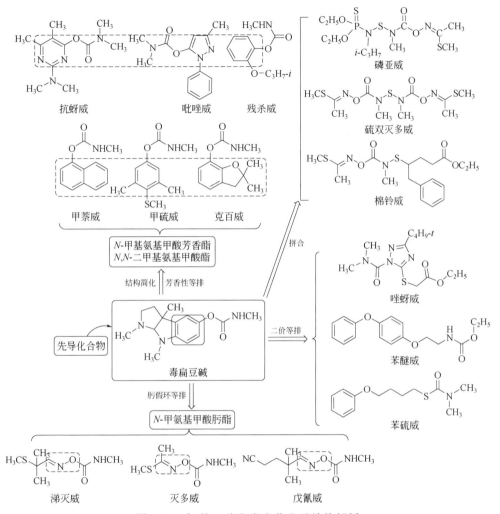

图 5-13　氨基甲酸酯类农药分子结构解析

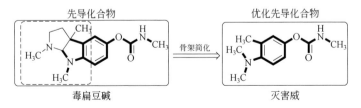

图 5-14　毒扁豆碱结构优化之骨架简化

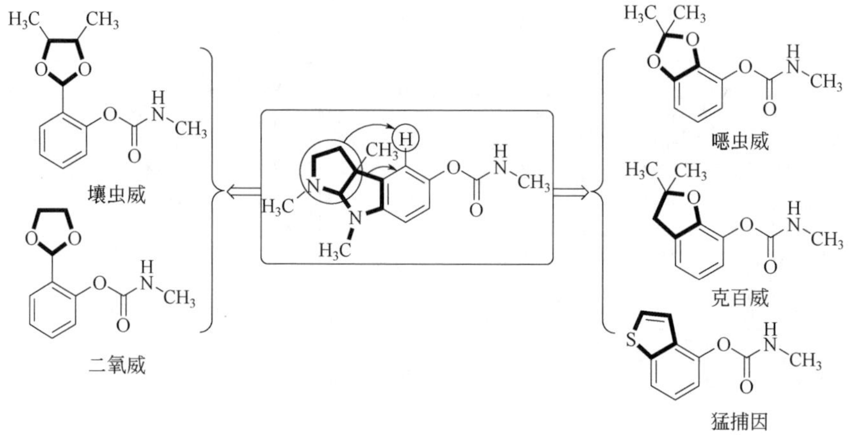

图 5-15　毒扁豆碱结构优化之基团迁越

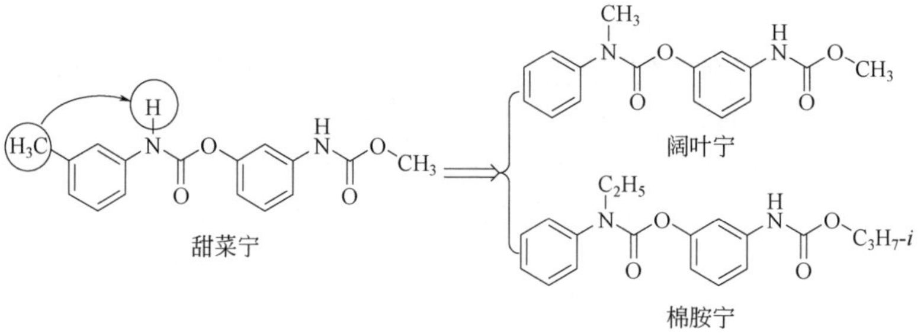

图 5-16　氨基甲酸酯结构优化之基团迁越

简单拼合：实现了高毒品种低毒化，如灭多威（methomyl）与硫双灭多威（thiodicarb）及丁硫克百威（carbosulfan）、丙硫克百威（benfuracarb）、棉铃威（alanycarb）、呋线威（furathiocarb）等氨基甲酸酯类杀虫剂，在害虫靶标体内代谢生成用来拼合的农药品种，生物活性及作用机制与原农药品种相同，如图 5-17。

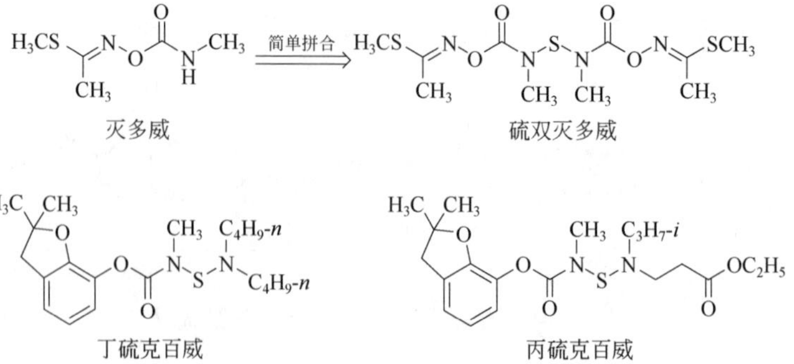

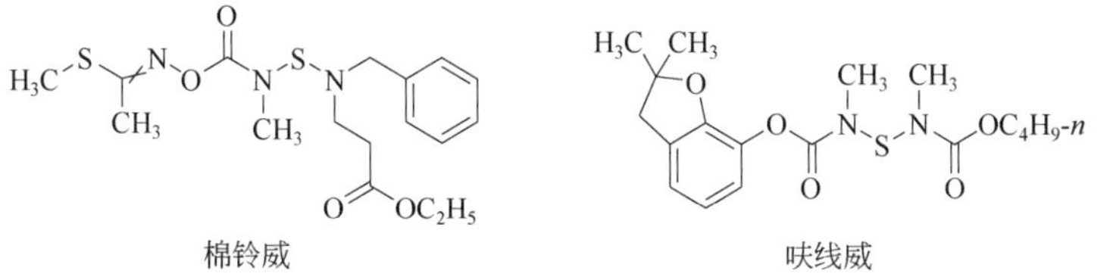

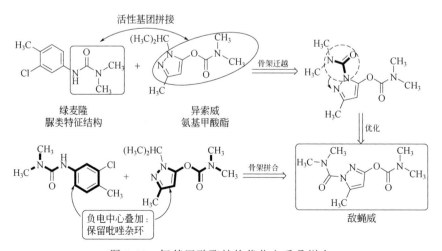

图 5-17　氨基甲酸酯结构优化之简单拼合

双效拼合：将两种农药分子拼合在一起，在害虫靶标体内代谢生成用来拼合的两种农药品种，生物活性及作用机制与原农药品种相同，起到双效农药的作用，如磷亚威、磷硫灭多威等，如图 5-18。

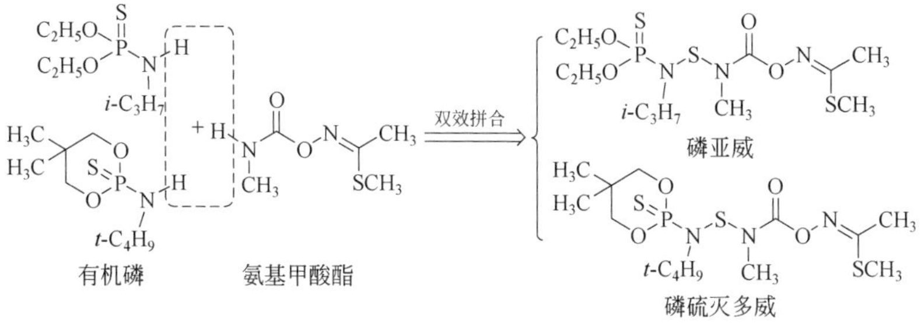

图 5-18　氨基甲酸酯结构优化之双效拼合

重叠拼合：将两种农药分子结构各取一部分进行拼合，形成新的分子结构，此法堪称具有内在价值的分子设计方法，往往会有令人惊喜的收获。如绿麦隆（chlorotoluron）、异索威（isolan）之于敌蝇威（dimetilan）等。具有内在价值的分子设计方法，如图 5-19。

图 5-19　氨基甲酸酯结构优化之重叠拼合

农药分子结构优化与解析

其他如甜菜宁（phenmedipham）、阔叶宁（latifolinine）、异丙阔叶宁（R-11913）、甜菜安（desmedipham）等。

② 局部修饰。包括基团翻转、烃基（甲基）延伸、氧化-还原、闭环-开环等。基团翻转所得新化合物生物活性往往发生大的变化，烃基（甲基）延伸只是分子结构微调，如图 5-20。

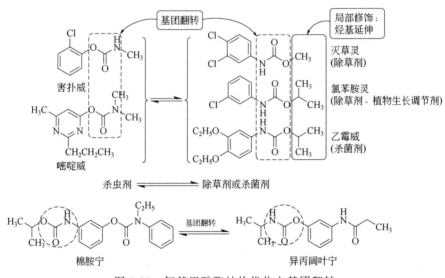

图 5-20　氨基甲酸酯结构优化之基团翻转

氧化-还原：硫醚（＼S＼）氧化生成与乙酰胆碱季铵盐立体相似的砜（$O=S=O$）结构，杀虫活性保持或提高，如丁酮威（butocarboxim）与丁酮砜威（butoxycarboxim）、涕灭威（aldicarb）与氧涕灭威（aldoxycarb）等，如图 5-21。

闭环-开环：生成同类型农药，毒性往往发生变化，如噻螨威（tazimcarb）与灭多威（methomyl）、环线威（tirpate）与涕灭威（aldicarb）等，如图 5-22。

特征官能团环化：往往形成新农药品种活性基团或特征基团，产生新的生物活性、形成新的农药品种。

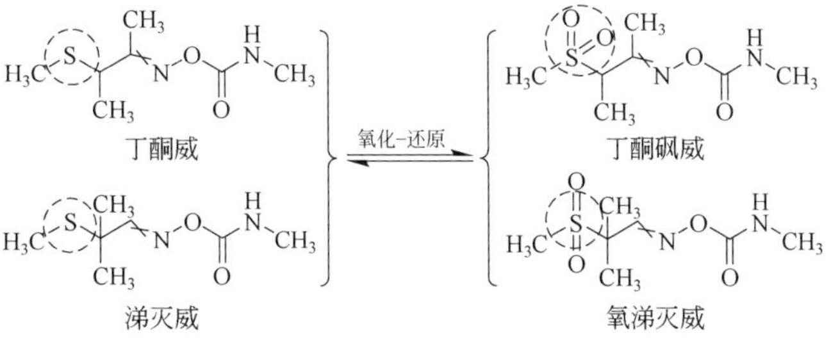

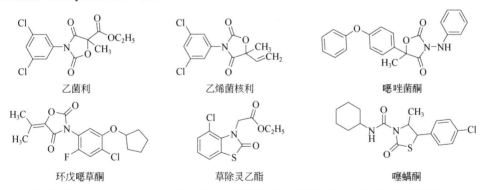

图 5-21　氨基甲酸酯结构优化之氧化-还原

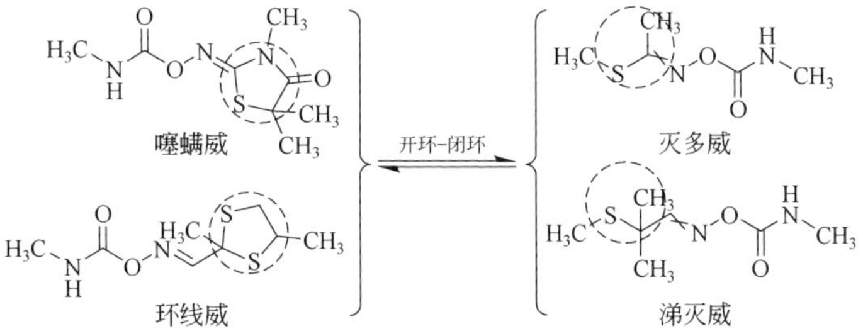

图 5-22　氨基甲酸酯结构优化之闭环-开环

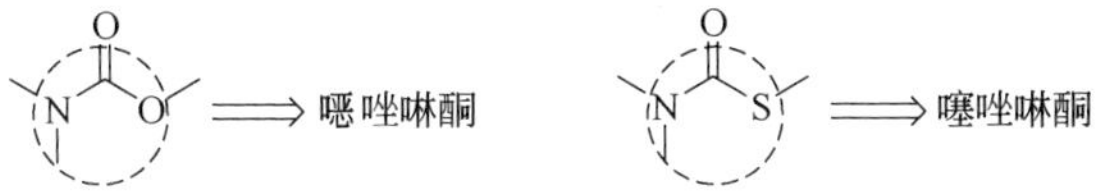

相关实例农药品种如乙菌利（chlozolinate）、乙烯菌核利（vinclozolin）、噁唑菌酮（famoxadone）、环戊噁草酮（pentoxazone）、草除灵乙酯（benazolin-ethyl）、噻螨酮（hexythiazox）等。

乙菌利　　乙烯菌核利　　噁唑菌酮

环戊噁草酮　　草除灵乙酯　　噻螨酮

③ 等排与优化。氨基甲酸酯类农药的等排主要体现在芳香性等排替换。

芳香环电性等排是主线：该类农药分子结构只有一个芳香负电中心，各种芳香（杂）环的等排替换，形成诸多品种，如图 5-23。

"肟假环"等排：引入肟假环、形成一种新的杀虫剂——N-甲氨基甲酸肟酯，如图 5-24。

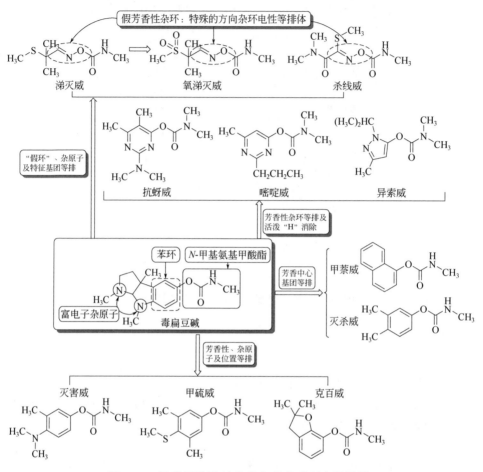

图 5-23 氨基甲酸酯结构优化之芳香环电性等排

图 5-24 氨基甲酸酯结构优化之"肟假环"电性等排

O/S 等排-去芳香化：形成硫代氨基甲酸酯类农药品种，该类品种除草剂居多，部分为杀菌剂和杀虫剂。

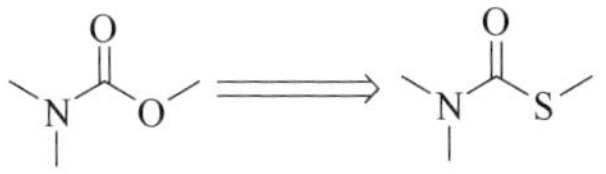

相关实例品种如坪草丹（orbencarb）、仲草丹（tiocarbazil）、草除灵乙酯（benazolin-ethyl）、苯硫威（fenothiocarb）、磺菌威（methasulfocarb）、噻螨酮（hexythiazox）等。

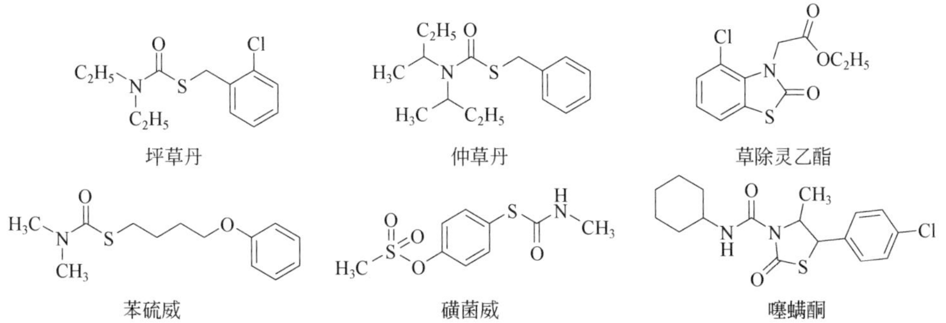

坪草丹　　　　仲草丹　　　　草除灵乙酯

苯硫威　　　　磺菌威　　　　噻螨酮

NH/O 等排：形成碳酸二酯类杀螨剂，如消螨通（dinobuton）、消螨威（MC 1072）、消螨多（dinopenton）等。

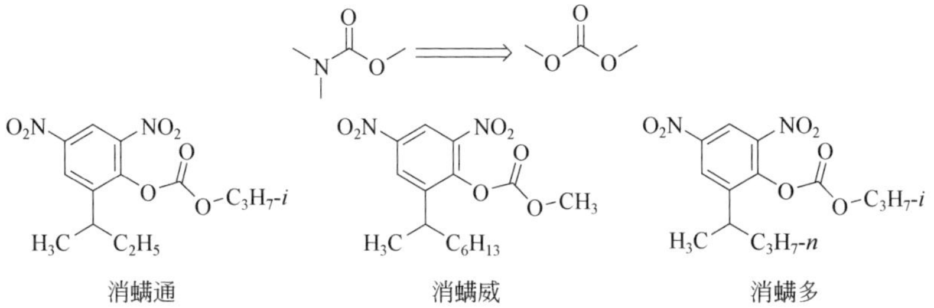

消螨通　　　　消螨威　　　　消螨多

5.2.3　创制实例解析

（1）茚虫威（indoxacarb）　茚虫威商品名安打、全垒打，杜邦公司开发，1991 年申请专利，属于钠通道抑制剂。茚虫威主要是阻断害虫神经细胞中的钠通道，导致靶标害虫协调性差、麻痹、死亡；用于棉花、果树、蔬菜等，防治几乎所有鳞翅目害虫如棉铃虫以及小菜蛾、夜蛾等；茚虫威结构中仅 S 异构体有活性[6]。创制过程与解析[7]：如图 5-25。

（2）苯吡菌酮（fenpyrazamine）　苯吡菌酮为日本住友化学公司创制的具硫醚结构的新颖杀菌剂，其作用机制为抑制真菌芽管和菌丝的生长，抑制麦角甾醇生物合成中的 3-酮还原酶（3-keto reductase）的活性；该产品对果树和蔬菜的灰霉病、茎腐病和褐腐病特别高效，其抗真菌活性高，预防效果好，持效期长，收获前间隔期短，对人类和环境安全。创制解析如图 5-26。

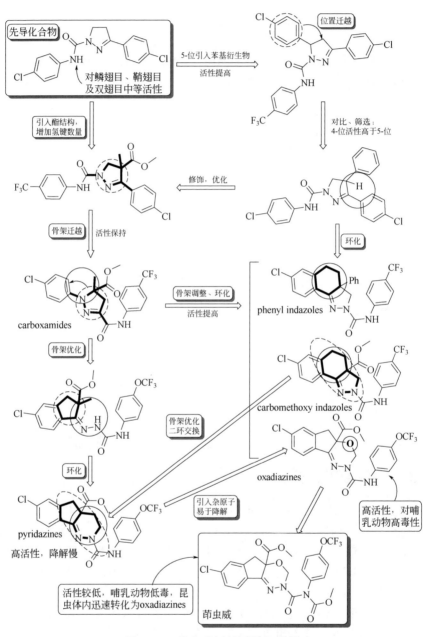

图 5-25　茚虫威创制过程与解析

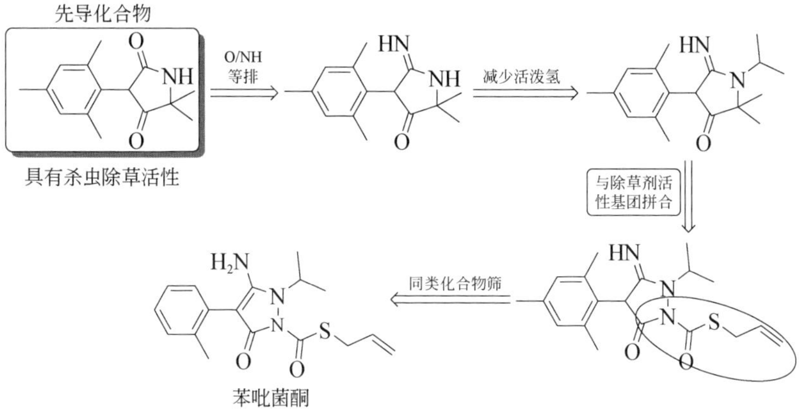

图 5-26　苯吡菌酮创制过程与解析

5.3　拟除虫菊酯

在 16 世纪初，人们发现除虫菊的花具有杀虫作用。研究表明，由除虫菊干花提取的除虫菊素是一种击倒快、杀虫力强、广谱、低毒、低残留的杀虫剂，但其对日光和空气极不稳定，只能用于防治家庭卫生害虫。

解析证实：除虫菊素的活性组分是(+)-反式菊酸（(+)-*trans*-chrysanthemic acid）和(+)-反式菊二酸（(+)-*trans*-pyrethoic acid）与除虫菊醇酮（(+)-pyrethrolone）、瓜叶醇酮（(+)-cinerolone）、茉莉醇酮（(+)-jasmolone）三种光学活性的环戊烯醇酮形成的六种酯：除虫菊素Ⅰ（pyrethrins Ⅰ）38%，除虫菊素Ⅱ（pyrethrins Ⅱ）30%，瓜叶除虫菊素Ⅰ（cinerin Ⅰ）9%，瓜叶除虫菊素Ⅱ（cinerin Ⅱ）13%，茉莉除虫菊素Ⅰ（jasmolin Ⅰ）5%，茉莉除虫菊素Ⅱ（jasmolin Ⅱ）5%。

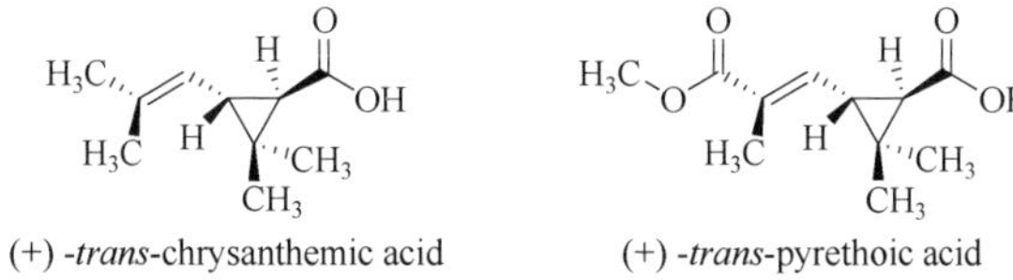

(+)-*trans*-chrysanthemic acid　　(+)-*trans*-pyrethoic acid

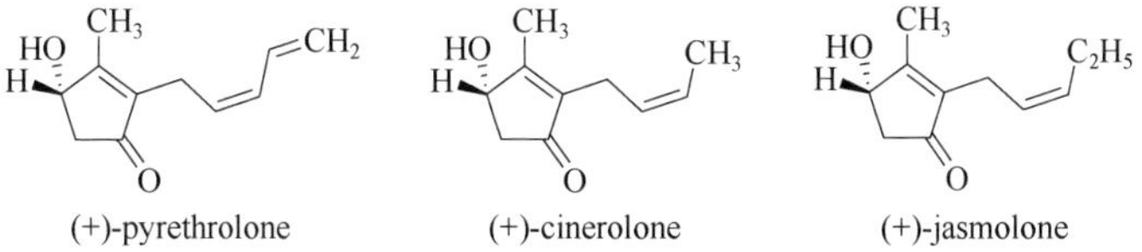

(+)-pyrethrolone　　(+)-cinerolone　　(+)-jasmolone

其中除虫菊素（pyrethrins）杀虫活性最高，茉莉除虫菊素（jasmolin）杀虫活性很低；除虫菊素Ⅰ（pyrethrins Ⅰ）对蚊、蝇有很高的杀虫活性，除虫菊素Ⅱ（pyrethrins Ⅱ）有较快的击倒作用。

205

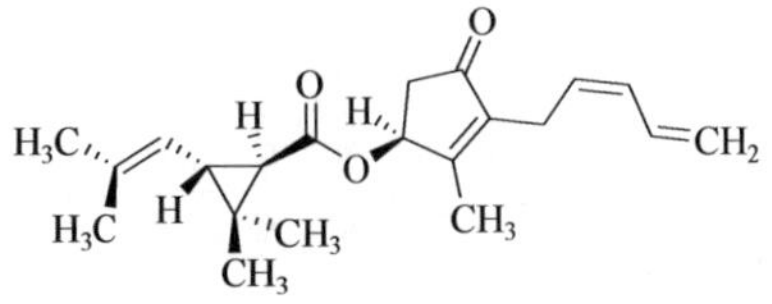

除虫菊素I

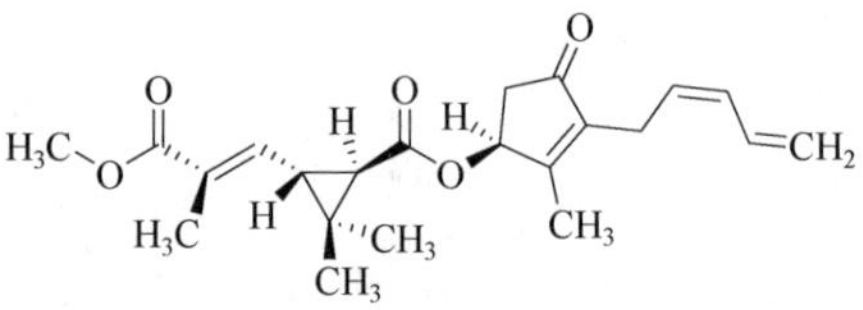

除虫菊素Ⅱ

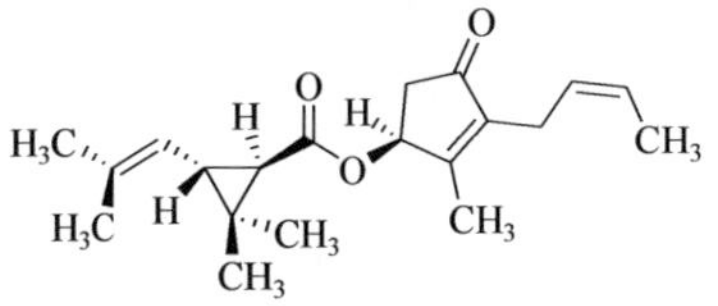

瓜叶除虫菊素I

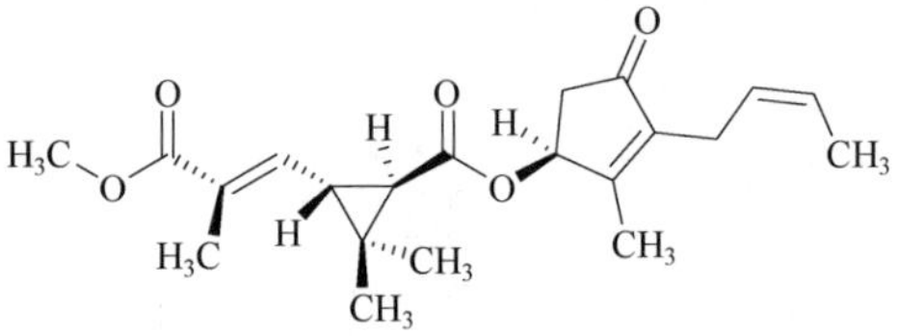

瓜叶除虫菊素Ⅱ

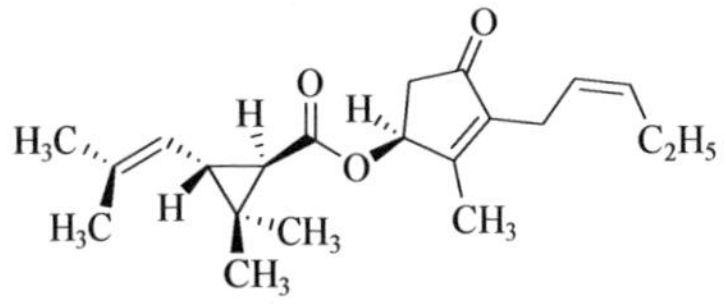

茉莉除虫菊素I

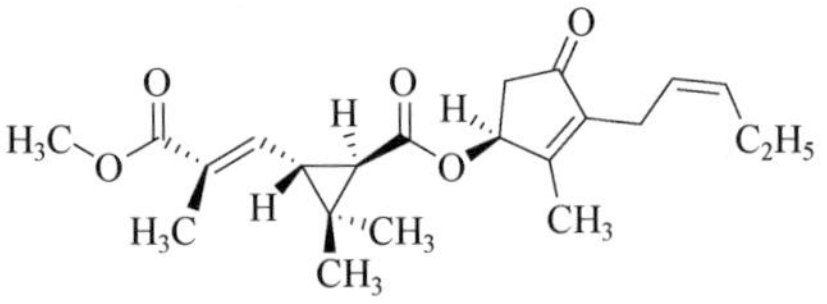

茉莉除虫菊素Ⅱ

1947 年第一个合成除虫菊酯烯丙菊酯（allethrin）问世，1973 年第一个对日光稳定的拟除虫菊酯苯醚菊酯（phenothrin）开发成功，并使用于田间。此后，随氯氰菊酯（cypermethrin）、溴氰菊酯（deltamethrin）等优良品种的出现，拟除虫菊酯的开发和应用有了迅猛发展。拟除虫菊酯的出现，使其合成与生产技术进入精细化学品门类；每亩次用量可不到一克或至多十几克，标志着"超高效杀虫剂"农药出现，可以说是农药发展史上的奇迹。

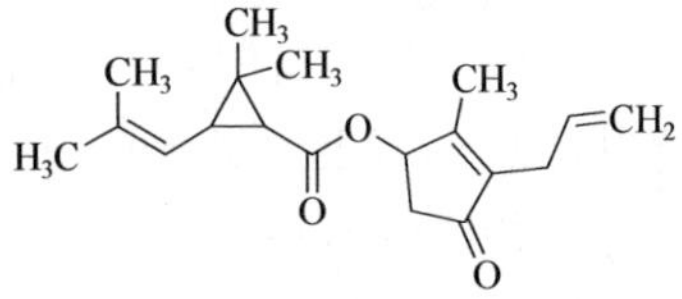

烯丙菊酯

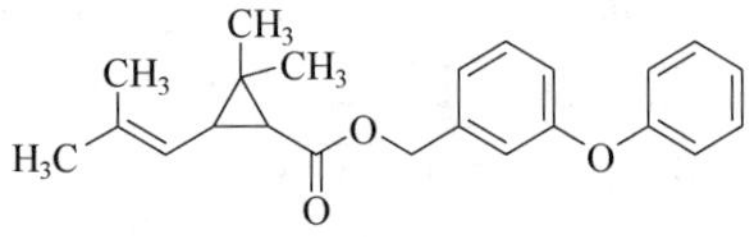

苯醚菊酯

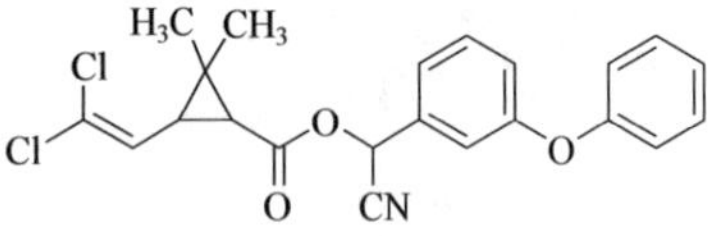

氯氰菊酯

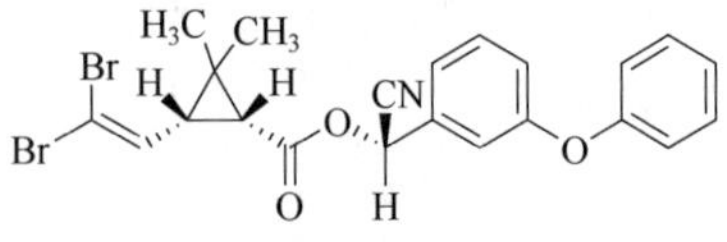

溴氰菊酯

拟除虫菊酯类农药品种具有杀虫活性，其中氟氯苯菊酯可用作杀螨剂；目前尚未发现具有杀菌、除草及植物生长调节剂作用的拟除虫菊酯类农药品种。

5.3.1 现有品种及分类

根据化学结构，拟除虫菊酯类农药结构如下：

（1）菊酸酯类 菊酸（chrysanthemic acid）与具有芳香性的醇形成拟除虫菊

酯，该类拟除虫菊酯大多由除虫菊素中的 I 系列优化而来，大部分品种天然除虫菊素痕迹明显，活性提高不大，有的品种仍然存在光不稳定性问题，如喃烯菊酯（japothrins）、苄菊酯（dimethrin）、四氟甲醚菊酯（dimefluthrin）、胺菊酯（tetramethrin）等。

喃烯菊酯　　　　　　　　　　　苄菊酯

四氟甲醚菊酯　　　　　　　　　　胺菊酯

（2）卤代菊酸酯类　通过等排替换在分子结构中引入—Cl、—Br、—CF₃、—CN 等功能基团及苯环和二苯醚芳香性基团，实现了光稳定性、杀虫活性质的飞跃，促进了"超高效杀虫剂"农药的出现。如氯氰菊酯（cypermethrin）、溴氰菊酯（deltamethrin）、精高效氯氟氰菊酯（gamma-cyhalothrin）、氟氯氰菊酯（cyfluthrin）等。

氯氰菊酯　　　　　　　　　　　溴氰菊酯

精高效氯氟氰菊酯　　　　　　　　氟氯氰菊酯

（3）环丙烷酸酯类　在卤代菊酸酯类基础上大胆创新，"舍弃"经典拟除虫菊酯结构酸部分的烯烃结构，获得创新拟除虫菊酯新结构。如甲氰菊酯（fenpropathrin）、四氟醚菊酯（tetramethylfluthrin）、四溴菊酯（tralomethrin）、氯溴氰菊酯（tralocythrin）等。

甲氰菊酯　　　　　　　　　　　四氟醚菊酯

四溴菊酯　　　　　　　　　　　氯溴氰菊酯

（4）非环羧酸酯类　在卤代菊酸酯类基础上进一步创新，将二甲基环丙烷结构用异丙基替换、将烯烃结构用芳香性苯环替换，获得全新拟除虫菊酯优势结构。如氰戊菊酯（fenvalerate）、氟胺氰菊酯（tau-fluvalinate）、氟氰戊菊酯（flucy-thrinate）、高氰戊菊酯（esfenvalerate）等。

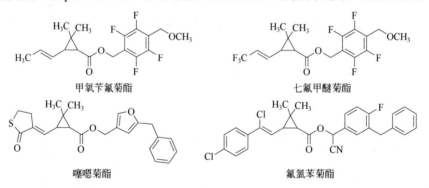

（5）非经典菊酸酯类　主要对经典菊酯结构部分烯烃末端进行生物电子等排、环化等局部修饰，打破了经典菊酸结构观念。如甲氧苄氟菊酯（metofluthrin）、七氟甲醚菊酯（heptafluthrin）、噻嗯菊酯（kadethrin）、氟氯苯菊酯（flumethrin）等。

（6）非酯类　对经典菊酯结构进行颠覆性创新设计，分子结构只在轮廓存在相似性，获得"形似"非酯类拟除虫菊酯结构，杀虫活性作用机制与酯类拟除虫菊酯相似之中又有差异，如氯醚菊酯（chlorfenprox）、氟硅菊酯（silafluofen）、三氟醚菊酯（flufenprox）、醚菊酯（ethofenprox）等。

（7）菊二酸酯类　对除虫菊素中的Ⅱ系列进行结构优化所得全新结构拟除虫菊酯类杀虫剂，目前上市的品种只有氟酯菊酯（acrinathrin）。

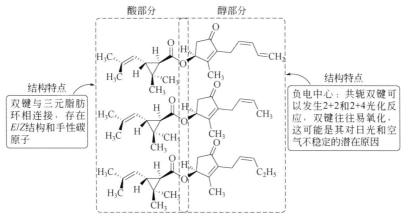

氟酯菊酯

5.3.2　结构关系解析

（1）先导化合物及其优化　整体结构相对简单，分子中含有 3 个手性碳原子，合成难度不大。酸部分烯键与烷基三元环相连，所形成的菊酸骨架，可以作为其特征结构。醇部分含有 3 个或 4 个双键，虽然存在共轭效应，但容易发生 2+2 或 2+4 光化学反应；同时，由于烯烃属于比较容易被氧化的价键，这或许是醇部分不稳定的潜在因素，从而导致整个分子结构对日光和空气不稳定，该结构属于先导化合物优化的关键点。另外，纵观 6 种除虫菊素分子结构，可以发现该类活性化合物结构元素只含 C、H、O，杂原子及杂环缺乏。共轭双键作为负电中心，却不稳定。

除虫菊素中Ⅰ系列结构解析如图 5-27。

图 5-27　除虫菊素分子结构解析

优化策略：结构优化时在保证骨架有效性的情况下，可以考虑的优化策略为：①共轭双键修饰为稳定的芳香性负电中心；②引入杂原子或杂环以及相关杀虫活性基团。

部分代表性拟除虫菊酯类农药品种与先导化合物除虫菊素（pyrethrins）中Ⅰ系列分子结构关系解析：通过双键共轭等效等排等结构修饰，获得胺菊酯（tetramethrin）、炔呋菊酯（furamethrin）、烯丙菊酯（allethrin）等菊酸酯类结构，但光稳定性未解决；通过共轭/芳香性等排、卤素等排、药效基团引入等结构修饰策略，获得优异高活性拟除虫菊酯类杀虫剂氯氰菊酯（cypermethrin）、氟氯氰菊酯（cyhalothrin）、七氟甲醚菊酯（heptafluthrin）等；通过结构简化/骨架相似等排修饰，获得甲氰菊酯(fenpropathrin)、氰戊菊酯（fenvalerate）、氟胺氰菊酯（tau-fluvalinate）、肟醚菊酯、氟硅菊酯（silafluofen）、醚菊酯（ethofenprox）等"另类"拟除虫菊酯结构高活性杀虫剂，如图5-28。

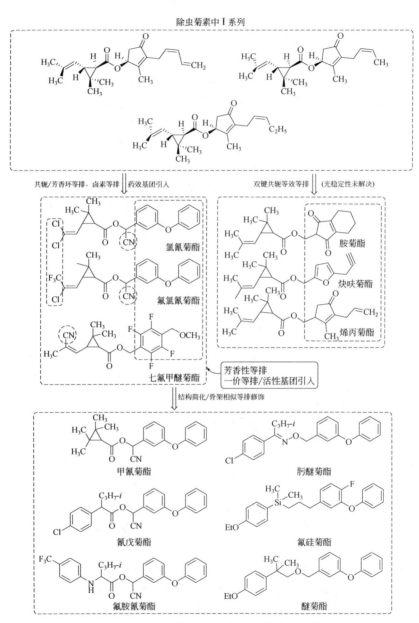

图 5-28　除虫菊素分子结构优化策略解析

（2）优化与设计策略

① 局部修饰。主要是在保持基本骨架不变的情况下，进行局部官能团替换等技术处理，主要有生物电子等排等方法。

一价等排：主要表现在—CH₃ 与—Cl、—Br、—CF₃，—H 与—CN、—F；结果是所得新结构化合物生物活性得到很大提高。

酸部分：

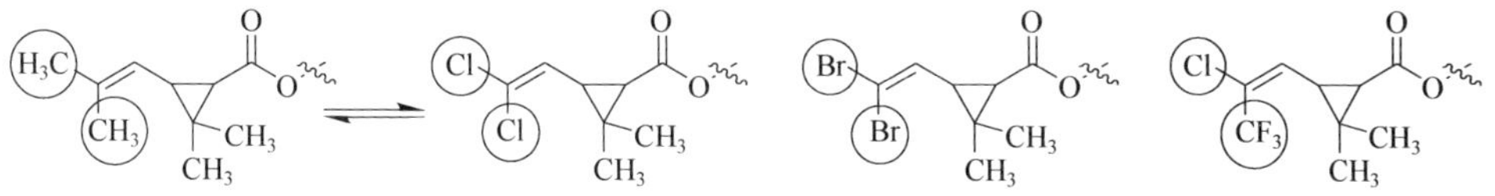

具体实例：如氯菊酯（permethrin）、七氟菊酯（tefluthrin）等。

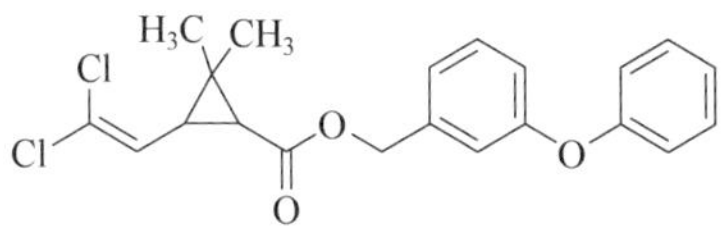

氯菊酯 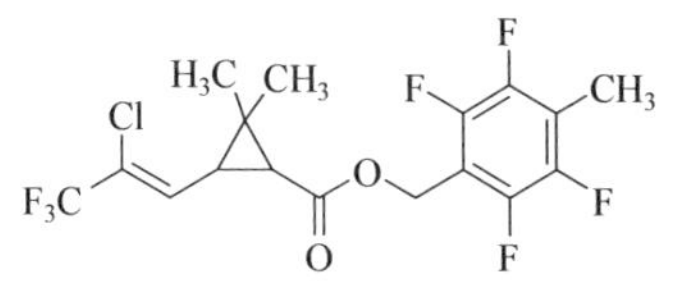　　　　　　　　　　　七氟菊酯

醇部分：

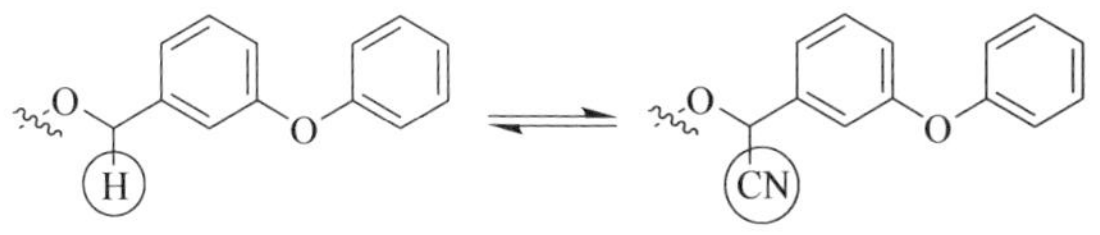

具体实例：如氯氰菊酯（cypermethrin）、momfluorothrin 等。

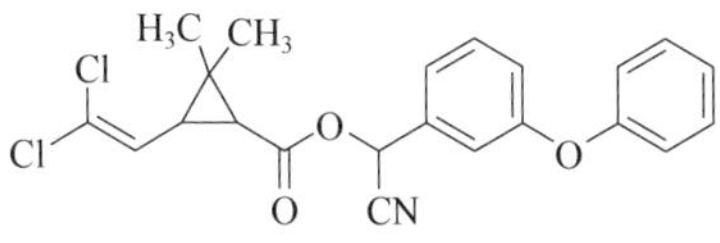

氯氰菊酯 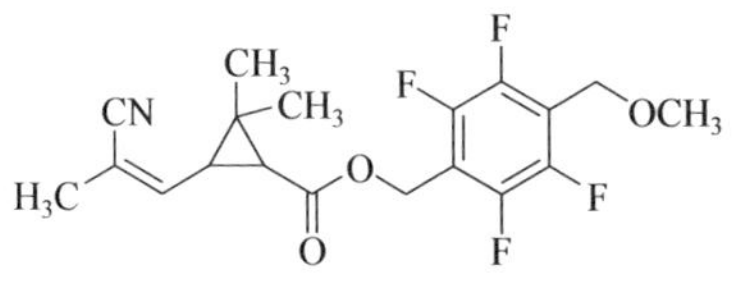　　　　　　　　　　momfluorothrin

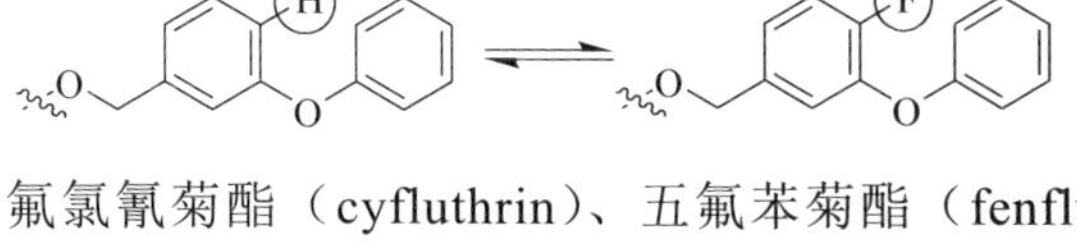

具体实例：如氟氯氰菊酯（cyfluthrin）、五氟苯菊酯（fenfluthrin）等。

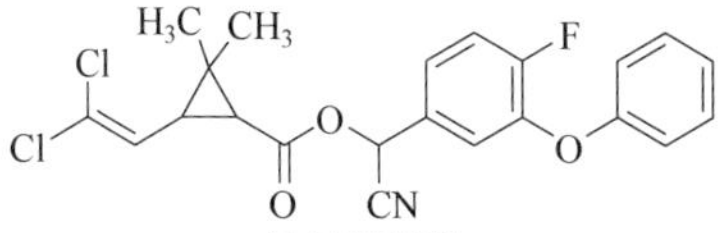

氟氯氰菊酯 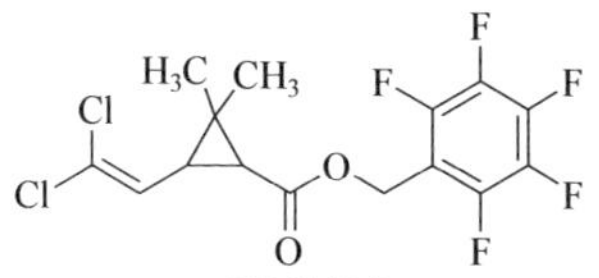　　　　　　　　　五氟苯菊酯

② 电性等排。在保持先导化合物芳香性的基础上，用光稳定结构芳香（杂）环，等排替换先导化合物分子结构中共轭双键结构，往往获得理想的效果。

A．芳香性：主要发生在除虫菊酯的醇部分，方式为芳香性环化电性等排；

结果是在解决了光热稳定性的基础上，筛选出大批拟除虫菊酯类农药品种。

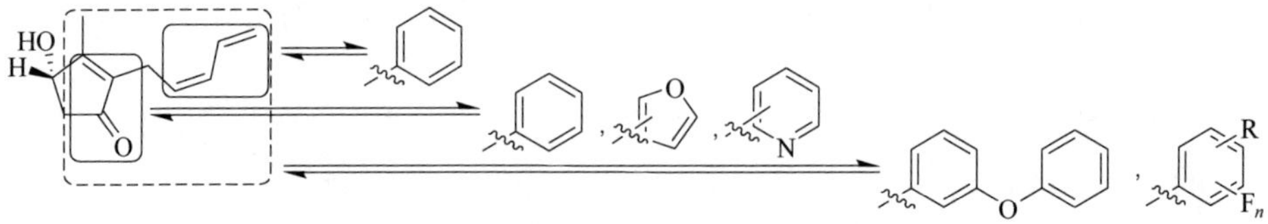

具体实例：如苄呋菊酯（resmethrin）、四氟甲醚菊酯（dimefluthrin）、吡氯菊酯（fenpirithrin）等。

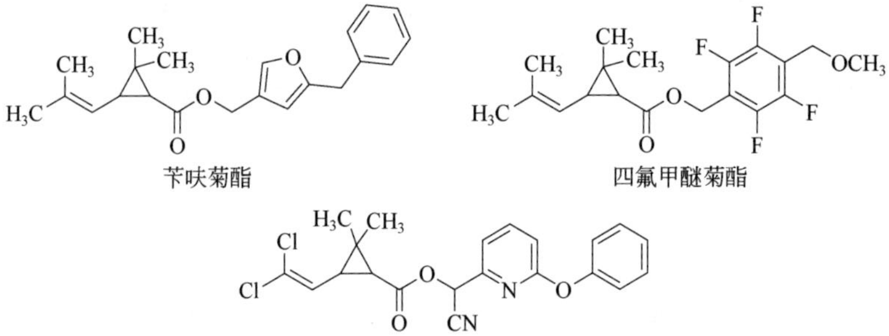

苄呋菊酯 　　　四氟甲醚菊酯

吡氯菊酯

B．价键等排：主要是除虫菊酯的醇部分将端烯等排为端炔，炔烃为"桶状"结构，不如烯烃容易发生光化加成反应，通过炔/烯等排替换，可以增加化合物光稳定性。

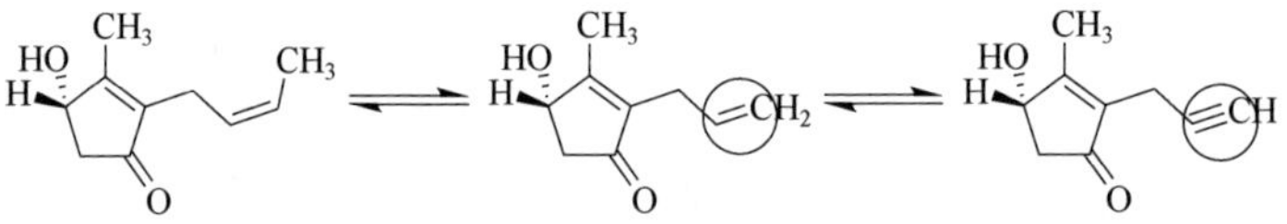

具体实例：如呋炔菊酯（proparthrin）、炔酮菊酯（prallethrin）等。

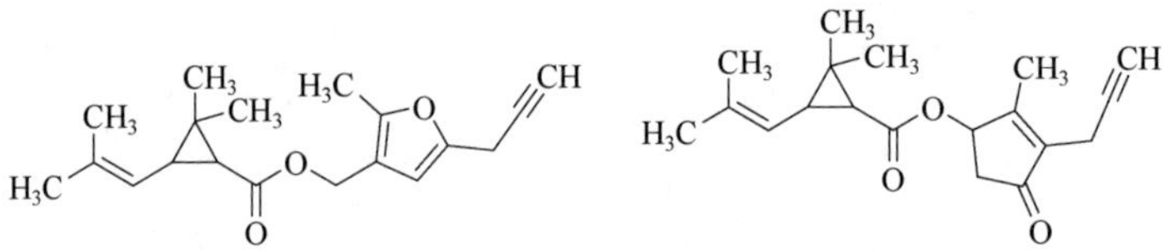

呋炔菊酯 　　　炔酮菊酯

③ 差向异构化。通常环丙烷羧酸环上的 C_1 为 R 构型时对应菊酯具有较好的杀虫活性，为 S 构型时对应菊酯活性很低，甚至没有活性；而拟除虫菊酯醇组分的 α-碳为 S 构型时有活性，α-碳为 R 构型时活性很低，通过差向异构化反应，消旋 α-碳转化为 S 构型，生物活性得到极大提高。

具体实例：氯氰菊酯（cypermethrin）→高效氯氰菊酯（*beta*-cypermethrin），如图 5-29。

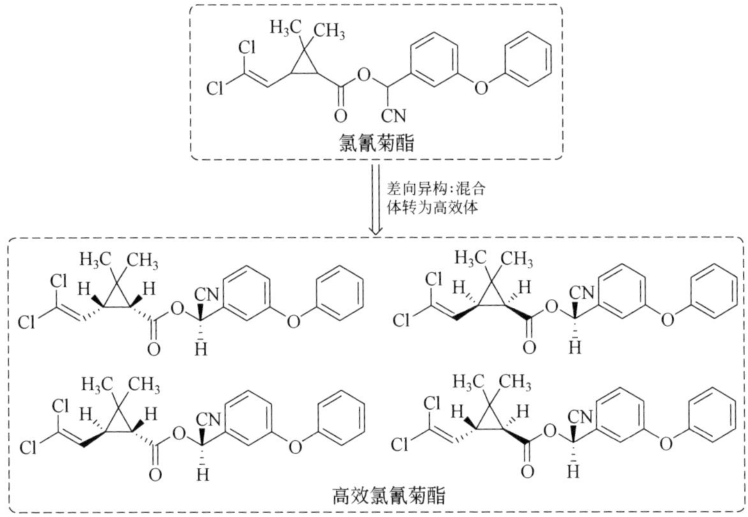

图 5-29　氯氰菊酯外消旋体拆分

类似的如溴氰菊酯（deltamethrin）、高氰戊菊酯（esfenvalerate）等。

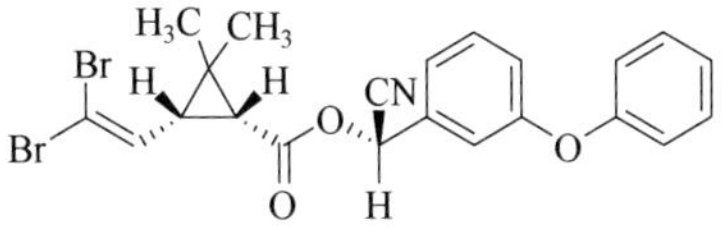

溴氰菊酯

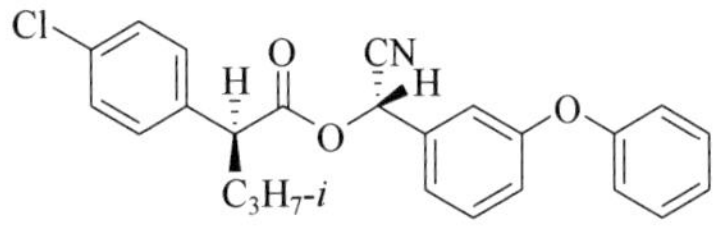

高氰戊菊酯

④ 环化。在农药分子设计与优化中，环化是常用的修饰方法，一般可以提高稳定性和生物活性。如烯丙菊酯（allethrin）→环虫菊酯（cyclethrin）、苄呋菊酯（resmethrin）与苄呋烯菊酯（K-othrin）、噻嗯菊酯（kadethrin）等，如图 5-30。

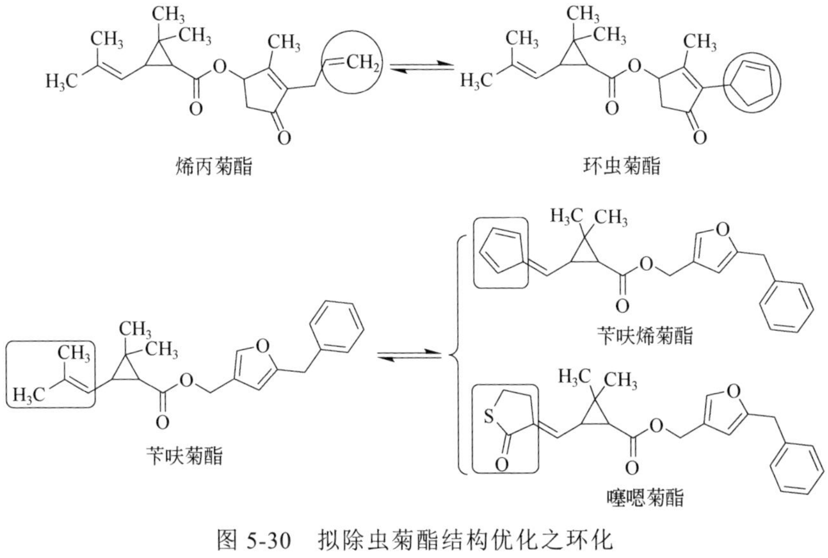

图 5-30　拟除虫菊酯结构优化之环化

⑤ 烯键加成。通常是通过双键与氯或溴加成，在分子结构中引入更多的 Cl、Br，提高优势结构性价比。如溴氰菊酯（deltamethrin）→四溴菊酯（tralomethrin）、氯氰菊酯（cypermethrin）→氯溴氰菊酯（tralocythrin）等，如图 5-31。

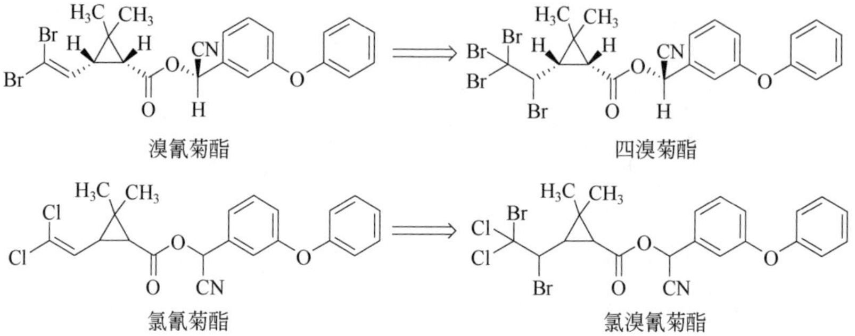

图 5-31　拟除虫菊酯结构优化之烯键加成

⑥ 多氟苯应用于拟除虫菊酯类醇部分。形成防治卫生害虫的拟除虫菊酯类系列产品。如 epsilon-momfluorothrin、氯氟醚菊酯（meperfluthrin）、四氟甲醚菊酯（dimefluthrin）、四氟醚菊酯（tetramethylfluthrin）等，如图 5-32。

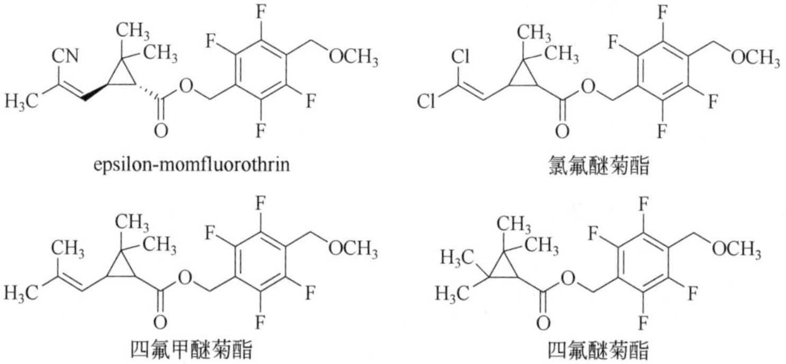

图 5-32　拟除虫菊酯结构优化之多氟苯应用

江苏扬农化工股份有限公司戚明珠等创制的几个结构新颖的非酯类拟除虫菊酯类杀虫剂[8]：

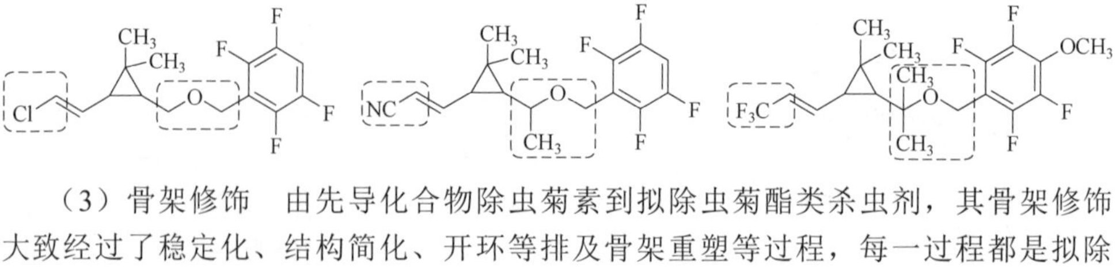

（3）骨架修饰　由先导化合物除虫菊素到拟除虫菊酯类杀虫剂，其骨架修饰大致经过了稳定化、结构简化、开环等排及骨架重塑等过程，每一过程都是拟除虫菊酯类杀虫剂研究的一次飞跃。

① 稳定化。由于天然的除虫菊素不够稳定，因此寻求稳定骨架成为当务之急：芳香环电性等排共轭或非共轭双键功不可没，同时卤素及 α-CN 的引入、外消旋体拆分极大地提高了杀虫活性，从而发现了"超高效杀虫剂"，其中骨架修饰变化如下所示，如图 5-33。

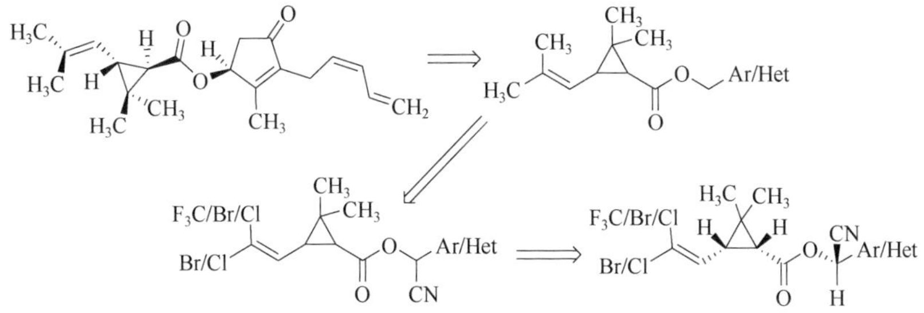

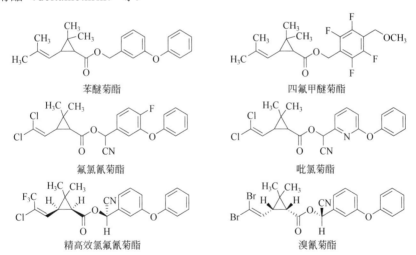

图 5-33　拟除虫菊酯结构优化之稳定性修饰

具体实例：苯醚菊酯（phenothrin）、四氟甲醚菊酯（dimefluthrin）、氟氯氰菊酯（cyfluthrin）、吡氯菊酯（fenpirithrin）、精高效氯氟氰菊酯（*gamma*-cyhalothrin）、溴氰菊酯（deltamethrin）等。

苯醚菊酯

四氟甲醚菊酯

氟氯氰菊酯

吡氯菊酯

精高效氯氟氰菊酯

溴氰菊酯

② 结构简化。将先导化合物除虫菊素中的烯简化掉，是突破传统观念的重要尝试，如图 5-34。

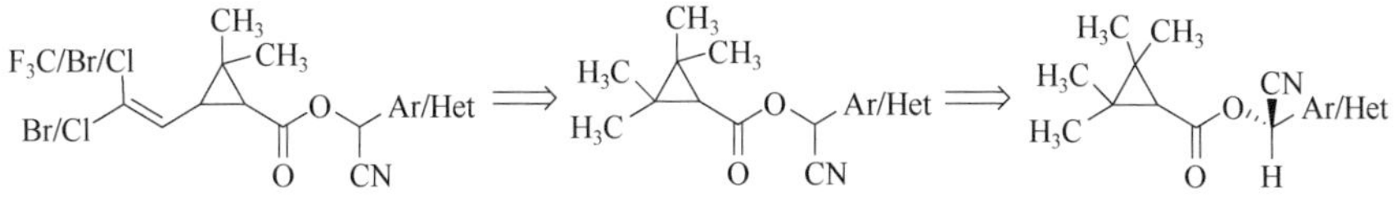

图 5-34　拟除虫菊酯结构优化之结构简化

具体实例：如甲氰菊酯（fenpropathrin）、四氟醚菊酯（tetramethylfluthrin）等。

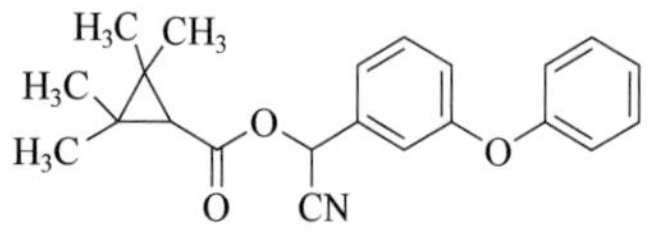

甲氰菊酯 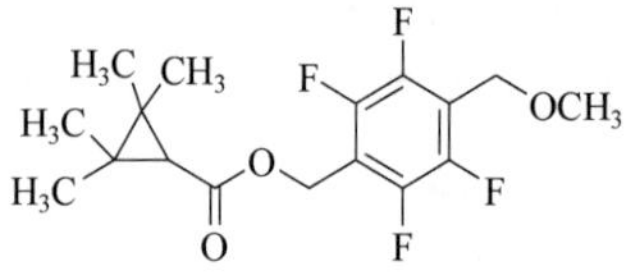　　　　　　　　　四氟醚菊酯

③ 开环等排。开环的同时进行芳香性环化电性等排，透露出研究者的高超技巧，如图 5-35。

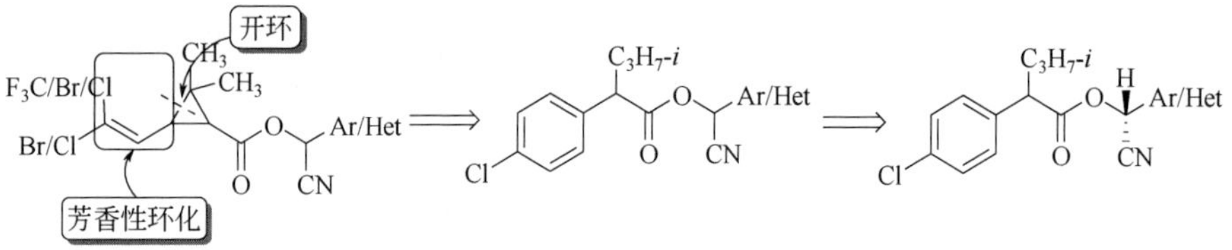

图 5-35　拟除虫菊酯结构优化之开环等排

具体实例：氰戊菊酯（fenvalerate）、高氰戊菊酯（esfenvalerate）、氟氰戊菊酯（flucythrinate）等。

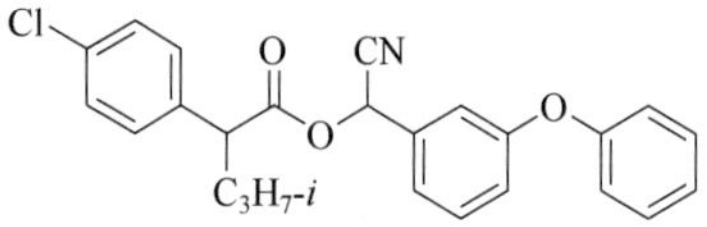

氰戊菊酯 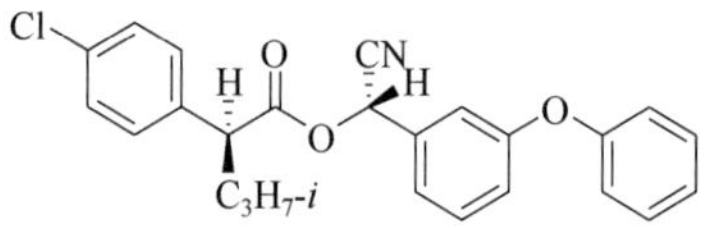　　　　　　　　　高氰戊菊酯

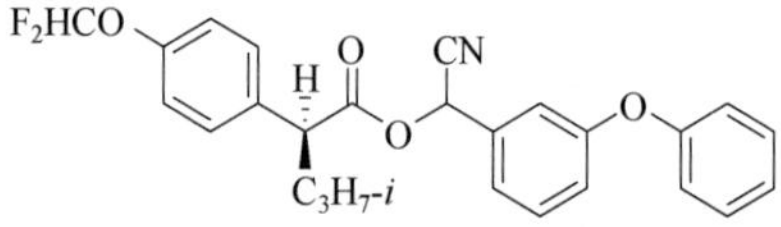

氟氰戊菊酯

④ 肟等排。结果彻底颠覆了先导化合物的骨架概念，再经过还原、四价等排，得到"面目全非"的与经典拟除虫菊酯类杀虫剂骨架轮廓相似的新型拟除虫菊酯类杀虫剂，如图 5-36。

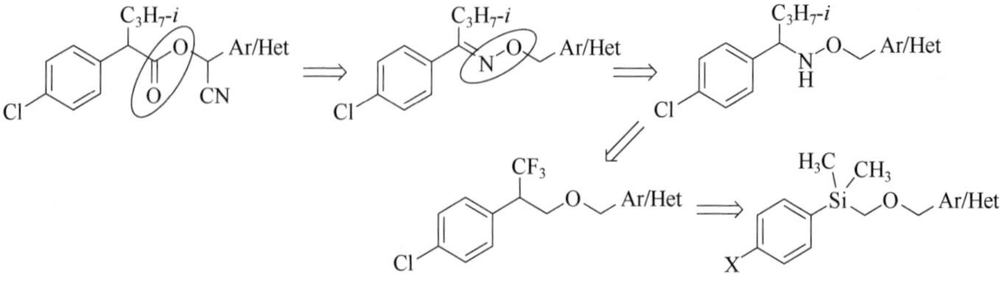

图 5-36　拟除虫菊酯结构优化之"肟假环"等排

具体实例：

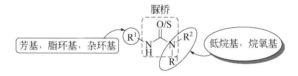

肟醚菊酯　　　　　　　　　三氟醚菊酯

氟硅菊酯

5.4　脲及硫脲、苯甲酰脲及磺酰脲

5.4.1　脲及硫脲类

（1）现有品种及分类　　目前，商品化的脲及硫脲类农药品种多达数十种，涵盖杀虫剂、杀菌剂、除草剂及植物生长调节剂。并且创制开发热度不减，特别是脲或硫脲结构环化形成的嘧酮杂环结构，因其往往具有广泛的较高活性而被关注。

通常，作为农药应用的脲及硫脲类的化合物，往往具有如下结构。

脲桥

O/S

芳基，脂环基，杂环基　R¹　R²　低烷基，烷氧基

R³

根据结构与用途，分类如下。

① 杀虫剂。作为杀虫剂的脲及硫脲类农药，历史比较悠久，如丁醚脲（diafen-thiuron）、灭虫隆（chloromethiuron）、磺苯醚隆钠盐（sulcofuron-sodium）等。

丁醚脲　　　　　　　　　灭虫隆　　　　　　　　　磺苯醚隆钠盐

近年来的农药分子设计和优化中，往往将其环化形成嘧酮结构或者与杂环相连接，成为相关优势结构的组成部分，如噻嗪酮（buprofezin）、噻螨酮（hexythiazox）、氟虫吡喹（pyrifluquinazon）等。

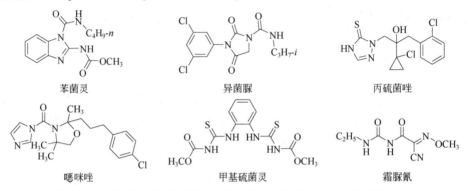

噻嗪酮　　　　　　　　噻螨酮　　　　　　　　　氟虫吡喹

② 杀菌剂。脲或硫脲作为杀菌剂活性分子结构的应用，往往是与其他杀菌活性基团相连或者环化而成为相关杀菌优势结构的组成部分。如苯菌灵（benomyl）、异菌脲（iprodione）、丙硫菌唑（prothioconazole）、噁咪唑（oxpoconazole）、甲基硫菌灵（thiophanate-methyl）、霜脲氰（cymoxanil）等。

苯菌灵　　　　　　　　异菌脲　　　　　　　　　丙硫菌唑

噁咪唑　　　　　　　　甲基硫菌灵　　　　　　　霜脲氰

③ 除草剂。脲类结构除草剂拥有比较悠久的历史，如杀草隆（daimuron）、异丙隆（isoproturon）、绿麦隆（chlorotoluron）等。

杀草隆　　　　　　　　异丙隆　　　　　　　　　绿麦隆

由于大多数脲类除草剂品种水溶性低、脂溶性差，所以目前脲在除草剂分子结构设计和优化中的应用，多是与其他除草活性基团相连或者环化为唑啉酮而成为相关除草优势结构的组成部分。如唑草胺（cafenstrole）、胺唑草酮（amicar-bazone）、唑啶草酮（azafenidin）、唑酮草酯（carfentrazone-ethyl）、氟丙嘧草酯（butafenacil）、环嗪酮（hexazinone）、双苯嘧草酮（benzfendizone）、氟唑草胺（profluazol）、四唑酰草胺（fentrazamide）等。

唑草胺　　　　　　　　胺唑草酮　　　　　　　　唑啶草酮

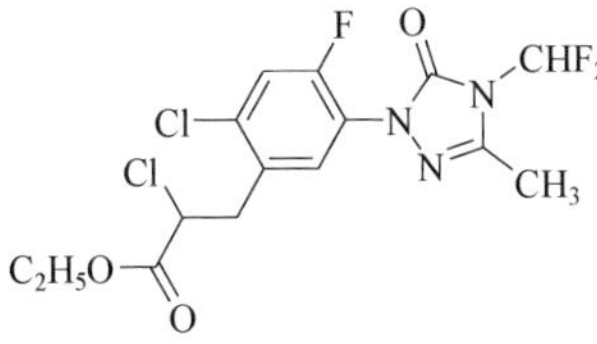

唑酮草酯 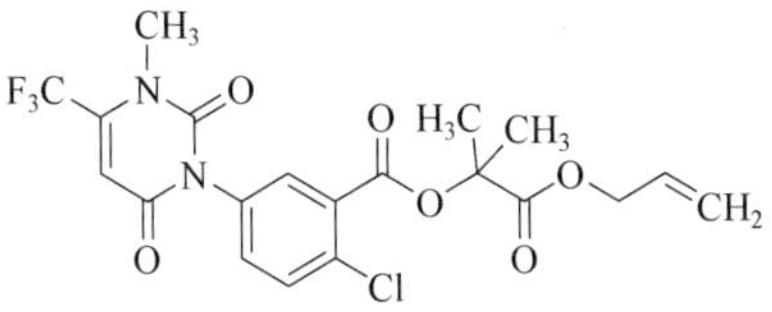　　　　　　　氟丙嘧草酯 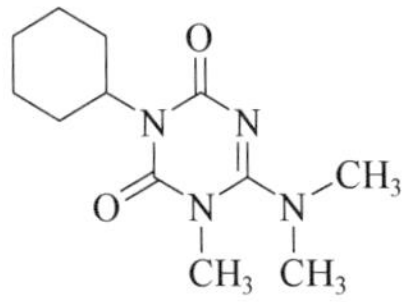　　　　　　　环嗪酮

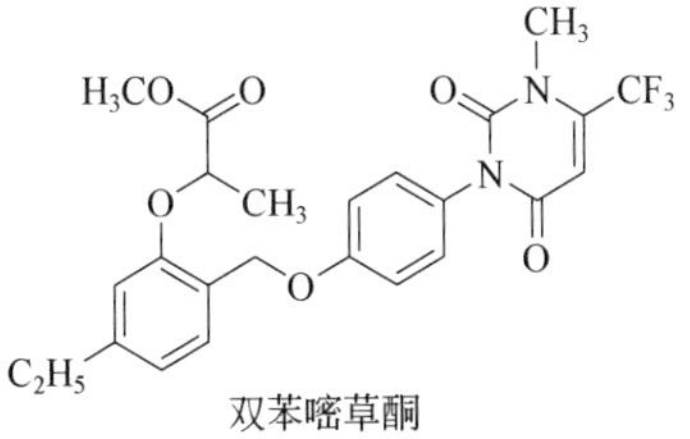

双苯嘧草酮 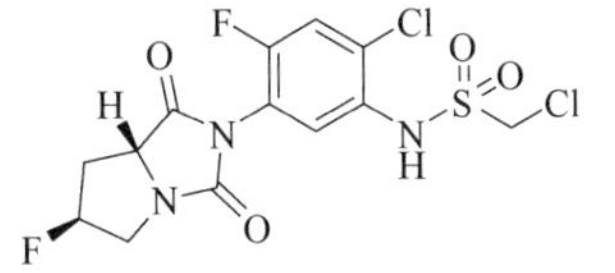　　　　　　氟唑草胺 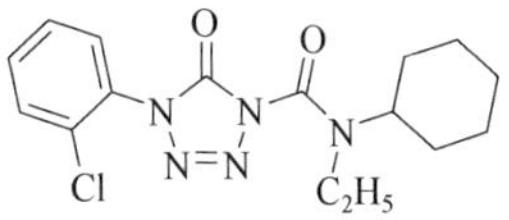　　　　　　　四唑酰草胺

（2）优化与创制

① 脲类除草剂环化-修饰。脲类除草剂分子结构中的特征结构（ 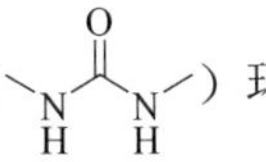 ）环

化，形成新的除草剂或杀虫剂优势结构——唑啉酮结构。如唑啶草酮（azafenidin）、甲磺草胺（sulfentrazone）、噻嗪酮（buprofezin）、唑酮草酯（carfentrazone-ethyl）等，如图 5-37。

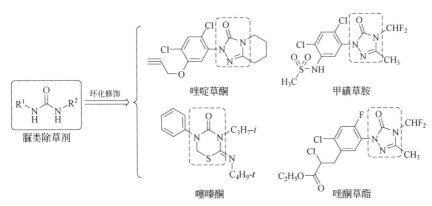

脲类除草剂　　环化修饰　　唑啶草酮　　甲磺草胺

噻嗪酮　　　　唑酮草酯

图 5-37　脲类除草剂结构修饰之环化（一）

② 插入五元唑啉酮结构。形成新的除草剂唑酰草胺优势结构，如四唑酰草胺（fentrazamide）、三唑酰草胺（ipfencarbazone）等，如图 5-38。

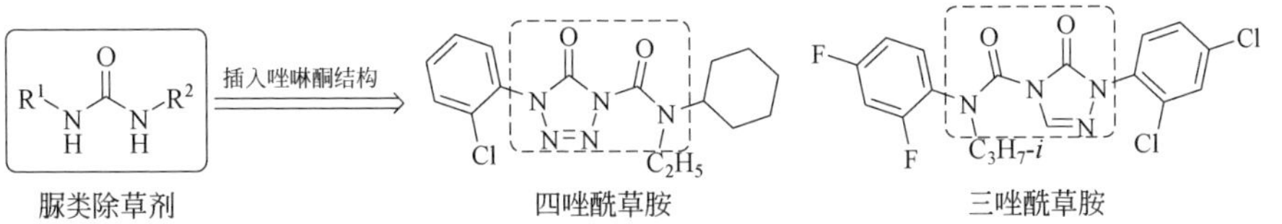

脲类除草剂　　插入唑啉酮结构　　四唑酰草胺　　　三唑酰草胺

图 5-38　脲类除草剂结构修饰之插入五元唑啉酮结构

③ 环化为嘧啶环（脲嘧啶）或三嗪环。形成新的亚胺类除草剂优势结构重要组成部分，如双苯嘧草酮（benzfendizone）、氟嘧硫草酯（tiafenacil）、苯嘧磺草胺（saflufenacil）、三氟草嗪（trifludimoxazin）、氟丙嘧草酯（butafenacil）等，如图5-39。

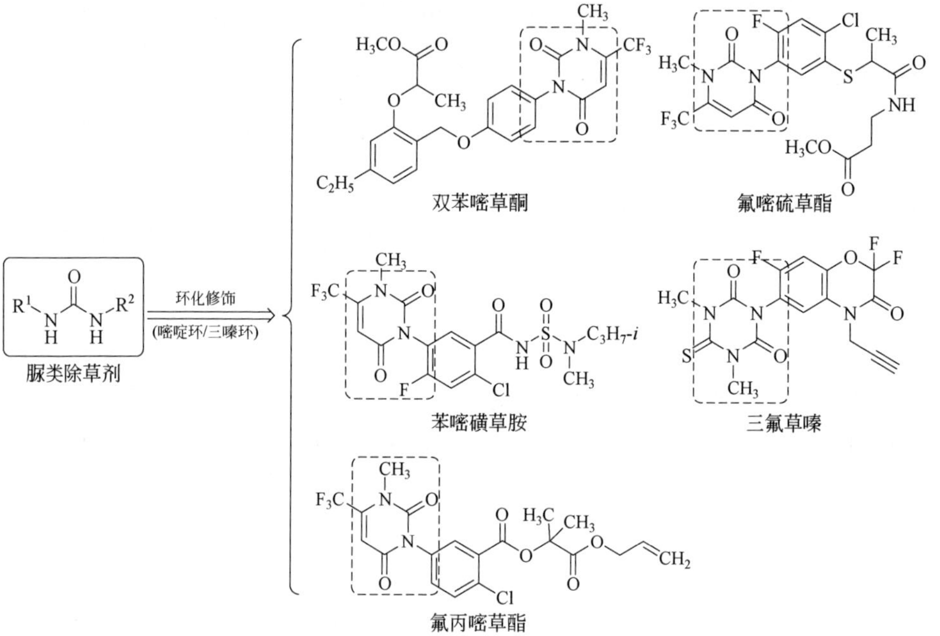

图 5-39 脲类除草剂结构修饰之环化（二）

④ 引入杂原子并与其他药效基团拼合。如将丁醚脲（diafenthiuron）作为先导化合物，对硫脲结构进行优化，所得新化合物及其盐杀螨活性与丁醚脲相当[9,10]，如图5-40。

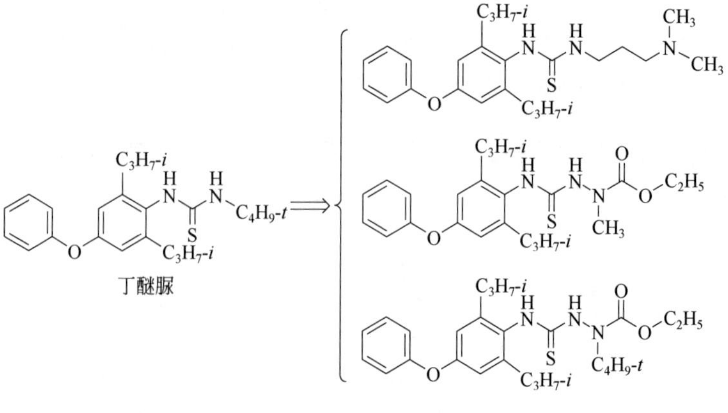

图 5-40 脲类除草剂结构修饰之片段添加（一）

将硫脲烯醇式结构—SH 基甲基化，获得甲硫丁醚脲，其杀螨活性高于丁醚脲，并且对鳞翅目害虫防治效果明显提高[11]，如图 5-41。

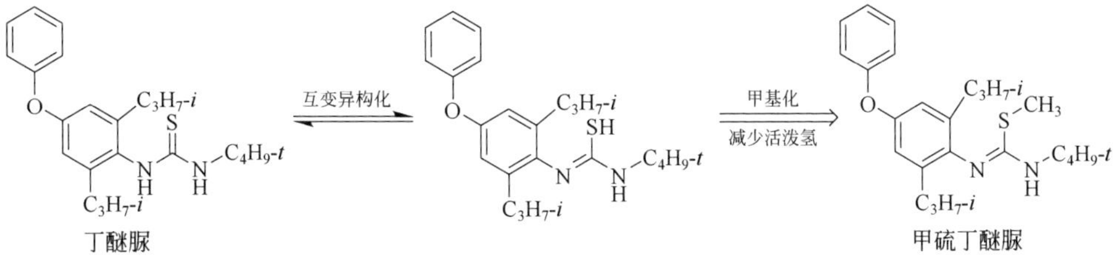

图 5-41　脲类除草剂结构修饰之片段添加（二）

⑤ 插入羰基。获得一种新的杀虫剂优势结构——苯甲酰脲类特征结构。

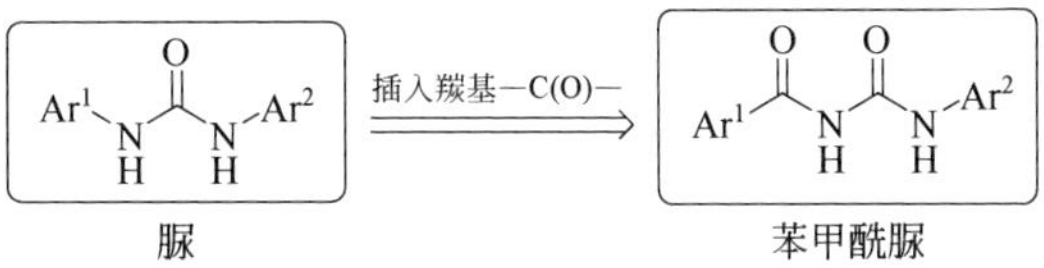

5.4.2　苯甲酰脲类

（1）现有品种及分类　苯甲酰脲类杀虫剂是一类昆虫几丁质合成抑制剂，其作用机制是抑制昆虫壳多糖的活性，阻碍壳多糖的合成，从而影响新表皮的形成，使昆虫的蜕皮、化蛹受阻，活动减缓，取食减少，直至死亡。进一步讲，苯甲酰脲类杀虫剂具有抗蜕皮激素的生物活性，能够抑制昆虫表皮壳多糖合成酶和脲核苷辅酶的活化率，抑制 N-乙酰基氨基葡萄糖在壳多糖中结合，能影响卵的呼吸代谢以及胚胎发育过程的 DNA 和蛋白质代谢，使卵内幼虫缺乏壳多糖而不能孵化或孵化后死亡。在幼虫期施药，使害虫新表皮形成受阻，不能正常发育导致死亡或形成畸形蛹死亡[12]。

① 结构特点。简单取代的苯甲酰脲类杀虫剂一般通式如下。

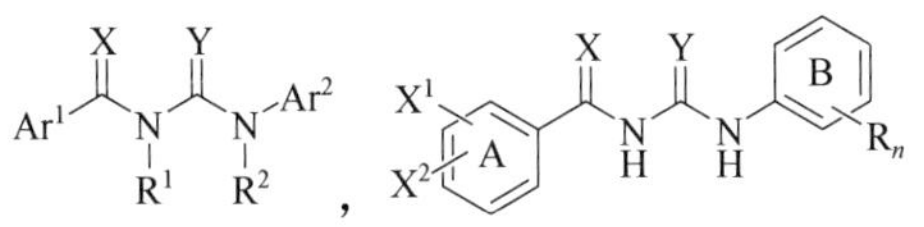

式中，Ar^1 为取代的苯环，Ar^2 为取代的芳环，多数是苯环；X、Y 为氧或硫，R^1、R^2 为氢、烷基、烷氧基、烷硫基等。通常情况下，X^1、X^2 为卤素，位于 2 位或 2,6 位；R_n 为卤素、多卤烃氧基、多卤烃基，主要位于 4 位，$n=1\sim4$。示例如图 5-42。

结构与活性：当苯胺部位取代基相同时，2,6-F 取代的化合物活性比相应 2,6-Cl 取代的化合物活性高 4 倍，其原因是吸电子取代基使相应代谢受到了限制。而苯环 4-位引入取代吡啶氧基可以将化合物的杀虫活性提高 50 倍，但引入取代苯氧基却使化合物活性降低 95%。

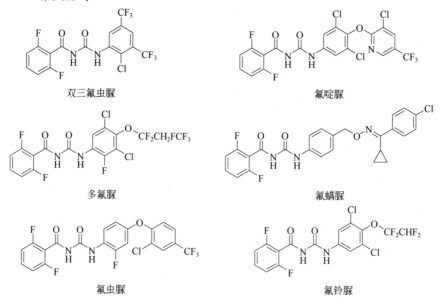

图 5-42　苯甲酰脲类杀虫剂结构特点

② 商品化合物。目前该类杀虫剂常用品种有双三氟虫脲（bistrifluron）、氟啶脲（chlorfluazuron）、多氟脲（noviflumuron）、氟螨脲（flucycloxuron）、氟虫脲（flufenoxuron）、氟铃脲（hexaflumuron）、虱螨脲（lufenuron）、氟酰脲（novaluron）、灭幼脲（chlorbenzuron）、氟幼脲（penfluron）、氟苯脲（teflubenzuron）、除虫脲（diflubenzuron）、啶蜱脲（fluazuron）、啶虫隆（chlorfluazuron）、杀铃脲（triflumueon）、嗪虫脲等。

双三氟虫脲

氟啶脲

多氟脲

氟螨脲

氟虫脲

氟铃脲

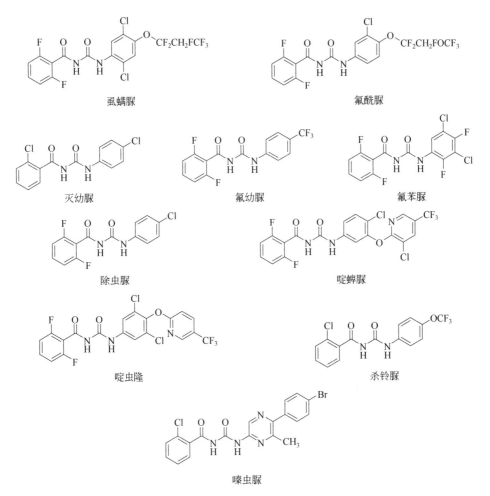

（2）开发与创制

① 研究与发现。两种除草剂选择性拼合，所得新结构分子却具有特殊的杀虫活性。如将敌草腈（dichlobenil）和敌草隆（diuron）进行选择性拼合，竟然得到苯甲酰脲类杀虫剂的优势结构。

Ar^1 2,6 位氟代、Ar^2 多卤代化：如双三氟虫脲（bistrifluron）、氟苯脲（teflu-benzuron）等。

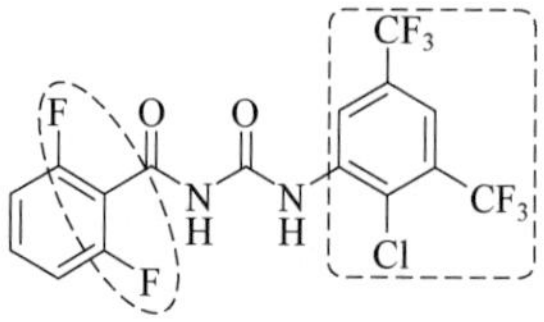

双三氟虫脲

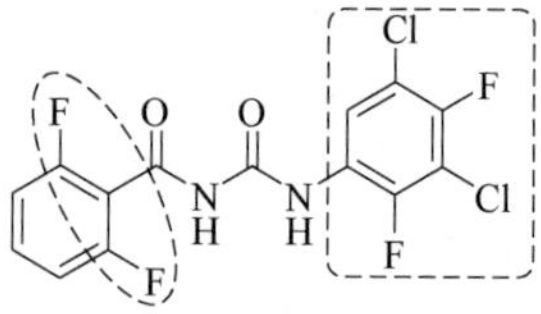

氟苯脲

Ar^2 对位多氟烷氧醚化：如多氟脲（noviflumuron）、虱螨脲（lufenuron）、氟酰脲（novaluron）等。

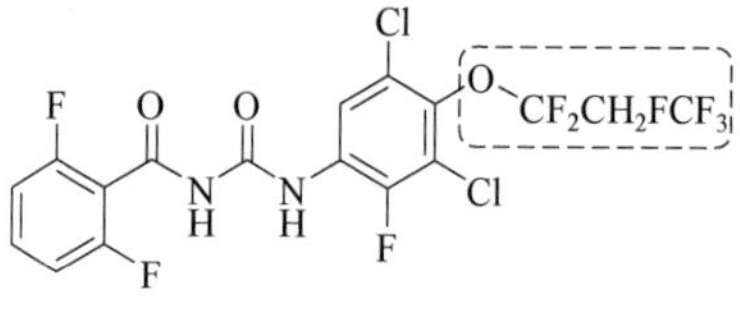

多氟脲

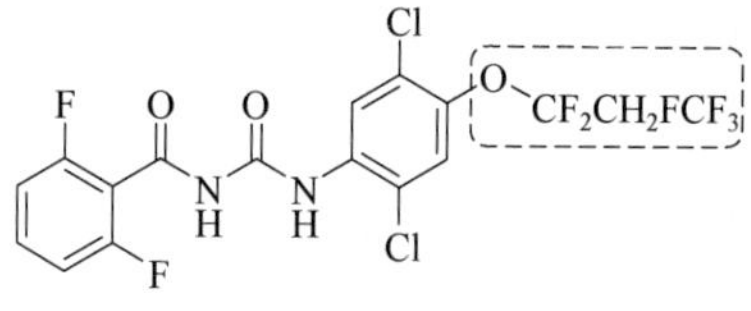

虱螨脲

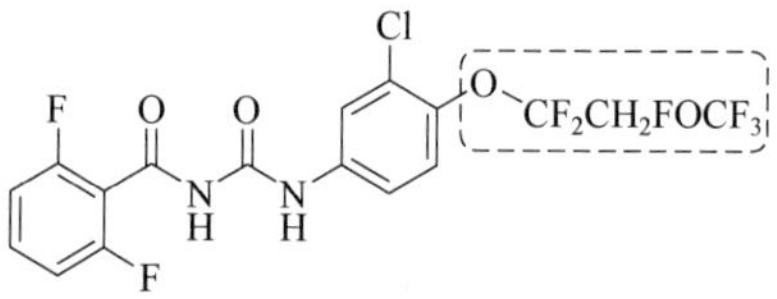

氟酰脲

Ar^2 对位或间位苯醚吡啶醚延伸，形成多原子桥芳基苯基苯甲酰脲：芳氨基部分电子通过多原子传递，将提高生物活性。如氟螨脲（flucyloxuron）、氟啶脲（chlorfluazuron）、氟虫脲（flufenoxuron）、啶蜱脲（fluazuron）等。

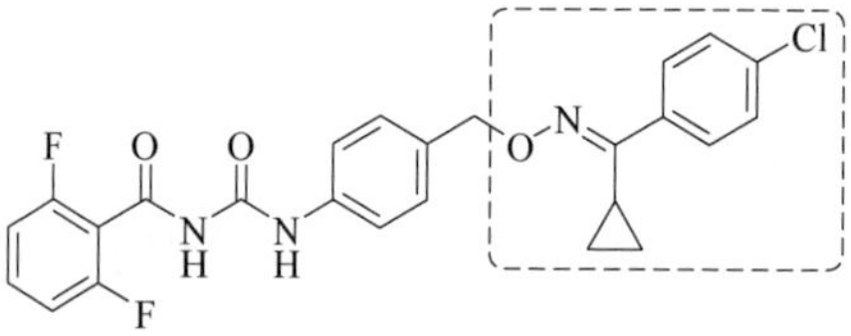

氟螨脲

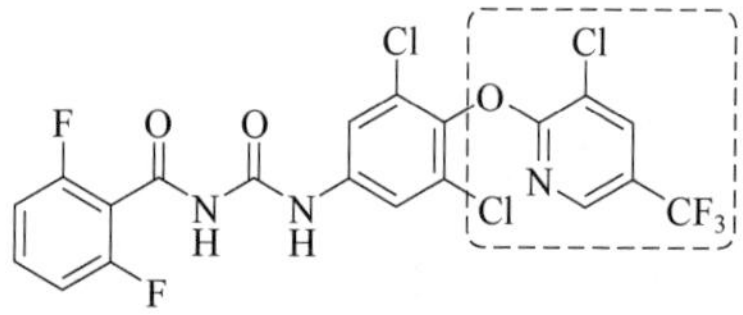

氟啶脲

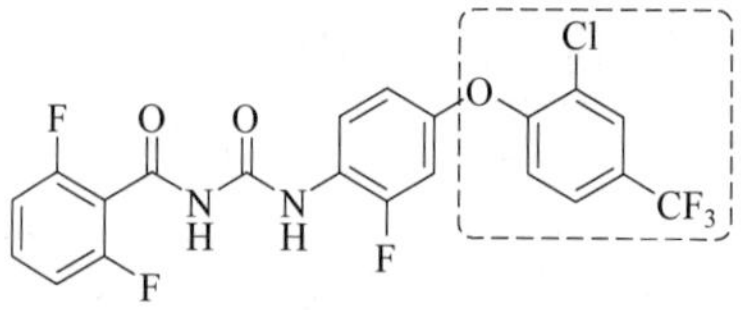

氟虫脲

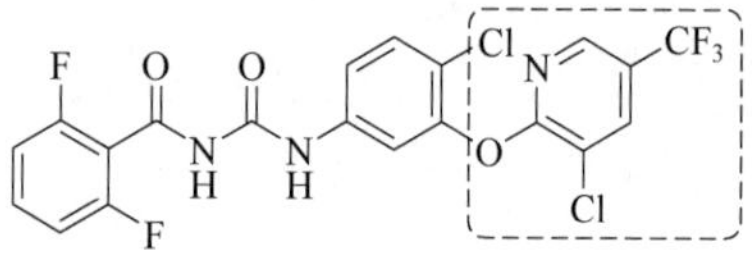

啶蜱脲

芳香环等排替换：根据生物等排原理，将苯环与吡嗪环（pyrazine）等排替换，首创杂环基苯甲酰脲；如灭幼脲（chlorbenzuron）、杀铃脲（triflumueon）之于嗪虫脲，如图 5-43。

② 骨架形成与转换。两种除草剂骨架选择性拼合，"意料之外地"获得苯甲酰脲类杀虫剂优势结构，通过该优势结构进行农药分子设计与优化，获得苯甲酰脲类杀虫剂；将苯甲酰脲类杀虫剂分子结构中的羰基（ 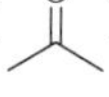 ）与砜基（ 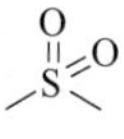 ）进

行等排替换，形成磺酰脲类除草剂优势结构，通过该优势结构进行农药分子设计与优化，创制出"超高效"除草剂——磺酰脲类除草剂，如图 5-44。

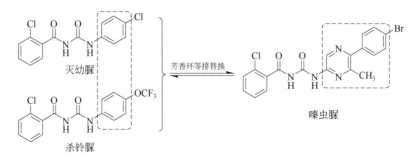

图 5-43　苯甲酰脲类杀虫剂结构优化之芳香性等排

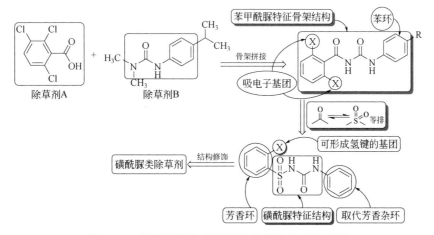

图 5-44　苯甲酰脲类杀虫剂结构优化之骨架转换

③　创新活性化合物设计与优化。该类杀虫剂虽然针对靶标生物高毒、高选择性，但由于其速效性比较差，多年来发展缓慢，但近年来诸多农药学科学家仍然进行了有益的探索与改进。

消除或减少活泼氢、在 Ar^2 对位与肟"假环"拼合、与氨基甲酸酯类杀虫剂进行双效拼合，所得创新结构新化合物，都保持了良好杀虫生物活性，如化合物 A、B、C、D、E、F[13]。

A　　　　　　　B　　　　　　　C

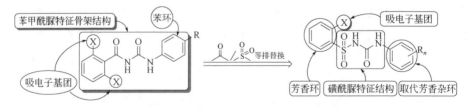

6 个化合物活性依次为：A 1mg/kg 对小菜蛾防效 100%，B 3.2mg/kg 对小菜蛾防效 100%，C 25mg/kg 对小菜蛾、白蚁防效高于 90%，D 对小菜蛾、夜蛾有很好防效，E 10mg/kg 对黏虫防效 100%，F 1mg/kg 对黏虫防效 100%，杀虫生物活性保持或高于原苯甲酰脲杀虫剂先导化合物。

将 Ar¹ 环与芳香杂环等排替换，所得创新结构化合物杀虫活性保持或低于原苯甲酰脲类杀虫剂先导化合物，如南开大学范志金创制的化合物 G、H，G 基本保持了氟铃脲（hexaflumuron）杀虫活性（100mg/kg 对小菜蛾防效 100%），而双芳基甲酰脲结构化合物 H 却具有一定的杀菌生物活性[14]。

（图中化合物结构 G、H）

5.4.3 磺酰脲类

磺酰脲类农药品种主要用作高活性除草剂，该类除草剂活性极高，每公顷用量仅以克计，称为"超高效"除草剂，其除草机制为通过抑制乙酰乳酸合成酶，影响细胞分裂，造成杂草生长停止而死亡[15]。

（1）结构渊源 磺酰脲类除草剂特征结构可以看作是由苯甲酰脲类杀虫剂特征结构通过非经典生物电子等排、羰基（ ）与砜基（ ）等排替换并修饰而得，如图 5-45。

（图 5-45 结构示意图）

图 5-45 磺酰脲类除草剂分子优势结构渊源解析

（2）磺酰脲类除草剂结构解析 邻位吸电子基团取代的芳香环通过磺酰脲桥与取代嘧啶或三嗪芳香环相连接。

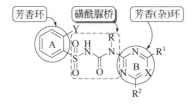

其中，X=N、CH；R^1=CH$_3$、Cl 等；R^2=OCH$_3$、CH$_3$、Cl 等；R=CH$_3$、烷基等；Y=Cl、F、Br、CH$_3$、CO$_2$CH$_3$、SO$_2$CH$_3$、SCH$_3$、SO$_2$N(CH$_3$)$_2$、CF$_3$、CH$_2$Cl、OCF$_3$、NO$_2$ 等可以形成氢键的原子或官能团，代表性品种如氯嘧磺隆(chlorimuron-ethyl)、噻吩磺隆（thifensulfuron-methyl）、胺苯磺隆（ethametsulfuron-methyl）、四唑嘧磺隆（azimsulfuron）、啶嘧磺隆（flazasulfuron）、吡嘧磺隆（pyrazosulfuron）、氟唑磺隆（flucarbazone-sodium）等，如图 5-46。

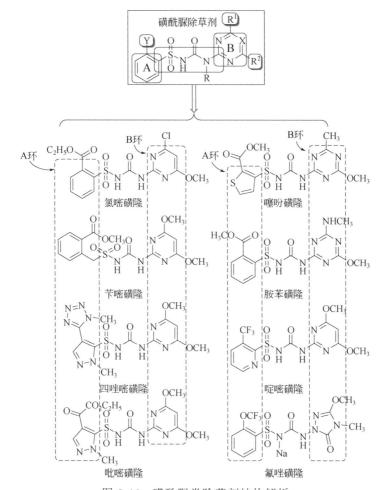

图 5-46　磺酰脲类除草剂结构解析

227

（3）磺酰脲类结构修饰与新产品创制　作为"超高效"除草剂，磺酰脲类除草剂的超高效成为除草剂领域的里程碑，由于巨大的经济市场，世界各大农药公司"me-too""me-better"开发热潮经久不息，相关的分子设计和优化，主要在 A、B、C、D 四个关键结构部位展开，主要方略是局部修饰及等排替换等。

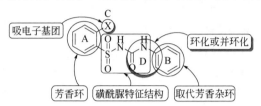

A 位等排：主要是芳香苯环、芳香杂环及芳香稠杂环之间的等排替换，涉及

芳香环有：（结构式）等。

B 位等排：主要在取代嘧啶或取代三嗪之间进行六元含氮芳香环等排替换，如（结构式）等。

C 位等排：主要是经典及非经典吸电子功能基团之间的等排替换、环化等，如 —$CH_3/Cl/CF_3/I/OCH_3/OC_2H_5/OCH_2CF_3/OCH_2CH_2Cl/OCH_2CH_2OCH_3$、（结构式）等。

D 位环化：形成新的优势结构，产生创新结构除草剂类别，如（结构式）等。

228

① A 环为苯衍生物。该结构除草剂在磺酰脲类除草剂中比例最大，也是最早上市、市场占有率最高的产品，其他类型磺酰脲类除草剂往往是以该类结构为先导化合物进行芳香环等排替换、"me-too"创制的结果，如氯嘧磺隆（chlorimuron-ethyl）、胺苯磺隆（ethametsulfuron-methyl）、甲嘧磺隆（sulfometuron-methyl）、氟嘧磺隆（primisulfuron-methyl）、苯磺隆（tribenuron-methyl）、氟胺磺隆（triflu-sulfuron-methyl）、环氧嘧磺隆（oxasulfuron）、苄嘧磺隆（bensulfuron-methyl）、环丙嘧磺隆（cyclosulfamuron）、甲磺胺磺隆（mesosulfuron-methyl）、碘甲磺隆钠盐（iodosulfuron-methyl sodium）、甲酰胺磺隆（foramsulfuron）、嘧苯胺磺隆（orthosulfamuron）、醚磺隆（cinosulfuron）、醚苯磺隆（triasulfuron）、乙氧嘧磺隆（ethoxysulfuron）、氟磺隆（prosulfuron）、三氟甲磺隆（tritosulfuron）、iofensulfuron、氟唑磺隆（flucarbazone-sodium）、丙苯磺隆（procarbazone）等。

氯嘧磺隆

胺苯磺隆

甲嘧磺隆

氟嘧磺隆

苯磺隆

氟胺磺隆

环氧嘧磺隆

苄嘧磺隆

环丙嘧磺隆

甲磺胺磺隆

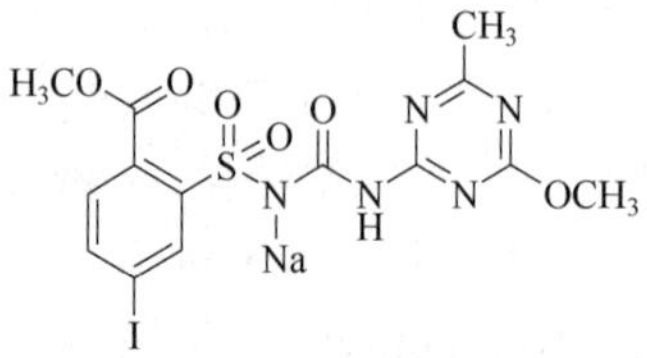

碘甲磺隆钠盐

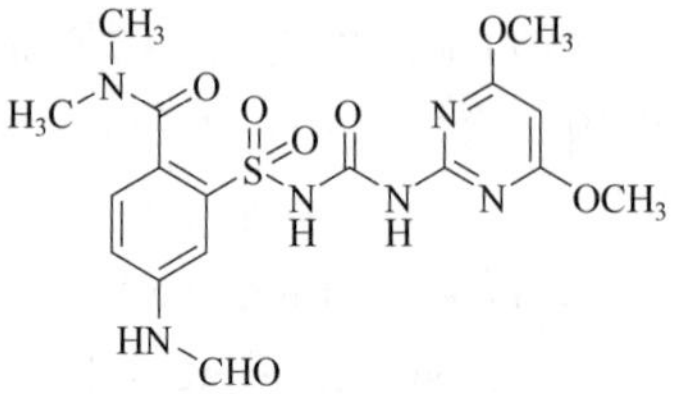

甲酰胺磺隆

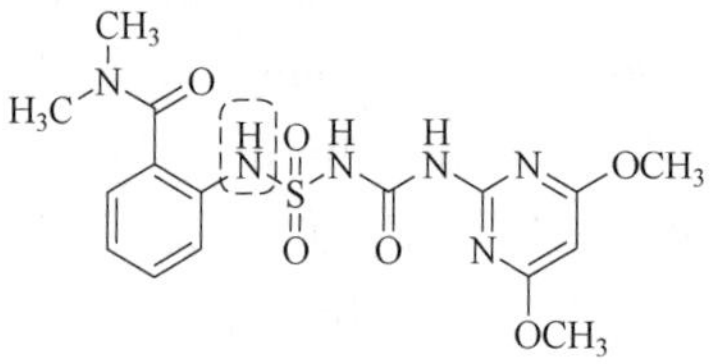

嘧苯胺磺隆

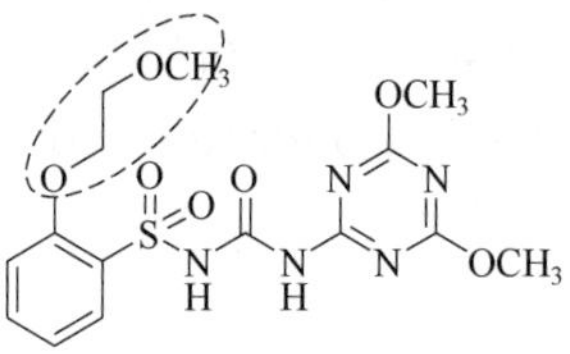

醚磺隆

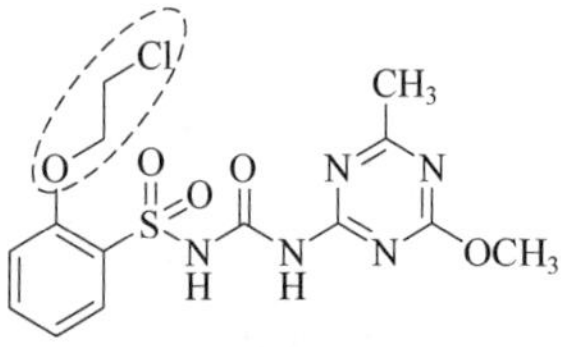

醚苯磺隆

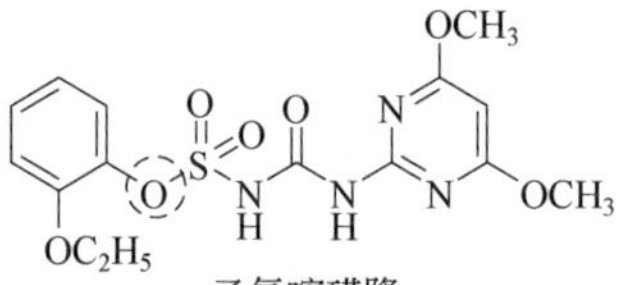

乙氧嘧磺隆

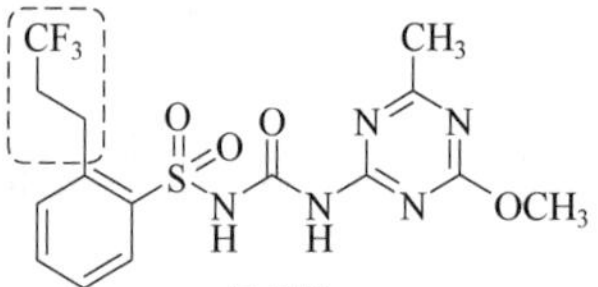

氟磺隆

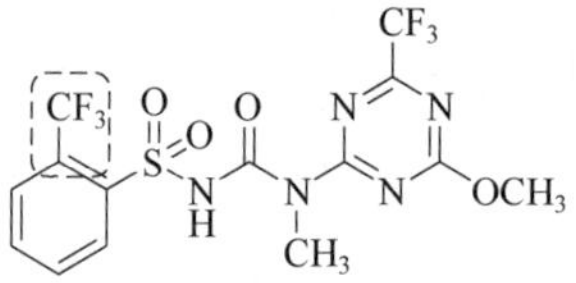

三氟甲磺隆

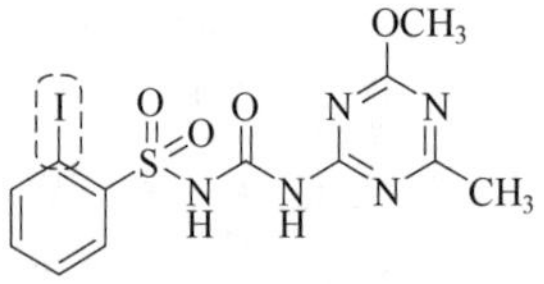

iofensulfuron

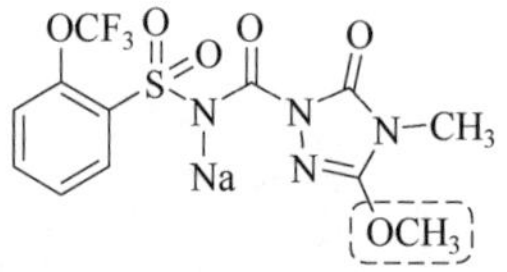

氟唑磺隆

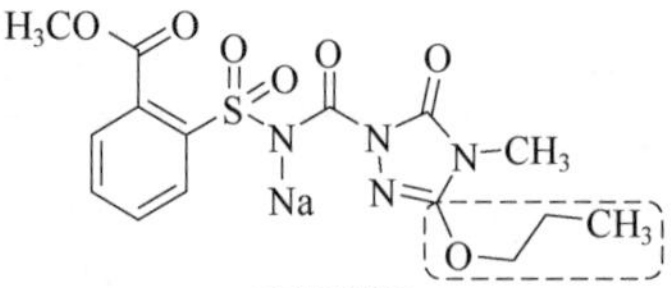

丙苯磺隆

由于磺酰脲类除草剂分子结构中，C 位为吸电子功能基团即可，因此该位羧基、酯基、酰氨基、烷氧基、含氟烃基等吸电子功能基团无论是经典生物电子等排体还是非经典生物电子等排体都可以互相等排替换。A、B 环之间的距离增加一个化学键并不影响磺酰脲类除草剂优势结构生物活性性能，因此可以插入—O—、—NH—、—CH₂—等二价生物电子等排体，如苄嘧磺隆（bensulfuron-methyl）、环丙嘧磺隆（cyclosulfamuron）、乙氧嘧磺隆（ethoxysulfuron）、嘧苯胺磺隆（orthosulfamuron）等。

② A 环为吡啶衍生物。苯和吡啶同为六元芳香环，摩尔质量分别为 78g/mol 和 79g/mol，非常相近，在作为优势结构重要构建而不是关键要素且酸碱性、氢键数量不影响优势结构性能时，二者是理想的等排替换体，如烟嘧磺隆（nicosulfuron）、砜嘧磺隆（rimsulfuron）、氟啶嘧磺隆（flupysulfuron-methyl-sodium）、啶嘧磺隆（flazasulfuron）、氟吡磺隆（flucetosulfuron）、三氟啶磺隆（trifloxysulfuron）等。

| 烟嘧磺隆 | 砜嘧磺隆 | 氟啶嘧磺隆 |

| 啶嘧磺隆 | 氟吡磺隆 | 三氟啶磺隆 |

③ A 环为五元芳香杂环衍生物。苯、N-甲基吡唑、噻吩、呋喃，摩尔质量（g/mol）分别为 78、82、84、82，差别不大，在作为优势结构重要构建而不是关键要素且酸碱性、氢键数量不影响优势结构性能时，可以相互等排替换，如四唑嘧磺隆（azimsulfuron）、氯吡嘧磺隆（halosulfuron-methyl）、吡嘧磺隆（pyrazosulfuron-methyl）、嗪吡嘧磺隆（metazosulfuron）、噻吩磺隆（thifensulfuron-methyl）等。

| 四唑嘧磺隆 | 氯吡嘧磺隆 |
| 吡嘧磺隆 | 嗪吡嘧磺隆 |

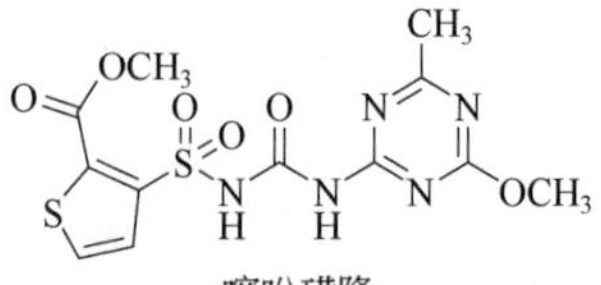

噻吩磺隆

④ A 环为芳香稠杂环衍生物。用 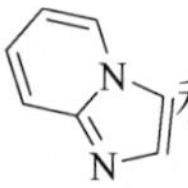 和 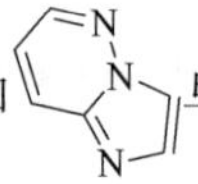 与 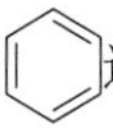 进行等排替换，是磺

酰脲类除草剂分子结构设计与优化的重要突破， 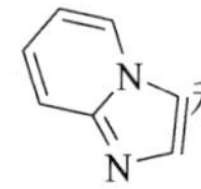 和 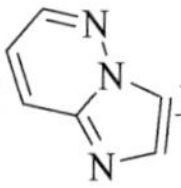 二者虽然属于不

同类别化合物，但摩尔质量（g/mol）分别为 118 和 119，非常接近，并且轮廓极为相似，因此二者属于比较理想的生物电子芳香稠杂环等排替换体如唑吡嘧磺隆（imazosulfuron）、磺酰磺隆（sulfosulfuron）、丙嗪嘧磺隆（propyrisulfuron）等。

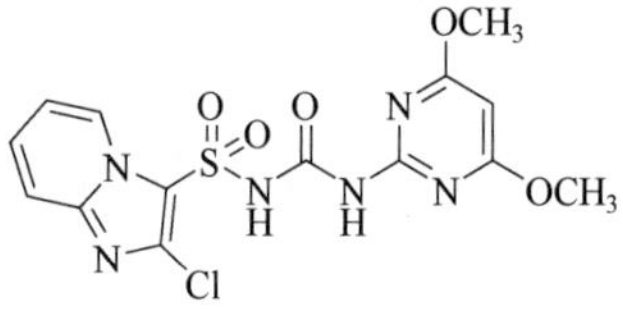

唑吡嘧磺隆

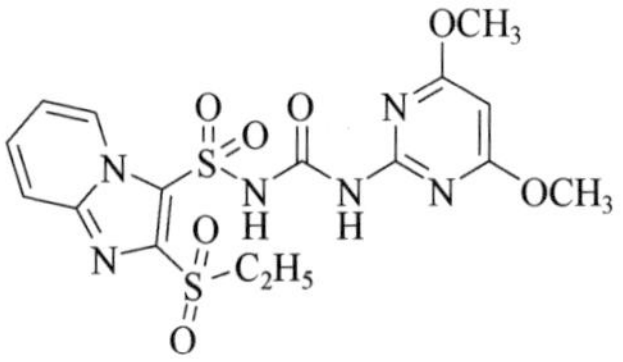

磺酰磺隆

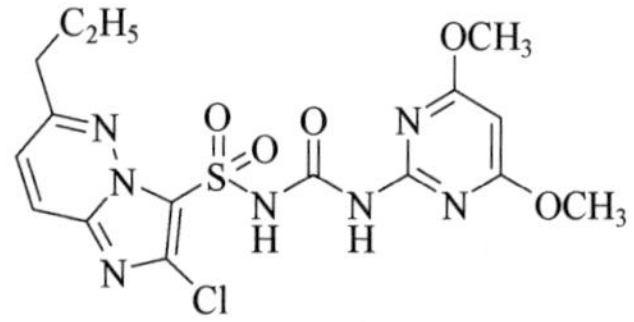

丙嗪嘧磺隆

（4）磺酰脲类结构修饰与新除草优势结构构建　以磺酰脲类化合物为先导物，通过分子重排与结构修饰而获得三唑并嘧啶除草优势结构，如图 5-47。

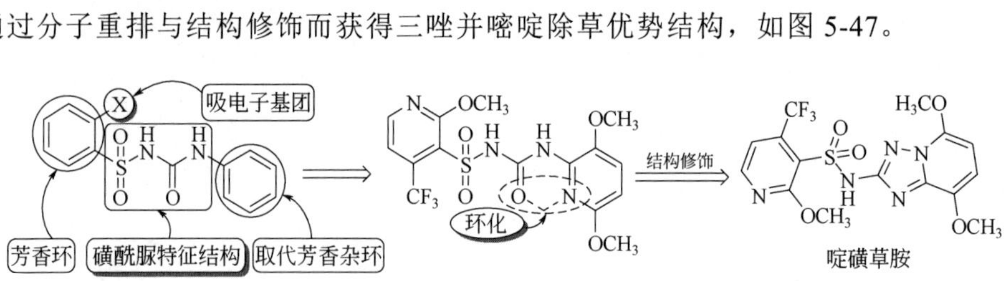

图 5-47　磺酰脲类结构修饰与新除草优势结构构建

相关三唑并嘧啶类除草剂如氯酯磺草胺（cloransulam-methyl）、双氯磺草胺（diclosulam）、双氟磺草胺（florasulam）、啶磺草胺（pyroxsulam）、唑嘧磺草胺（flumetsulam）、磺草唑胺/甲氧磺草胺（metosulam）、五氟磺草胺（penoxsulam）等。

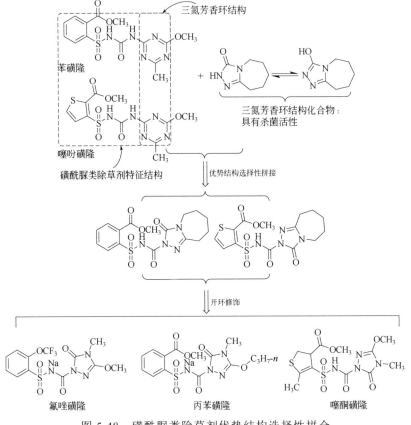

氯酯磺草胺　　　　　双氯磺草胺　　　　　双氟磺草胺

唑嘧磺草胺　　　磺草唑胺/甲氧磺草胺　　　五氟磺草胺

（5）磺酰脲类除草剂优势结构选择性拼合，形成磺酰脲三唑啉酮新颖除草剂优势结构，开创磺酰脲类除草剂分子结构设计与优化新局面，如氟唑磺隆（flucar-bazone-sodium）、丙苯磺隆（procarbazone）、噻酮磺隆（thiencarbazone-methyl）创制[16]，如图 5-48。

三氮芳香环结构

苯磺隆

三氮芳香环结构化合物：
具有杀菌活性

噻吩磺隆

磺酰脲类除草剂特征结构

优势结构选择性拼接

开环修饰

氟唑磺隆　　　　　丙苯磺隆　　　　　噻酮磺隆

图 5-48　磺酰脲类除草剂优势结构选择性拼合

5.5 酰胺、酰肼及酰亚胺

5.5.1 分类及结构

含有酰胺特征结构基团的农药品种很多，几乎涵盖杀虫剂、杀菌剂、除草剂及植物生长调节剂。然而，很多该类化合物之所以具有相应的生物活性，往往取决于其整体分子结构，其中的酰胺结构属于相应优势结构的重要组成部分并非关键要素。从分子结构形式上看，双酰肼结构可以看作两种酰胺的拼合，品种数量很大，但目前开发出的农药品种数量有限，只有几种具有蜕皮激素活性的昆虫生长调节剂，作用机制是加速昆虫蜕皮，影响新表皮的形成，从而起到杀虫作用。两种酰胺官能团叠加拼合，即可形成酰亚胺结构，部分具有特殊结构的该类化合物具有杀菌活性。

（1）代表性杀虫剂品种　重要的酰胺类杀虫剂有唑虫酰胺（tolfenpyrad）、吡螨胺（tebufenpyrad）等，而酰胺类杀虫剂的兴起，与氟啶虫酰胺（flonicamid）、氯虫苯甲酰胺（chlorantraniliprole）、氟虫双酰胺（flubendiamide）的开发直接相关，是最近几年的事情；双酰肼类代表性杀虫剂有环虫酰肼（chromafenozide）、虫酰肼（tebufenozide）、甲氧虫酰肼（methoxyfenozide）等。

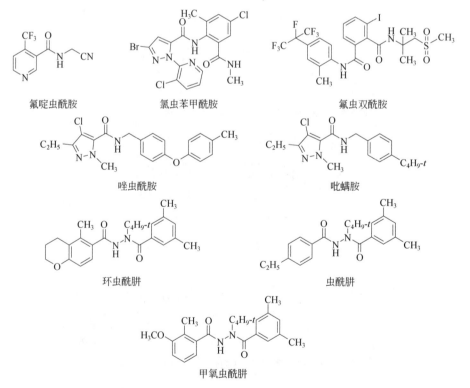

氟啶虫酰胺　　　　氯虫苯甲酰胺　　　　　　氟虫双酰胺

唑虫酰胺　　　　　　　　　吡螨胺

环虫酰肼　　　　　　　　　　虫酰肼

甲氧虫酰肼

（2）杀菌剂　作为杀菌剂，主要体现在酰胺类和亚胺类，历史悠久，品种众多。酰胺类杀菌剂主要由杀菌优势结构丁烯酰胺衍生而来，为邻甲基（或甲基生物电子等排替换体）芳香（杂）环甲酰胺结构，如噻氟菌胺（thifluzamide）、硅噻菌胺（silthiopham）、呋吡菌胺（furametpyr）、氟唑菌酰胺（fluxapyroxad）、联苯吡菌胺（bixafen）、叶枯酞（tecloftalam）、啶酰菌胺（boscalid）、氟吗啉（flumorph）、萎锈灵（carboxin）、双氯氰菌胺（diclocymet）、甲霜灵（metalaxyl）、噁霜灵（oxadixyl）等；亚胺类杀菌剂则分为经典类如敌菌丹（captafol）、克菌丹（captan）、灭菌丹（folpet）等；创新结构类如乙烯菌核利（vinclozolin）、异菌脲（iprodione）、乙菌利（chlozolinate）等。

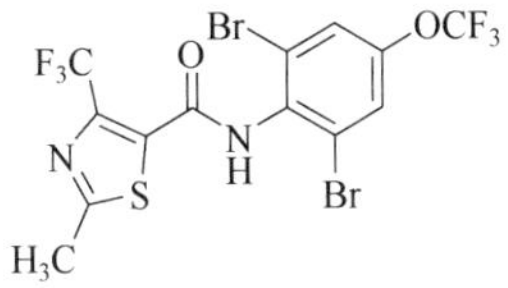

噻氟菌胺 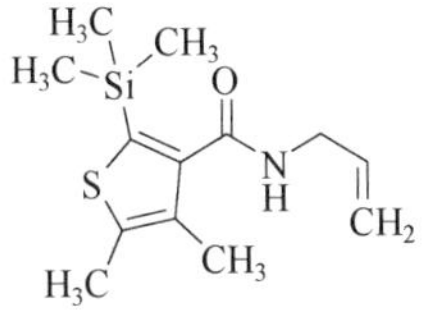　硅噻菌胺 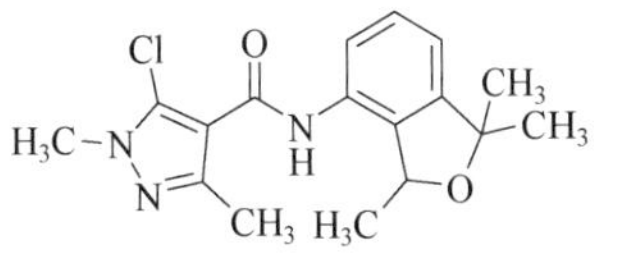　呋吡菌胺

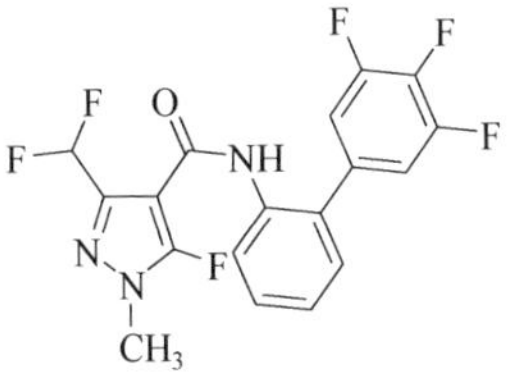

氟唑菌酰胺 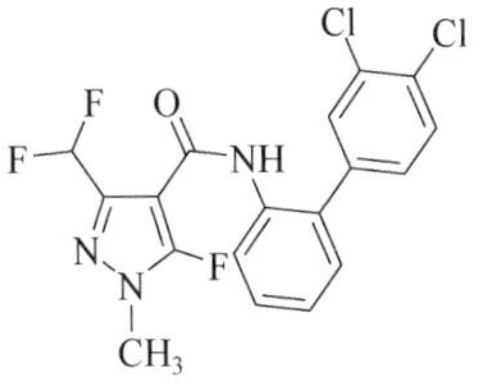　联苯吡菌胺 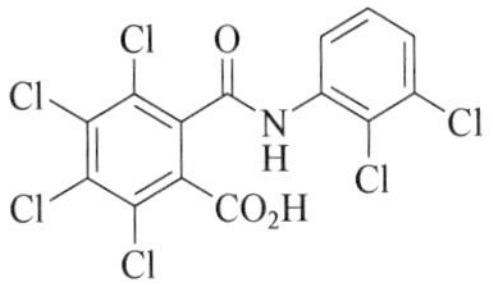　叶枯酞

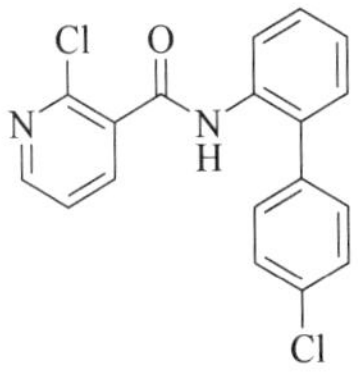

啶酰菌胺 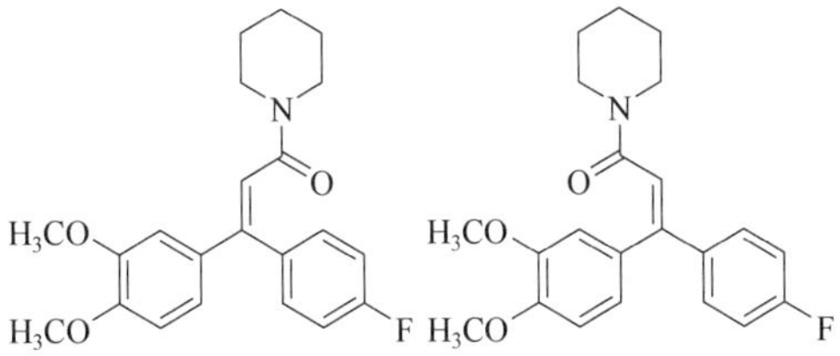　氟吗啉 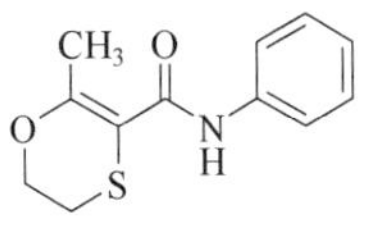　萎锈灵

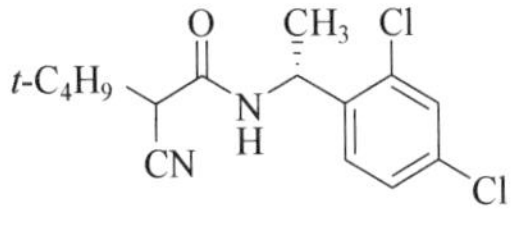

双氯氰菌胺 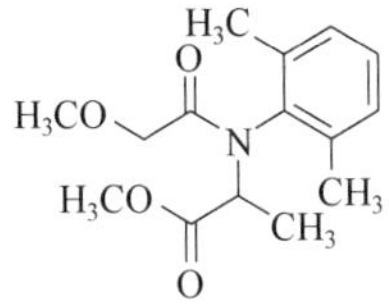　甲霜灵 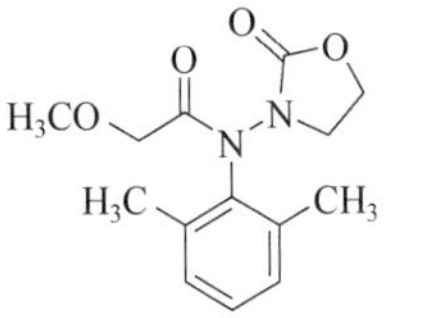　噁霜灵

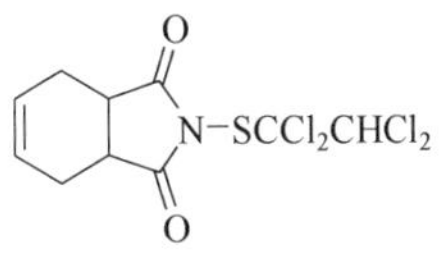

敌菌丹 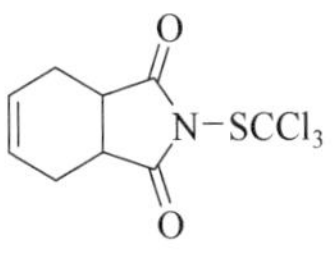　克菌丹 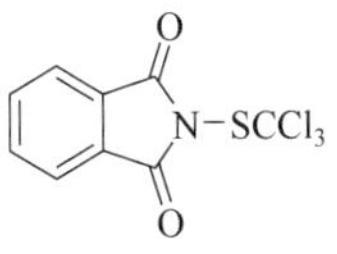　灭菌丹 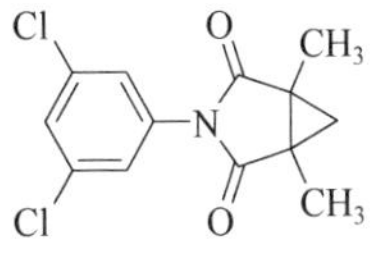　腐霉利

乙烯菌核利 异菌脲 乙菌利

（3）除草剂　作为除草剂，酰胺类结构和酰亚胺类结构可谓历史悠久、经久不息，并且与其他除草活性优势结构进行选择性拼合、不断创新，直到目前仍是除草剂农药分子设计与优化的重点关注区域。经典型酰胺类除草剂如溴丁酰草胺（bromobutide）、吡氟草胺（diflufenican）、氟吡草胺（picolinafen）、二甲噻草胺（dimethenamid）、乙草胺（acetochlor）、吡草胺（metazachlor）、氟磺酰草胺（mefluidide）等；创新类结构如苯嘧磺草胺（saflufenacil）、环戊噁草酮（pentoxazone）、氟唑草胺（profluazol）、噁嗪草酮（oxaziclomefone）、氟咯草酮（flurochloridone）、异噁草酮（clomazone）、吲哚酮草酯（cinidon-ethyl）、氟胺草酯（flumiclorac-pentyl）、丙炔氟草胺（flumioazin）、双苯嘧草酮（benzfendizone）、氟丙嘧草酯（butafenacil）、除草定（bromacil）等。

溴丁酰草胺 吡氟草胺 氟吡草胺

二甲噻草胺 乙草胺 吡草胺 氟磺酰草胺

苯嘧磺草胺 环戊噁草酮 氟唑草胺

噁嗪草酮 氟咯草酮 异噁草酮

236

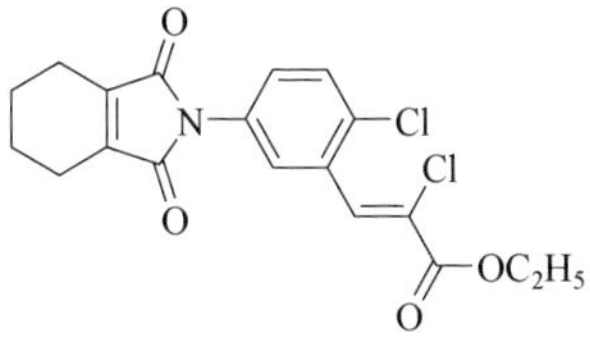

吲哚酮草酯 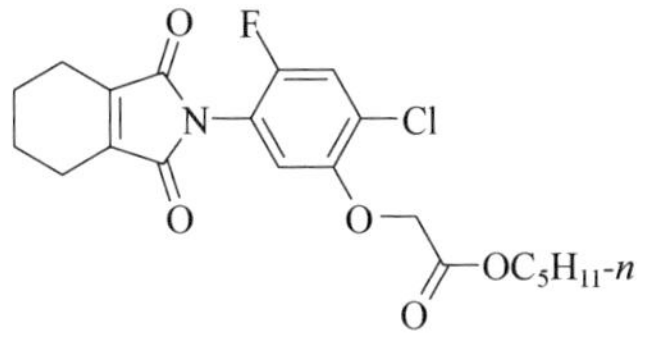　　　　　　　氟胺草酯 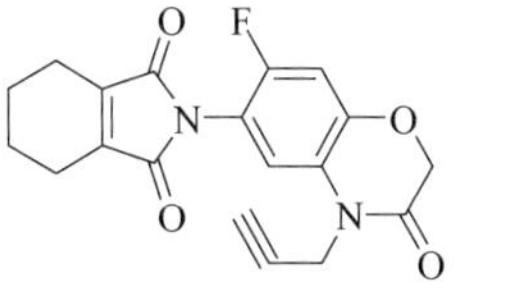　　　　　　　丙炔氟草胺

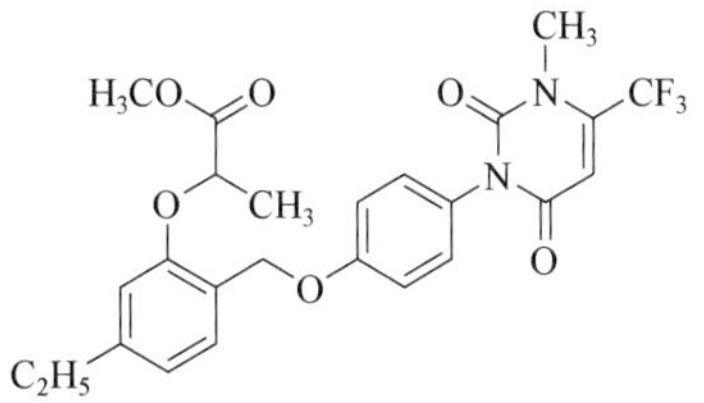

双苯嘧草酮 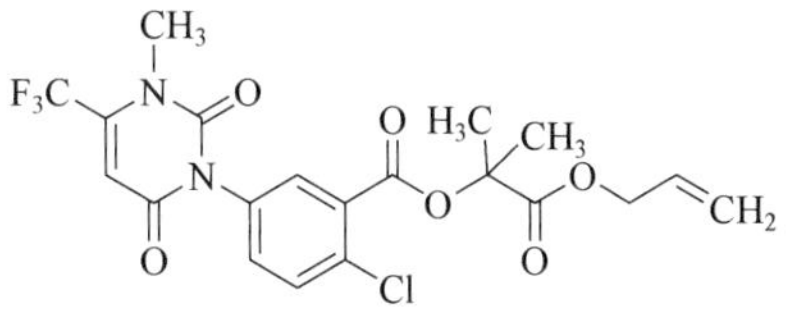　　　　　　　氟丙嘧草酯 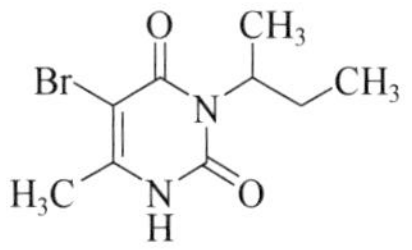　　　　　　　除草定

（4）植物生长调节剂　作为植物生长调节剂，主要结构类型为酰胺和酰肼，如抗倒胺（inabenfide）、环丙酰草胺（cyclanilide）、丁酰肼（daminozide）、增糖胺（fluoridamid）等。

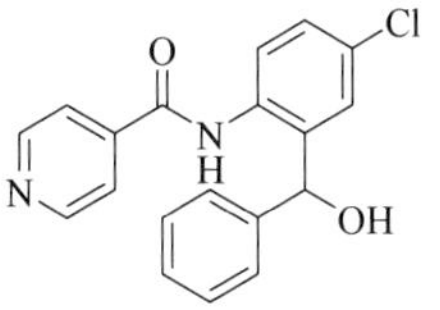

抗倒胺 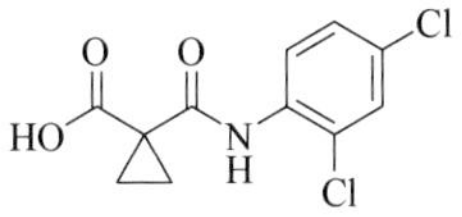　　　　　　环丙酰草胺 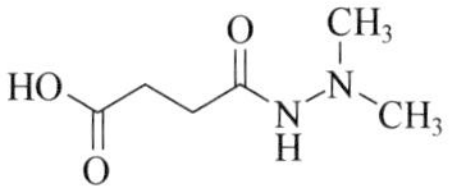　　　　　　丁酰肼 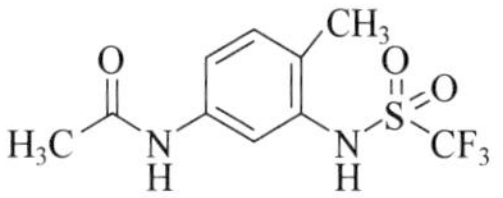　　　　　　增糖胺

5.5.2　结构关系解析

（1）源自丁烯酰胺的酰胺类农药品种

① 先导化合物的优化与创新农药分子设计筛选：丁烯酰胺为重要的杀菌剂活性基团，很多酰胺类杀菌剂的结构与其有很大的相关性，如图 5-49。

在邻位取代芳香甲酰胺类杀菌剂分子结构中，可以参与一价生物电子等排替换的功能基团有：—CH$_3$、—CF$_3$、—CH$_2$F、—CHF$_2$、—Cl、—CN 以及—C$_2$H$_5$、—OH、—F、—I 等。可以参与芳香（杂）环等排替换的功能基团有：〔苯环〕、〔呋喃〕、〔噻唑〕、〔噻二唑〕、〔甲基吡唑〕、〔噻吩〕、〔硫杂〕、〔吡啶〕、〔吡嗪〕等。在近期创制的该类杀菌剂中，吡唑甲酰胺衍生物比较多，如氟茚唑菌胺（fluindapyr）、isoflucypram、氟唑菌酰羟胺（pydiflumetofen）、联苯吡菌胺（bixafen）、吡噻菌胺（penthiopyrad）、苯并烯氟菌唑（benzovindiflupyr）、pyrapropoyne、氟唑环菌胺（sedaxane）、氟苯醚酰胺（flubeneteram）等。

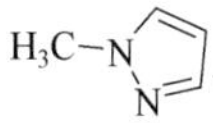

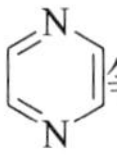

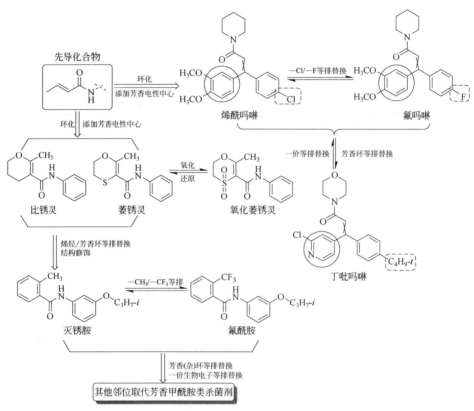

图 5-49　丁烯酰胺片段与酰胺类杀菌剂分子结构渊源

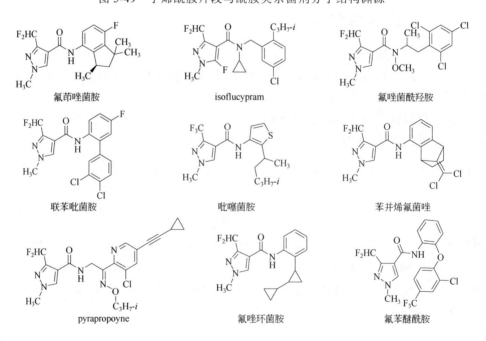

② 结构修饰：局部修饰中，在烃基链上引入容易代谢的功能基团往往可以提高先导化合物的生物活性，如化合物 **A** 为日本农药株式会社在 WO 2007108483 中公开的化合物，杀菌活性为：50mg/L 对苹果黑星病、黄瓜灰霉病和小麦白粉病防治效果 100%；化合物 **B** 为 Agro-Kanesho 公司在 WO 2011128989 中公开的化合物，杀菌活性为：6mg/L 对黄瓜白粉病防治效果 100%[17]。

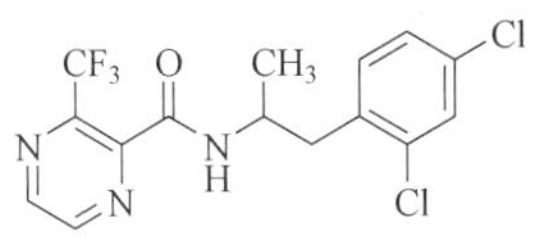

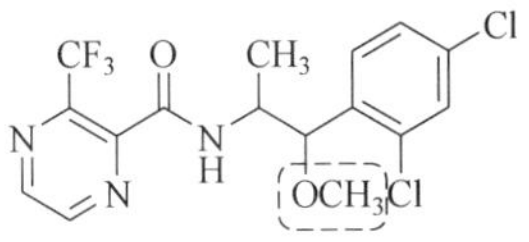

优势结构的轮廓相似时，即使非相同类别化合物，表现出的生物活性往往也会相似，如化合物 C、D、F、G、H 是拜耳公司在 EP 15000651、WO 2006117356、WO 2008101975、WO 2008046836 公开的化合物，E 是日本农药株式会社在 WO 2008126922 中公开的化合物，都表现出类似的杀菌活性，具体的生物活性为 C：300mg/L 对白菜黑斑病、小麦白粉病、灰霉病、大麦网斑病防治效果大于 50%；D：330mg/L 对灰霉病、番茄早疫病防治效果大于 50%；E：30mg/L 对甘薯根结线虫致死率 100%；F：500mg/L 对白菜黑斑病、小麦颖枯病防治效果大于 70%；G：330mg/L 对白菜黑斑病防治效果大于 70%；H：330mg/L 对大麦网斑病防治效果大于 60%[18]。

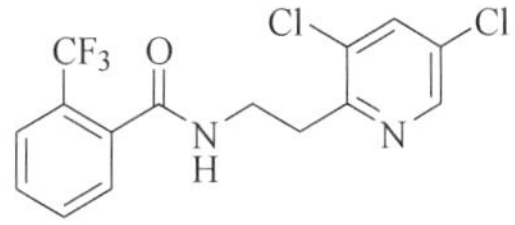

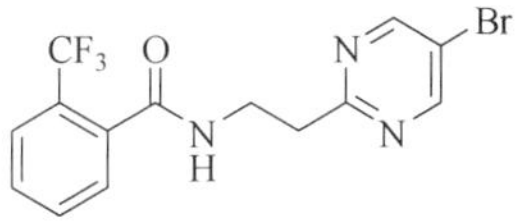

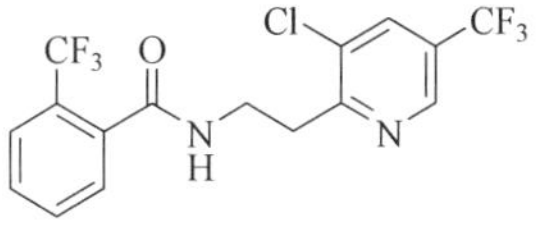

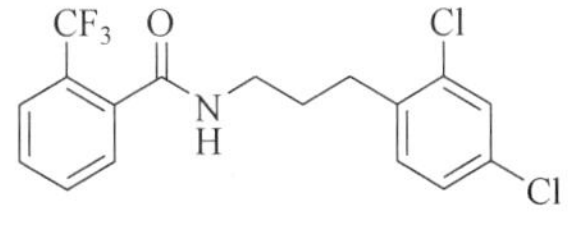

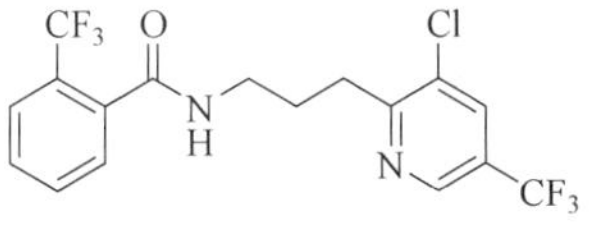

下述是 CN 106061946 A 公开的化合物及其编号，20mg/kg 14 天对线虫具有 100%效力[19]，实际上这些活性化合物皆可以看作上述 **A**、**B**、**C**、**D**、**E**、**F**、**G**、**H** 化合物轮廓的延伸与修饰，如图 5-50。

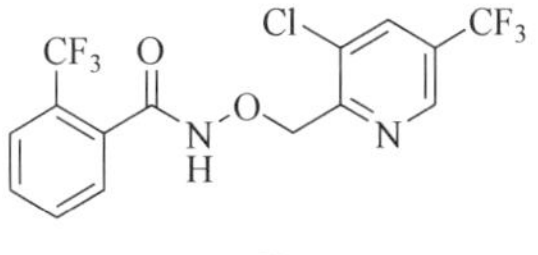

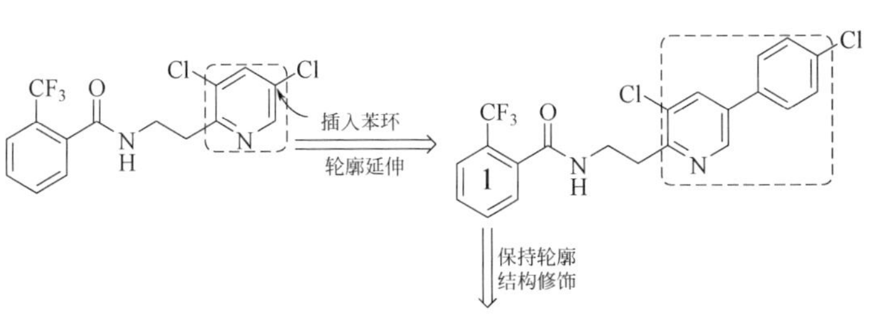

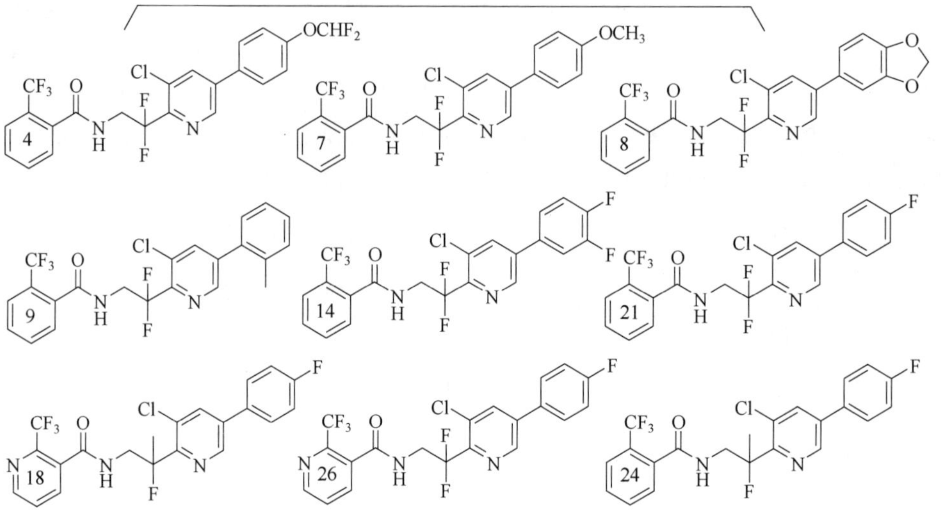

图 5-50 苯甲酰胺杀菌剂优势结构创新构建

③ 丁烯酰胺结构与杀虫剂：实际上，丁烯酰胺结构同样"隐藏于"很多杀虫剂优势结构中，如氟啶虫酰胺（flonicamid）、唑虫酰胺（tolfenpyrad）、吡螨胺（tebufenpyrad）等。

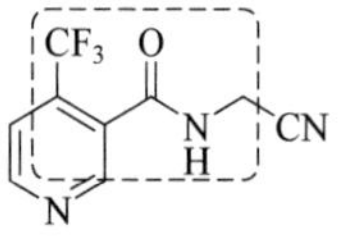

氟啶虫酰胺 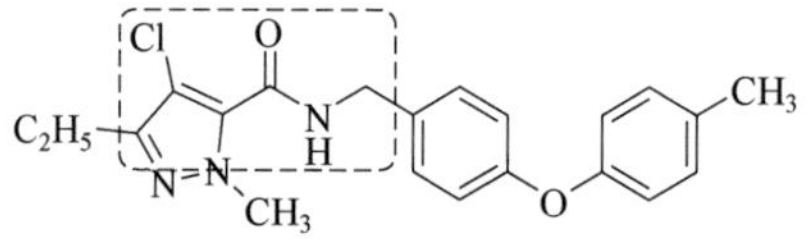　　　　　　　唑虫酰胺 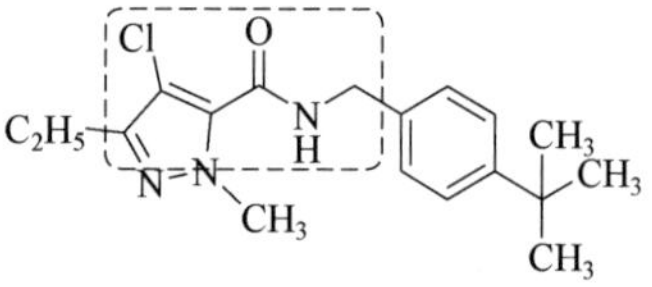　　　　　　　吡螨胺

其他相关杀虫活性化合物，如 WO 2005115994、WO 2005005412、WO 2005019147 公开的 **J**、**K**、**L**，相关生物活性分别为 50mg/L 对二斑叶螨致死率 100%、30mg/L 对蚜虫及粉虱致死率高于 90%、400mg/L 对夜蛾和小菜蛾致死率 100%。

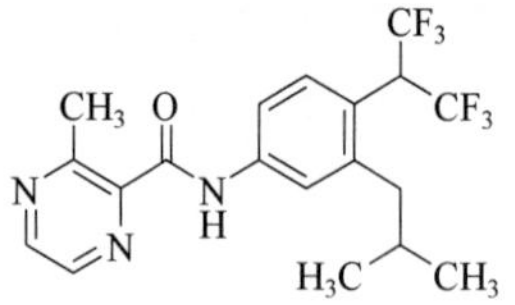

J 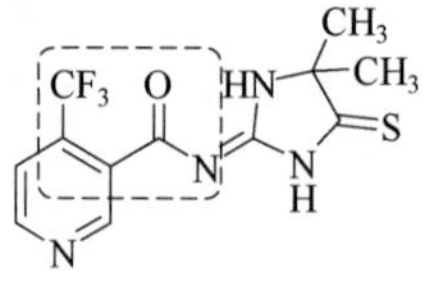　　　　　　　　　**K** 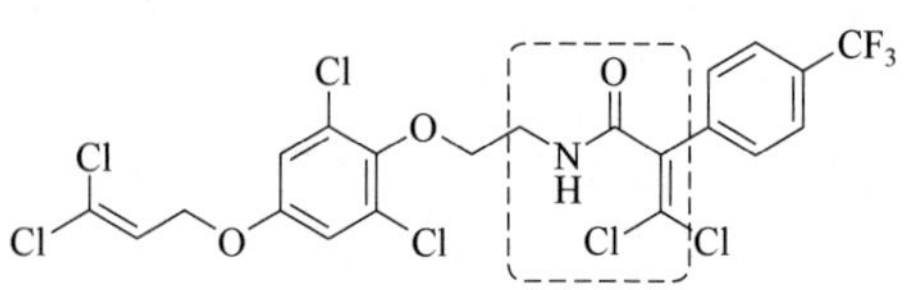　　　　　　　　　　**L**

④ 环化与除草活性优势结构拼合：形成新型除草剂优势结构，如氟哒嗪草酯（flufenpyr-ethyl）分子结构解析，如图 5-51。

与氟哒嗪草酯类似的是由脲类、丁烯酰胺、苯氧羧酸、取代苯/吡啶除草剂优势结构叠加拼合而得的除草剂，如 epyrifenacil、氟嘧硫草酯（tiafenacil）、双苯嘧草酮（benzfendizone）等，以及苯嘧磺草胺（saflufenacil）、氟丙嘧草酯（butafenacil）、环戊恶草酮（pentoxazone）、恶嗪草酮（oxaziclomefone）等。

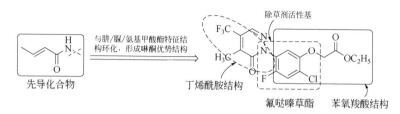

图 5-51　丁烯酰胺结构片段环化与应用

epyrifenacil

氟嘧硫草酯

苯嘧磺草胺

氟丙嘧草酯

双苯嘧草酮

环戊恶草酮

恶嗪草酮

（2）源自氯乙酸、氯丙酸除草剂和杀菌剂　氯代脂肪酸具有除草活性，如氯乙酸、茅草枯（dalapon）等；低碳脂肪酸具有杀菌活性，如乙酸及其金属盐如乙酸铜（cupric acetate）[乙酸铜实际产品分子式为 $Cu_2(OAc)_4(H_2O)_2$，结构式如下] 等。

茅草枯

乙酸铜

以氯乙酸及氯丙酸为母体，经过添加负电中心，局部修饰，成为两大系列除草剂（酰胺类除草剂和苯氧羧酸类除草剂）渊源，如图 5-52。

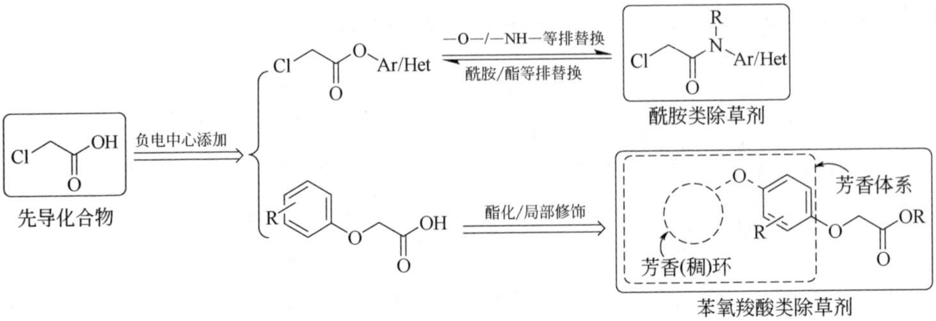

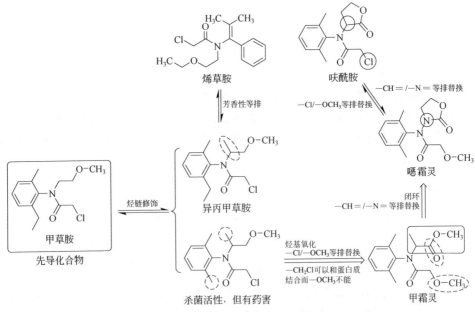

图 5-52　氯乙酸结构片段应用于除草剂优势结构构建

　　苯氧羧酸类除草剂见本书 5.9 节，酰胺类除草剂品种如二甲噻草胺（dimethena-mid）、乙草胺（acetochlor）、烯草胺（pethoxamid）等。

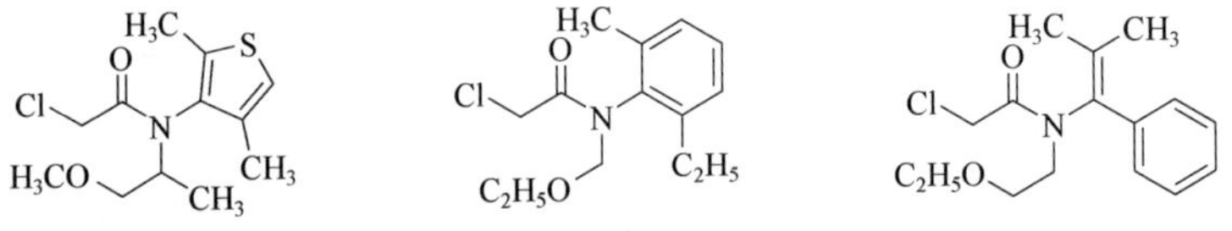

二甲噻草胺　　　　　　　乙草胺　　　　　　　烯草胺

　　甲草胺（alachlor）分子结构修饰与演化关系：作为除草剂的甲草胺，与许多其他农药品种在分子结构方面存在相互关联性。虽然实际创制者可能并非这样思考，但这种内在分子结构间的关联性，却值得初学者借鉴，如图 5-53。

图 5-53　甲草胺分子结构修饰与演化

（3）相关先导化合物修饰与优化　先导化合物修饰与优化方略众多，诸如局部修饰、骨架迁越、有效拼合等。

① 环化属于农药分子设计与优化过程中常用的局部修饰策略，多数情况下所得新化合物生物活性较先导化合物高。

先导化合物氨基甲酸酯 A 具有杀菌活性，其分子结构中—CN 经过代谢水解，环化生成 B 和 C，活性有所提高；以 B 和 C 为先导化合物，进行结构优化筛选，获得异菌脲（iprodione）、乙菌利（chlozolinate）、乙烯菌核利（vinclozolin）等亚胺类杀菌剂农药品种，如图 5-54。

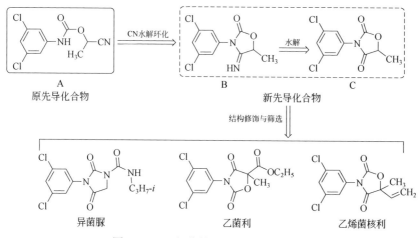

图 5-54　局部修饰之环化应用（一）

环化或闭环修饰，所得新结构化合物生物活性有时会发生戏剧性的变化。如将脲类除草剂环化修饰，却可得到杀菌生物活性农药品种，如图 5-55。

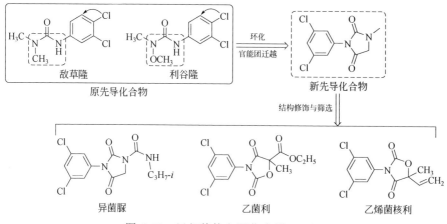

图 5-55　局部修饰之环化应用（二）

② 骨架迁越。单纯的骨架迁越，生物活性没有本质变化，如氟吡草胺（picolinafen）之于吡氟草胺（diflufenican），如图 5-56。

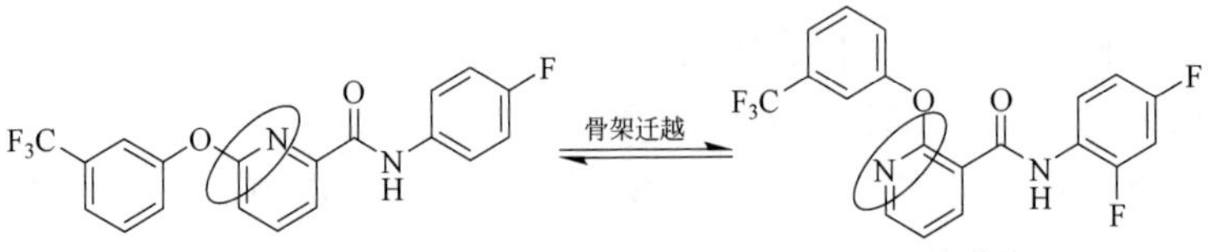

氟吡草胺　　吡氟草胺

图 5-56　局部修饰之骨架迁越

③ 局部修饰。一般情况下，局部修饰时整个分子结构的轮廓保持，主要通过等排替换进行功能性基团或芳香性调整，如氟唑草胺（profluazol）与甲磺草胺（sulfentrazone），如图 5-57。

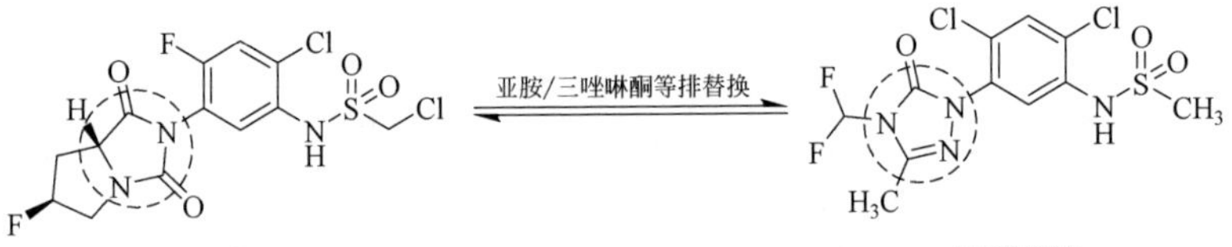

氟唑草胺　　甲磺草胺

图 5-57　局部修饰之杂环替换

在局部修饰过程中，生物电子等排替换往往是主要手段，如吲哚酮草酯（cinidon-ethyl）、氟胺草酯（flumiclorac-pentyl）、唑酮草酯（carfentrazone-ethyl）三者属于不同类别的化合物，但分子结构轮廓相似，只是局部差异，都属于优良活性的除草剂农药品种，如图 5-58。

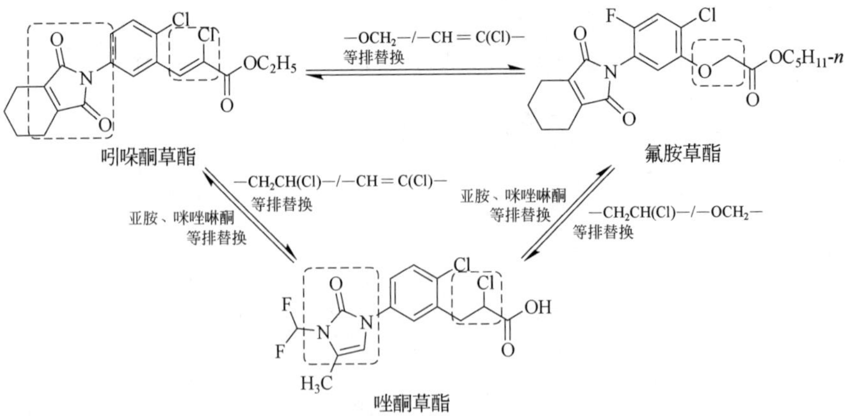

图 5-58　局部修饰之生物电子等排替换（一）

以现有农药品种分子结构作为先导化合物，通过局部修饰优化创制新的农药品种，如噁草酮（oxadiazon）之于丙炔噁草酮（oxadiargyl）、环戊噁草酮（pentoxazone）等，如图 5-59。

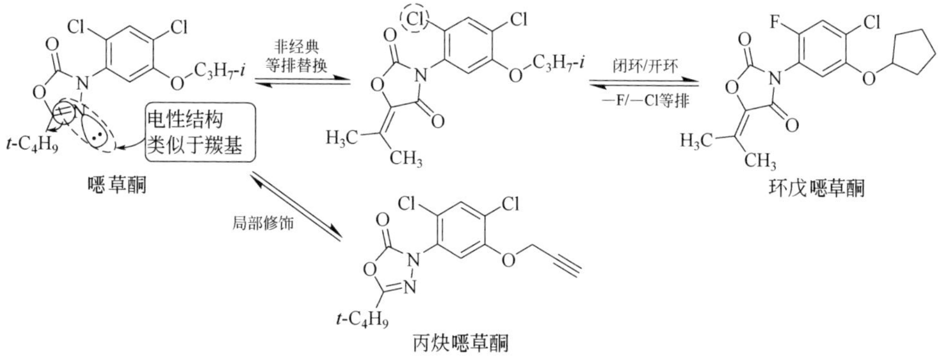

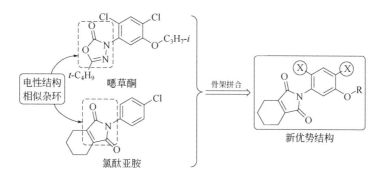

图 5-59　局部修饰之生物电子等排替换（二）

④ 先导化合物有效拼合骨架重塑。先导化合物间的有效拼合，再经过优化修饰，往往可获得新的潜在高生物活性的优势结构，如噁草酮和氯酞亚胺（chlorophthalimide）作为两种先导化合物，取其各自部分结构进行有效拼合，获得新的除草活性优势结构，如图 5-60。

图 5-60　先导化合物有效拼合之骨架重塑（一）

A. 此优势结构与二苯醚除草剂骨架叠加拼合获得新的除草活性优势结构，以此为基础进行除草剂农药分子设计与优化，创制出了氟丙嘧草酯（butafenacil）、异丙吡草酯（fluazolate）、苯嘧磺草胺（saflufenacil）等高效除草品种，如图 5-61。

B. 此优势结构与苯氧羧酸类除草剂骨架叠加拼合获得新的除草活性优势结构，以此为基础进行除草剂农药分子设计与优化，创制出了高效除草剂品种如氟胺草酯（flumiclorac-pentyl）、氟哒嗪草酯（flufenpyr-ethyl）、吲哚酮草酯（cinidon-ethyl）、丙炔氟草胺（flumioxazin）等，如图 5-62。

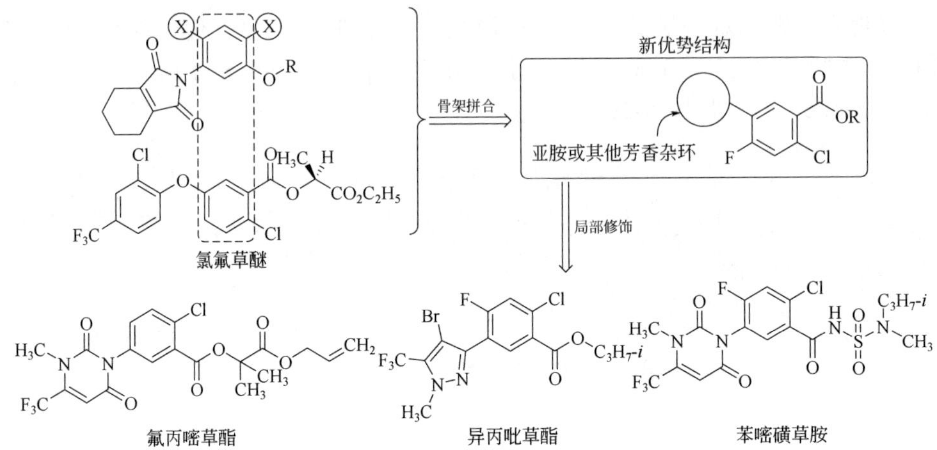

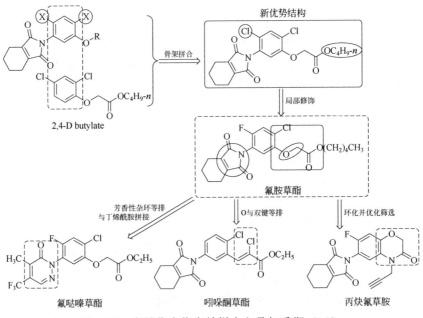

图 5-61　先导化合物有效拼合之骨架重塑（二）

图 5-62　先导化合物有效拼合之骨架重塑（三）

其他相关结构除草剂如三氟草嗪（trifludimoxazin）、epyrifenacil、氟嘧硫草酯（tiafenacil）等。

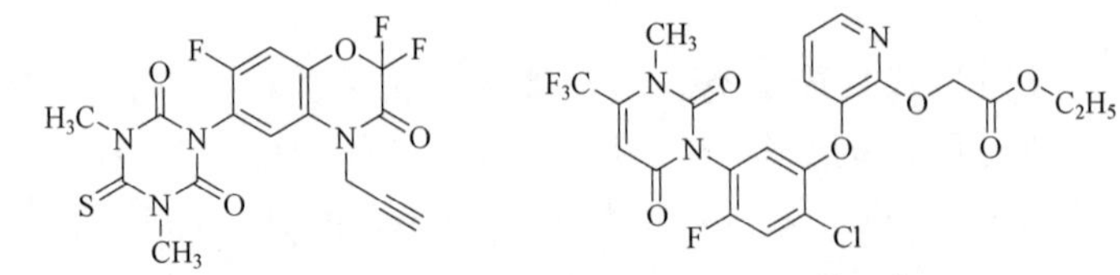

三氟草嗪　　　　　　　　　　epyrifenacil

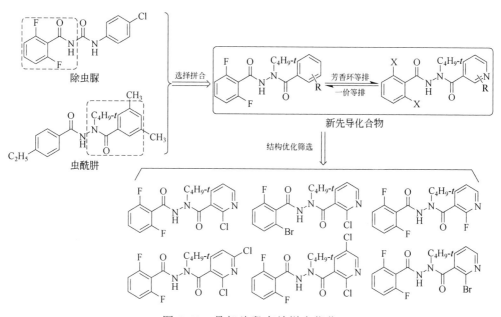

C. 苯甲酰脲特征结构与双酰肼特征结构有效拼合，保留双酰肼优势结构轮廓，新优势结构修饰所得优化筛选化合物仍然具有双酰肼类杀虫剂相似的生物活性[20,21]，如图 5-63。

图 5-63　骨架片段有效拼合优化

⑤ 先导化合物通过开环-闭环修饰获得结构新颖、作用机制新颖的高效除草剂新品种。美国氰胺公司发现 2,3-dimethyl-2-(1,3-dioxoisoindolin-2-yl)butanamide 具有一定的除草活性，以其作为先导化合物进行结构修饰，获得甲基咪草烟（imazapic）、咪唑乙烟酸（imazethapyr）、咪唑喹啉酸（imazaquin）、灭草烟（imazapyr）、甲氧咪草烟（imazamox）等咪唑啉酮除草剂。若将创制过程简化为开环-闭环-芳香环等排替换，则优化过程变得简单科学，如图 5-64。

⑥ 氢键"假环"可修饰为"真环"。水杨酰胺环化为喹唑啉互为生物等排体 [脱水酶抑制活性：K_i(nmol/L)][22]，如图 5-65。

局部修饰：芳香环 N 与 C—CN 等排活性大幅度提高，如图 5-66。

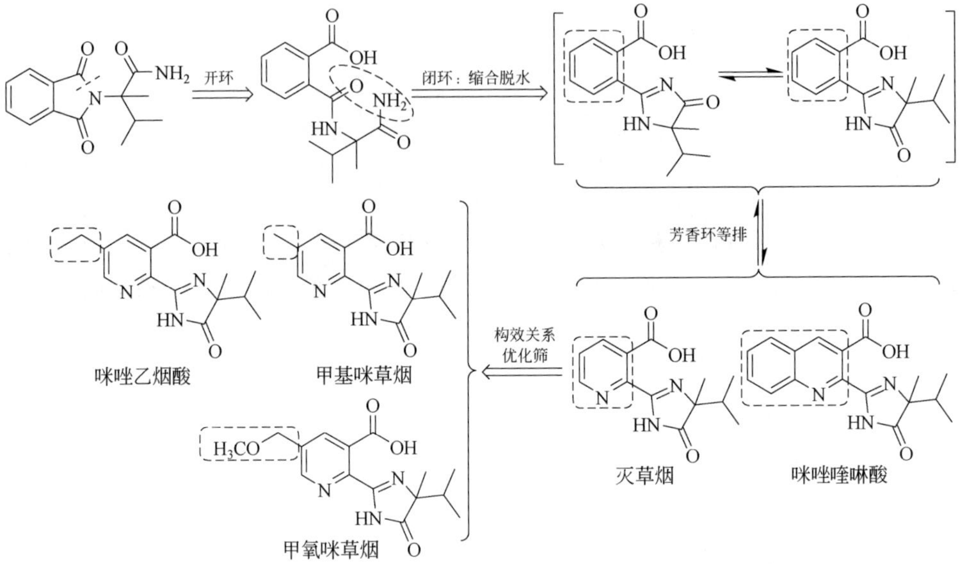

图 5-64　开环-闭环修饰与应用

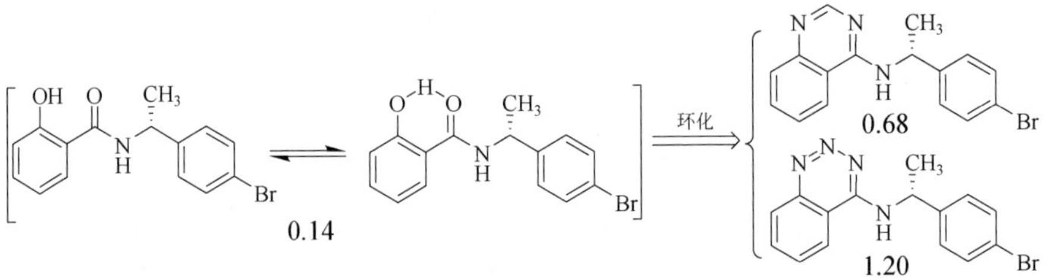

图 5-65　局部修饰之真环-假环

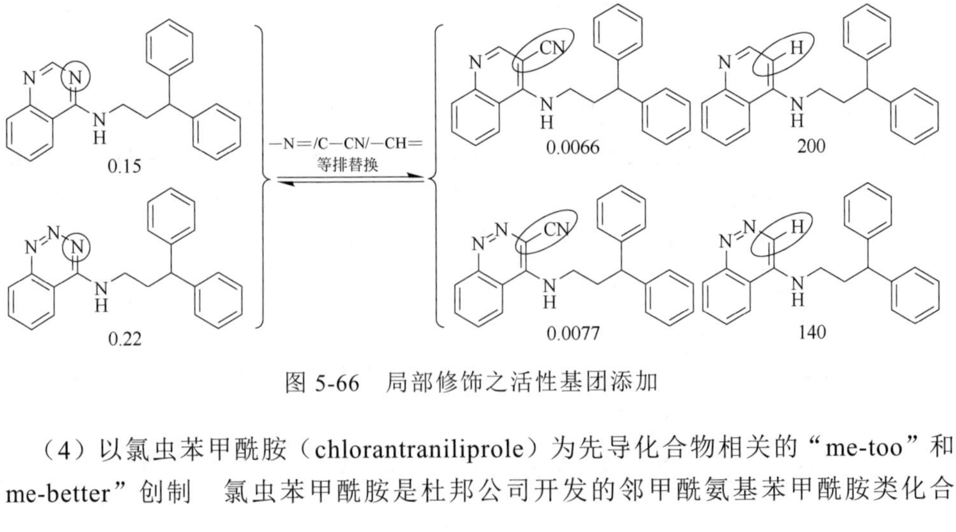

图 5-66　局部修饰之活性基团添加

（4）以氯虫苯甲酰胺（chlorantraniliprole）为先导化合物相关的"me-too"和"me-better"创制　氯虫苯甲酰胺是杜邦公司开发的邻甲酰氨基苯甲酰胺类化合

物，属鱼尼丁受体抑制剂类杀虫剂。几乎对所有的鳞翅目类害虫均具有很好的活性，为了更有效地防治害虫，应在幼虫期使用。由于其优异杀虫性能，2007 年上市后，世界范围内的农药研发结构便争先恐后地展开"me-too"和"me-better"创制热潮。相关分子设计与优化思路不胜枚举，但生物活性达到"me-better"标准的创新化合物，大多是以双酰胺结构新先导化合物为基础、局部修饰所得。目前市场化的相关产品有环丙虫酰胺（cyclaniliprole）、四唑虫酰胺（tetraniliprole）、氟氯虫双酰胺（fluchlordiniliprole）、四氯虫酰胺（tetrachlorantraniliprole）、氰虫酰胺（cyantraniliprole）、硫虫酰胺（thiotraniliprole）等，如图 5-67。

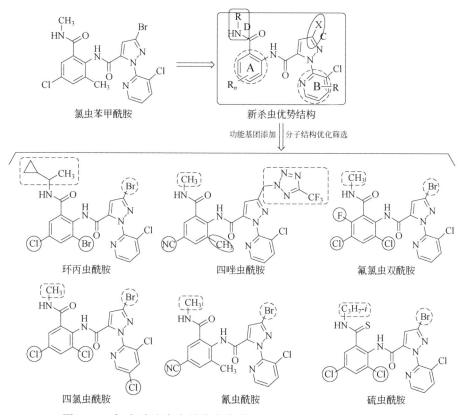

图 5-67 氯虫酰胺为先导化合物的"me-too""me-better"创制

对新杀虫优势结构的局部修饰，主要在 A、B、C、D 四个部位展开。

① 作为苯衍生物的 A 部位修饰，当其被芳稠（杂）环等排替换时，杀虫生物活性并未提高，当—Cl 被—CN 等排替换时活性保持或提高，如氰虫酰胺及其 H_2S 加成产物 **a**，新化合物 **a** 对水稻二化螟活性远远高于氰虫酰胺：用药 2 天后，氰虫酰胺基本无效，而 **a** 效果显著[23]。

众所周知，—CN 可以水解为 $\overset{O}{\underset{}{\text{—C—NH}_2}}$；然而将氯虫苯甲酰胺分子结构中的 $\overset{O}{\underset{H}{\text{—C—N—CH}_3}}$ 用—CN 等排替换，杀虫活性保持或提高，如许良忠等在 CN 102391248 B 报道[24]，下述 4 个化合物在 1mg/kg 对小菜蛾 3 天效力为 100%。

在 A 苯环上引入吸电子—Cl、—F 或供电子基团—OCH₃ 时，杀虫活性保持或提高。如海利尔药业集团股份有限公司张来俊等在 CN 106977494 A 报道，下述 4 个化合物在 0.05mg/kg 时，对小菜蛾死亡率达 80%以上[25]。

而海利尔药业集团股份有限公司张来俊等在 CN 106588870 A 报道[26]，0.5mg/kg 时，化合物 **A**、**B** 对小菜蛾死亡率达 100%；化合物 **A**、**C** 对甜菜夜蛾死亡率达 100%。药液浓度为 4mg/kg 时，化合物 **A**、**C** 对蚜虫死亡率达 90%以上。

引入二氟代亚甲氧基，杀虫活性得到提高，如先正达参股股份有限公司 R·G·霍尔等在 CN 101743237 A 报道[27]，下述化合物与现有技术比较，显示出优异杀虫活性。

② 作为吡啶衍生物的 B 部位修饰，在引入吸电子—Cl 或—F 时，即使将吡啶环等排替换为苯环，杀虫活性仍然保持，如下述专利化合物全都表现出优异的杀虫活性[28]。

浙江新安化工集团股份有限公司朱建民等在 CN 104557860 A 报道[29]，如以下化合物对蚜虫和棉铃虫的效力好于氯虫苯甲酰胺。

　　—C(NO₂)＝与—N＝为非经典等排替换体，当二者进行等排替换时，生物活性往往保持或提高。如南开大学李正名等在 CN 103467380 B 报道[30]，下述 3 个化合物在低浓度（0.000005mg/kg）对东方黏虫仍然表现出 70%的效力，而氯虫苯甲酰胺此浓度几乎没有效力。

　　③ 作为吸电子的 C 部位修饰，当—CF₃、—OCF₃、—OCF₂CF₃等吸电子基团及四唑基、三唑基与—Br 等排替换时，往往保持活性，特别是—CF₃与—Br 无论体积还是原子数（33，35）都非常接近，是理想的等排替换体。

　　④ 作为酰胺烃基的 D 部位修饰，引入环丙烷、将—CH₃与—CN 等排替换，往往可以保持或提高活性，如江苏中旗作物保护有限公司冯美丽等在 CN 105218517 A 报道[31]，下述 5 个化合物在 0.1～1.0mg/kg 时对小菜蛾具有良好的杀虫活性。

　　范志金、冯美丽等将乙酰胆碱类似结构引入，进行分子设计与结构优化，所得创新化合物表现出优异的杀虫活性[32-35]。

其他 D 位修饰，作为保持或提高杀虫活性的修饰实例，下述化合物都表现出优良的杀虫活性[36]。

闭环：青岛科技大学许良忠将 D 部位环化，所得新颖化合物显示出优异的杀虫活性[37,38]。

（5）以氟虫双酰胺（flubendiamide）为先导化合物相关的"me-too"和"me-better"创制　氟虫双酰胺是由日本农药株式会社和德国拜耳公司联合开发的新型杀虫剂，为鱼尼丁受体激活剂。对成虫和幼虫都有优良活性，作用速度快、持效期长。

① 创制过程。1989 年大阪府立大学津田（Tsuda）等发现先导化合物 a 具有一定的除草活性，通过芳香性等排优化得到化合物 b，其除草活性没有显著提高。

农药分子结构优化与解析

优化过程中发现在苯环上引入硝基时所得化合物 c 的除草活性没有明显提高，却对害虫具有选择性活性。以其作为杀虫先导化合物进一步优化，发现用碘原子取代硝基、在酰胺取代基的苯环 4 位引入七氟异丙基、在烃基胺的侧链部分引入硫原子，其杀虫活性显著提高。经过进一步的取代基结构变换，最终开发出了高效杀虫剂氟虫双酰胺，如图 5-68。

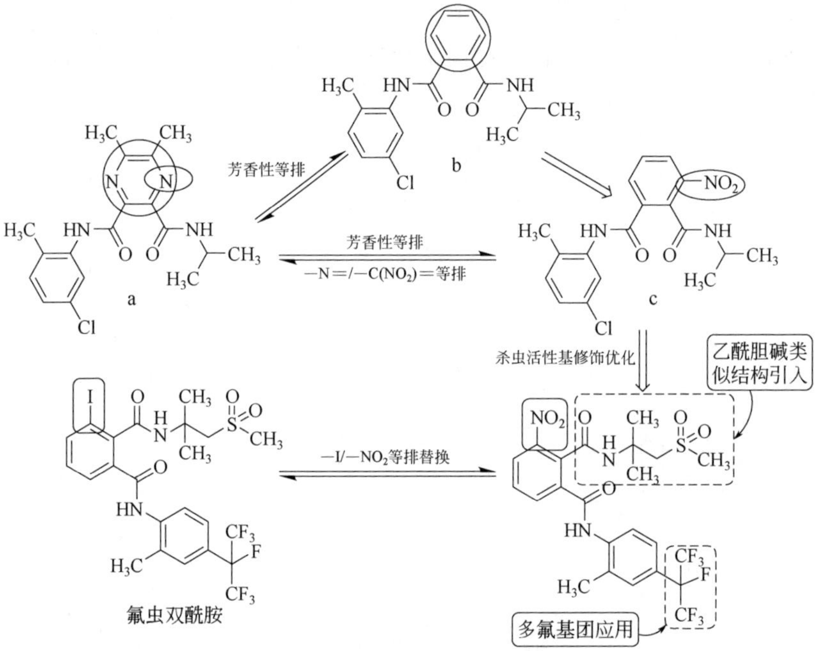

图 5-68　氟虫双酰胺创制经纬

结构与活性关系分析：A 部分 3-碘取代活性最好；B 部分 4-位对活性贡献最大，疏水性较好的基团对活性是有利的，七氟异丙基是很好的选择；C 部分引入杂原子特别是硫原子，可以显著地增加杀虫活性，用带有硫醚键的胺结构比较新颖。

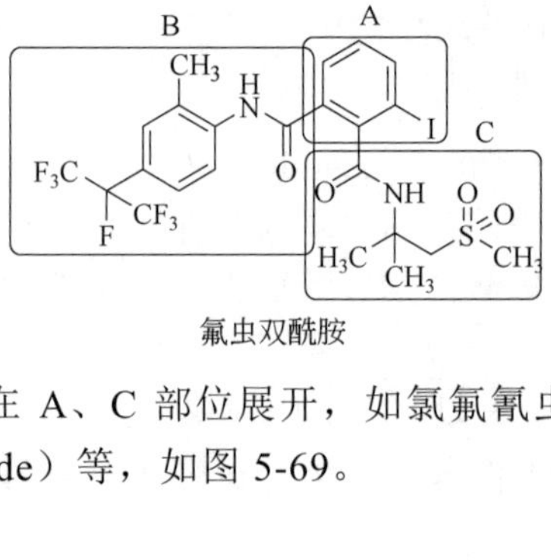

氟虫双酰胺

② 局部修饰。主要在 A、C 部位展开，如氯氟氰虫酰胺（cyhalodiamide）、氟苯虫酰胺（flubendiamide）等，如图 5-69。

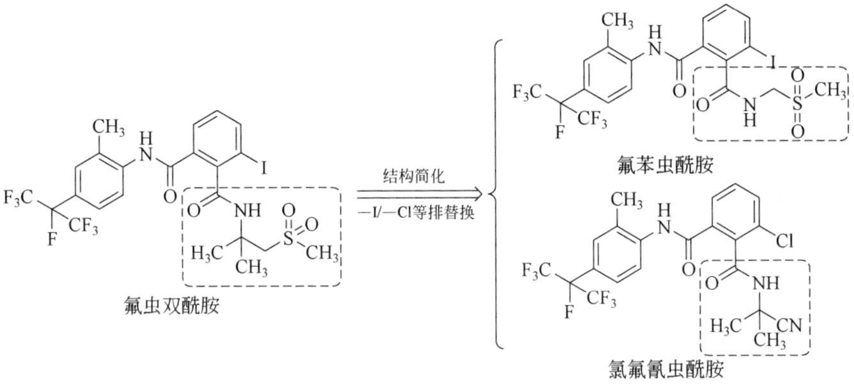

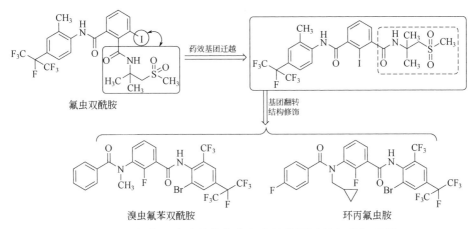

图 5-69　氟虫双酰胺结构优化之局部修饰

③ 功能药效基团迁越、骨架重塑。将 C 部分基团翻转并与 I 位置互换，形成新的骨架结构，在此基础上进行优化筛选，如溴虫氟苯双酰胺（broflanilide）、环丙氟虫胺（cyproflanilide）等，如图 5-70。

图 5-70　氟虫双酰胺结构优化之药效基团迁越与骨架重塑

（6）酰胺类农药分子结构侧链修饰　酰胺类杀菌剂分子结构侧链修饰主要是指针对分子结构中酸部分和胺部分芳香环侧链的修饰，涉及内容非常广泛，如优势骨架拼合、特殊杂原子功能基团引入等。

① 优势骨架拼合。将优势骨架如苯基吡唑（ 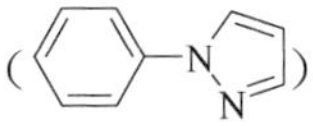　）、异噁唑（ 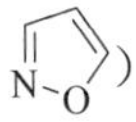　）、噁唑（ 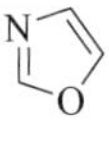　）片段通过拼合技术引入酰胺类杀菌剂分子结构中，形成结构新颖、生物活性得到提高的创新化合物。如山东省联合农药工业有限公司唐剑峰等将 *N*-苯基吡唑酰胺与苯基吡唑片段通过拼合技术进行骨架构建，所得创新化合物 **A**、

B、C、D、E，普遍具有比较高的杀菌活性[39]；南京农业大学李圣坤等则发现，将噁唑环片段拼合在 *N*-苯基-2-氯烟酰胺分子的苯环 2 位上，形成下述 **F** 结构化合物时，噁唑啉环上 4 位取代基的体积和立体构型对抑菌活性有显著影响：有取代基时杀菌活性提高，但须在取代基空间体积不过大情况下。4 位取代基的体积对抑菌活性的影响有趋势为 Ph< Bu<Pr<Et，并且噁唑啉环上 4 位的立体构型为 *R* 构型时，抑菌活性要好于 *S* 构型的对映异构体[40]。

沈阳中化农药化工研发有限公司王刚等对 *N*-苯基酰胺类杀菌剂进行侧链修饰，所创制的新化合物在 0.1mg/L 对玉米锈病防效仍然表现出优良的抑菌效果[41]。

华中师范大学杨光富等对 *N*-苯基酰胺类杀菌剂通过侧链修饰，并形成优势骨架二苯醚结构片段，所创制化合物在 50mg/L 浓度下就对黄瓜白粉病表现出超过80%的活性，且在各测试浓度均优于商品化的对照试剂噻呋酰胺[42]。

② 特殊杂原子功能基团引入。特殊杂原子指的是 Si、S、N 等杂原子的相关功能基团，如五氟硫基、偶氮苯等；通过局部修饰策略，将相应的功能基团拼合在相关农药分子结构的合适位置，获得具有新的作用机制的新颖结构化合物。如华东理工大学邵旭升等创制的偶氮苯类杂环酰胺衍生物，对油菜菌核病菌和黄瓜灰霉病菌的抑制率具有与氟唑菌酰胺基本相当甚至优于氟唑菌酰胺的生物活性（其中 R 为卤素、甲基、三氟甲基、氰基等）[43]。

南开大学王宝雷等发现取代磺亚胺酰基芳基的吡唑甲酰胺衍生物具有良好的杀虫活性，特别是对东方黏虫、小菜蛾十分有效（其中 R¹ 为氯或甲基，R² 为氯，R³ 为甲基、乙基、异丙基，R⁴ 为溴，R⁵ 为氢、溴、乙酰基、氯乙酰基、三氯乙酰基、异丙氧基羰基、甲磺酰基、乙磺酰基、异丙氨基羰基、叔丁氨基羰基）[44]。

山东省联合农药工业有限公司唐剑峰等将五氟硫基与 N-苯基酰胺类杀菌剂分子结构中的苯环间位拼合，所得创新化合物杀菌活性高于相应的对比药品[45-46]。

257

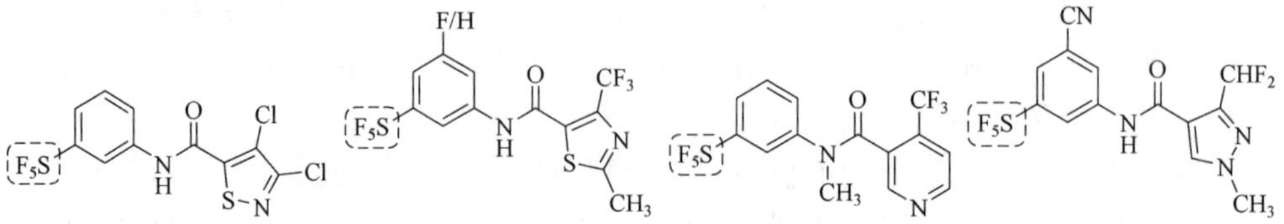

华中师范大学杨光富等将结合有机硅功能基团的苯酚片段拼合在 *N*-苯基吡唑酰胺中苯环 2 位上,所得创新化合物在 0.75mg/L 对大豆锈病防效分别达到 92%和 80%[47]。

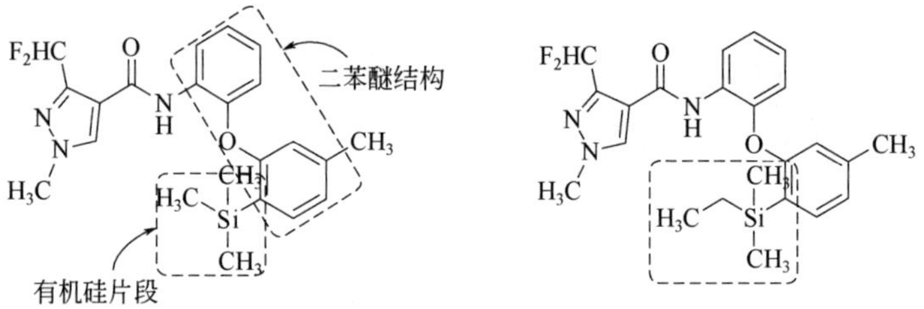

5.6 烟碱类杀虫剂

5.6.1 现有品种及结构

早在 1690 年,人们就发现烟草萃取液可杀死梨花网蝽,1828 年确定其结构为烟碱,1904 年人工合成烟碱获得成功。烟碱为触杀活性药剂,主要用于果树、蔬菜害虫的防治,也可防治水稻害虫。烟碱原药急性大白鼠经口 LD_{50} 50~60mg/kg。20 世纪 80 年代中期德国拜耳公司成功开发出第一个烟碱类杀虫剂吡虫啉。该类化合物的作用机制主要是通过选择性控制昆虫神经系统烟碱型乙酰胆碱酯酶受体,阻断昆虫中枢神经系统的正常传导,从而导致害虫出现麻痹进而死亡。

烟碱类杀虫剂的基本骨架结构如下,其第一代可看作是烟碱的优化结构,而第二代则是在第一代的基础上进一步改进的结果[48],如图 5-71。

目前,该类农药品种,全部是杀虫剂,并且多数品种主要用于防治蚜虫,主要品种有吡虫啉(imidacloprid)、噻虫啉(thiacloprid)、烯啶虫胺(nitenpyram)、啶虫脒(acetamiprid)、哌虫啶(paichongding)、flupyrimin、氟吡呋喃酮(flupyradifurone)、氟啶虫胺腈(sulfoxaflor)、氟啶虫酰胺(flonicamid)、噻虫嗪(thiamethoxam)、噻虫胺(clothianidin)、氯噻啉(imidaclothiz)、呋虫胺(dinotefuran)、环氧虫啉等。

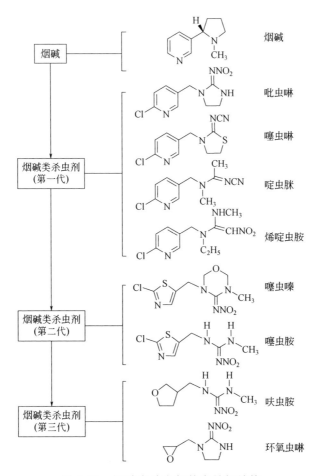

图 5-71　烟碱类杀虫剂基本骨架结构

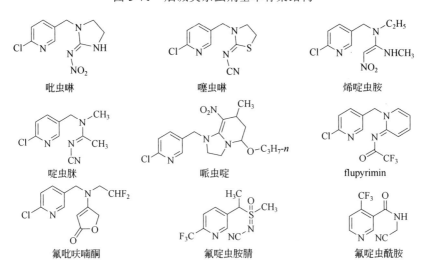

噻虫嗪　　　　　　　噻虫胺　　　　　　　　氯噻啉

呋虫胺　　　　　　环氧虫啉

5.6.2　结构渊源与解析

（1）先导化合物烟碱结构优化　烟碱（nicotine）属于小分子化合物，可溶于水和大多数有机溶剂，毒性高。结构虽然简单，但化学合成难度较大。其负电中心为 3 位取代的吡啶杂环，通过 C—C 键与饱和五元杂环-吡咯烷连接。该先导化合物含有 2 个可与 H_2O 形成氢键的 N 原子，除本身可看作杀虫活性基团外，没有特征性的农药活性基团。因此，修饰空间较大：在保持原有骨架结构条件下，可以进行骨架重塑、引入杀虫活性基团或原子等方法进行修饰优化。当然，优化时必须考虑手性碳以及吡咯烷的开环或迁越以及活性基团添加位置等因素。

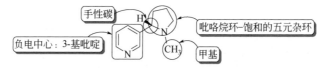

烟碱类杀虫剂代表性的也是第一个商品化品种是吡虫啉，二者关系可做如下解析。手性碳为该先导化合物合成的难点，将其非手性化后，合成难度将大幅度降低。考虑到多数环化修饰往往导致活性提高，因此五元环保留，但位置稍微迁越，为了保证原有水溶性，增加可与 H_2O 形成氢键的杂原子及原子团。

吡虫啉与先导化合物烟碱存在着开环-闭环-基团添加、优化筛选关系：

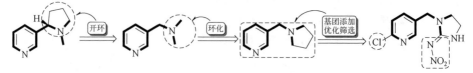

比较吡虫啉与先导化合物烟碱，可发现分子结构发生了如下变化，结果是目标化合物吡虫啉活性较先导化合物烟碱有了极大的提高，并且合成难度降低，可大规模生产，如图 5-72。

吡虫啉骨架涵盖烟碱主体，并在吡啶环上增加了活性元素吸电子基团——卤素中的氯原子，将五元杂环迁越并等排成咪唑烷结构，同时在咪唑烷延伸出=N—NO₂特殊基团，如图 5-73。

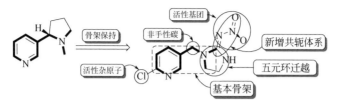

图 5-72　吡虫啉与先导化合物烟碱分子结构比较

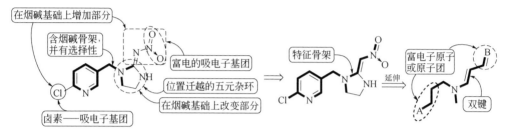

图 5-73　吡虫啉分子结构骨架解析

通过解析可以发现，分子主体骨架的保持是必要的，而活性基之间的有效拼合，则可以发现新的高活性化合物，如氟啶虫酰胺，见图 5-74。

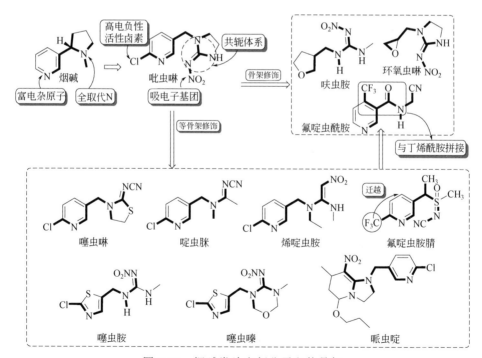

图 5-74　烟碱类杀虫剂分子主体骨架

（2）局部修饰　以烟碱（nicotine）为先导化合物，通过芳香性等排替换、一价等排替换（NO₂/CN）和二价等排替换（NH/S）等局部修饰获得吡虫啉、噻虫啉等新农药，经过饱和五元环开环创制出啶虫脒和烯啶虫胺，在此基础上经过负电中心替换，得到噻虫嗪与噻虫胺，将负电中心消除，创制出呋虫胺，如图 5-75。

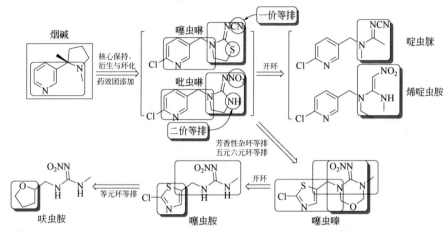

图 5-75　烟碱类杀虫剂分子结构与先导化合物烟碱渊源

① 芳香性基团等排。噻唑与吡啶等排，同时保持了 N 的位置、引入了活性杂原子 S；相对吡啶，噻唑更容易代谢开环，吡啶摩尔质量 77g/mol，噻唑摩尔质量 85g/mol，相差不大，并且吡啶环和噻唑环体积相近，是理想的芳香杂环等排替换体，如第一代烟碱类杀虫剂与第二代烟碱类杀虫之间，如图 5-76。

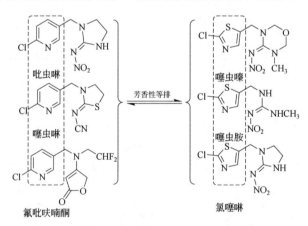

图 5-76　烟碱类杀虫剂分子结构之芳香性基团等排

② 一价等排替换。主要体现在—H、—Cl、—CN、—NO₂、—CF₃，如吡虫啉（imidacloprid）、噻虫啉（thiacloprid）、氟啶虫胺腈（sulfoxaflor）、flupyrimin、呋虫胺（dinotefuran）等。

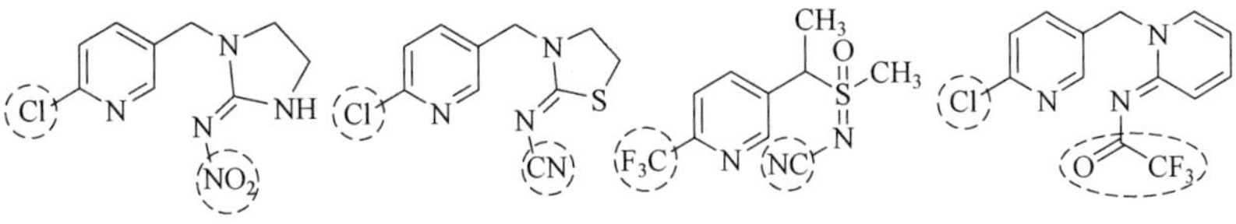

吡虫啉　　　　噻虫啉　　　　氟啶虫胺腈　　　flupyrimin　　　　呋虫胺

③　二价及三价等排替换。主要体现在—NH—/—S—、—CH═/—N═，如吡虫啉与噻虫啉、烯啶虫胺（nitenpyram）与氟吡呋喃酮（flupyradifurone）等。

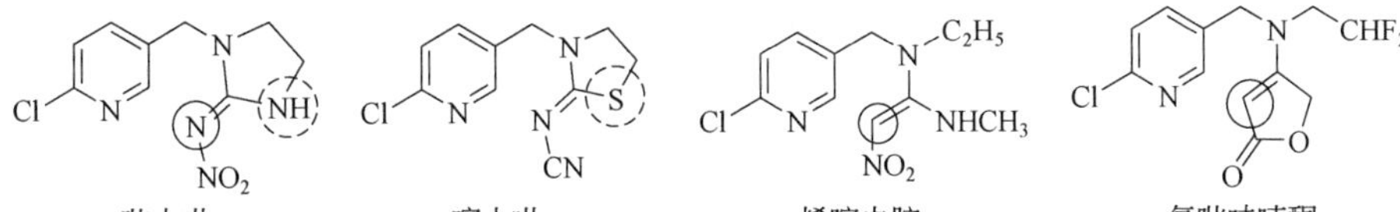

吡虫啉　　　　　　噻虫啉　　　　　　烯啶虫胺　　　　　氟吡呋喃酮

④　开环与闭环。该类杀虫剂普遍存在开环与闭环分子结构关系，如吡虫啉、噻虫啉、flupyrimin 与烯啶虫胺、啶虫脒（acetamiprid）等，如图 5-77。

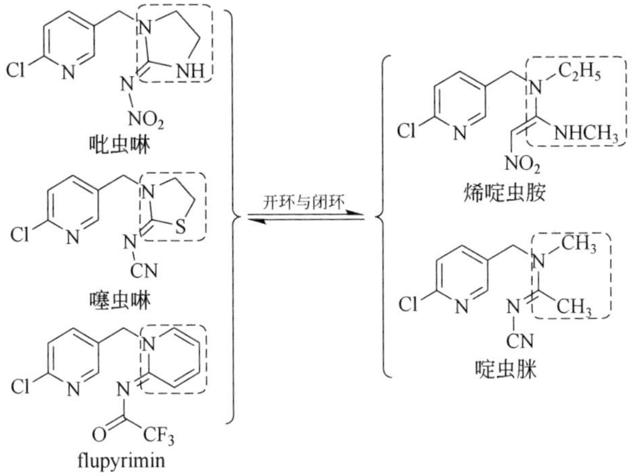

图 5-77　烟碱类杀虫剂分子结构之开环与闭环（一）

噻虫嗪（thiamethoxam）、氯噻啉（imidaclothiz）与噻虫胺（clothianidin）等，如图 5-78。

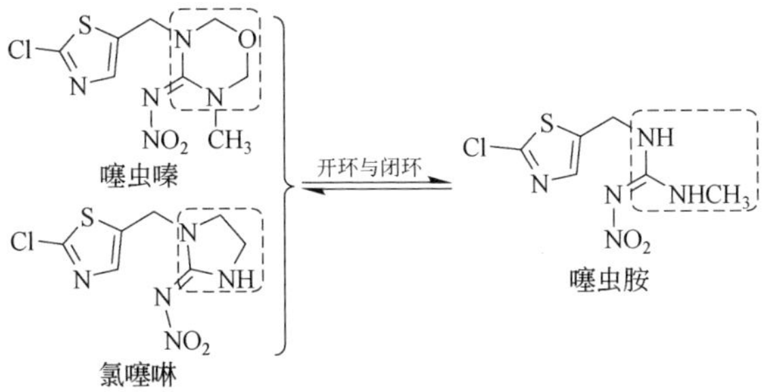

图 5-78　烟碱类杀虫剂分子结构之开环与闭环（二）

（3）骨架电性一致性 大多数该类农药品种保持了与吡虫啉一致的骨架和电性，并且一端为 Cl，一端为 O，或者电性类似的 CN、NO$_2$。

吡虫啉　　　　　　　　烯啶虫胺　　　　　　　　flupyrimin

氟吡呋喃酮　　　　　　噻虫嗪　　　　　　　　噻虫胺

啶虫脒　　　　　　　　噻虫啉　　　　　　　　哌虫啶

戊吡虫胍　　　　　　　　　　　　　　　　flupyrimin

5.6.3　相关开发与创制

（1）有效拼合

① 双分子拼合。烟碱类杀虫剂经过双分子拼合所形成的"双效农药"，相关杀虫活性有所降低。

将吡虫啉（imidacloprid）等分子结构通过简单链烃双分子拼合，JP 2008291021、JP 2009107973 报道，新化合物 A、新化合物 B 在 100mg/kg 对蚜虫防效高于 70%，杀虫活性低于原先导化合物吡虫啉，如图 5-79。

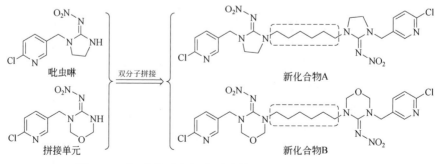

吡虫啉　　　　　　　　　　新化合物A

拼接单元　　　　　　　　　新化合物B

双分子拼接

图 5-79　烟碱类杀虫剂分子结构之双分子拼合（一）

双分子轮廓拼合的同时进行结构修饰，杀虫活性低于原先导化合物。如将吡虫啉、烯啶虫胺（nitenpyram）、氯噻啉（imidaclothiz）进行修饰后双分子拼合，所得新化合物 C、新化合物 D、新化合物 E 在 500mg/kg 有很高的杀虫活性［CN 103518745 B（二醛构建的具有杀虫活性的含氮或氧杂环化合物及其制备方法）］，但杀虫活性低于原先导化合物吡虫啉、烯啶虫胺、氯噻啉，如图 5-80。

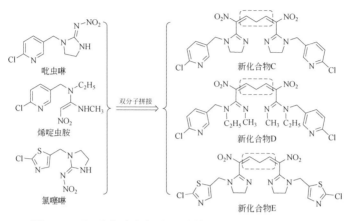

图 5-80　烟碱类杀虫剂分子结构之双分子拼合（二）

② 特征官能团拼合。将烟碱类杀虫剂特征官能基团和其他杀虫剂优势结构进行选择性拼合，所得新化合物可望具有很好的活性，如将嘧虫胺（flufenerim）、嘧螨醚（pyrimidifen）与烟碱类拼合，所得新化合物在 30～100mg/kg 具有广泛的杀虫活性[49]，如图 5-81。

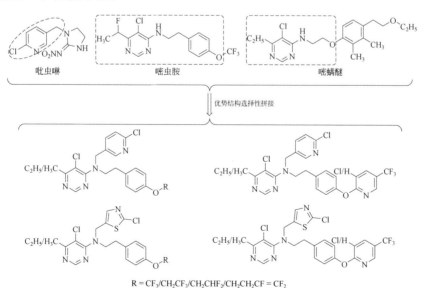

图 5-81　烟碱类杀虫剂分子结构之特征官能团拼合

（2）局部修饰

① 侧链优化。拜耳公司 P·耶施克等将氟吡呋喃酮（flupyradifurone）作为先导化合物进行新农药分子设计和优化，通过—H、—F、—Cl、—Br 间的等排替换，所得新化合物，普遍具有很高杀虫活性[50]，如图 5-82。

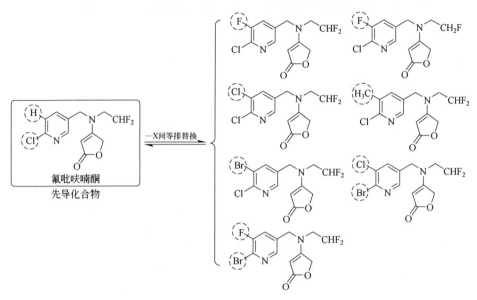

图 5-82　烟碱类杀虫剂分子结构之侧链优化（一）

将氟啶虫胺腈（sulfoxaflor）中—CN 与 H₂S 加成，形成，成为特殊的—CN 的一价等排，新化合物 F 活性与氟啶虫胺腈活性相当[51]，如图 5-83。

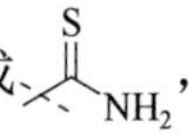

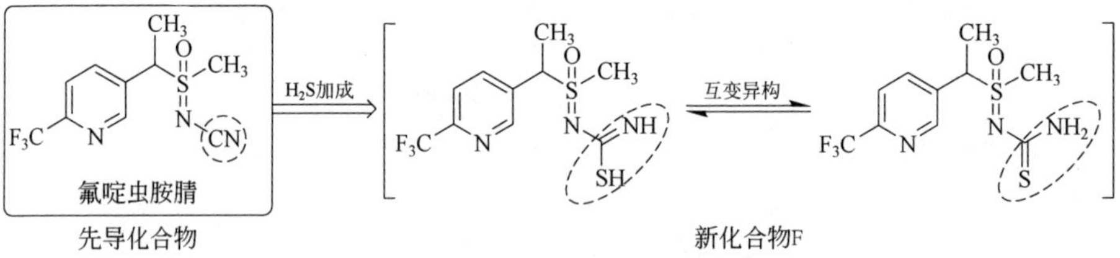

图 5-83　烟碱类杀虫剂分子结构之侧链优化（二）

新化合物 F 的相关衍生也表现出良好的生物活性，如下列化合物在 200mg/kg 时对蚜虫达到 A 级效力（防效 80%～100%）。

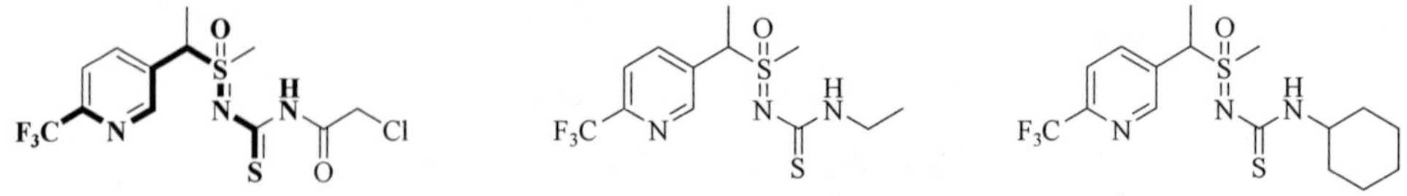

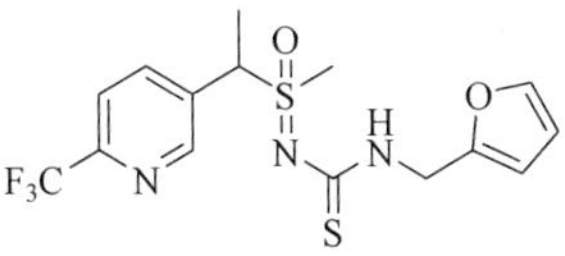
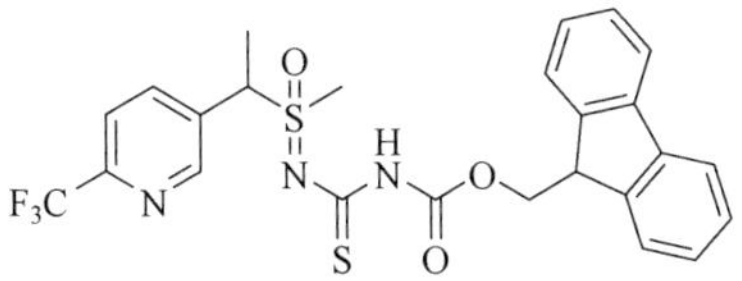
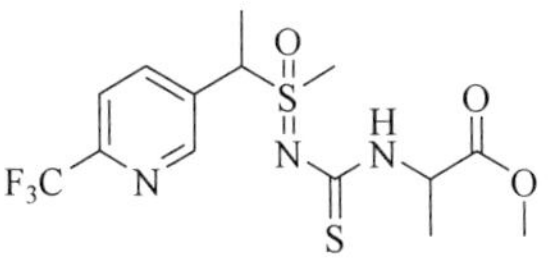
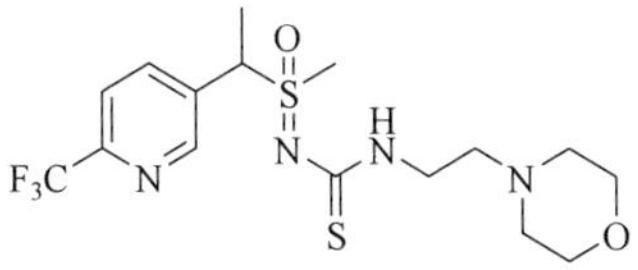
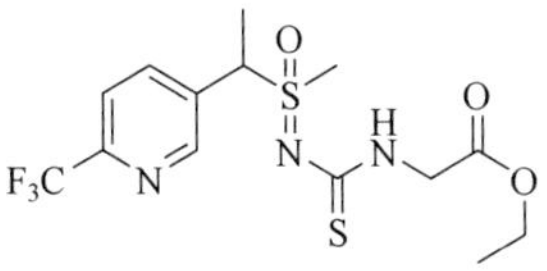
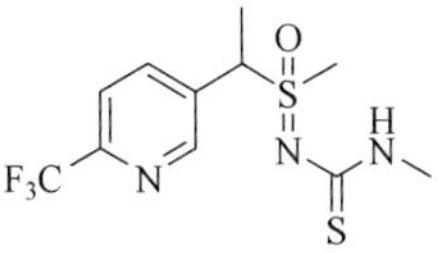
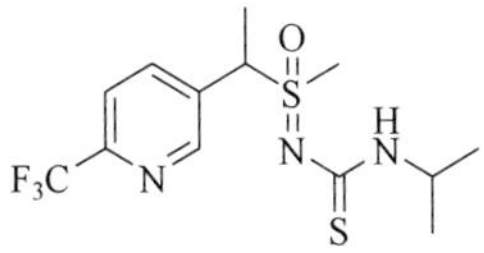
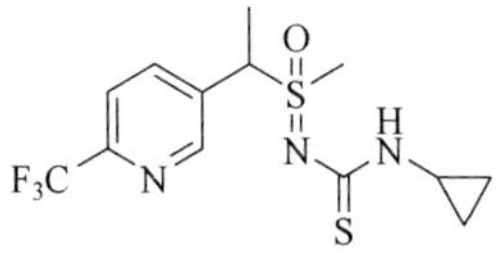
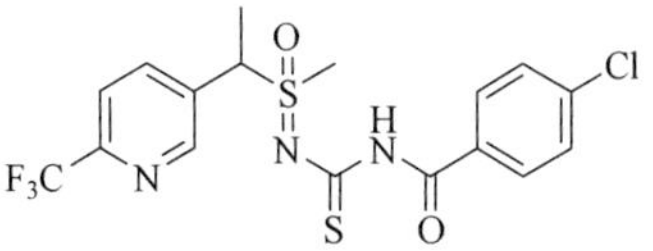
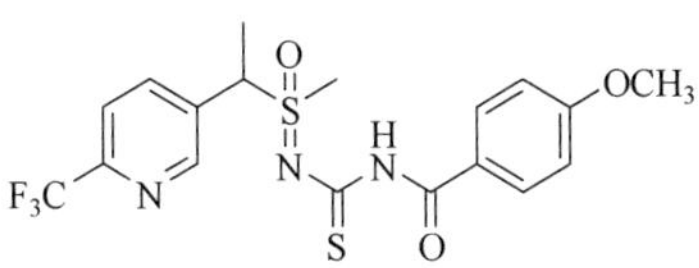
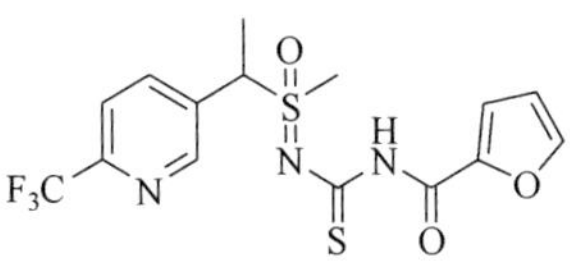
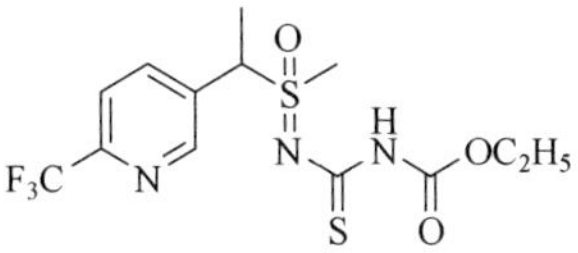
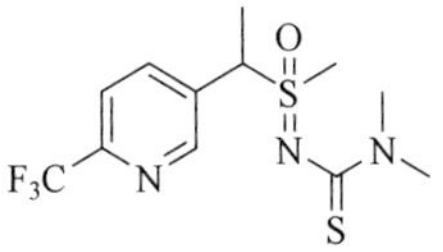
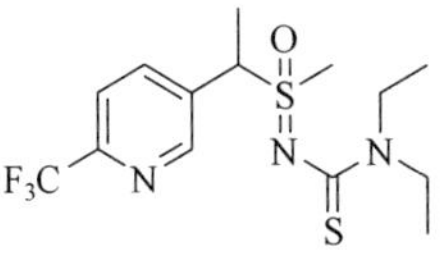
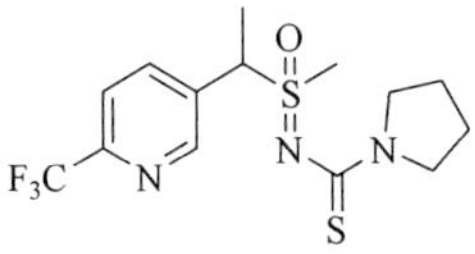
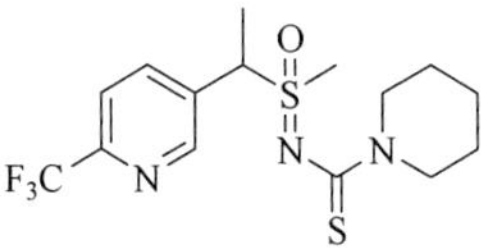
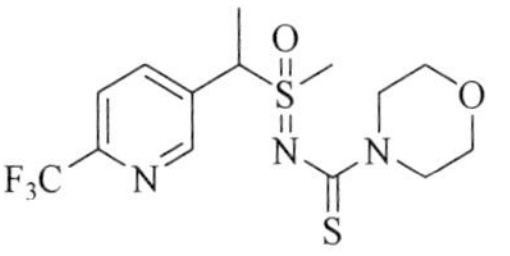
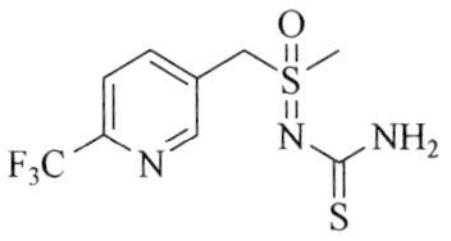
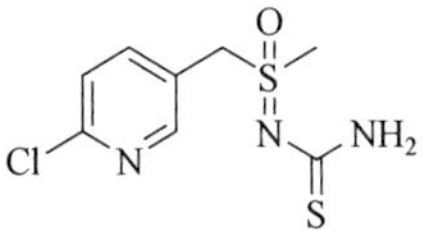
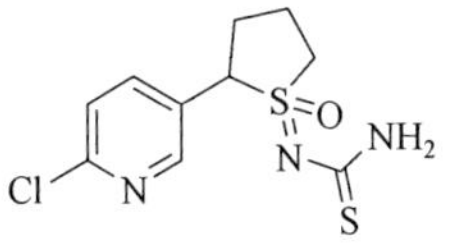
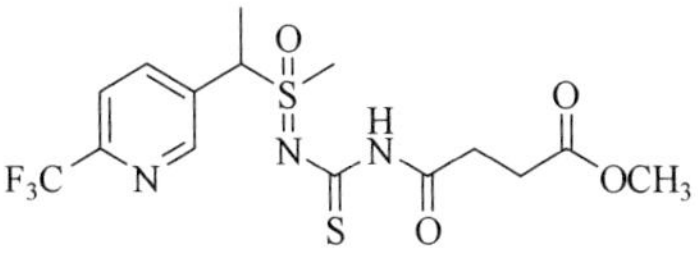
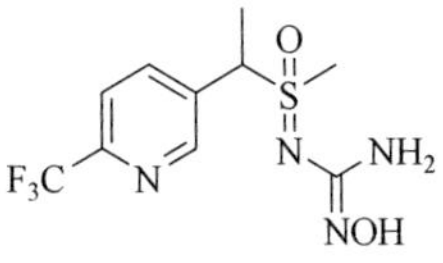
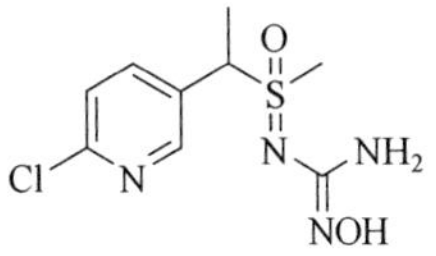
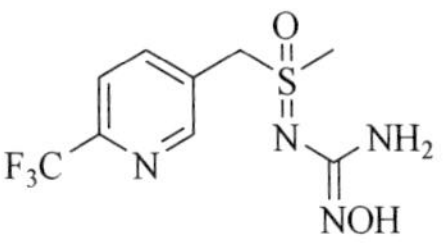
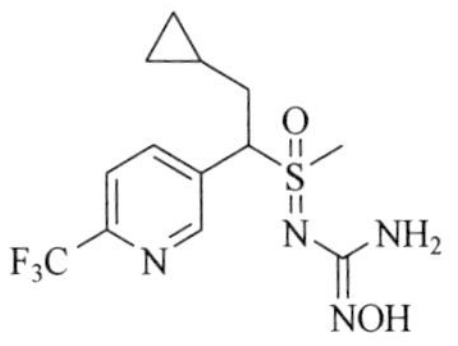
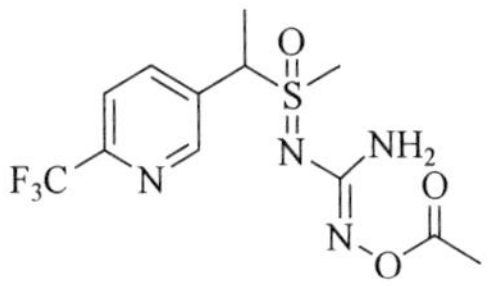
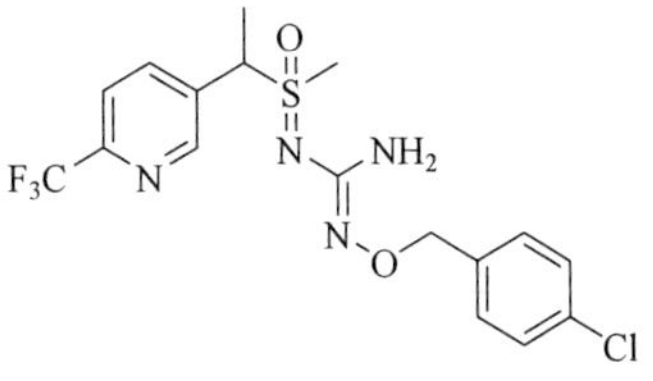
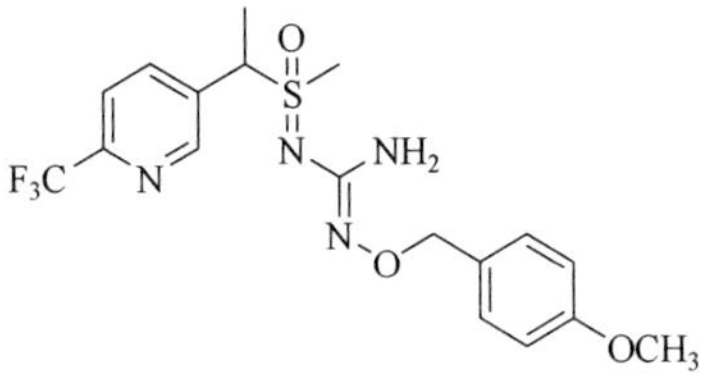
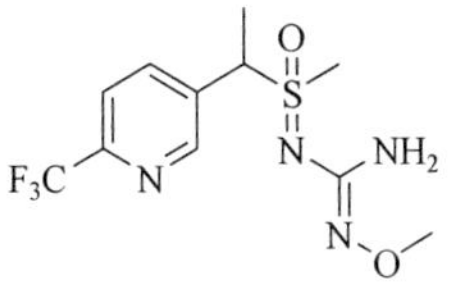

② 芳香杂环等排替换。将 flupyrimin 作为先导化合物，将（ ）结构

与芳香稠杂环（ ）等排替换获得新的杀虫优势结构，在此基础上将—NO₂

与—SO₂R、—CF₃、—CCl₃、—CN、—C₂F₅、—CHF₂、—Cl、—Br 等吸电子功能基团等排替换，获得系列新化合物，普遍对蚜虫具有很好的防治效果[52]，如图 5-84。

图 5-84　烟碱类杀虫剂分子结构之芳香杂环等排替换

新杀虫优势结构修饰优化所得下述化合物普遍具有良好的杀虫生物活性：

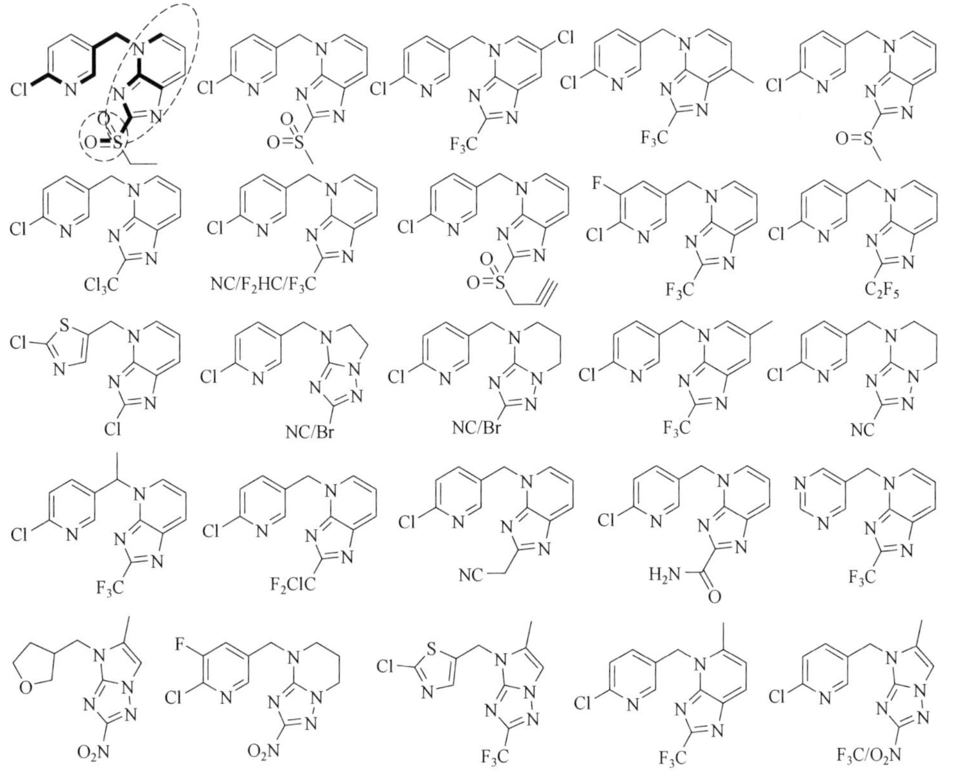

创新烟碱类杀虫剂的分子结构设计过程中，芳香杂环片段一直局限于吡啶或噻唑。南开大学范志金打破常规，用氯代异噻唑和噻二唑杂环替换烟碱类杀虫剂分子结构中的吡啶或噻唑，所获得创新化合物对蚜虫活性分别好于吡虫啉（imidacloprid）、噻虫嗪（thiamethoxam）、噻虫胺（clothianidin）、烯啶虫胺（nitenpyram）和呋虫胺（dinotefuran）[53,54]。

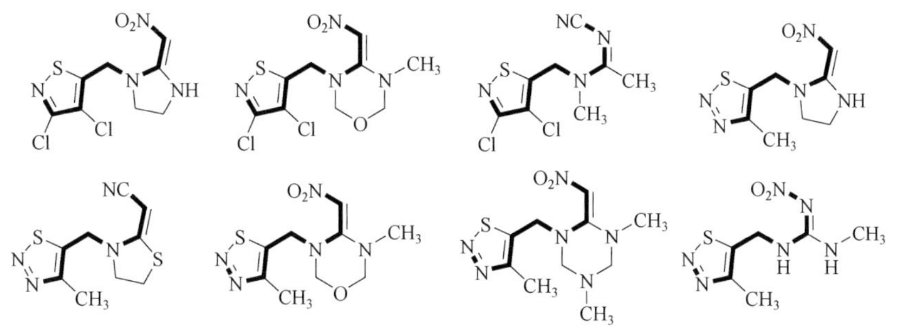

③　药效基团迁越与等排替换。以氟啶虫胺腈（sulfoxaflor）和氟啶虫酰胺（flonicamid）为先导化合物，通过药效基团迁越，形成新的杀虫优势结构骨架，在基础上进行结构修饰，所得新化合物表现出优异的杀虫活性。北京格林凯默科

農药分子结构优化与解析

技有限公司宫宁瑞在 CN 103333101 B、CN 103333102 B 报道，如下述 6 个新创制化合物 0.04～2.5mg/kg 对棉蚜表现出 55%～100%的防治效力[55,56]，如图 5-85。

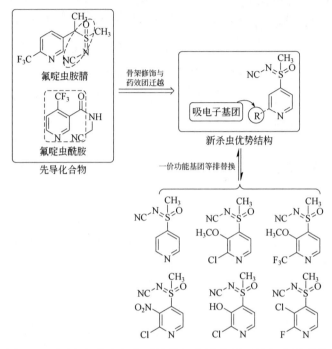

图 5-85　烟碱类杀虫剂分子结构之药效基团迁越与等排替换

④ 闭环修饰。通过分子结构局部环化进行结构修饰，最终获得创新烟碱类新结构杀虫剂的实例当属华东理工大学李忠的哌虫啶（paichongding）及其系列烟碱类化合物的创制[57,59]。由于哌虫啶及其系列新创烟碱类化合物分子结构中"完整地"保存了吡虫啉的分子结构，因此其杀虫作用机制可能与吡虫啉相同或相近，与吡虫啉存在交互抗性问题，如图 5-86。

湖南化工研究院有限公司刘卫东、柳爱平等通过环化，所创制的新化合物对蚜虫活性与吡虫啉（imidacloprid）及氟吡呋喃酮（flupyradifurone）杀虫生物活性相近[60,61]：

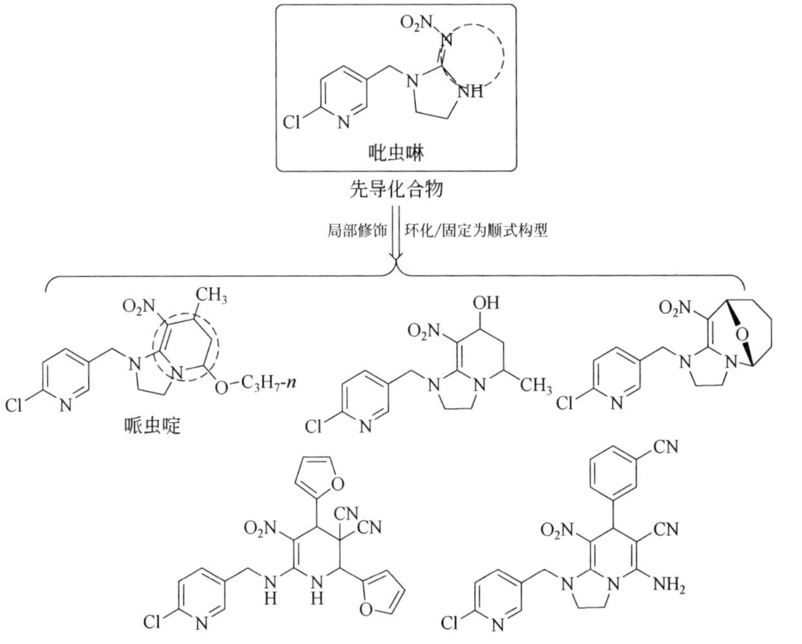

图 5-86　烟碱类杀虫剂分子结构之闭环修饰

⑤ 片段替换。田忠贞等通过片段替换策略用二硫环戊烯酮等排替换环戊烯酯、引入杂原子硫元素创新设计了系列化合物，创新化合物在 100mg/kg 浓度对蚜虫防治效果与吡虫啉及氟吡呋喃酮相当[62]，如图 5-87。

图 5-87　烟碱类杀虫剂分子结构之片段替换

⑥ 介离子化。拜耳作物科学股份公司 M·海尔及湖南化工研究院有限公司柳爱平等人将烟碱类杀虫剂分子结构设计为离子化合物，改变了化合物的理化性质，增加了水溶性，保持了烟碱类杀虫剂的杀虫生物活性[63,64]：

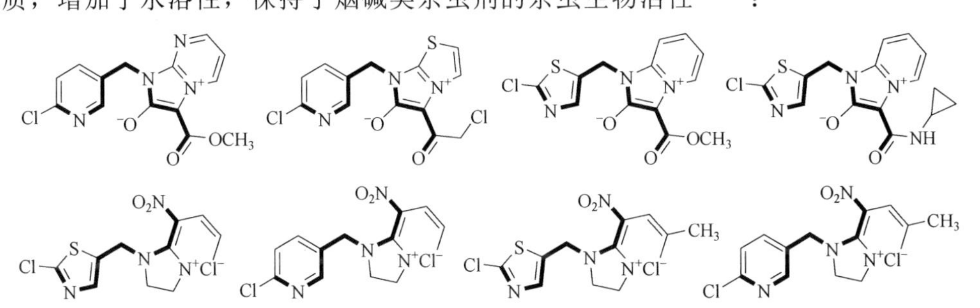

⑦ 老树新花。对现有非知识产权保护的经典农药品种的修饰创新设计，更深层的价值意义在于"老树新花"：通过对原优势结构的修饰，形成较原优势结构更好、更有价值的新优势结构，即在更新优势结构、创新化合物结构的同时，更新作用机制。如氟啶虫胺腈（sulfoxaflor）和氟啶虫酰胺（flonicamid）之于吡虫啉（imidacloprid）和啶虫脒（acetamiprid），如图 5-88。

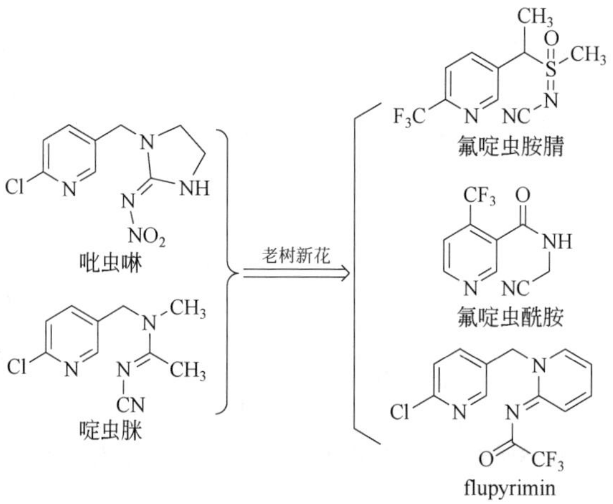

图 5-88　烟碱类杀虫剂分子结构之老树新花

5.7　吡唑、三唑及噁唑与异噁唑

5.7.1　吡唑类

吡唑为五元芳香杂环，作为农药生物活性功能性基团，常常与其他相关农药生物活性功能性基团相结合，构成各类农药优势结构。

（1）结构与用途

① 杀虫剂。吡唑作为农药生物活性功能性基团，与取代苯环、吡啶环等形成各类杀虫剂优势结构母体，进而衍生出多种高效杀虫剂，如乙虫腈（ethiprole）系列和氯虫苯甲酰胺（chlorantraniliprole）系列，如乙酰虫腈（acetoprole）、乙虫腈、吡嗪氟虫腈（pyrafluprole）、tyclopyrazoflor、丁烯氟虫腈（flufiprole）、甲烯虫腈（vaniliprole）、氯虫苯甲酰胺、氰虫酰胺（cyantraniliprole）、唑螨酯（fenpyroximate）、腈吡螨酯（cyenopyrafen）、唑虫酰胺（tolfenpxrad）等。

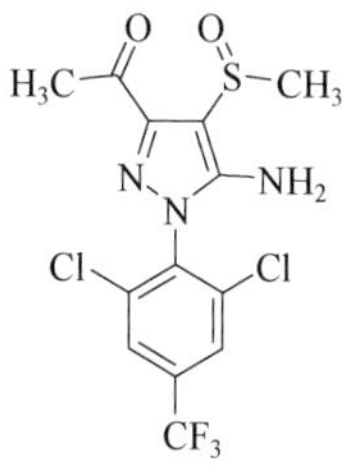

乙酰虫腈 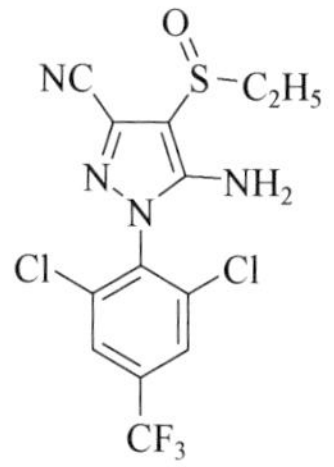　　　　乙虫腈 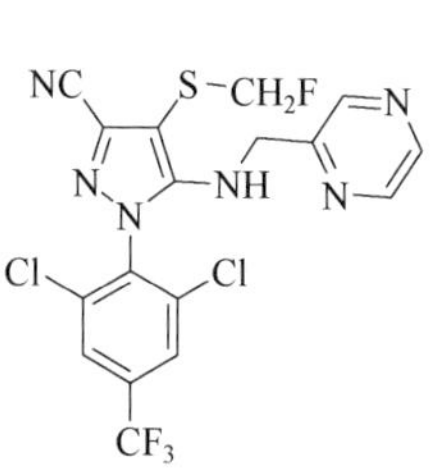　　　　吡嗪氟虫腈 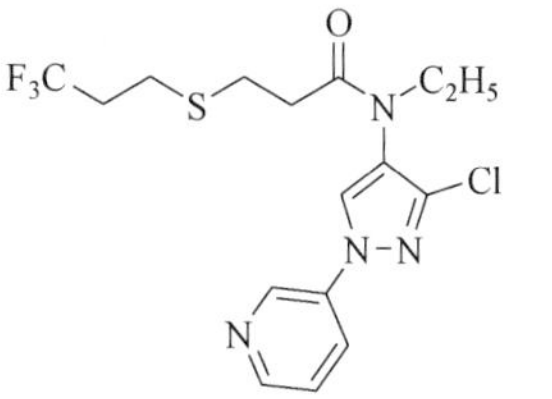　　　　tyclopyrazoflor

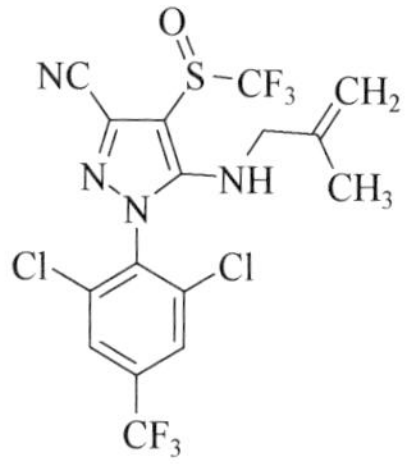

丁烯氟虫腈 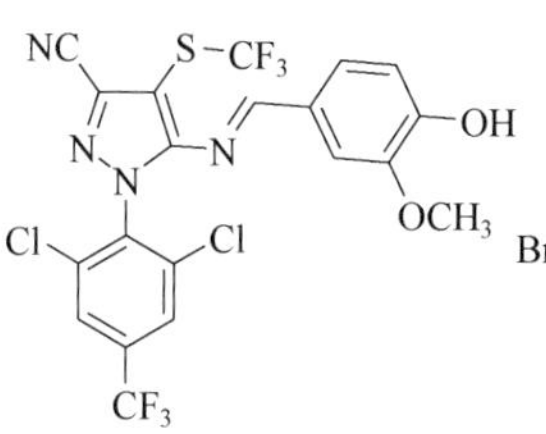　　　甲烯虫腈 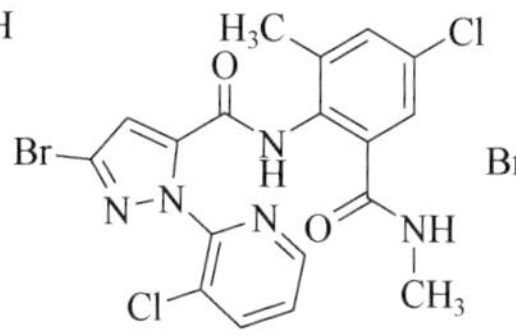　　　氯虫苯甲酰胺 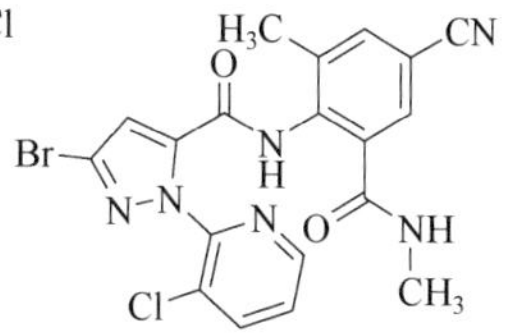　　　氰虫酰胺

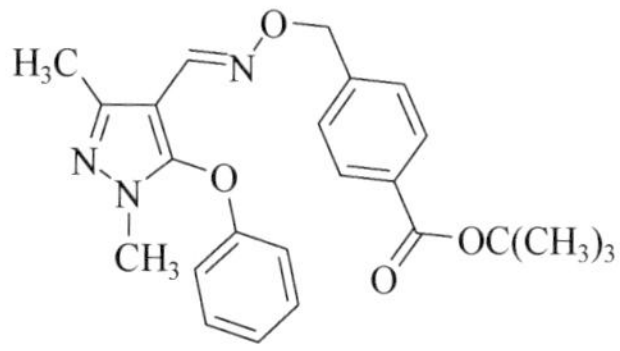

唑螨酯 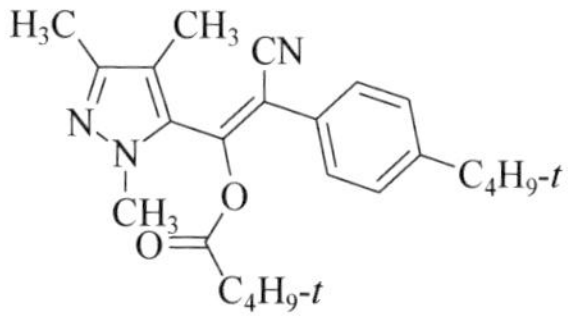　　　　　腈吡螨酯 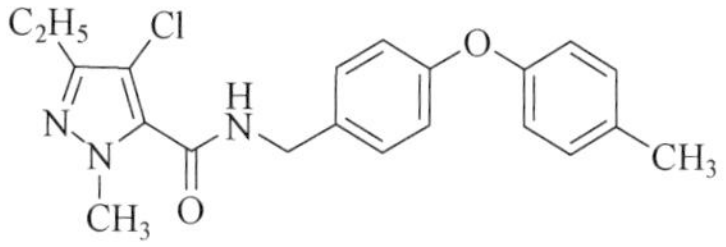　　　　　唑虫酰胺

② 杀菌剂。作为杀菌剂的吡唑类化合物结构，很多品种是以邻位取代甲酰胺类为优势结构创制而成的，如吡噻菌胺（penthiopyrad）、氟唑菌苯胺（penflufen）、吡唑萘菌胺（isopyrazam）、氟唑环菌胺（sedaxane）、氟唑菌酰胺（fluxapyroxad）、联苯吡酰胺（bixafen）等；同时吡唑环也因为芳香杂环等排替换应用于其他类型的杀菌剂创制，如胺苯吡菌酮（fenpyrazamine）、唑菌酯（pyraoxystrobin）、唑胺菌酯（pyrametostrobin）、氟噻唑吡乙酮（oxathiapiprolin）等。

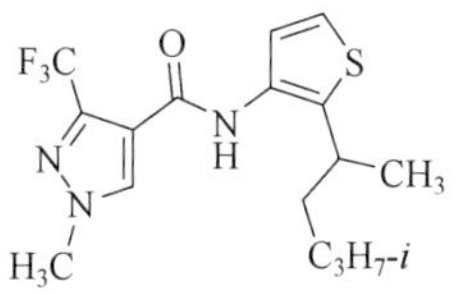

吡噻菌胺 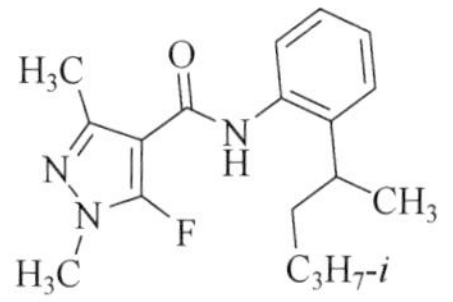　　　　氟唑菌苯胺 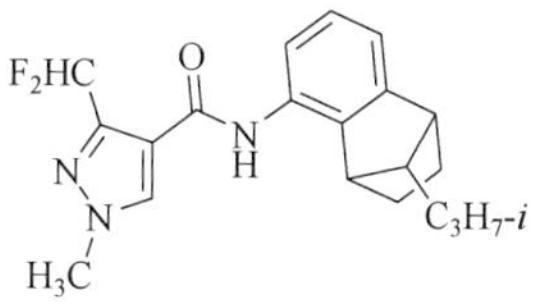　　　　吡唑萘菌胺

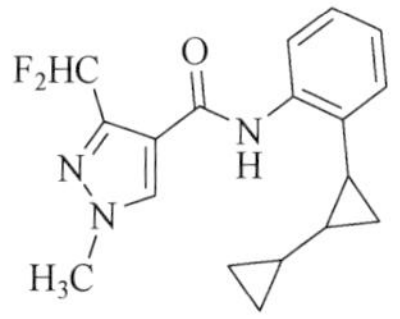

氟唑环菌胺 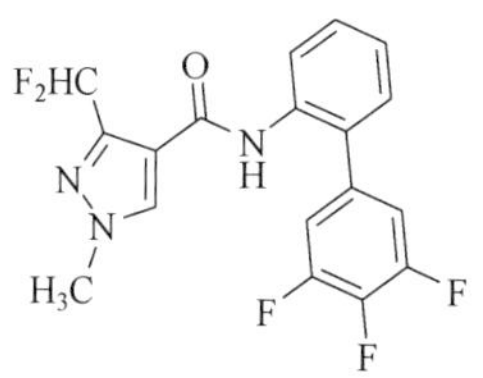　　　氟唑菌酰胺 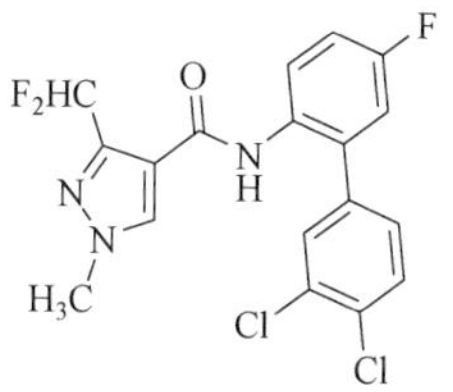　　　联苯吡酰胺 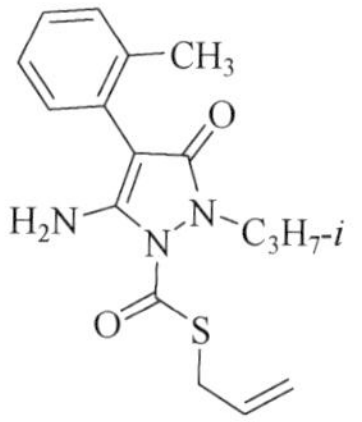　　　胺苯吡菌酮

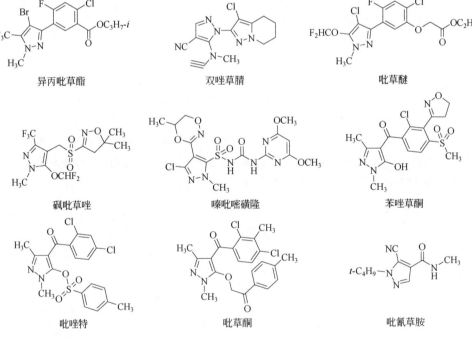

唑菌酯　　　　　　　　　唑胺菌酯

氟噻唑吡乙酮

③ 除草剂。作为除草剂的吡唑类化合物结构，以吡唑结构为除草活性关键构件的为吡唑苯酮除草活性优势结构，如苯唑草酮（topramezone）、吡唑特（pyrazolynate）、吡草酮（benzofenap）等，其他含有吡唑环结构的除草剂，经常是因为芳香杂环等排替换而被应用，如异丙吡草酯（fluazolate）、吡草醚（pyraflu-fen-ethyl）、嗪吡嘧磺隆（metazosulfuron）等。

异丙吡草酯　　　　　　双唑草腈　　　　　　吡草醚

砜吡草唑　　　　　嗪吡嘧磺隆　　　　苯唑草酮

吡唑特　　　　　　吡草酮　　　　　　吡氰草胺

（2）结构关系解析

① 吡唑苯酮除草剂优势结构。其实，吡唑苯酮除草剂优势结构源于环己二酮/三酮类除草剂优势结构，其中 R^3 为吸电子基团，R^1 为吸电子基团、R^2 为供电子基团有利于除草活性提高。

274

三酮类除草剂优势结构　　　　　　　　　　　吡唑苯酮除草剂优势结构

吡唑基团添加：吡唑苯酮除草剂分子结构中，吡唑基可以重复添加，如从磺酰草吡唑（pyrasulfotole）、苯唑氟草酮（fenpyrazone），到三唑磺草酮（tripyrasulfone）：

磺酰草吡唑　　　　　　　　　苯唑氟草酮　　　　　　　　　三唑磺草酮

R^3 为吸电子基团、R^2 为供电子基团有利于除草活性提高，并且甲砜基（）是 R^3 比较理想的选择，当 R^2 为吸电子基团时，并不利于除草活性提高；吡唑环5位羟基活泼氢消除时，有利于除草活性提高。如化合物 A、B、C、D、E、F 分别为拜耳公司和石原产业株式会社在 WO 2008125213、US 20050282709、WO 2012010573、WO 2008125211、WO 2008125212、WO 2009145202 中公开的除草活性化合物，其除草活性 A、D、E 为 20g/hm² 对苗后狗尾草、反枝苋、波斯婆婆纳防效高于 90%；B 为 320g/hm² 对繁缕防效高于 90%，对玉米安全；C 为 320g/hm² 对狗尾草、反枝苋防效高于 80%；F 为 7g/hm² 对稗草、马唐、反枝苋防效高于 90%，而且对小麦安全[65]。化合物 C 除草活性有所降低，而化合物 F 除草活性明显提高。

吡唑苯酮优势结构中苯环为重要功能基团，而非关键要素，当其被摩尔质量相近的含氮芳杂环等排替换时，新结构化合物仍然保持较高除草活性。如化合物

G、H、J 为日产化学株式会社在 WO 2005085205、JP 2005200401、JP 2005060299 公开的化合物，其除草活性 G、H 为 2.52g/hm² 对鸭舌草、稗草、多年生莎草防效高于 90%，对水稻安全；J 为 6.3g/hm² 对苗前马唐、反枝苋、狗尾草完全防除。

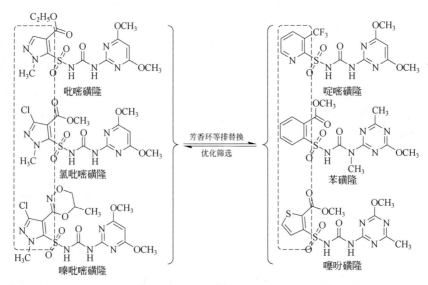

② 在农药分子结构中，作为功能基团的吡唑结构，常常以 1-取代基如 1-甲基、1-乙基、1-苯基等形式出现，并且在非关键结构存在于某类优势结构中时，可以与其他芳香杂环等排替换，特别是摩尔质量相近的如 🔲、🔲、🔲、🔲、🔲 等芳香环。如磺酰脲类除草剂吡嘧磺隆（pyrazosulfuron）、氯吡嘧磺隆（halosulfuron-methyl）、嗪吡嘧磺隆（metazosulfuron）与啶嘧磺隆（flazasulfuron）、苯磺隆（tribenuron-methyl）、噻吩磺隆（thifensulfuron-methyl）等，如图 5-89。

图 5-89 磺酰脲类除草剂结构优化之芳香环等排替换

③ 丙烯腈类化合物腈吡螨酯（cyenopyrafen）和乙唑螨腈（cyetpyrafen）分别是日产化学公司和沈阳化工研究院创制的新型吡唑类杀螨剂,可有效控制蔬菜、水果、茶叶上的各种害螨。相关农药分子设计和优化比较科学地体现了局部修饰的策略运用。

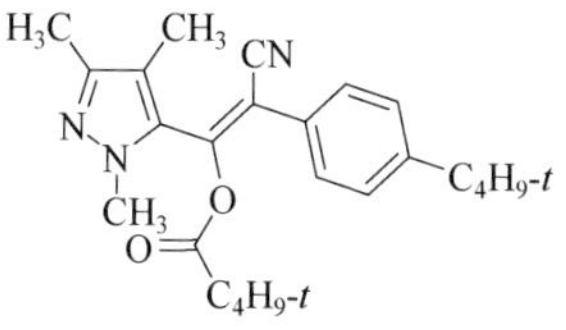

腈吡螨酯 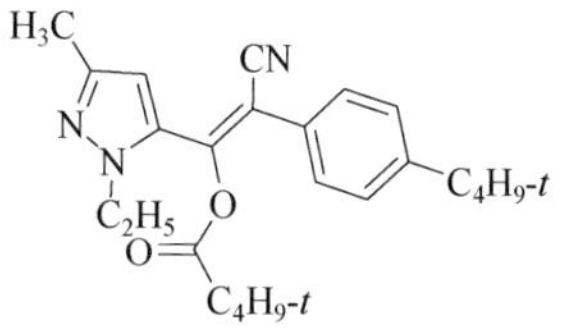　　　　　　　　　乙唑螨腈

局部—H、—Cl、—CH₃ 间的等排替换，往往保持活性，如 CN 101875633 B 报道，下述 8 个丙烯腈类化合物在 2.5mg/kg 对朱砂叶螨 72h 效力达 90%以上[66]。

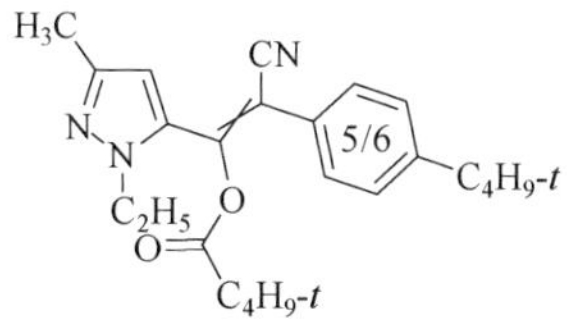

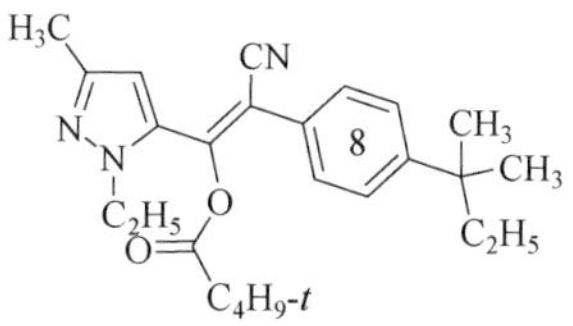

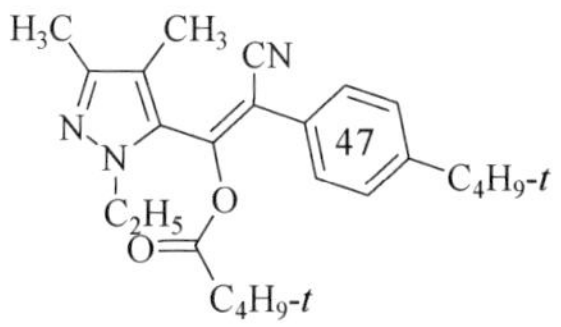

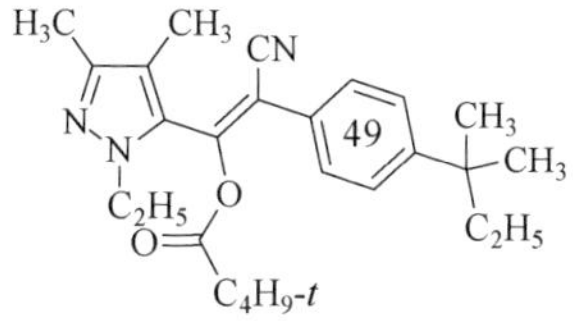

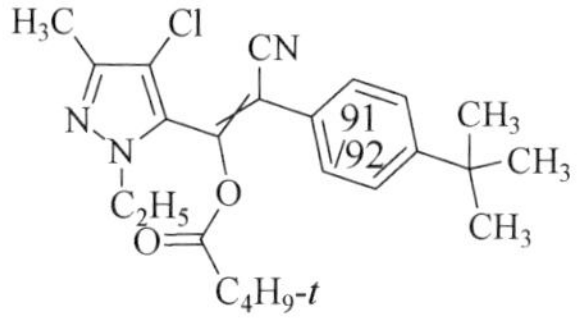

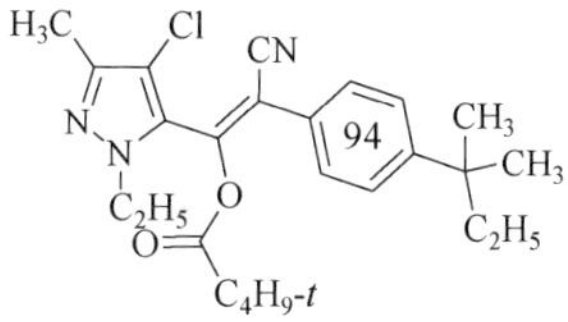

将丙烯腈杀虫活性优势结构吡唑环和苯环分别或同时进行芳香杂环等排替换，依然保持良好的杀螨活性。如沈阳化工研究院有限公司李斌在 CN 104649997 A 报道，化合物 KC 在 500mg/kg 的浓度下对蜱的防效在 80% 以上，其他系列同类丙烯腈化合物在浓度为 10mg/kg 时对螨的防治效果较好，死亡率等于或大于 80%[67]。

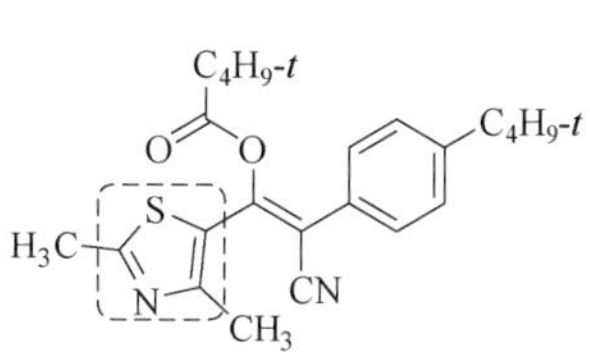

KC1 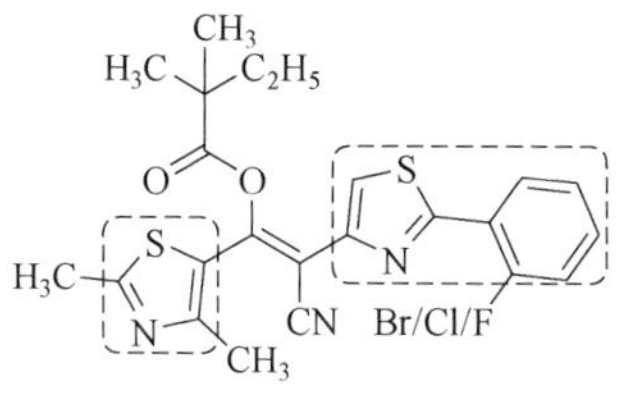　　　　　1/57/97 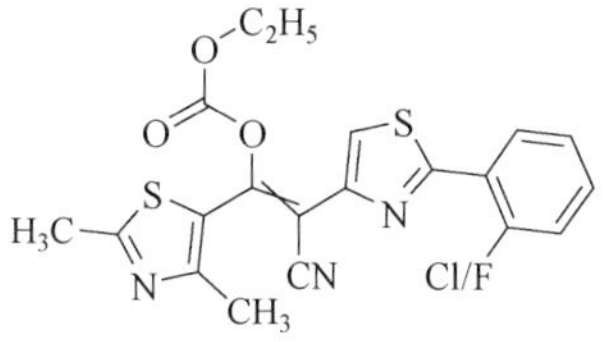　　　　　31/71

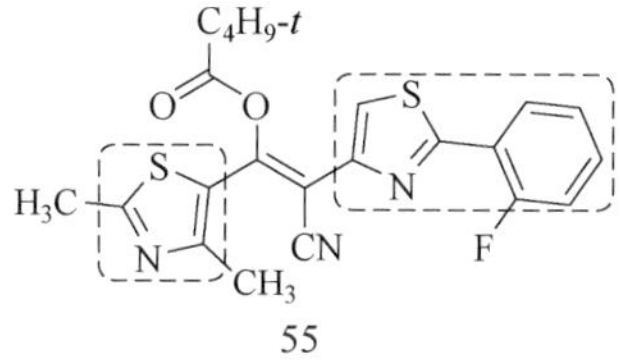

55 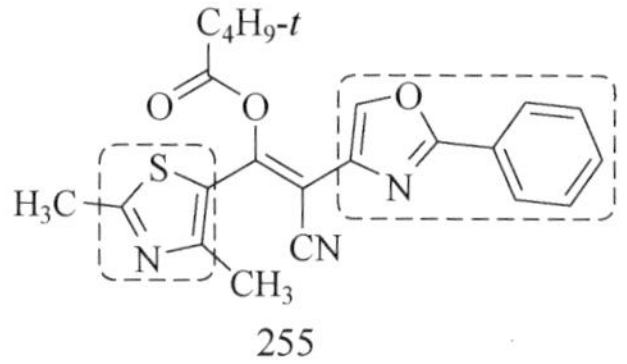　　　　　255 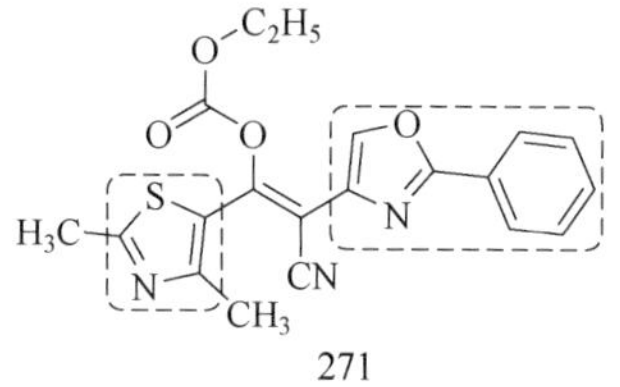　　　　　271

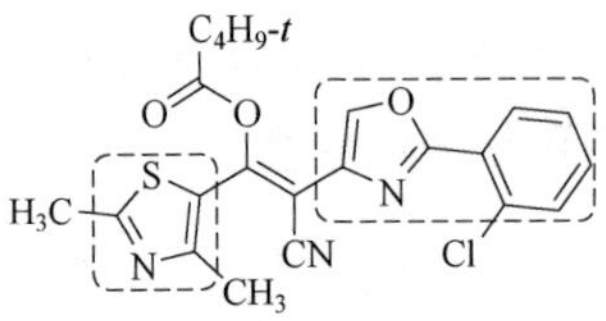

335 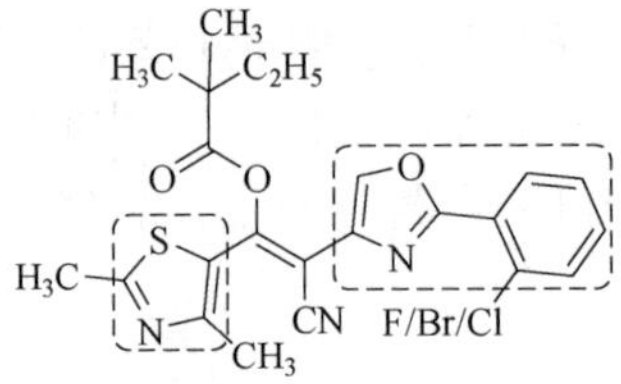 337/377/417 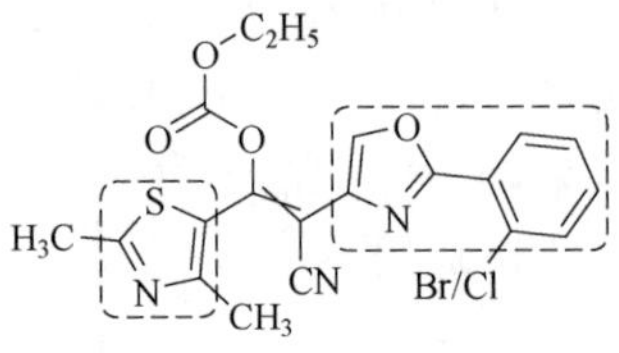 351/391

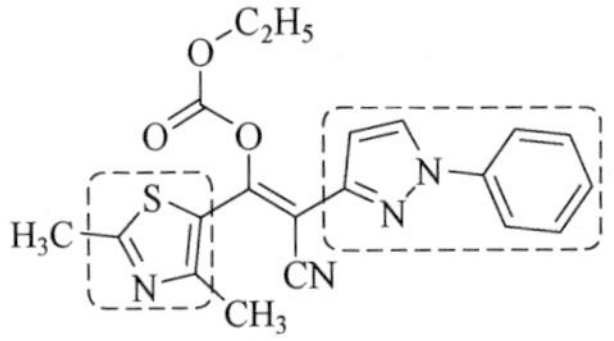

551 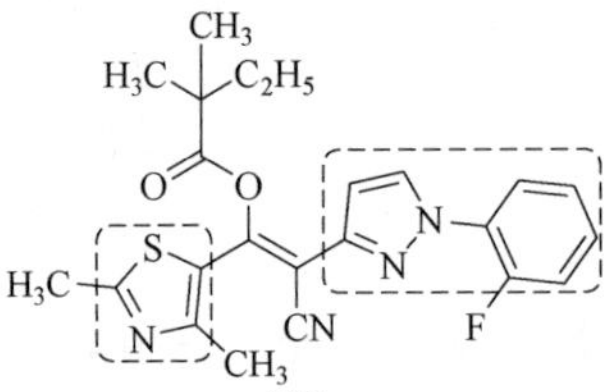 577 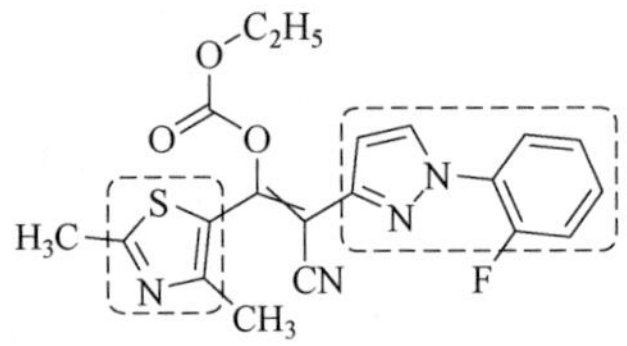 591/592

杂原子的引入，往往提高活性。如湖南化工研究院有限公司黄明智等在 CN 106187936 A 报道，1、3、11、33、35、58 等化合物对蚜虫的 LC_{50} 值都低于 5.0mg/L，而 73、76、77、78、79、80、83、88、89 等化合物对红蜘蛛的 LC_{50} 值都低于 2.0mg/L[68]。

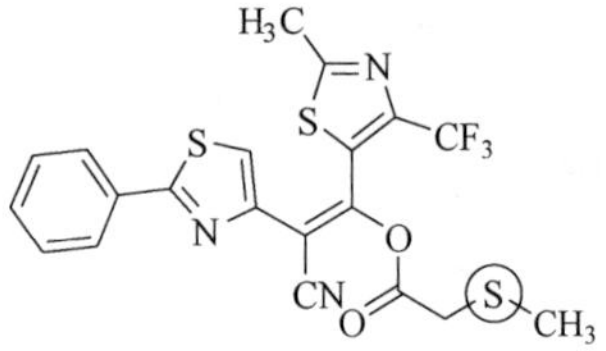

1 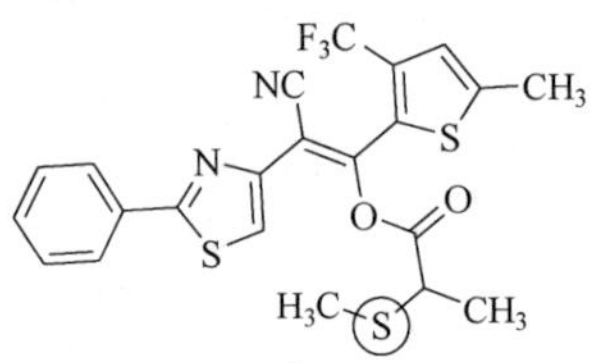 3 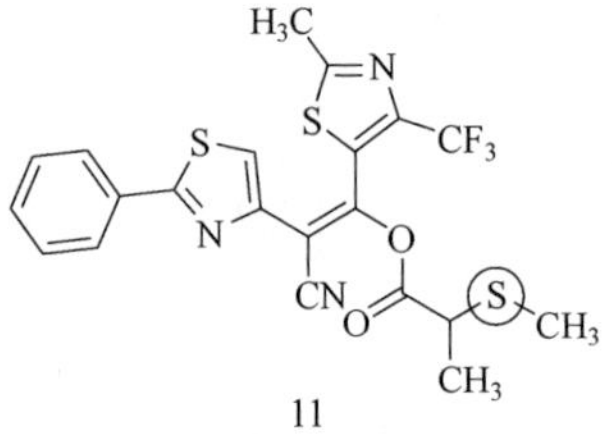 11

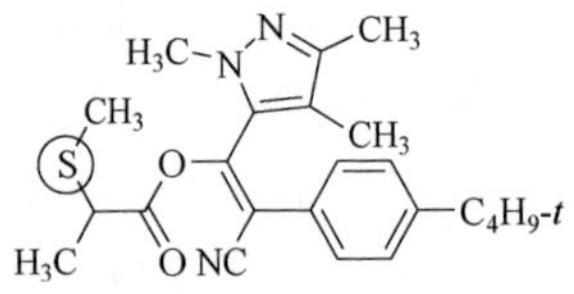

73 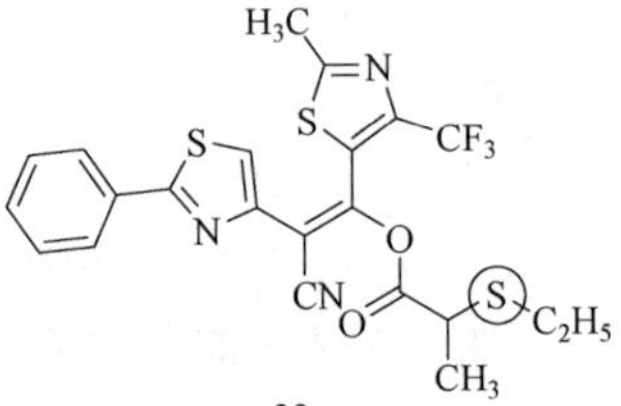 33 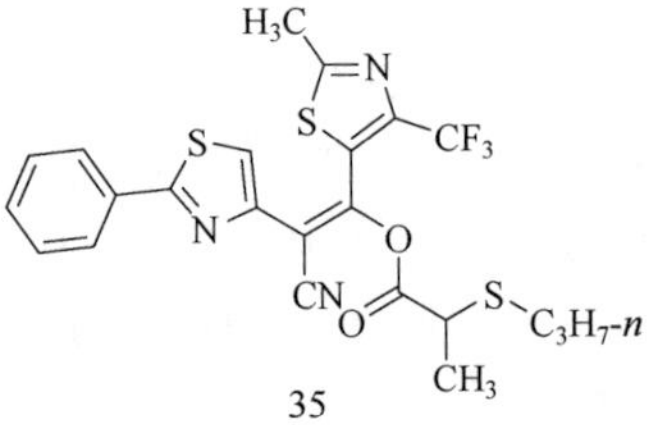 35

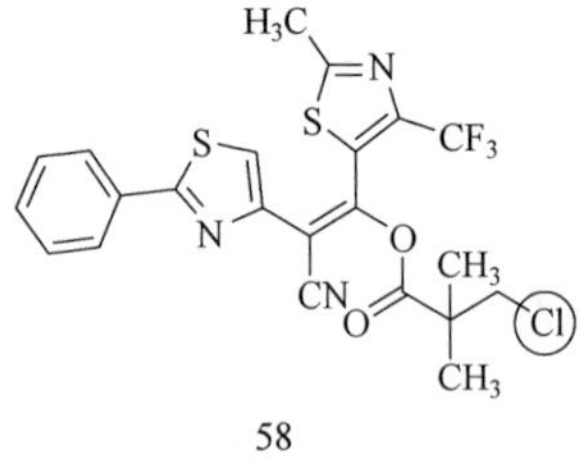

58 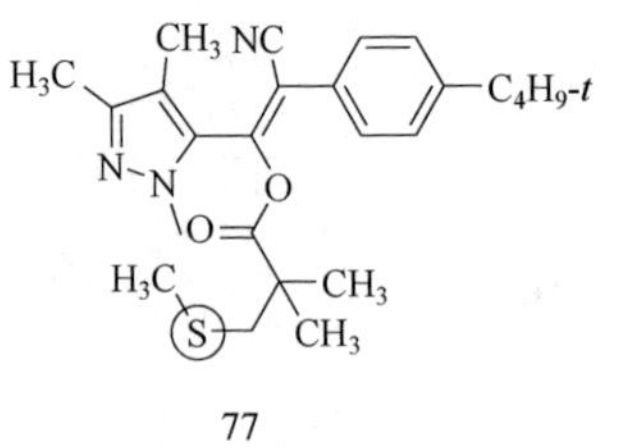 77 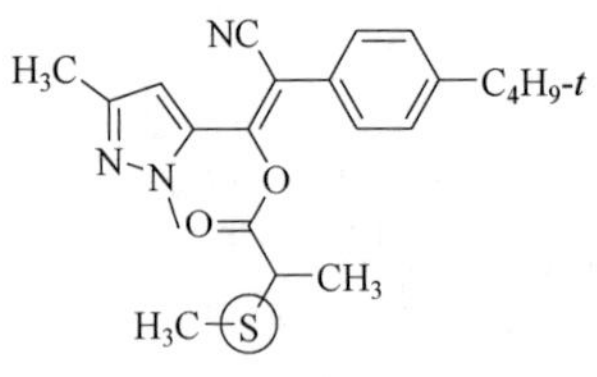 78

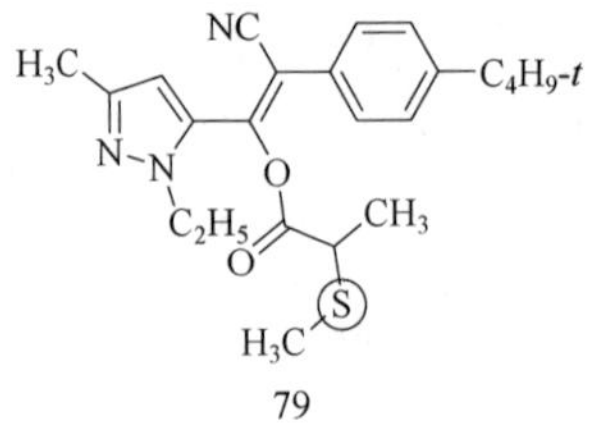

79 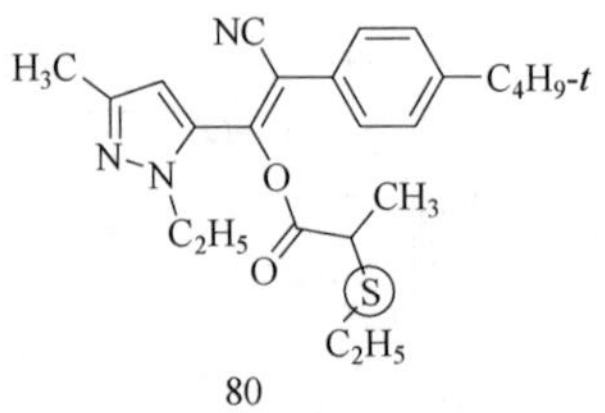 80 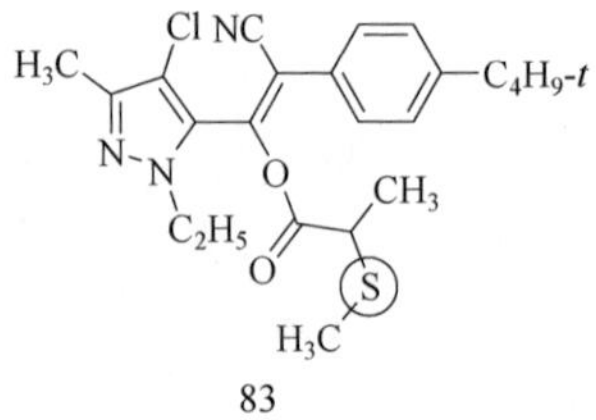 83

76　　　　　　　　　　88　　　　　　　　　89

将酯部分修饰为碳酸二酯，仍然保持很高的杀虫活性。如湖南化工研究院有限公司柳爱平等在 CN 106187937 A 报道，化合物 124、125、151、152、155 等大多化合物对红蜘蛛的 LC_{50} 值都低于 1.0mg/L[69]。

124　　　　　　　　　　125　　　　　　　　　155

151　　　　　　　　　152

④ 1-苯取代吡唑杀虫优势结构引入有机磷特征结构，通过双效拼合修饰，可以比较高地保持 1-苯取代吡唑杀虫剂活性。如 WO 2005082916、WO 2005082917 报道，下述化合物 A 和 B 在 10mg/kg 对蚜虫具有 90%以上防效[70]。

5.7.2 三唑类

作为农药生物活性药效基团的三唑，因其具有杀菌活性而活跃于杀菌剂农药分子设计与优化中。作为优势结构的重要组分，经常与其他药效基团相结合，成为除草活性优势结构；由于三唑啉酮及三唑并嘧啶所具有的优异潜在生物活性，近年来备受除草剂分子设计与优化的青睐，相关高效除草剂品种不断涌现。

（1）结构与用途

① 杀虫剂。三唑结构很少应用于杀虫剂分子设计中，目前三唑锡（azocyclotin）是比较受欢迎的三唑类杀虫剂，主要应用于害螨防治。

三唑锡

② 杀菌剂。作为比较优秀的杀菌功能基团，三唑广泛应用于杀菌剂农药分子设计与优化中，已经形成三唑类杀菌剂类别，一度占有杀菌剂 25%以上的市场份额。分子结构代表性的品种有糠菌唑（bromuconazole）、环丙唑醇（cyproconazole）、苯醚甲环唑（difenoconazole）、氟环唑（epoxiconazole）、烯唑醇（diniconazole）、氟硅唑（flusilazole）、氟环唑（epoxiconazole）、烯唑醇（diniconazole）、腈苯唑（fenbuconazole）、粉唑醇（flutriafol）、己唑醇（hexaconazole）、亚胺唑（imibenconazole）、种菌唑（ipconazole）、腈菌唑（myclobutanil）、灭菌唑（triticonazole）、三唑酮（triadimefon）、戊菌唑（penconazole）、丙硫菌唑（prothioconazole）、硅氟唑（simeconazole）、联苯三唑醇（biteranol）、三环唑（tricyclazole）、唑嘧菌胺（ametoctradin）、吲哚磺菌胺（amisulbrom）、氯氟醚菌唑（mefentrifluconazole）、fluoxytioconazole 等。

糠菌唑　　　　　　　　环丙唑醇　　　　　　　　苯醚甲环唑

氟环唑　　　　　　　　烯唑醇　　　　　　　　氟硅唑

腈苯唑　　　　　　　　粉唑醇　　　　　　　　己唑醇

亚胺唑　　　　　　　　种菌唑　　　　　　　　腈菌唑

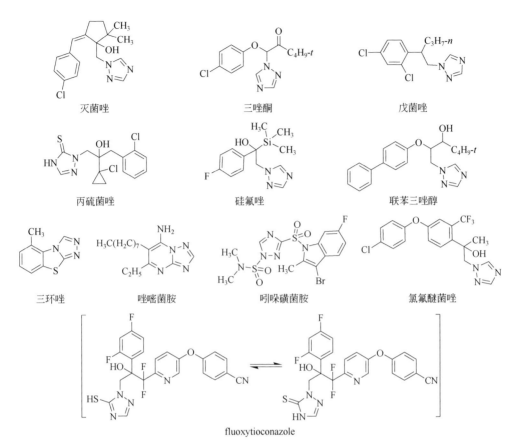

灭菌唑　　　　　　三唑酮　　　　　　戊菌唑

丙硫菌唑　　　　　硅氟唑　　　　　　联苯三唑醇

三环唑　　　　唑嘧菌胺　　　　吲哚磺菌胺　　　　氯氟醚菌唑

fluoxytioconazole

③ 除草剂。三唑结构应用于除草剂分子设计与优化，比较引人瞩目的是三唑啉酮结构和三唑并嘧啶结构，如双氟磺草胺（florasulam）、啶磺草胺（pyroxsulam）、五氟磺草胺（penoxsulam）、唑啶草酮（azafenidin）、三唑酰草胺（ipfencarbazone）、唑酮草酯（carfentrazone-ethyl）、胺唑草酮（amicarbazone）、甲磺草胺（sulfentrazone）、苯唑磺隆（bencarbazone）、噻酮磺隆（thiencarbazone-methyl）等。

双氟磺草胺　　　　啶磺草胺　　　　　五氟磺草胺

唑啶草酮　　　　　三唑酰草胺　　　　唑酮草酯

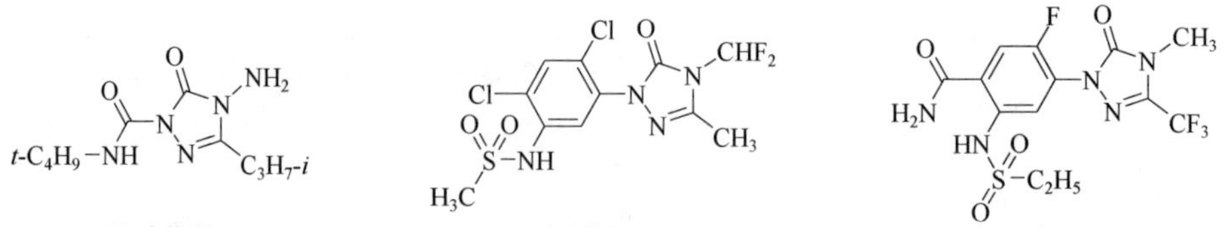

胺唑草酮　　　　　　　甲磺草胺　　　　　　　苯唑磺隆

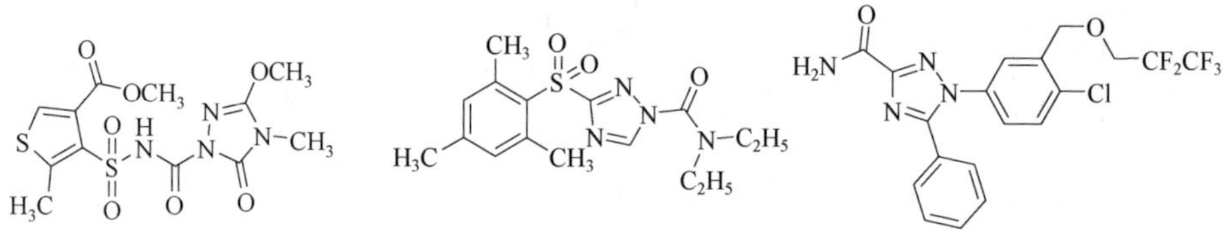

噻酮磺隆　　　　　　　唑草胺　　　　　　　　氟胺草唑

④ 植物生长调节剂。作为植物生长调节剂的三唑类化合物，往往兼具杀菌活性，如多效唑（paclobutrazol）、烯效唑（uniconazole）、抑芽唑（triapenthenol）等。

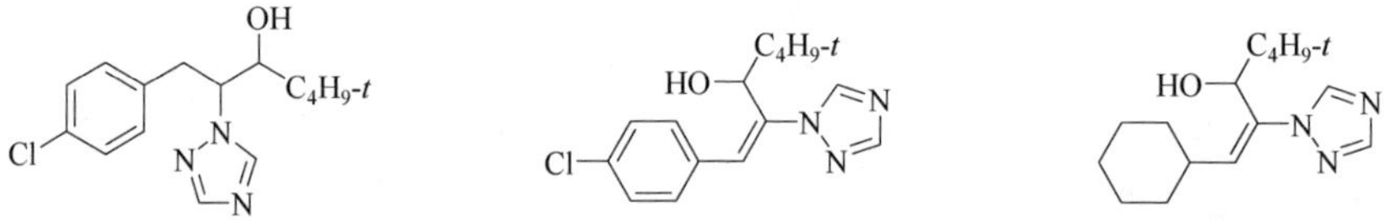

多效唑　　　　　　　　烯效唑　　　　　　　　抑芽唑

（2）结构解析　相关杀菌剂可以看作是三唑五元杂环唑类衍生物，此类化合物结构特征是分子中含有三唑五元杂环（一般是 1,2,4-三唑）基团，可分为下述 7 种情况[71]，如图 5-90。

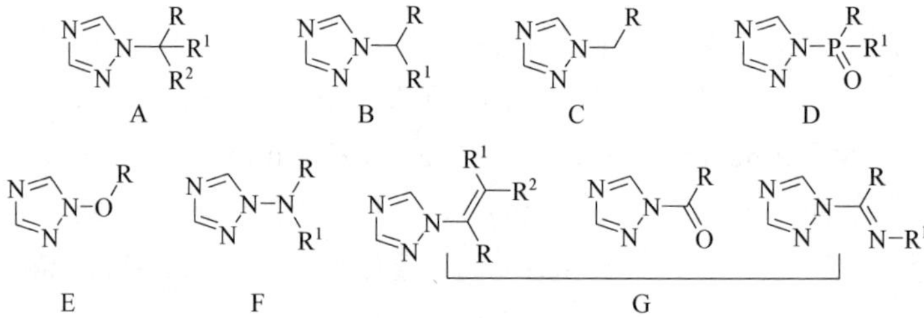

图 5-90　三唑类杀菌剂优势结构（一）

作为高生物活性的杀菌剂主要是 *N*-伯烷基取代衍生物和 *N*-仲烷基取代衍生物及部分 *N*-不饱和取代衍生物，其中三种三唑类杀菌活性优势结构形成可简单表示如下，其中，Ar 上 4 位取代基有一定体积和负电性，2 位负电性取代基对抗真菌有利，如图 5-91。

该类杀菌剂分子结构之间主要修饰关系有生物电子等排替换、氧化-还原、羰基保护等局部修饰策略。

① —H、—CN、—OH 间等排替换。如戊菌唑（penconazole）、腈菌唑（myclobutanil）、己唑醇（hexaconazole）之间。

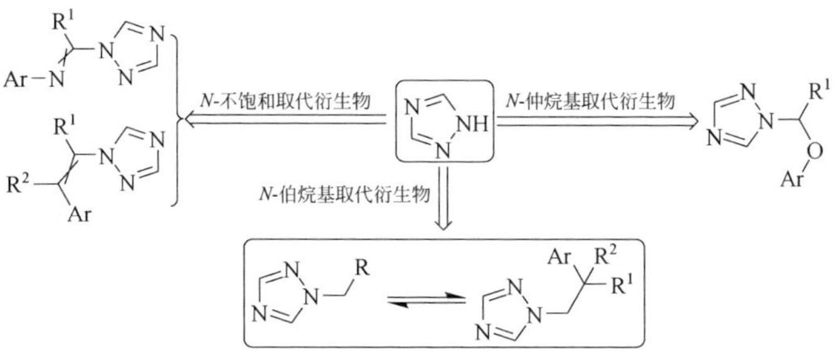

图 5-91　三唑类杀菌剂优势结构（二）

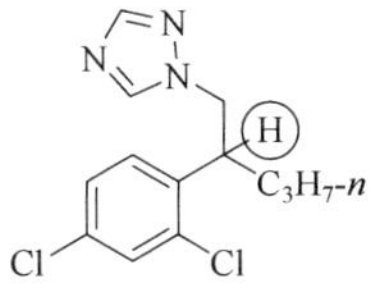

　戊菌唑 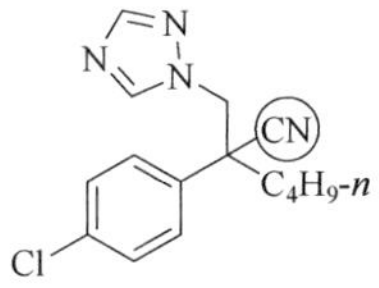　　　　　　　　腈菌唑 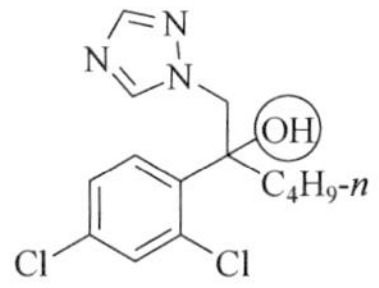　　　　　　　　己唑醇

——CH_2CH_3 与——OCF_2CHF_2 间等排替换：如戊菌唑（penconazole）之于四氟醚唑（tetraconazole）。

——CH_2CH_3/——OCF_2CHF_2间等排替换

　　戊菌唑　　　　　　　　　　　　　　　　　四氟醚唑

——Cl、——O——、——CH_2——间等排替换：如三唑醇（triadimenol）、苄氯三唑醇（diclobutrazol）、多效唑（paclobutrazol）等。

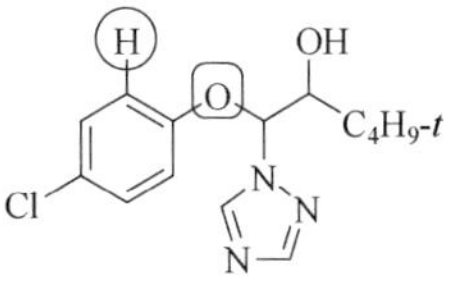

　　三唑醇 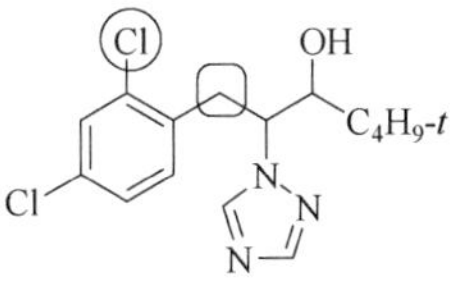　　　　　　　苄氯三唑醇 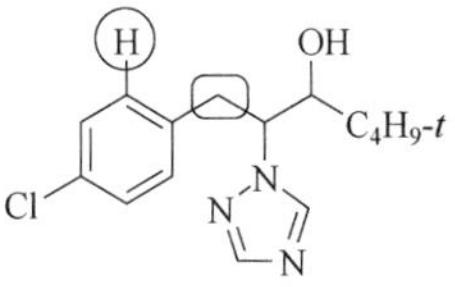　　　　　　多效唑

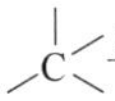

与 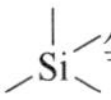 等排替换：C 和 Si 同属第四主族元素，相互间可以进行等排替换，如氟硅唑（flusilazole）与硅氟唑（simeconazole）。

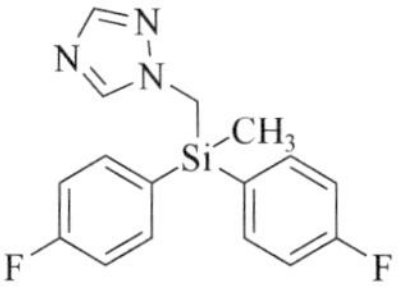

　　氟硅唑 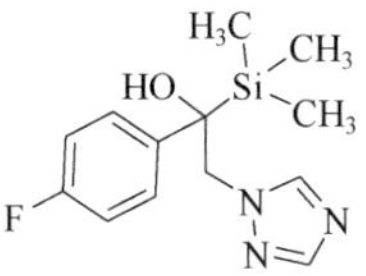　　　　　　　　硅氟唑

② 烃基变换。主要表现于烃基之间及烃基与苯基之间，如腈菌唑（myclobutanil）与腈苯唑（fenbuconazole）、种菌唑（ipconazole）与叶菌唑（metconazole）、

苯醚甲环唑（difenoconazole）与丙环唑（propiconazole）、氯氟醚菌唑（mefentri-fluconazole）与 ipfentrifluconazole 等。

腈菌唑　　　　　　　腈苯唑　　　　　　　种菌唑　　　　　　　叶菌唑

苯醚甲环唑　　　　　　　　　　　　　　　丙环唑

氯氟醚菌唑　　　　　　　ipfentrifluconazole

③ 氧化还原。通过氧化还原反应实现两个农药品种之间转化，如三唑醇（tria-dimenol）与三唑酮（triadimefon）、叶菌唑（metconazole）与灭菌唑（triticonazole）、多效唑（paclobutrazol）与烯效唑（uniconazole）等。

三唑醇　　　　　　　三唑酮　　　　　　　叶菌唑　　　　　　　灭菌唑

多效唑　　　　　　　烯效唑

④ 羰基（ $\overset{O}{\underset{}{\parallel}}$ ）环化（ $\underset{O \quad O}{\diagdown \diagup}$ ）。如糠菌唑（bromuconazole）、苯醚甲环唑（difeno-conazole）、丙环唑（propiconazole）等。

糠菌唑　　　　　　　苯醚甲环唑　　　　　　　丙环唑

⑤ 引入—SH。在功能活性基团三唑环上引入—SH，可以提高杀菌活性，如 fluoxytioconazole、丙硫菌唑（prothioconazole）。

fluoxytioconazole

丙硫菌唑

⑥ 借鉴医药、兽药分子结构，设计创制农药活性化合物，如苯醚甲环唑（difenoconazole）、丙环唑（propiconazole）与特康唑（terconazole）。

特康唑　　　　苯醚甲环唑　　　　丙环唑

⑦ 在局部修饰过程中，通过引入容易被氧化的功能基团、环化、扩环-闭环、在合适的位置引入杂原子（特别是 N 原子）以及 CN 基 ［或者将—N=等排替换为—C(CN)=］，所得新化合物的生物活性往往得到提高。唑嘧菌胺（ametoctradin）是巴斯夫公司创制的优良杀菌剂，属于线粒体呼吸抑制剂，对霜霉和疫霉类卵菌纲真菌有控制作用，可有效地防治霜霉病和晚疫病，并且具有极强的残留活性和耐雨性。研究发现，唑嘧菌胺可与真菌呼吸复合体Ⅲ中的标桩菌素亚位点结合，从而抑制真菌的活动。这使唑嘧菌胺成为该类别下的唯一一种杀菌剂，与其他商业化杀菌剂无交互抗性，是进行真菌抗性管理的理想药剂。

唑嘧菌胺类杀菌活性化合物的优势结构可表达如下：

优势结构　　　　唑嘧菌胺

围绕该优势结构，巴斯夫公司设计了很多相关化合物，大多数表现出比较好的杀菌生物活性，下述化合物 A、B、C、D、F、G、H、J、K、L、N 和 E、M 分别是巴斯夫公司和拜耳公司在 WO 2005087773、WO 2006087325、WO 2005094584、WO 2007101804、WO 2005095404、WO 2005058904、WO 2005058905、WO 2005058900、WO 2005058907、WO 2005058903、WO 2008040820 和 US 20060276478、US 20070244111 公开的化合物，对应的生物活性分别为 A：250mg/L 对黄瓜霜霉病、番茄晚疫病防效为 100%，B：16mg/L 对黄瓜霜霉病、番茄晚疫病防效均为 100%，C：125mg/L 对黄瓜霜霉病、番茄晚疫病防效均为 100%，D：125mg/L 对稻瘟病防效高于 92%，E：100g/hm² 对苹果黑星病防效高于 90%，F：250mg/L 对小麦白粉病和灰霉病均为 100%，G：63mg/L 对番茄晚疫病和灰霉病防效高于 90%，H：63mg/L 对大麦网斑病和灰霉病防效高于 80%，J：63mg/L 对大麦网斑病和灰霉病防效均为 100%，K：63mg/L 对灰霉病和番茄早疫病防效高于 70%，L：250mg/L 对大麦网斑病和灰霉病防效均为 100%，N：1mg/L 对灰霉病防效高于 80%，M：100g/hm² 对灰霉病防效高于 80%[72]，如图 5-92。

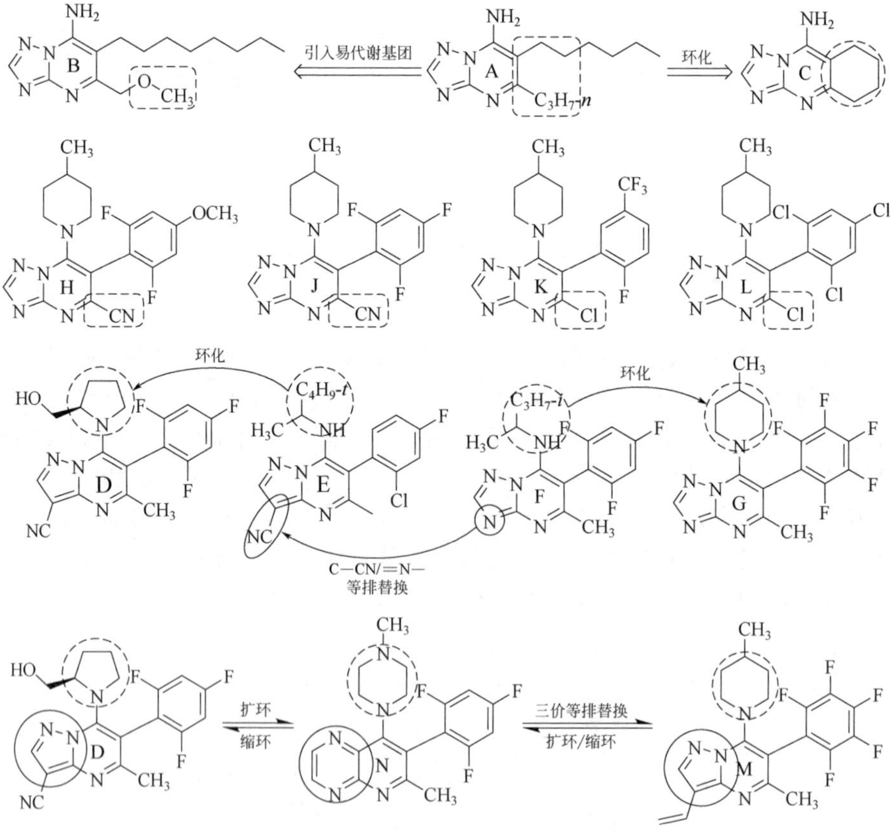

图 5-92 含氮稠环优势结构之局部修饰

在上述化合物中，局部修饰的有益效果是相当明显的，比如通过化合物 H、J 与 K、L 比较可以发现，—CN 等排替换—Cl 生物活性提高比较明显；化合物 F 通过环化修饰，所得化合物 G 生物活性也得到了提高；而通过扩环调整，所得化合物 N 具有很好的杀菌活性。

⑧ 芳香杂环等排替换。沈阳化工研究院有限公司周繁等将多效唑中苯环用吡啶环、嘧啶环、噻唑环或噻吩环等排替换，所得创新化合物保留了多效唑和烯效唑的生物活性，并且化合物 A 多项生物活性指标优于多效唑和烯效唑[73]。

5.7.3　噁唑与异噁唑类

作为五元杂环，含有噁唑与异噁唑结构的功能性分子骨架几乎神奇地存在于各类农药分子结构中，在农药分子设计与优化过程中扮演着不可或缺的角色。

（1）结构与用途

① 杀虫剂。噁唑与异噁唑相关结构片段应用于杀虫剂农药分子设计与优化是近年来热点之一，现有相关品种虽然不多，但却影响很大。如氟噁唑酰胺（fluxametamide）、异噁唑虫酰胺（isocycloseram）。

氟噁唑酰胺　　　　　　　　　　　异噁唑虫酰胺

② 杀菌剂。噁唑与异噁唑及其啉酮相关结构片段应用于杀菌剂农药分子设计与优化由来已久，无论是噁唑结构片段还是异噁唑结构片段都有比较广泛的应用。如噁咪唑（oxpoconazole）、噁唑菌酮（famoxadone）、氯啶菌酯（pyrisoxazole）、fluoxapiprolin、氟噻唑吡乙酮（oxathiapiprolin）等。

噁咪唑　　　　　　　噁唑菌酮　　　　　　　氯啶菌酯

fluoxapiprolin　　　　　　　　　　　氟噻唑吡乙酮

③ 除草剂。噁唑与异噁唑及其啉酮相关结构片段应用于除草剂农药分子设计与优化可谓热火朝天，频繁应用于多种类别除草剂的开发创制中。如精噁唑禾草灵（fenoxaprop-P-ethyl）、异噁草醚（isoxapyrifop）、异噁草胺（isoxaben）、砜吡草唑（pyroxasulfone）、苯唑草酮（topramezone）、异噁唑草酮（isoxaflutole）、rimisoxafen、异噁草酮（clomazone）、methiozolin 等。

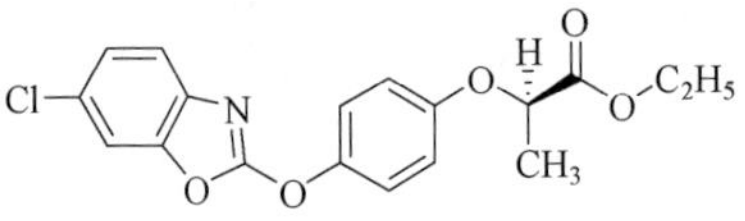

精噁唑禾草灵 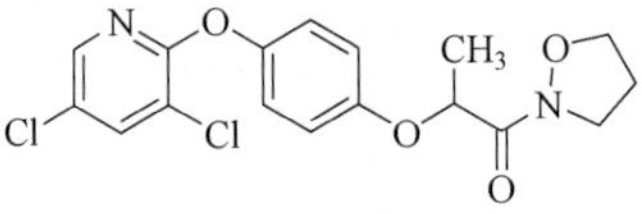　　　　　　　　异噁草醚 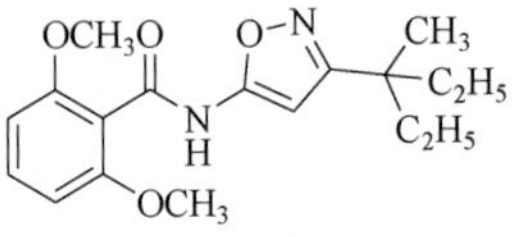　　　　　　　　　异噁草胺

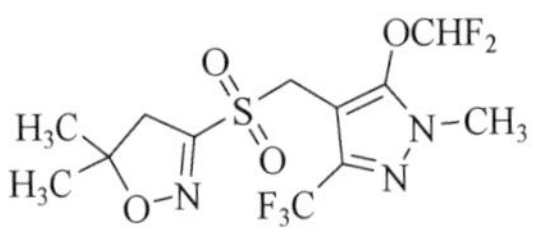

砜吡草唑 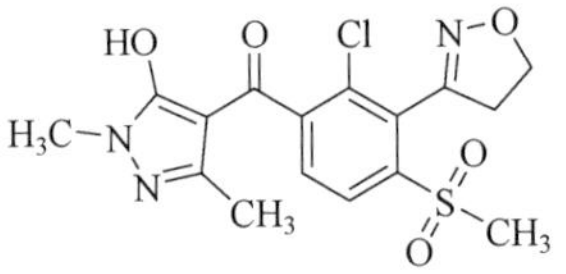　　　　　　　　苯唑草酮 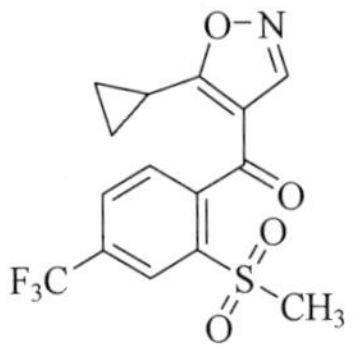　　　　　　　　异噁唑草酮

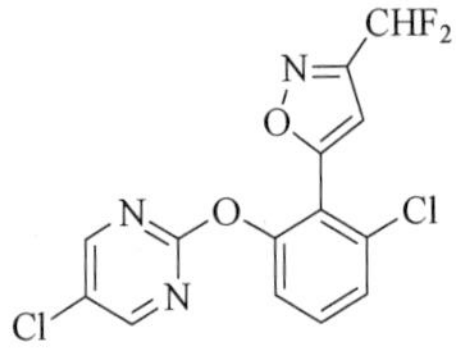

rimisoxafen 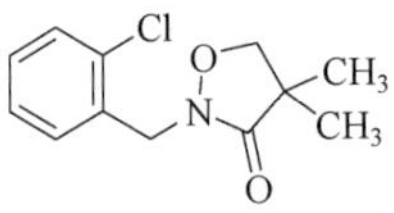　　　　　　　异噁草酮 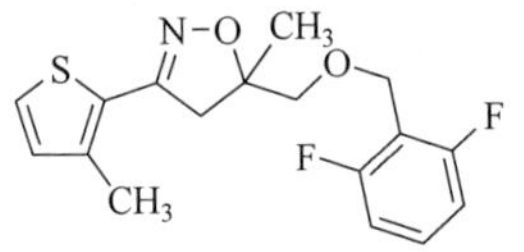　　　　　　　methiozolin

（2）开发与创制　几年来该类新颖分子结构农药品种开发和创制，在杀菌剂和除草剂领域比较火热，主要的相关功能性分子骨架片段为苯基异噁唑啉类新颖结构化合物，修饰和优化方略体现在链接基和侧链部位及片段创新。杀菌活性新颖结构化合物创制往往与氟噻唑吡乙酮（oxathiapiprolin）分子结构相关，而除草活性新颖结构化合物创制则亚胺类除草剂领域居多。

杀菌剂领域，华中师范大学杨光富及南开大学赵卫光等在新颖结构化合物创制方面成就卓著[74-81]，如图 5-93。

在除草剂领域，沈阳中化农药化工研发有限公司杨吉春、南开大学席真及青岛清原化合物有限公司连磊等的研究开发取得了重大突破，近期相关新颖分子结构除草剂的登记将成为必然。

杨吉春等在 CN 110818699 A、CN 110818644 A、CN 112679488 A、CN 112745269 A 四个发明专利中公开了功能性分子骨架相同或相似的具有除草活性的新颖苯基异噁唑啉结构类化合物，相应通式对应的创新结构化合物大多数具有非常有益的广泛的除草活性[82-85]。

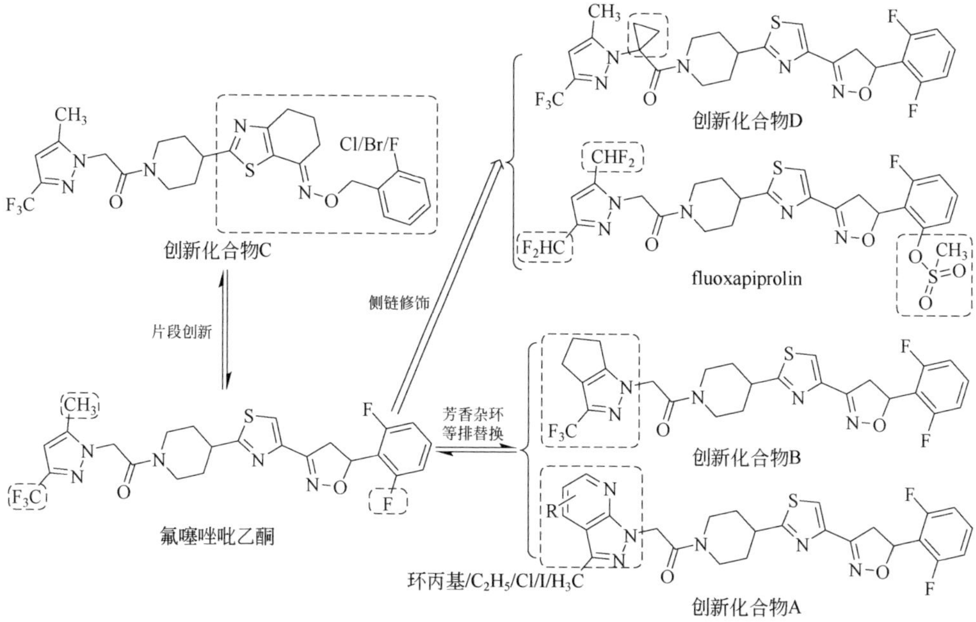

图 5-93 含氮杂环杀菌剂分子结构修饰之片段创新

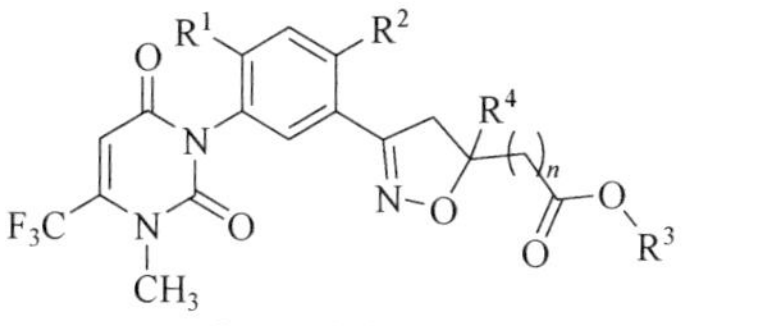

CN 110818699 A

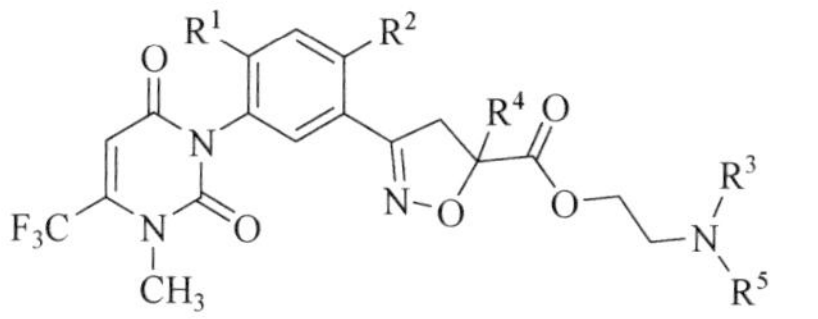

CN 110818644 A

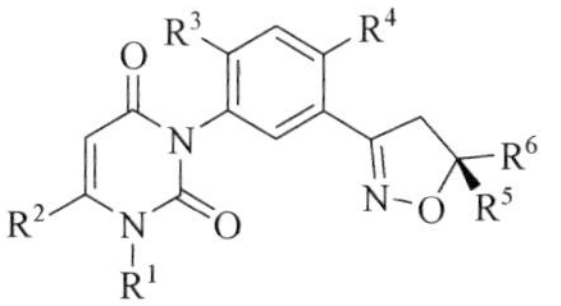

CN 112679488 A

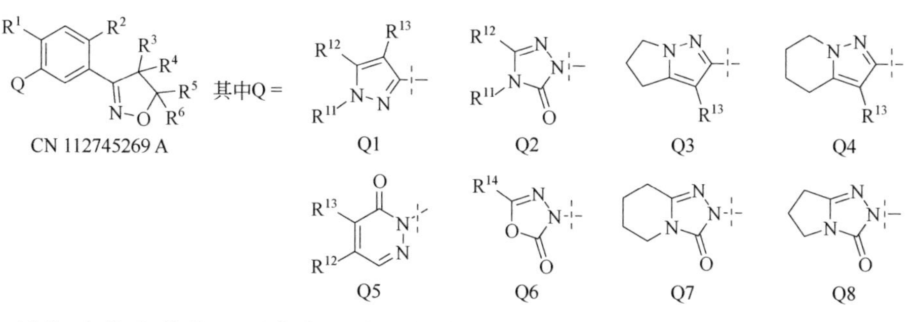

沈阳中化农药化工研发有限公司杨吉春等及青岛清原化合物有限公司连磊等则分别在 CN 111961041 A、CN 112745305 A、CN 113149975 A 中公开了功能性分

子骨架非常相似的具有除草活性的新颖苯基异噁唑啉结构类化合物，相应通式对应的创新结构化合物大多数同样具有非常有益的广泛的除草活性[86-88]。相应通式及相关化合物如下所示。

CN 111961041 A   CN 112745305 A   CN 113149975 A

青岛清原化合物有限公司连磊等利用功能性分子骨架相似、图形骨架相同，相应分子结构化合物生物活性相似原理，创制了结构新颖苯基噻唑类化合物，同样具有优异的除草活性，并且创新化合物即使在低施用率下对禾本科杂草、阔叶杂草等也具有优异的除草活性，并对作物具有高选择性，相关分子结构新颖结构如下[89]。

5.8　甲氧基丙烯酸酯类

（1）概述　甲氧基丙烯酸酯类杀菌剂或称 strobilurins 类似物是近年来发展的一类新颖杀菌剂。此类杀菌剂来源于天然微生物 strobilurin A，它们通过阻碍细胞色素 b 和 c_1 之间的电子传递，抑制线粒体的呼吸，属于病原菌线粒体呼吸抑制剂。此类杀菌剂最早为巴斯夫公司和先正达公司开发，自 1996 年首个此类杀菌剂品种上市，至目前已经有十多个品种，市场份额已经达到杀菌剂的 25%左右。因此可以说，此类杀菌剂的问世，是继苯并咪唑类、三唑类之后又一里程碑[90]。我国该类杀菌剂的开发创制，中国新农药创制大师刘长令及其带领的沈阳化工研究院有限公司新农药创制团队做出了卓越成就。相关代表性品种有嘧菌酯（azoxystrobin）、苯噻菌酯（benzothiostrobin）、啶氧菌酯（picoxystrobin）、嘧螨胺（pyriminostrobin）、烯肟菌酯（enestroburin）、氟菌螨酯（flufenoxystrobin）、唑菌酯（pyraoxystrobin）、唑菌胺酯（pyraclostrobin）、氯啶菌酯（triclopyricarb）、醚菌酯（kresoxim-methyl）、氟嘧菌酯（fluoxastrobin）、mandestrobin，结构如下所示。

嘧菌酯

苯噻菌酯

啶氧菌酯

嘧螨胺

烯肟菌酯

氟菌螨酯

唑菌酯

唑菌胺酯

氯啶菌酯

醚菌酯

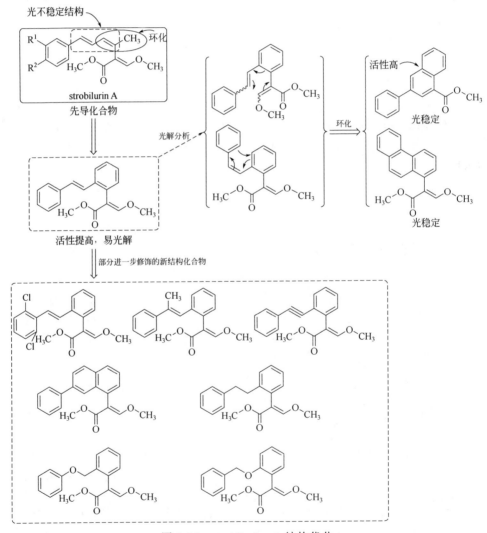

氟嘧菌酯   mandestrobin

（2）创制与产品开发[91]

① 嘧菌酯（azoxystrobin）创制。嘧菌酯是由先正达公司以 strobilurin A 为先导化合物创制的 strobilurins 类杀菌剂，由于其新颖的化学结构和新颖的作用机制，刚一面世便备受推崇，如图 5-94。

图 5-94 strobilurins A 结构优化

上述化合物中，二苯醚类不但光稳定性好，还具有内吸性，缺点是容易产生药害。进一步优化的目的在于调整疏水性，用吡啶代替苯环，提高化合物的传导性，如图 5-95。

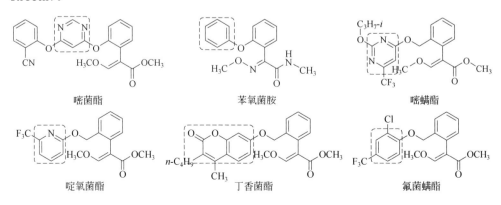

图 5-95　嘧菌酯创制经纬

三个苯环的醚类化合物虽然活性有所提高，却由于亲脂性的增加丧失了杀菌剂极为重要的内吸特点。由此，引入杂原子来达到保持活性的同时降低疏水性。又于 1400 多个化合物中优选出嘧菌酯。

② 醚菌酯（kresoxim-methyl）创制。醚菌酯是由巴斯夫公司以 strobilurin A 为先导化合物创制的又一 strobilurins 类杀菌剂，其杀菌作用机制与嘧菌酯相似；醚菌酯的创制，将 strobilurins 类杀菌剂的开发推向新的高度，如图 5-96。

（3）结构关系解析

① 芳香环等排替换。该类结构杀菌剂普遍存在生物电子等排现象，如嘧菌酯（azoxystrobin）、苯氧菌胺（metominostrobin）及嘧螨酯（fluacrypyrim）、啶氧菌酯（picoxystrobin）、丁香菌酯（coumoxystrobin）、氟菌螨酯（flufenoxy-strobin）。

嘧菌酯　　　　　　　　苯氧菌胺　　　　　　　　嘧螨酯

啶氧菌酯　　　　　　　　丁香菌酯　　　　　　　　氟菌螨酯

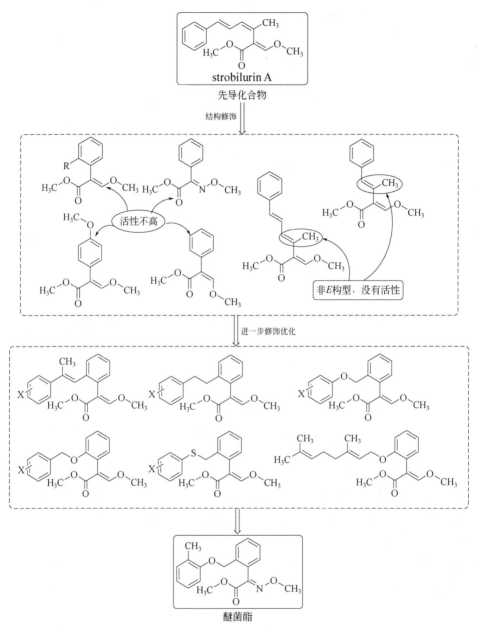

图 5-96　醚菌酯创制经纬

② 芳香环与"肟假环"等排替换。肟结构在农药分子设计与优化中相当于芳香（杂）环，可以与真正的芳香（杂）环等排替换。如烯肟菌酯（enestroburin）、肟菌酯（trifloxystrobin）、烯肟菌胺（fenaminstrobin）、肟醚菌胺（orysastrobin）等。

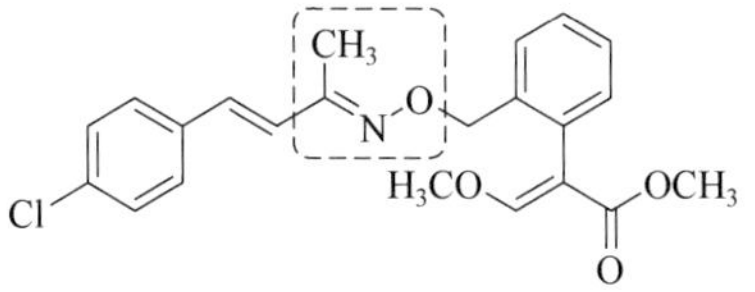

烯肟菌酯

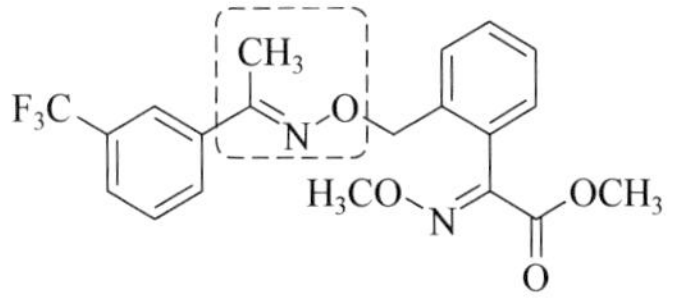

肟菌酯

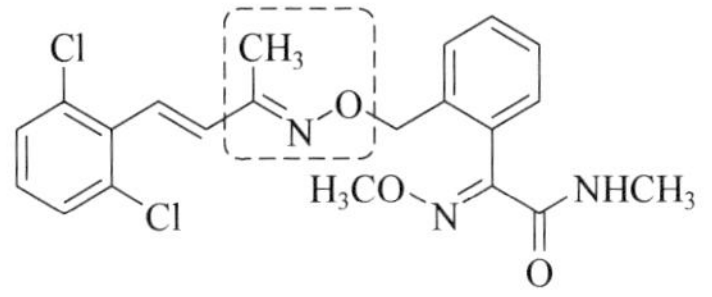

烯肟菌胺

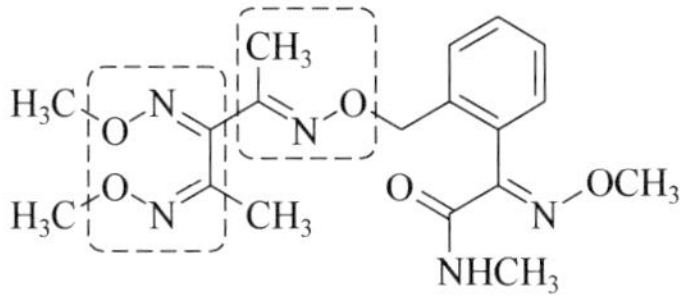

肟醚菌胺

③ —O—、—S—、—NH—及—CH＝、—N＝等排替换。主要涉及该类杀菌剂之特征结构——甲氧基丙烯酸酯等。如苯噻菌酯（benzothiostrobin）、醚菌酯（kresoxim-methyl）、苯氧菌胺（metominostrobin）、醚菌胺（dimoxystrobin）等。

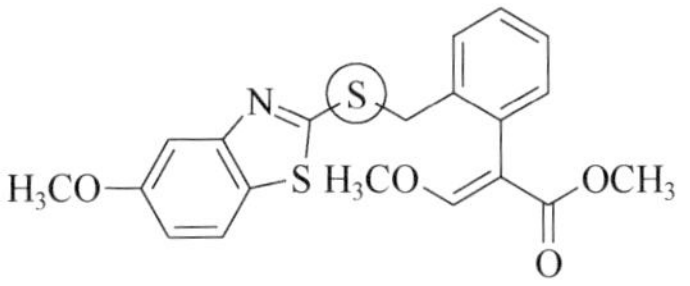

苯噻菌酯

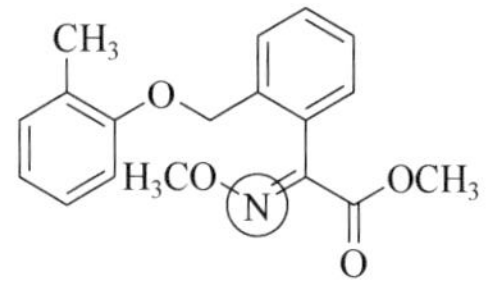

醚菌酯

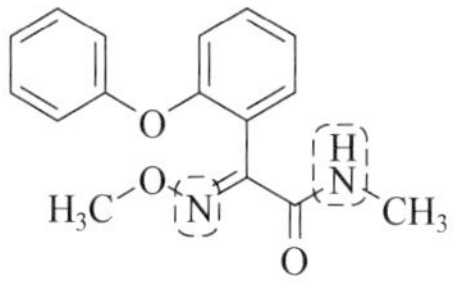

苯氧菌胺

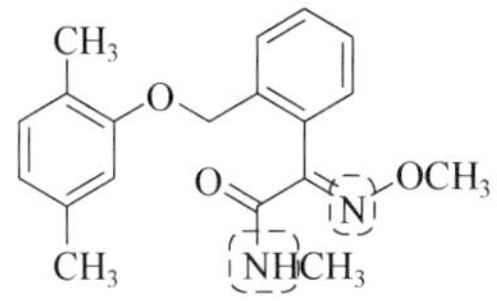

醚菌胺

④ 特征官能团轮廓相似、优势结构轮廓相似、生物活性相似。主要体现在该类杀菌剂之特征结构——甲氧基丙烯酸酯相似的结构，如唑菌胺酯（pyraclostrobin）、氯啶菌酯（triclopyricarb）、mandestrobin 等。

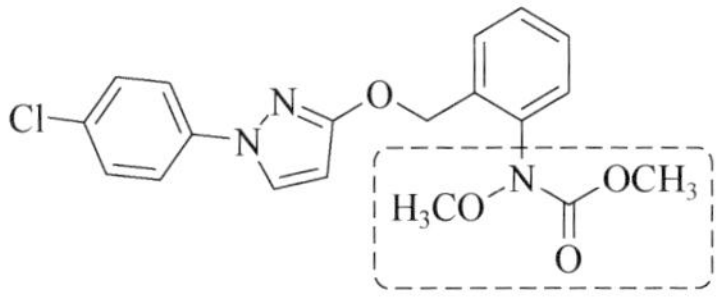

唑菌胺酯

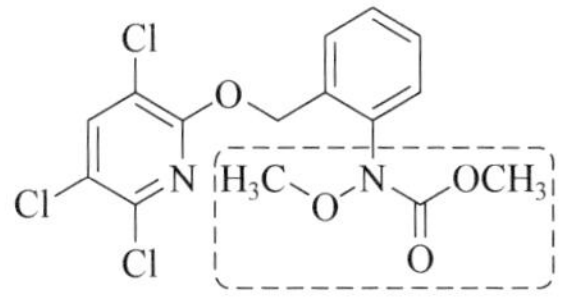

氯啶菌酯

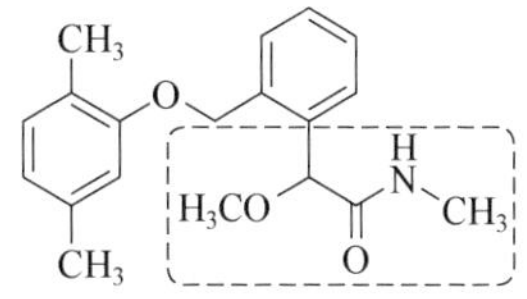

mandestrobin

⑤ 环化。如氟嘧菌酯（fluoxastrobin）创制。

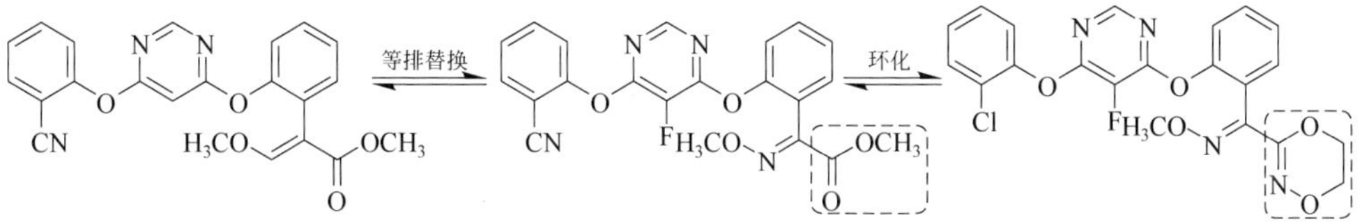

嘧菌酯   等排替换   环化   氟嘧菌酯

（4）创新与创制

① 芳香杂环等排替换。南开大学范志金将异噻唑和噻二唑引入肟醚类甲氧基丙烯酸酯类杀菌剂类化合物结构中，所创制的新化合物抑菌活性比相应的对照药剂优越或接近[92,93]。

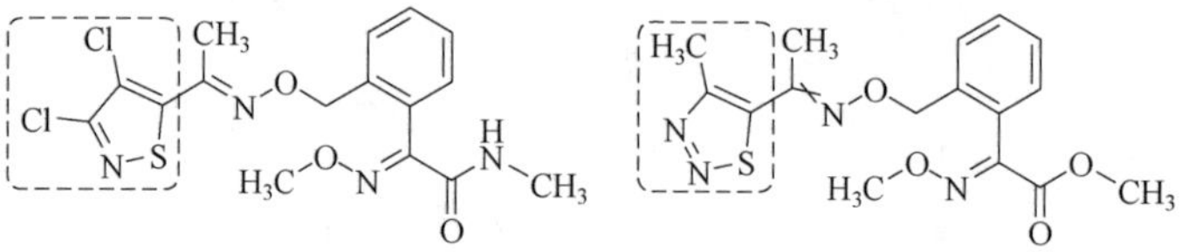

② S-取代-缩氨基硫脲结构——另一种"假环"。江苏仁明生物科技有限公司那日松等通过—O—与—S—等排替换、以 S-取代-缩氨基硫脲结构形成"假环"片段植入甲氧基丙烯酸酯类杀菌剂分子结构中，所创制的新颖化合物在 10mg/kg浓度下对水稻纹枯病、黄瓜菌核病和小麦赤霉病的抑制率大于 90%，而对照药剂嘧菌酯（azoxystrobin）抑制率小于 90%[94]。

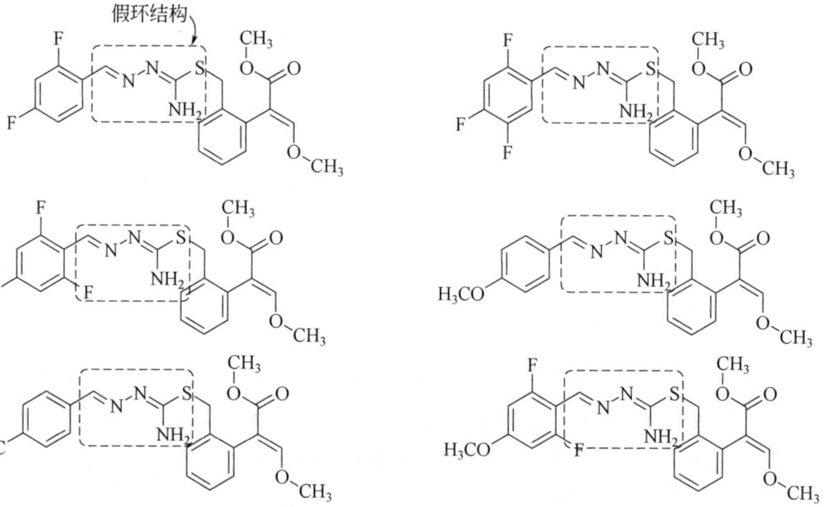

③ 含磺酰胺结构片段的甲氧基丙烯酸酯类杀菌剂。天津农学院刘敬波等将磺酰胺结构片段植入甲氧基丙烯酸酯分子结构中，所创制新颖高效除草活性化合物Ⅶ-2、Ⅶ-11 对黄瓜霜霉病的抑制活性远高于嘧菌酯（azoxystrobin）和肟菌酯（trifloxy-strobin），尤其是目标产物Ⅶ-2，在 0.2μg/mL 下，抑菌活性仍然保持在 55%[95]。

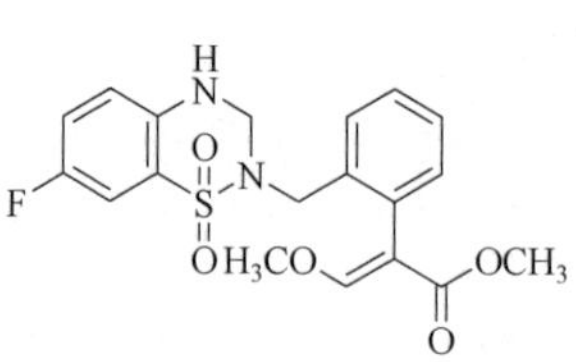

Ⅶ-2 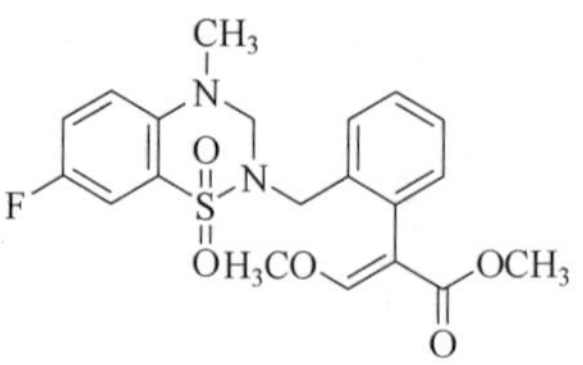   Ⅶ-11

④ 甲氧基丙烯酸酯类结构除草剂。浙江工业大学杜晓华将吡啶联苯骨架片段引入甲氧基丙烯酸酯类分子结构中，所得新颖化合物显示出高除草活性[96]。

进而，杜晓华博士将该类化合物进行侧链修饰，将其特征结构甲氧基丙烯酸酯结构片段切除，以其功能性骨架为基础进行分子设计与优化，所得新颖化合物仍然显示出高除草活性[97]。

R_m 各自独立选自氟、氯、溴、甲基、硝基、甲氧基、三氟甲基、氰基中的一种或两种，R_n 各自独立选自氟、氯、甲基、硝基、三氟甲基、氰基中的一种或两种，R_q 独立选自氟、氯、溴、碘、甲基、硝基、甲氧基、环丙基中的一种，X 选自 O、S、NH、SO、SO_2、CH_2O 的一种。

5.9 苯氧羧酸类

（1）结构特点 此类除草剂主要有苯氧乙酸类、苯氧丙酸类、苯氧丁酸类、杂环氧基苯氧丙酸类以及苯（稠环）氧乙（丙）酸衍生物类。该类除草剂是在 2,4-滴的基础上通过进一步优化发展起来的，结构虽有相似之处，但其作用机制不尽相同。例如苯氧乙酸类属于激素型除草剂，而苯氧基苯氧丙酸类却属于 ACC 酶抑制剂除草剂[98]，如图 5-97。

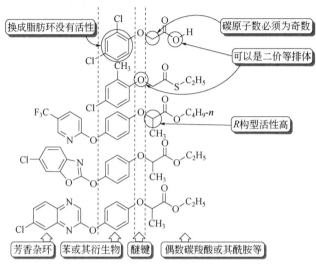

图 5-97　苯氧羧酸类除草剂结构特点

结构与活性[99]：

① 需要有一个羧基或能很快转变为羧基的基团，但含有—C(O)SH、—SO₃H、—OSO₂OH、—P(O)(OH)₂、—CH＝NO—OH 基团时，化合物同样具有活性。

② 侧链为奇数个亚甲基时有活性，偶数时几乎没有。

③ 苯氧烷基羧酸侧链无 α-氢，则无活性，当一个烷基引入后，右旋体活性比左旋体活性高。

④ 与侧链相连的环上至少有一个不饱和键，苯环上 2,4 位引入取代基可以增加活性，而 2,4,6-三取代则几乎没有活性，2,6 或 3,5 位具有氯原子的取代基衍生物也很少有活性，一般认为邻位必须有一个氢原子，但 2,4-二氯-6-氟代苯氧乙酸却具有相当的活性。这可能与侧链能否自由旋转有关。

⑤ 分子内需要有一个平面结构。

⑥ 对于该类除草剂分子结构，其优势结构可表达如下。

A 环：当 X、Y=H 时，APP（芳氧苯氧丙酸酯类结构化合物）基本无活性。为 F、Cl、Br、CN、CF_3、NO_2 等吸电子基团取代基时，APP 则表现出高活性，如 4-Cl、2,4-Cl、4-CF_3、4-Cl/Br/I-NO_2、4-F、4-CN、4-NO_2、2-CN、3-CH_3-4-Cl、2-Cl/Br-4-CF_3、2-Cl-4-NO_2、6-Cl-2-NO_2、4-F_2CHO 等，为 CF_3 活性最高，为 CN 工业化时有难度。无论 A 环如何变化，化合物都可用作禾本科杂草的除草剂。

B 环：引入取代基时，并不增加 APP 的活性，反而增加合成的复杂性。而变化 B 环则对双子叶植物有杀灭作用，如 a 具有阔叶及禾本科除草活性，b 具有阔叶除草活性及植物生长活性，c 是例外，d 具有类似 2,4-D 的活性；B 环变为 1,5 二取代萘基时，依然是 ACCase 抑制剂。

a b c d

Q：羧酸是其基本形式，其他形式实质上是其等排体。

Ⅰ．羧酸烷基酯：C_1～C_{10} 直链或支链、环烷基、环丙烷基、芳烷基醇、硫醇酯，还可以在酯基部分引入乙酰氧基、氨基酰氧基、氰基、卤素、硫代氰酸酯、烷氧基、烷硫基、烷氨基、乙酰基等，不饱和的醇酯如烯丙基、炔丙基、不同取代的芳香基等。

Ⅱ．含氮羧酸衍生物：烷氧烷基、环酰胺（如哌啶、吗啉）、酰肼、磺酰胺、O-或 N-羟氨衍生物、肟酯、环上取代的苯胺类似物、腈、硫代酰胺以及 N-取代衍生物、亚胺醚及亚胺等。

Ⅲ．含磷衍生物：（次）磷酸或（亚）磷酸的酯、酰胺、硫代酯等。

R^1、R^2、X：无论从工业化角度还是从活性角度，丙酸最佳。

V：只有 V 为 CH_2 时，活性类似 APP，其他类型化合物的除草活性很低，但表现出杀菌或药物的活性，如 S、OCH_2、CH_2S、CO_2、SO 等。

W：最佳为氧原子。

（2）相关产品

① 杀菌剂。作为杀菌剂的该类化合物，苯氧羧酸结构往往是重要组成部分而非关键构建，如氰菌胺（fenoxanil）、甲霜灵（metalaxyl）、苯霜灵（benalaxyl）等。

氰菌胺　　　　　　　　甲霜灵　　　　　　　　苯霜灵

② 除草剂。苯氧羧酸作为除草剂的重要类别，经过优化延伸，在除草剂领域占有重要地位，分子结构具有代表性的品种如吡草醚（pyraflufen-ethyl）、氟噻乙草酯（fluthiacet-methyl）、氟哒嗪草酯（flufenpyr-ethyl）、双苯嘧草酮（benzfen-dizone）、氟胺草酯（flumiclorac-pentyl）、丙炔氟草胺（flumioxazin）、硫代 2 甲 4 氯乙酯（MCPA-thioethyl）、高 2 甲 4 氯丙酸（mecoprop-P）、高 2,4-D 丙酸（dichlor-prop-P）、绿草定（triclopyr）、氰氟草酯（cyhalofop-butyl）、精吡氟禾草灵（flua-zifop-P-butyl）、精噁唑禾草灵（fenoxaprop-P-ethyl）、精喹禾灵（quizalofop-P-ethyl）、萘氧丙草胺（napropamide）、氟噻草胺（flufenacet）、草除灵乙酯（benazolin-ethyl）、氯酰草膦（clacyfos）、新燕灵（benzolprop-ethyl）、高效麦草伏甲酯（flamprop-M-methyl）、高效麦草伏丙酯（flamprop-M-isopropyl）等。

吡草醚　　　　　　　　氟噻乙草酯　　　　　　　氟哒嗪草酯

双苯嘧草酮　　　　　　氟胺草酯　　　　　　　　丙炔氟草胺

硫代2甲4氯乙酯　　　　高2甲4氯丙酸　　　　　　高2,4-D丙酸

绿草定　　　　　　　　氰氟草酯　　　　　　　　精吡氟禾草灵

精噁唑禾草灵　　　　　　　　　　　精喹禾灵

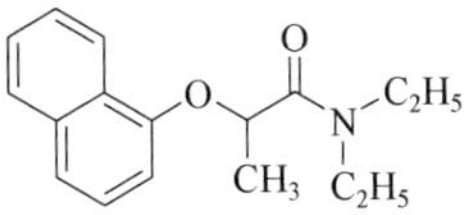

萘氧丙草胺 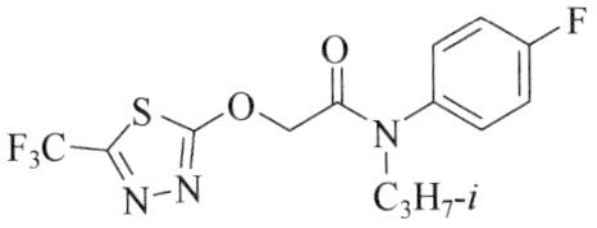　　　　　　氟噻草胺 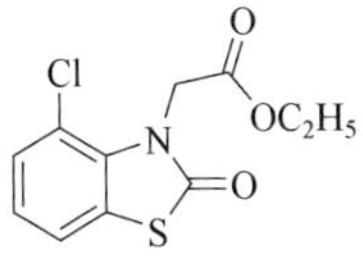　　　　　　草除灵乙酯

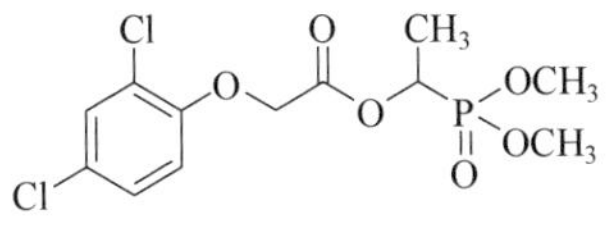

氯酰草膦 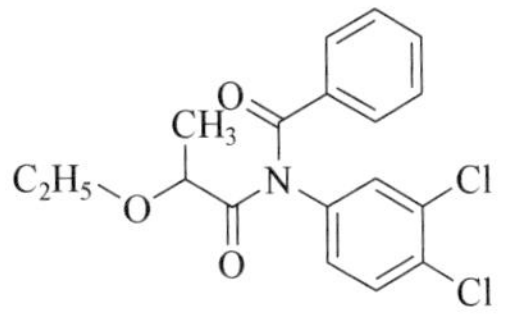　　　　　　　　　　　　新燕灵

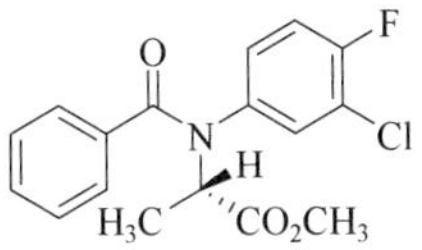

高效麦草伏甲酯 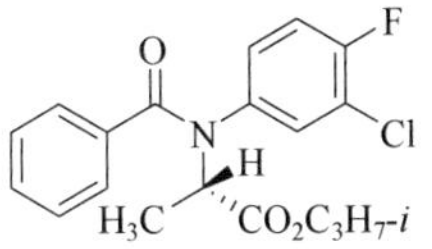　　　　　　　高效麦草伏丙酯

（3）基本结构与演变解析

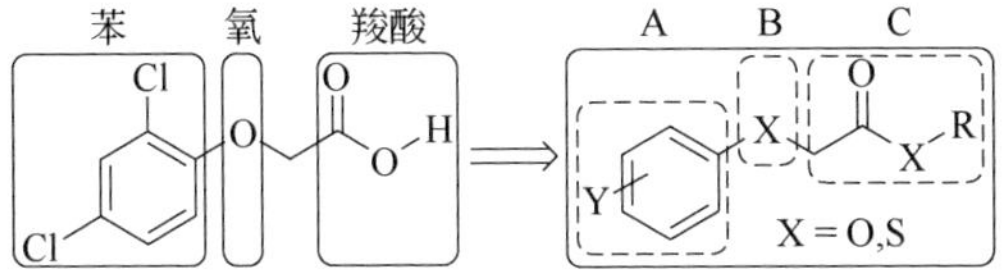

2,4-滴(2,4-D)　　　　　　　优势结构

① A 环芳香环等排替换。可以延伸到芳香杂环及芳香稠杂环，如萘氧丙草胺（napropamide）、苯噻酰草胺（mefenacet）、氟噻草胺（flufenacet）、epyrifenacil、萘草胺（naproanilide）等。

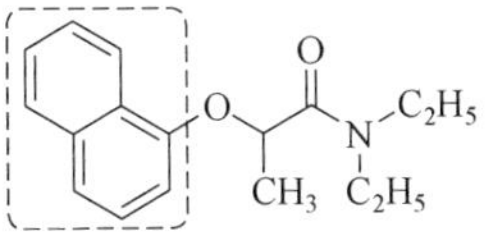

萘氧丙草胺 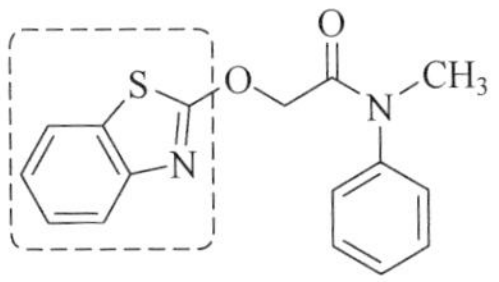　　　　　　苯噻酰草胺 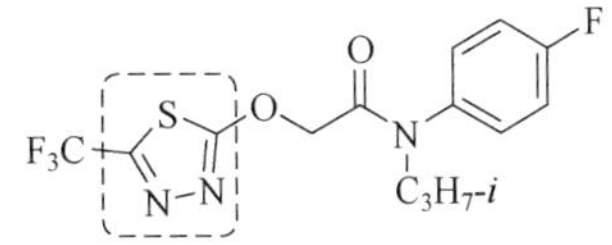　　　　　　氟噻草胺

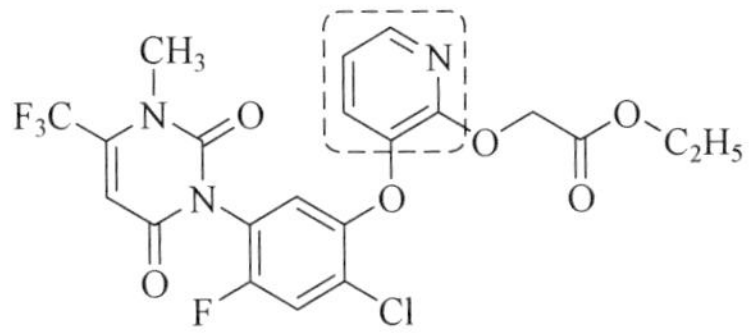

epyrifenacil 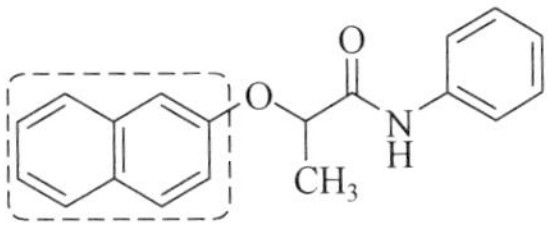　　　　　　　　萘草胺

② 与吡啶类及苯甲酸类除草剂芳香环叠加拼合，形成新的除草活性优势结构 C，如图 5-98。

相关修饰优化创制的多取代苯氧羧酸类除草剂，如绿草定（triclopyr）、吡草醚（pyraflufen-ethyl）、氟噻乙草酯（fluthiacet-methyl）、氟哒嗪草酯（flufenpyr-ethyl）、氟胺草酯（flumiclorac-pentyl）等。

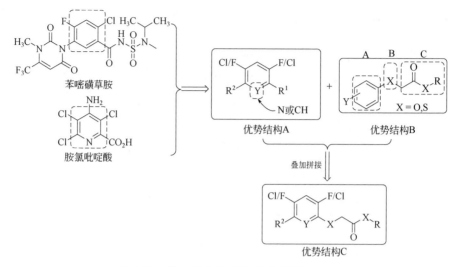

图 5-98 叠加拼合与优势结构创新（一）

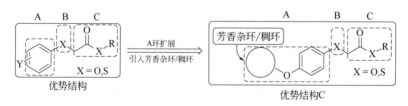

③ A 环与二苯醚叠加拼合，调节油水平衡引入芳香性杂环，形成新的除草优势结构 C，如图 5-99。

图 5-99 叠加拼合与优势结构创新（二）

相关以此为基础进行修饰优化创制的诸多优良高效除草剂品种，如氰氟草酯（cyhalofop-butyl）、精吡氟禾草灵（fluazifop-P-butyl）、精喹禾灵（quizalofop-P-ethyl）、噻唑禾草灵（fentriaprop-ethyl）、噁唑酰草胺（metamifop）等。

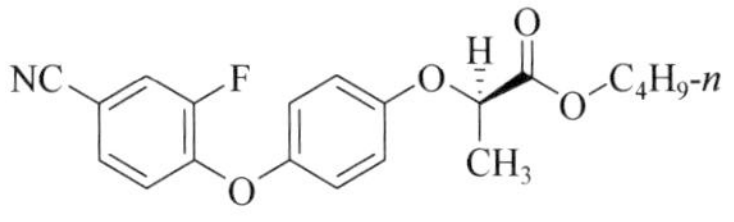

氰氟草酯

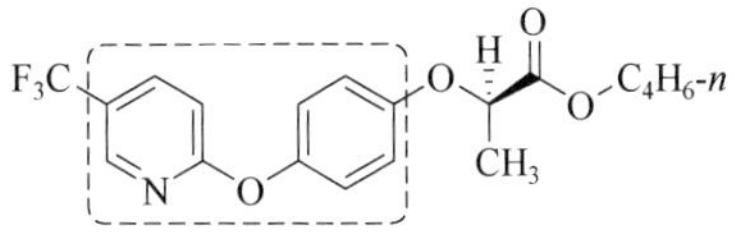

精吡氟禾草灵

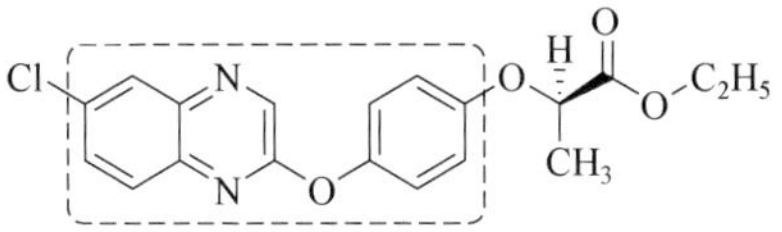

精喹禾灵

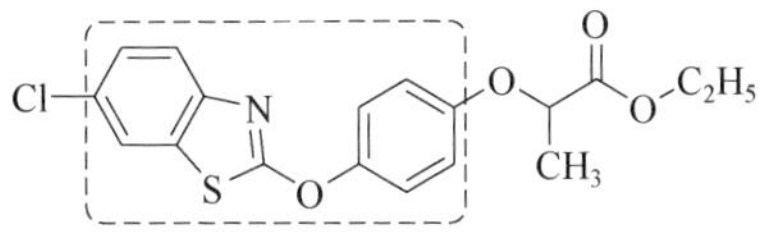

噻唑禾草灵

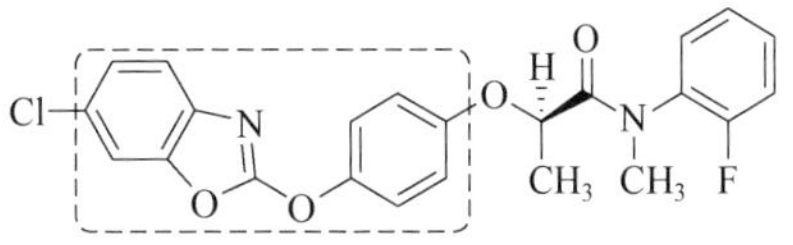

噁唑酰草胺

④ A环与亚胺除草活性优势结构叠加拼合，形成新的除草优势结构D，如图5-100。

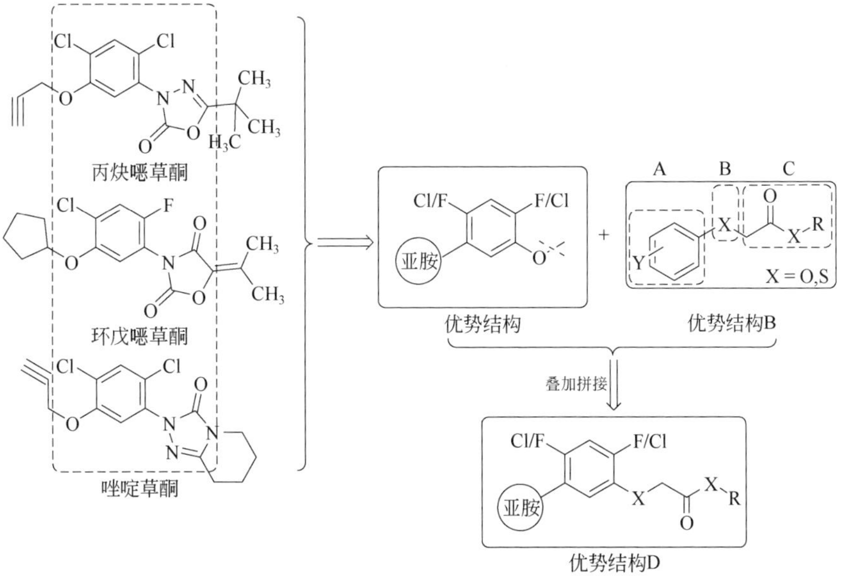
丙炔噁草酮
环戊噁草酮
唑啶草酮
亚胺
优势结构
优势结构B
X = O,S
叠加拼接
优势结构D

图5-100　叠加拼合与优势结构创新（三）

相关修饰优化创制出的性能优良高效苯氧羧酸类除草剂，如氟胺草酯（flumiclorac-pentyl）、氟哒嗪草酯（flufenpyr-ethyl）、epyrifenacil、双苯嘧草酮（benzfendizone）等。

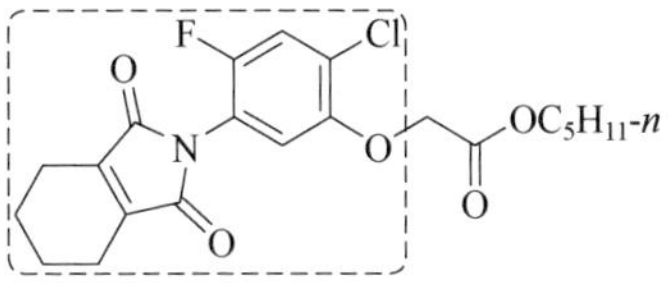

氟胺草酯

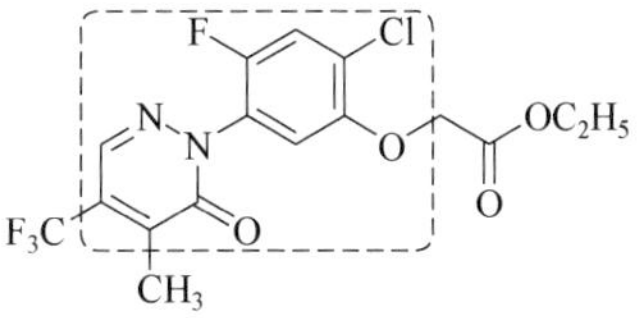

氟哒嗪草酯

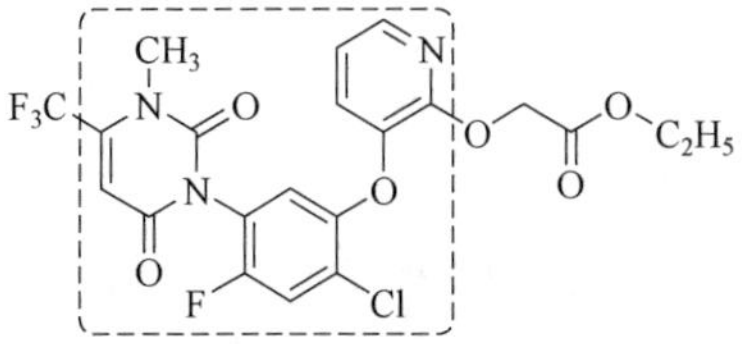

epyrifenacil

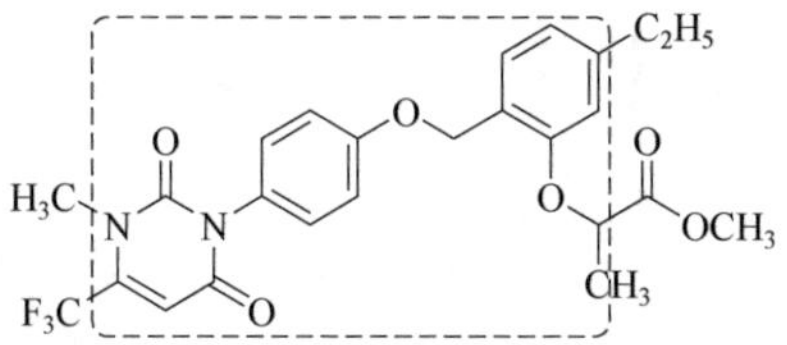

双苯嘧草酮

⑤ 环化。环化往往带来意外惊喜，比如将优势结构 D 环化，则得到一种新的知识产权除草活性优势结构 E，如图 5-101。

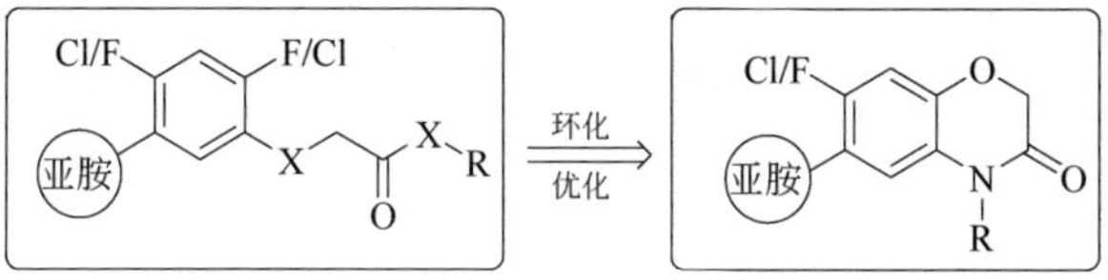

优势结构D　　　　优势结构E

图 5-101　环化与优势结构创新

由除草活性优势结构 E 修饰所得新高效除草剂品种有丙炔氟草胺（flumioxazin）、三氟草嗪（trifludimoxazin）等。

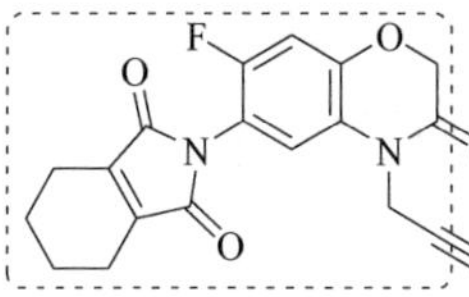

丙炔氟草胺

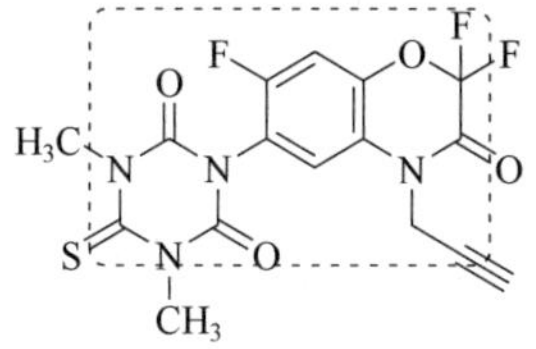

三氟草嗪

相关新颖分子结构新除草剂农药开发正如火如荼，如瑞戴格作物保护公司克里斯多夫·约翰·厄奇等创制许多该类新颖结构化合物皆显示出对所有测试物种的优异的除草活性，部分化合物如下[100]。

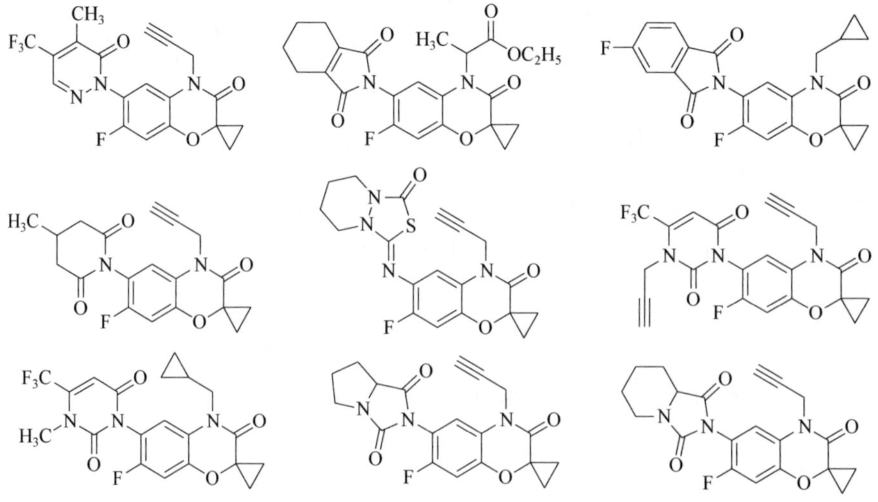

南开大学席真设计了如下通式系列化合物，其中 8、9 和 34 的除草活性非常优异[101]。

通式　　　　　　　　　　　　　8

9　　　　　　　　　　　　　34

$n=1$、2 或 3；R^1 和 R^2 各自独立地选自 H 和 F；R^3 选自—$CH_2CO_2CH_2CH_3$、—$CH_2CH=CH_2$ 或—$CH_2C\equiv CH$；R^4 为甲基。

南开大学李华斌创制的两个该类新颖结构化合物对四种供试植物油菜、苋菜、稗草和马唐表现出将近 100%的抑制率；同时，对其进行减量除草活性测试，后者在 93.75g/hm^2 时，仍然表现出很好的除草活性[102]。

⑥ 局部修饰。局部修饰的主要方式为生物电子等排替换。

在羧酸烃基部分，通过—H、—CH_3 等排替换，引入—CH_3，并进行手性分离，获得 R 构型的高效体除草剂，如高 2,4-D 丙酸（dichlorprop-P）、精吡氟禾草灵（fluazifop-P-butyl）、精喹禾灵（quizalofop-P-ethyl）、喹禾糠酯（quizalofop-P-tefuryl）、噁唑酰草胺（metamifop）等。

2,4-D丙酸　　　　　精吡氟禾草灵　　　　　精喹禾灵

喹禾糠酯　　　　　　　噁唑酰草胺

　　—O—与—S—、—CH₂—、—CH=CH—、—NH—进行二价、三价等排替换：得到创新了结构并提高了活性的新除草剂。如氟噻乙草酯（fluthiacetmethyl）、吲哚酮草酯（cinidon-ethyl）、唑酮草酯（carfentrazone-ethyl）、氟啶酰胺（beflubuamid）、稗草胺（clomeprop）、噁唑酰草胺（metamifop）等。

氟噻乙草酯　　　　　　吲哚酮草酯　　　　　　唑酮草酯

氟啶酰胺　　　　　　　稗草胺

噁唑酰草胺

　　醚部位的—O—与—NH—等排替换：情况变得较复杂，所得新化合物活性由整体结构及拼合修饰的活性基团决定。如高效麦草伏甲酯（flamprop-M-methyl）、新燕灵（benzolprop-ethyl）、草除灵乙酯（benazolin-ethyl）、氟胺氰菊酯（tau-fluvalinate）、甲霜灵（metalaxyl）、苯霜灵（benalaxyl）等。

高效麦草伏甲酯　　　　　新燕灵　　　　　　　草除灵乙酯

氟胺氰菊酯　　　　　　甲霜灵　　　　　　　苯霜灵

　　⑦ 插入羰基后修饰在 2 位插入吸电子基团—NO₂ 或—Cl，形成二苯醚除草剂结构，如乙羧氟草醚（fluoroglycofen-ethyl）、氯氟草醚乙酯（ethoxyfen-ethyl）等。

乙羧氟草醚　　　　　　　　　　氯氟草醚乙酯

⑧ 羧酸片段修饰。传统的苯氧羧酸类除草剂分子结构的羧酸片段，或者是羧酸结构，或者是与脂肪醇形成的酯结构，在该部位引入功能基团可以形成新颖片段，进而获得结构新颖的该类除草剂。如精噁唑禾草灵（fenoxaprop-P-ethyl）与噁唑酰草胺（metamifop）。

近年来，江苏大学刘莉、张敏等[103,104]、江苏富鼎化学有限公司刘东卫等[105-109]、沈阳中化农药化工研发有限公司李斌等[110]、湖南大学胡艾希等[111,112]对该类除草剂羧酸片段修饰做了非常有益的探索，获得了许多除草活性优良的该类新颖结构化合物，成就斐然。如相关专利公开的下述创新化合物不但具有优异的除草活性，而且对作物安全。

华中师范大学贺红武等将氧化膦结构片段拼合于苯氧羧酸类除草剂分子结构羧酸酯部位，所创制的新颖化合物对双子叶或阔叶杂草具有很好的除草活性，部分化合物的除草活性优于对照药剂氯酰草膦（clacyfos），并且氧化膦结构化合物表现出了新的除草活性特征——作为除草剂的有效成分均具有土壤处理和茎叶处理除草活性，而磷酸酯结构类型的化合物通常只具有茎叶处理除草活性。该结果表明将先导结构膦酸酯改变为新型结构的氧化膦时，不仅除草活性得到提高，除草特点及应用范围也发生了改变[113]。

其中，R¹和R²为甲基、乙基、丙基、异丙基、正丁基和异丁基；R³为甲基、乙基、丙基、呋喃基、苯基、2,4-二氯苯基、3-甲基苯基、2,3-二氯苯基、3-氯苯基；X，Y选自氢、卤素、甲基。

5.10　二苯醚类

二苯醚类结构特征与商品化产品如下文所述。

① 结构特征。该类除草剂为原卟啉氧化酶抑制剂，触杀型、杀草谱广，用于防治一年杂草幼苗，如出苗后使用，效果不理想。对多年生杂草只能抑制，不能杀死。药剂施入土壤后被土壤胶体强烈吸收，移动性小，持效期一般在15～30天。二苯醚类除草剂杀死杂草的主要部位是芽。施药后药剂一般滞留在 0～1cm 土层

中，杂草幼芽出土时接触到药剂便被杀死。若在稻田使用，在持效期 20～30 天内发芽的稗草都能杀死，其中以稗草种子露白至一叶期施药最佳[114]。

二苯醚类除草剂结构如图 5-102。

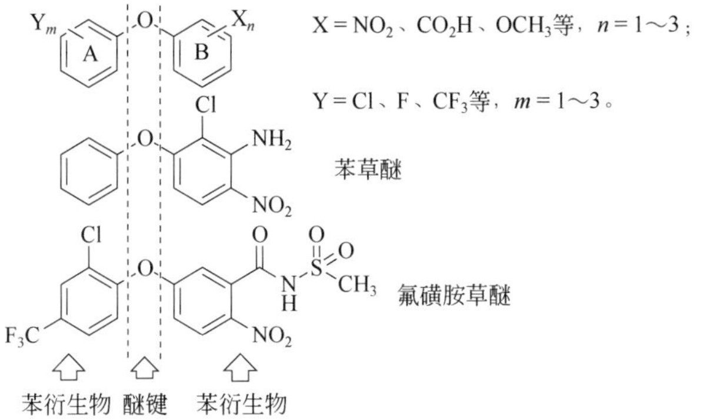

图 5-102　二苯醚类除草剂结构特征

② 结构与活性。从商品化的品种看，A 环 2 位需要有氯原子，当 A 环有两个氯原子时，2,4 位活性最高；三个氯原子时，2,4,6 位活性最高。分子中引入氟及含氟原子团可以提高生物活性，降低使用量。20 世纪 70 年代，美国罗门-哈斯公司在除草醚分子中引入—CF_3 基团开发了氟草醚，除草活性提高 4～6 倍。目前含氟二苯醚类除草剂已引起重视，商品化的品种有 30 多个，除个别在芳环上引入氟外，大部分是—CF_3 基团，提高了化合物的脂溶性，易于渗透生物膜，从而提高活性。B 环的对应位置大多是硝基，而邻位带有取代基的比没有取代基的除草活性高，除草效果与取代基有关，如—OR、—COOH、—$COOCH_3$、—$(OCH_2CH_2)_nOR$、—OCH_2PCH_3、—$OCH_2CH_2NH_2$、—$COSCH_3$、—OCH_2CHX、—$NHCOOCH_3$ 等都有较高除草活性。若对位无硝基时，—NHCOR、—$OCH(CH_3)CN$、—$OCH(CH_3)COOR$、—CN、—Cl 等基团的引入也出现许多较高活性的新品种。

构效关系：A 环上的取代基对酶的抑制活性有很大影响，当 A 环上无取代基时，抑制酶的活性很低，当 3-位碳原子上连有一个甲基时，活性提高 3.5 倍；当 2,4 位碳原子上连有吸电子基，如两个氯原子（2 位）、一个 CF_3 时，活性提高 12000 倍。若化合物具有除草活性，则 2 位应连有氯原子。另外，当 4 位的 CF_3 被氯原子取代，活性会降低；当 CF_3 由 4 位转移到 5 位，则活性降低。桥原子的氧改为硫原子时，对酶仍显示抑制活性，但硫桥连接的化合物无除草活性。当桥为 SO、SONH 时，对酶的抑制性降低，而除草活性完全消失。B 环中间位碳原子上的取代基对活性有很大影响，当 R=CO_2CH_3、CH_3、OEt、NHC_2H_5、$CONHCH_3$ 等基团时，活性甚高；若为游离的 CO_2H 基团时，则活性下降；若连接的取代基有手性，则 R 体的活性高于 S 体。若 B 环中对位碳原子上连接的氯原子被硝基取代，大麦试验时对酶的抑制性及除草活性皆无变化，但对黄瓜进行试验，除草活性降低约 97%。

二苯醚类商业化产品有如下三种结构类型。

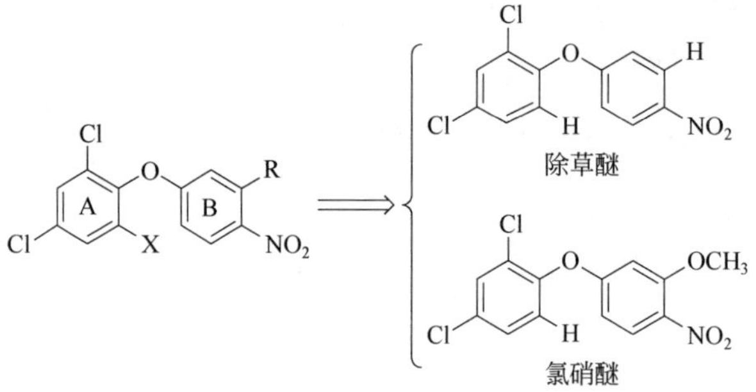

除草醚

草枯醚

氯硝醚

甲羧除草醚

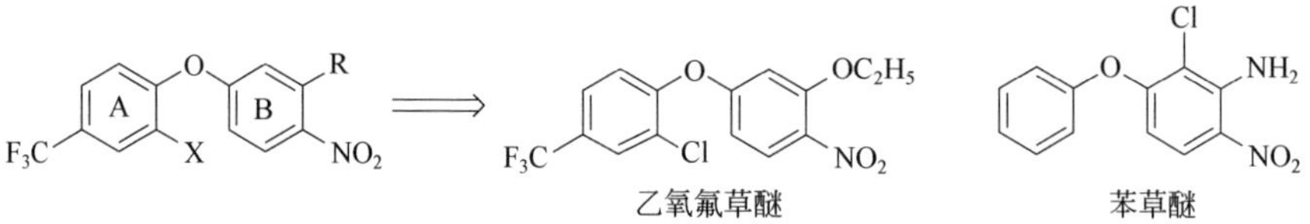

乙氧氟草醚

苯草醚

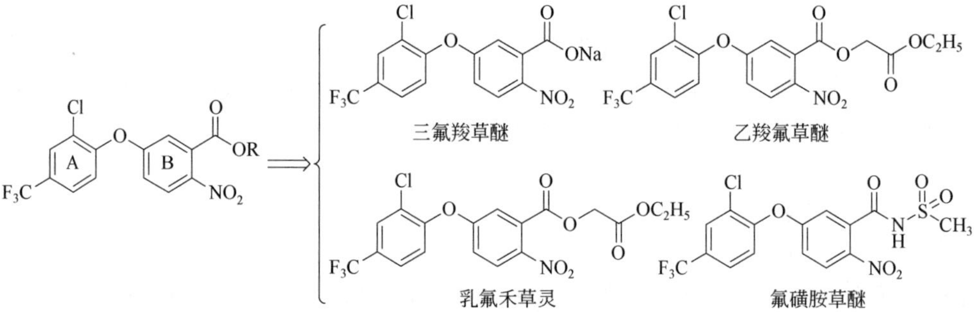

三氟羧草醚

乙羧氟草醚

乳氟禾草灵

氟磺胺草醚

特点：2,4 位吸电子基团，在 3′位引入羧基，如三氟羧草醚、乙羧氟草醚及氟磺胺草醚，活性提高很多。

5.11 有机硫化物和酮类

5.11.1 有机硫化合物

硫为第六主族元素，外层有 6 个电子，与氧同一主族，化学性质和氧既有相似性又有差异性，在很多场合下和—O—和—S—可以等排替换，比如硫代羧酸酯（ $\underset{S}{\overset{\parallel}{\text{C}}}$—O，$\underset{S}{\overset{\parallel}{\text{C}}}$—S）、硫代氨基甲酸酯（N—C—O，N—C—S，N—C—S）、硫脲（N—C—N）、硫代磷酸酯（—O—P—O，O—P—S，O—P—S）、硫代磷酰胺（N—P—O，N—P—S，N—P—S）

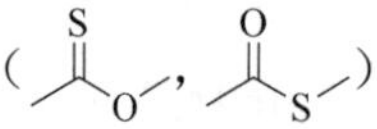

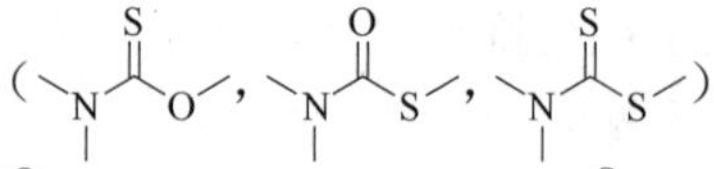

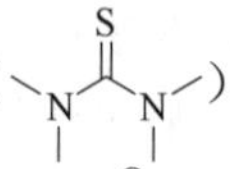

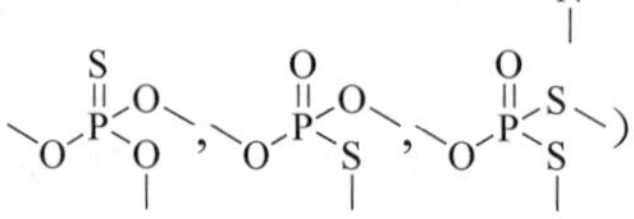

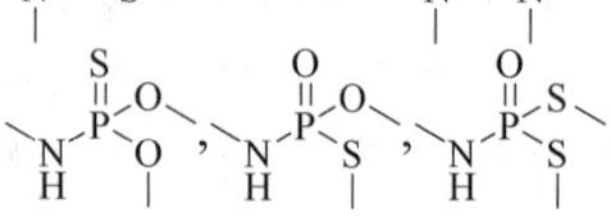

及硫代膦酸酯（）、硫代膦酰胺（）以及含硫杂环如噻吩（）、噻唑（）等非经典生物电子等排功能基团。含有这些功能基团的化合物生物活性与相应的氧等排替换化合物相比，一般会发生不同程度的改变，有的甚至发生颠覆性的变化，如硫代氨基甲酸酯类。作为比较独立的功能基团，在农药分子结构中，硫元素一般以硫醚（）、亚砜（）、砜（）或磺酰胺（）结构形式出现。硫醚和亚砜相似于醚和酮，又不同于醚和酮，往往比醚和酮更容易代谢，有时表现出比同类醚和酮结构的化合物更活泼的生物活性。砜或磺酰胺属于四面体结构，相似于乙酰胆碱（）

及有机磷酸酯（）结构，因此含有硫醚、亚砜、砜或磺胺结构的农药化合物，往往具有独特的生物活性。除磺酰脲类除草剂外，在大多数优势结构中，含硫功能基团往往是重要组分而非关键构件，对相应化合物生物活性起画龙点睛或锦上添花的作用。

（1）相关产品

① 杀虫剂。硫元素在杀虫剂农药分子设计和优化中的应用，近年来受到普遍重视，不断有结构新颖、作用机制新颖的杀虫剂面世。如 flupentiofenox、fenmezoditiaz、丁烯氟虫腈（flufiprole）、氟啶虫胺腈（sulfoxaflor）、oxazosulfyl、fluhexafon、氟烯线砜（fluensulfone）等。

flupentiofenox　　　　　fenmezoditiaz　　　　　丁烯氟虫腈

氟啶虫胺腈　　　oxazosulfyl　　　fluhexafon　　　氟烯线砜

② 杀菌剂。硫元素在杀菌剂农药分子设计和优化中的应用由来已久，传统的含硫杀菌剂多属含氮杂环结构，如苯噻菌胺（benthiavalicarb-isopropyl）、噻酰菌胺（tiadinil）、硅噻菌胺（silthiopham）、dichlobentiazox、dipymetitrone、二氰蒽醌（dithianon）等；以及磺酰胺结构，如乙嘧酚磺酸酯（bupirimate）、吲唑磺菌胺（amisulbrom）、氰霜唑（cyazofamid）等。

苯噻菌胺	噻酰菌胺	硅噻菌胺
dichlobentiazox	dipymetitrone	二氰蒽醌
乙嘧酚磺酸酯	吲唑磺菌胺	氰霜唑

③ 除草剂。硫元素在除草剂农药分子设计和优化中占有举足轻重的地位，首先是作为磺酰脲类除草剂优势结构的关键构件，成为该类除草剂特征结构的关键结构，如吡嘧磺隆（pyrazosulfuron）等；再者是在除草剂农药分子设计和优化中—S—作为—O—的等排替换体，出现在某些高效除草剂分子结构中，如氟噻乙草酯（fluthiacet-methyl）、环酯草醚（pyriftalid）等。

氟噻乙草酯	吡嘧磺隆	环酯草醚
苯唑草酮	噻草酮	双环磺草酮

（2）修饰与创制　根据近年来商品化农药品种情况及新农药开发创制动向，杂原子已经扮演了重要角色，其中 F 元素、N 元素、S 元素显得尤为抢眼。F 原

子多以—F、—CH$_2$F、—CHF$_2$、—CF(CF$_3$)$_2$、—OCF$_3$ 等一价基团形式出现（具体见 3.1 类同创制宝典——生物电子等排），N 原子则多以酰胺（ ）、氮杂环、

"肟假环"结构形式出现，如 、、、、、、

、、 等（具体见 3.1 类同创制宝典——生物电子等排、3.2.3 农药分子优势结构创制方略之环结构改变及 5.5 酰胺、酰肼及酰亚胺），而 S 原子则多以硫醚（ ）、砜（ ）、磺酰胺（ ）及噻唑（ ）结构形式出现，

如 fenmezoditiaz、dipymetitrone、pyriprole、氟烯线砜（fluensulfone）、磺酰草吡唑（pyrasulfotole）、环磺酮（tembotrione）、dimesulfazet、磺草唑胺（metosulam）、丙嗪嘧磺隆（propyrisulfuron）等。

dipymetitrone　　　　fenmezoditiaz　　　　pyriprole

磺酰草吡唑　　　　氟烯线砜　　　　环磺酮

dimesulfazet　　　　磺草唑胺　　　　丙嗪嘧磺隆

① 源自—O—、—S—二价生物电子等排替换。在含硫醚的农药中，有些品种的分子结构设计应该是源于—O—、—S—二价生物电子等排替换，如苯氧羧酸类除草剂氟嘧硫草酯（tiafenacil）、丙烯酸酯类杀菌剂苯噻菌酯（benzothiostrobin）以及嘧啶氧（硫）苯甲酸酯类除草剂嘧草硫醚（pyrithiobac-sodium）等。

氟嘧硫草酯　　　　　　　苯噻菌酯　　　　　　　嘧草硫醚

近年来，硫醚类新颖分子结构杀螨剂创制经常有令人欣慰的发现，如沈阳中化农药化工研发有限公司张立新等创制的新颖硫醚联苯分子结构化合物在 5mg/L 时，对朱砂叶螨的杀死率为 100%[115]。

②　合适的杂环结构以及磺酰胺功能基团与酰胺结构等排替换有助于生物活性提高。如化合物 A、B、C、D、E 为日本农药株式会社在 WO 2006090792、WO 2008059948、WO 2010119906、WO 2010002689、WO 2008102908 公开的化合物，其中 A、B：1000g/hm² 对稗草防除效果高于 90%，C、D：2.52g/hm² 苗前对稗草、鸭舌草防除效果高于 90%，E：2.5g/hm² 对稗草、鸭舌草、多年生莎草防除效果高于 90%，对水稻安全[116]。C、D、E 除草生物活性明显高于 A、B。

环化有助于提高硫醚、硫酮类化合物的生物活性。a-01、b-01、b-168 和 c 是 CN 104125773A 和 WO 2011152320 公开的化合物，其中 a-01、b-01 在 100mg/L 对二斑叶螨具有 100% 的效力，而 b-168 在 20mg/L 对二斑叶螨具有 100% 的效力[117]，c 在 3.125mg/L 对二斑叶螨的效力高于 80%。通过环化修饰，杀螨活性明显提高。

有时环丙基的引入，常常可以提高生物活性。F、G、H 和 J、K 分别是巴斯夫公司和先正达公司在 WO 2006100288 、WO 2009087085、WO 2007014913 和 WO 2009109539、WO 2009092590 公开的化合物，对蚜虫的防效分别为 F：300mg/L 高于 85%，G：200mg/L 高于 85%，H：12.5mg/L 高于 85%，J：12.5mg/L 高于 80%，K：300mg/L 高于 90%[118]。环化和环丙基的引入，生物活性明显提高。

③ 局部修饰与芳香（杂）环等排替换。oxazosulfyl 是日本住友化学株式会社创制的砜基含吡啶结构的新型苯并噁唑类杀虫剂，oxazosulfyl 的开发上市是有机硫农药分子设计与优化的重要里程碑，使得该类分子结构杀虫剂的创制成为热点之一。相关的"mo-too"创制以局部修饰方式展开，主要发生在两个芳香电性部位。

oxazosulfyl

联二芳香环等排替换苯并噻唑芳香稠环，将 $-\overset{O}{\underset{O}{S}}-CF_3$ 替换为—CF$_3$，变换吡啶取代基位置[119]：新化合物对海灰翅夜蛾（埃及棉叶虫）的活性在 12.5mg/L 的浓度下，在死亡率、拒食或生长抑制三种类型的至少一种中显示出至少 80%的效果。或者对桃蚜（*Myzus persicae*）的活性在 12.5mg/L 的浓度下，显示出至少 80%的效果。

基本模式：—CF₃ 位于间位或对位时化合物活性较高，若将—CF₃ 换成—Cl 则其邻位需要吸电子元素。

吡啶并咪唑等排替换苯并芳香稠环，将 $\overset{S}{\underset{CF_3}{\parallel}}$ 替换为—CF₃，变换吡啶为吡啶联苯或二联苯[120]：新化合物在 12.5mg/L 的浓度下，对海灰翅夜蛾（埃及棉叶虫）显示出至少 80%的活性。

苯并咪唑等排替换苯并噻唑芳香稠杂环，芳香稠（杂）环等排替换吡啶环，将 $\overset{S}{\underset{CF_3}{\parallel}}$ 替换为—CF₃[121]：新化合物在 12mg/L 对桃蚜（绿色桃蚜虫）得到至少 80%的死亡率，或者在 12.5mg/L 对海灰翅夜蛾（埃及棉叶虫）在死亡率、拒食效果或生长抑制三个类别中至少一个显示出不低于 80%的效果。

嘧啶并吡咯等排替换苯并噻唑芳香稠杂环，吡啶联苯或吡啶联吡唑等排替换吡啶环，将 $\underset{CF_3}{\overset{O}{\underset{\parallel}{S}}}$ 替换为—CF$_3$[122]：新化合物在 12.5mg/L 对海灰翅夜蛾（埃及棉叶虫）6 天显示出至少 80%的死亡率。

苯并噻唑芳香稠杂环修饰为吡啶啉酮并咪唑，在吡啶环结构上引入不同功能基团或形成联二芳香杂环，将 $\underset{CF_3}{\overset{O}{\underset{\parallel}{S}}}$ 替换为—CF$_3$（其中 R=—CH$_3$ 或—C$_2$H$_5$）[123]：新化合物在 12.5mg/L 对海灰翅夜蛾（埃及棉叶虫）6 天显示出至少 80%的死亡率，或者在 12mg/L 对桃蚜（碧桃蚜）5 天显示出至少 80%的死亡率。

苯并噻唑芳香稠杂环修饰为 N-噻二唑甲酰胺，在吡啶环结构上引入不同功能基团或形成联二芳香杂环，将 $\underset{\overset{\displaystyle O}{\overset{\parallel}{\underset{\parallel}{O}}}}{S}\,CF_3$ 替换为—CF_3[124]：所得新化合物在 12.5mg/L 对海灰翅夜蛾（埃及棉叶虫）死亡率、拒食效果或生长抑制三个类别中至少一个显示出不低于 80%的活性。

5.11.2 单酮与二酮

（1）相关产品

① 杀虫剂。真正有机化学意义上的酮结构（$\underset{R^1}{\overset{\overset{\displaystyle O}{\parallel}}{}}\overset{}{\underset{R^2}{}}$）杀虫剂品种数量很少，

只有丁氟螨酯（cyflumetofen）等类似产品；在杀螨剂领域占有举足轻重地位的螺环季酮类杀螨剂如螺螨酯（spirodiclofen）本质上属于酯类化合物，而今年来的新贵介离子化合物杀虫剂如三氟苯嘧啶（triflumezopyrim）则属于吡啶并嘧啶啉酮结构。

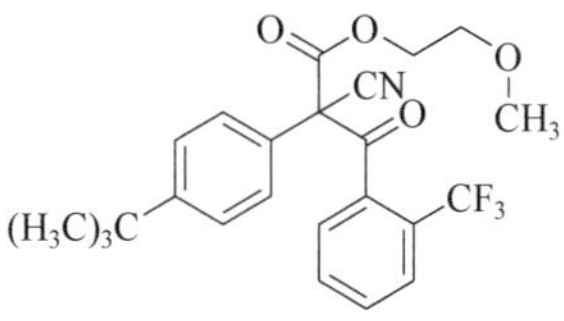

丁氟螨酯 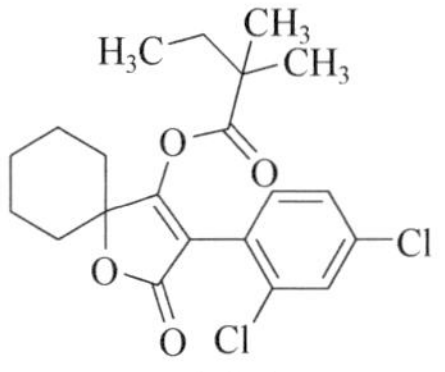　　　　　　　螺螨酯 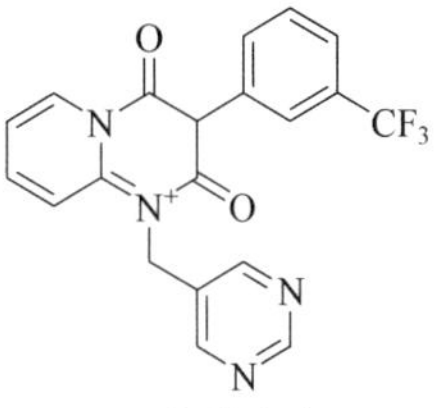　　　　　　　三氟苯嘧啶

② 杀菌剂。酮类杀菌剂品种数量不多，并且也不是开发热点，只有三唑酮（triadimefon）、二氰蒽醌（dithianon）、苯菌酮（metrafenone）等几个常规产品。

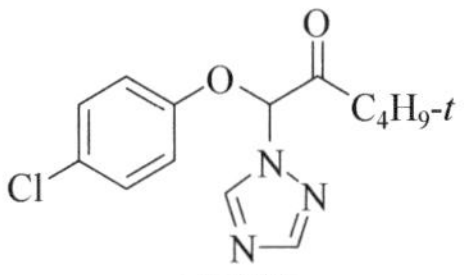

三唑酮 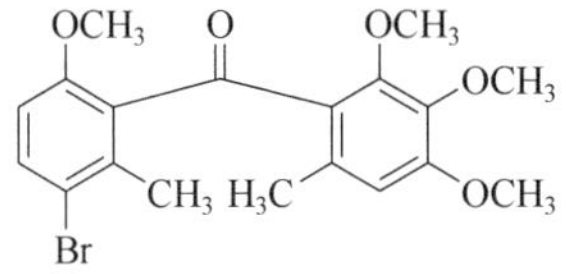　　　　　　　　　苯菌酮 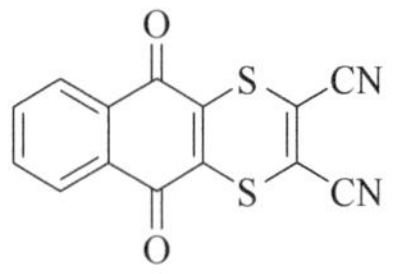　　　　　　　　二氰蒽醌

③ 除草剂。酮类除草剂在除草剂领域占有重要地位，如吡唑苯酮类、环己二酮系列以及三酮类除草剂等，都是当前不可或缺的重要除草剂品种。

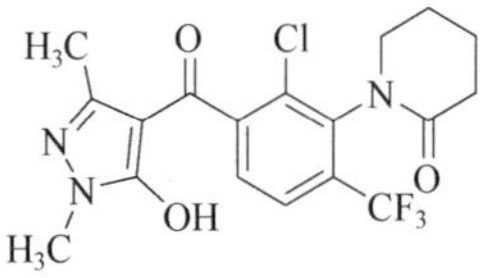

环吡氟草酮 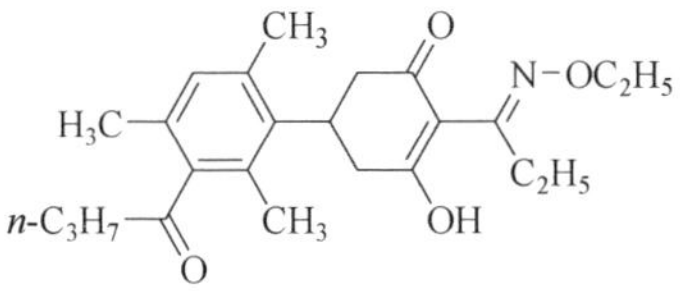　　　　　　　丁苯草酮 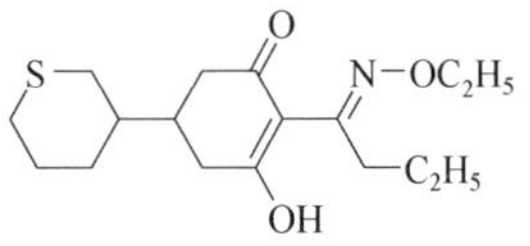　　　　　　　噻草酮

④ 杀鼠剂。香豆素衍生物是第二代杀鼠剂的半壁江山，如溴鼠灵（brodifacoum）、溴敌隆（bromadiolone）、噻鼠灵（difethialone）等。

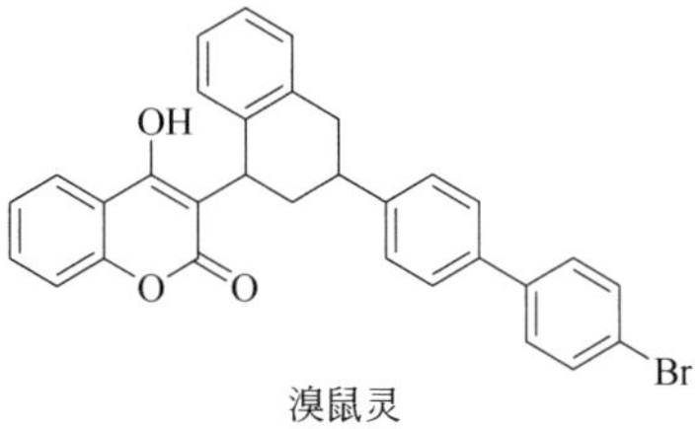

溴鼠灵 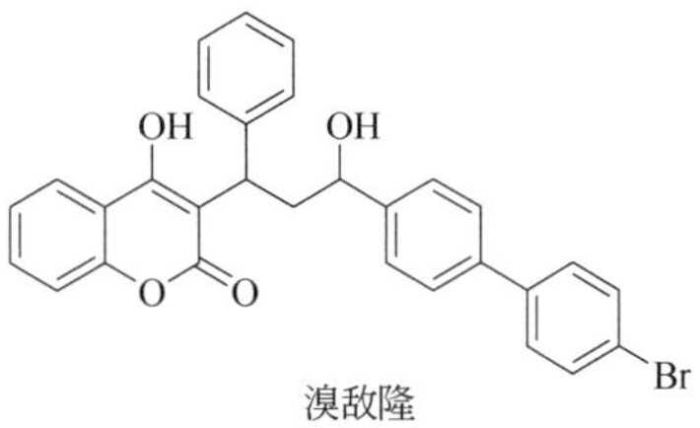　　　　　　　　　　　　溴敌隆

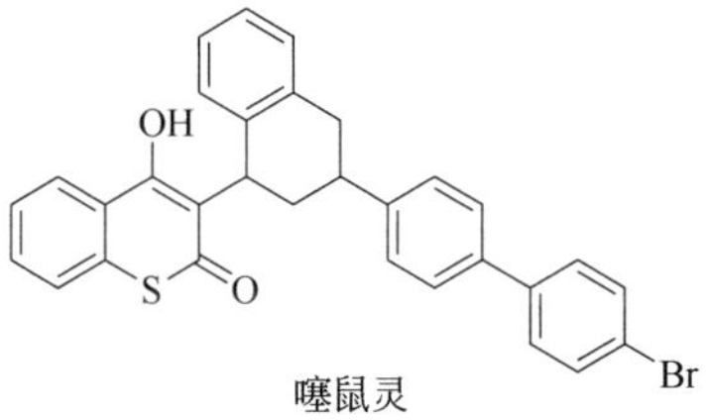

噻鼠灵

（2）修饰与创制

① 螺环季酮类杀螨剂。该类杀螨剂目前产品为螺螨酯（spirodiclofen）、螺虫酯（spiromesifen）、螺虫乙酯（spirotetramat）、甲氧哌啶乙酯（spiropidion）、spidoxamat 五个品种。

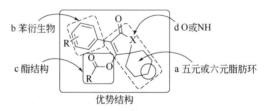

螺环季酮类杀螨剂优势结构及其局部修饰部位如下：该优势结构由苯衍生物和 1,3-二羰基螺环构成，其中苯衍生物和 1,3-二羰基螺环属于关键构件，螺环部分脂肪环为五元环或六元环对修饰产物活性影响不大，如图 5-103。

图 5-103　螺环季酮类杀螨剂优势结构解析

A．针对螺环部分的修饰　脂肪环一般为五元环或六元环，修饰方式为六元脂肪环对位取代或开环，对位取代方式分别为螺虫乙酯（spirotetramat）方式、甲氧哌啶乙酯（spiropidion）方式即对位—O—等排替换—CH₂—结构。

当六元脂肪环对位—O—等排替换—CH₂—时，所得新化合物兼具除草活性且杀螨活性降低。如下述化合物 1~4[125,126]。

当脂肪环开环时，所得新化合物兼具除草活性且杀螨活性降低。如下述 **5～8** 为拜耳公司在 US 20090208828、US 20090239906、US 20080220973、US 20070225167 中公开的化合物。

相关生物活性为，**5**、**6**：320g/hm² 苗前、苗后对稗草、狗尾草、看麦娘防除效果高于 80%，500g/hm² 对蚜虫、辣根猿叶虫致死效果高于 80%；**7**：500g/hm² 对蚜虫致死效果高于 90%；**8**：500mg/L 对二斑叶螨、辣根猿叶虫致死效果 100%，具有一定除草活性[127]。

B. 针对苯衍生的修饰　在苯环对位引入卤素，比引入甲基有助于生物活性提高，并且 Br 优于 Cl。如下述 **9～12** 位拜耳公司在 US 20070244007、US 20080318776、WO 2009039975、WO 2009015801 中公开的化合物。

相关生物活性为，化合物 **9**：100g/hm² 对蚜虫致死率高于 90%；**10**：500g/hm² 对蚜虫致死率高于 90%；**11**：100mg/L 对桃蚜、辣根猿叶虫、二斑叶螨、草地贪夜蛾、烟芽夜蛾致死率高于 80%；**12**：4mg/L 对桃蚜致死率高于 95%，具有一定的苗前、苗后除草活性[128]。

当苯衍生物与联苯衍生物等排替换时，生物活性保持。如下述化合物是拜耳农作物科学股份公司 R·菲舍尔等在 CN 101808989B 和 CN 101600690B 公开的化合物，在 100g/hm² 施药用量时，对二斑叶螨具 80%以上效力[129,130]。

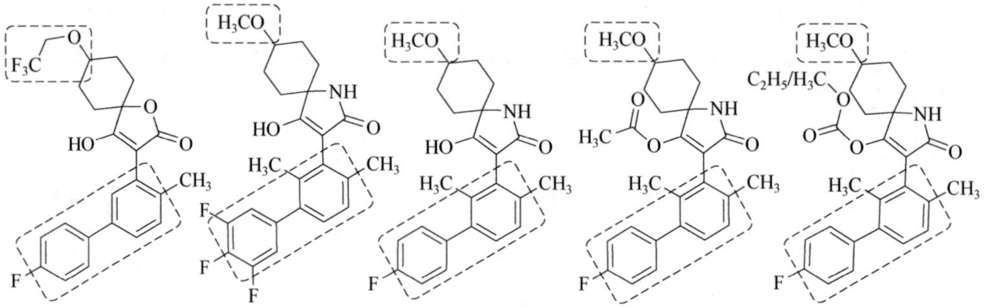

C. 由于杀螨剂具有不同于其他杀虫剂的独特杀螨作用机制，因此当螺环季酮类杀螨剂优势结构与其他杀虫剂优势结构进行片段有效拼合时，并没有获得理想的杀虫效果。如下述两个系列的螺环季酮类化合物，其杀螨活性竟不如螺螨酯高[131,132]。

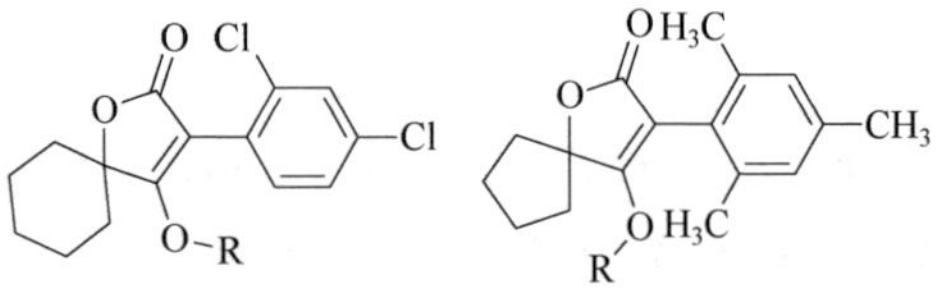

其中 R 为：

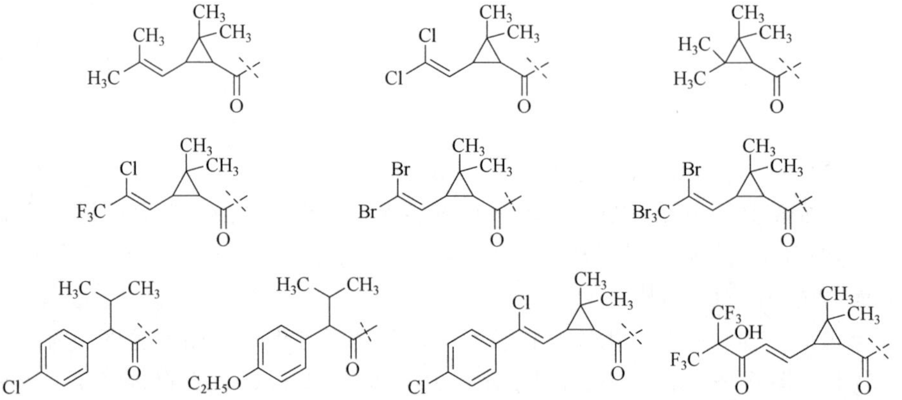

当 R 为脂肪酰基时，2-氯代脂肪酰基往往保持或提高活性，如 WO 2011153865、WO 2011153866 报道，化合物 **23**、**24** 生物活性分别为 1mg/L 对红蜘蛛防效高于 80%、10mg/L 对红蜘蛛防效高于 80%。

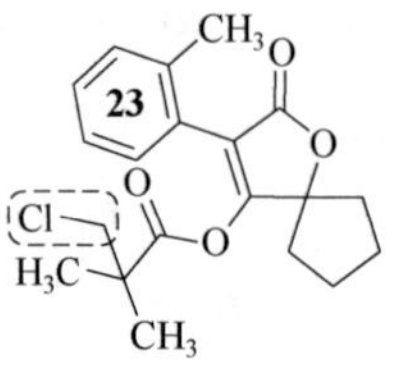

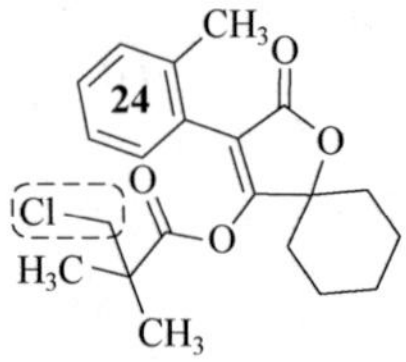

② 介离子化合物。目前该类杀虫剂只有三氟苯嘧啶（triflumezopyrim）及二氯噻吡嘧啶（dicloromezotiaz）、fenmezoditiaz 三个产品，属于烟碱乙酰胆碱受体抑制剂，通过与烟碱乙酰胆碱受体的正性位点结合，阻断靶标害虫的神经传递而发挥杀虫活性，能够有效防治对新烟碱类杀虫剂产生抗性的稻飞虱等害虫[133]；该类杀虫剂分子结构局部修饰主要在 a、b、c 三个位点进行。

三氟苯嘧啶

二氯噻吡嘧啶

fenmezoditiaz

A. 由于 和 都含有 2 个杂原子，并且摩尔质量相近（分别为 80g/mol，83g/mol），因此二者属于理想的生物电子等排体。目前此处等排替换体除 较多外，用 及 等功能芳香杂环等排替换，新化合物依然保持良好杀虫活性。如杜邦公司张文明等在 CN 103819470 A 报道，下述化合物 **1**～**4** 在 10mg/L 时可以给小菜蛾（*Plutella xylostella*）、秋黏虫（*Spodoptera frugiperda*）、桃蚜（*Myzus persicae*）提供极好的防治效果[134]。

B. 该部分的修饰主要是邻位引入—CH_3、—Cl、—Br、—OCH_3，稠环等排替换或者扩展为三元稠环，所得新化合物皆保持良好杀虫活性。

C．该部分的修饰主要是用联苯或含杂原子芳香环等排替换苯环，或者引入吸电子基团，所得新化合物依然保持良好杀虫活性。

③ 环己二酮类。环己二酮类除草剂属于除草剂的重要类别，目前该类除草剂代表性的分子结构如下所示。

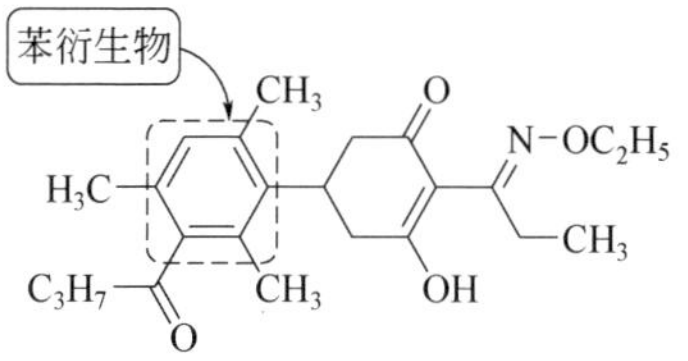

丁苯草酮

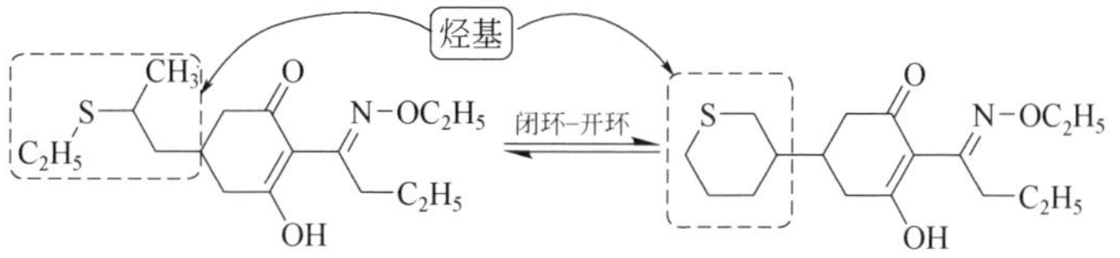

烯禾啶　　　　噻草酮

其优势结构如图 5-104。

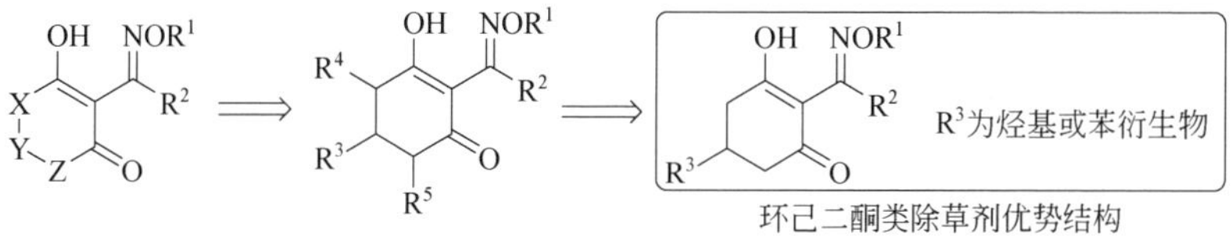

环己二酮类除草剂优势结构

图 5-104　环己二酮类除草剂分子优势结构解析

相关构效关系为[135]：

X、Y、Z：为一个或两个杂原子时，一般情况下活性化合物具有较强的苗前除草活性，当其都为碳原子时，化合物的苗前、苗后活性都好。

R：R^1～R^5 常常影响化合物的活性，R^2 和 R^3 最大，R^1 次之；R^4 与 R^5 可以引入各种取代基，如烷基、Br、CN、COO—等，但对活性影响不大，所以 R^4 与 R^5 多为 H；R^1 为一定链长的取代基，一般为 C_2～C_3 链长的烷基或烯/炔丙基活性最高，一般的高活性化合物多见于 R^1 为氯代烯丙基或乙基；R^2 为 H 时，一般无活性，通常正丙基活性最高，乙基也属于高活性化合物，但甲基或高于 C_3 的烷基，苯基以及含卤、氧、硫的官能团活性也很低；R^3 可以为双甲基、取代烷基、取代杂环基、取代苯基，甚至是螺环衍生物，都具有高活性。

④ 将苯草酮（tralkoxydim）分子结构与吡氟氯禾灵（haloxyfop-methyl）分子结构有效拼合，得到创新结构吡啶氧基苯基环己二酮，除草生物活性往往提高。如化合物 A 除草活性是苯草酮的两倍，并且杀草谱很广[136]，如图 5-105。

⑤ 潍坊先达化工有限公司王现全等将苯衍生物片段拼合入环己烯酮类分子结构中，所发明的新颖结构化合物不仅具有高的除草活性，而且对作物安全，适于广泛推广应用［CN 105884665 B 一种环己烯酮类化合物及其制备方法与应用］。

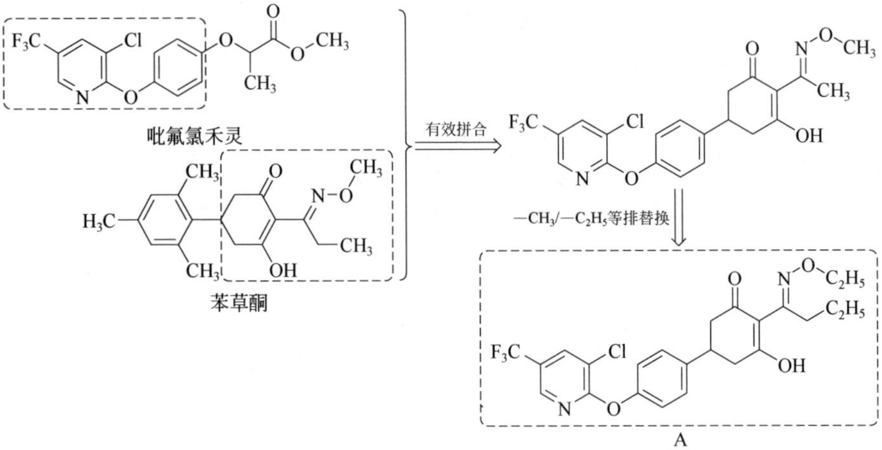

图 5-105　环己二酮类除草剂分子优势结构创新之有效拼合

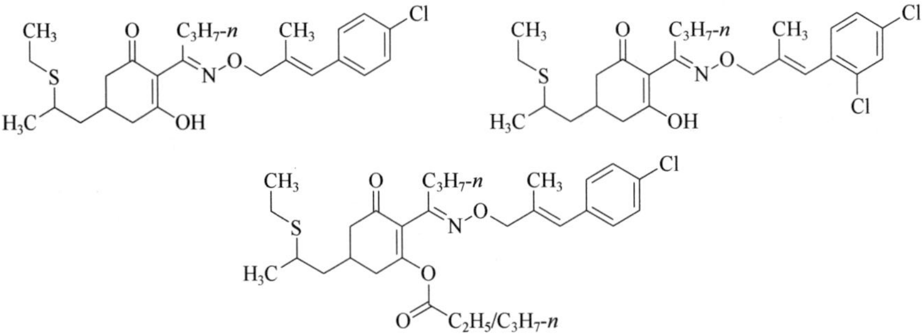

5.11.3　三酮类

三酮类结构农药产品主要为三酮类除草剂和茚满二酮类抗凝血杀鼠剂。如环磺酮（tembotrione）、甲基磺草酮（mesotrione）、磺草酮（sulcotrione）、氟吡草酮（bicyclopyrone）、敌鼠（diphacinone）、鼠完（pindone）、氯鼠酮（chlorophacinone）等。

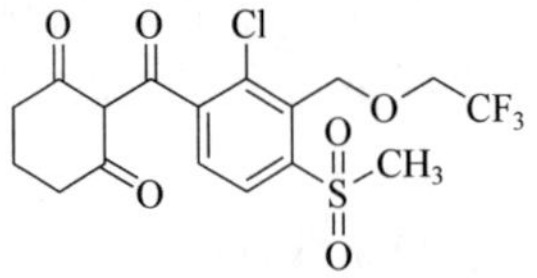

环磺酮 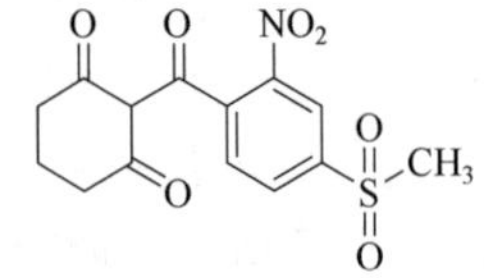　　　　　　　　甲基磺草酮 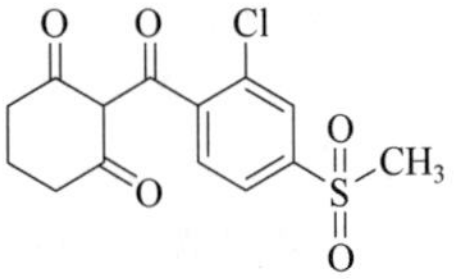　　　　　　　　磺草酮

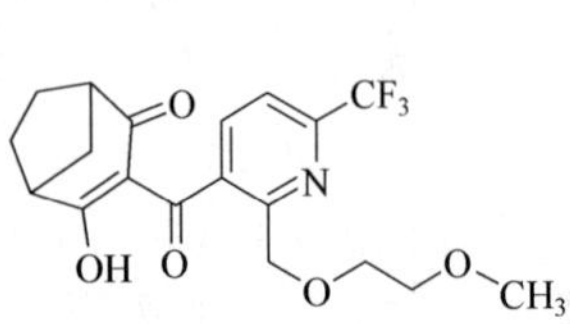

氟吡草酮 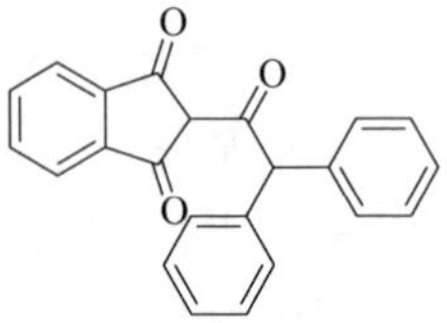　　　　　　　　敌鼠

鼠完

氯鼠酮

三酮类除草剂属于除草剂领域重要类别，虽然由来已久，但开发创制热度不减，其优势结构可表示如下：环己二酮 A 部分通过羰基与苯衍生物 B 相结合形成具有特异除草生物活性的三酮类除草剂优势结构，如图 5-106。

三酮类除草剂优势结构

图 5-106　环己三酮类除草剂分子优势结构解析

① 相关构效关系[137]。在三酮系统呈烯醇形式存在的情况下，R^3 为氯或硝基时，R^1 吸电子性越强，除草活性越高；R^1、R^3 取代基 δp 之和越大，导致分子酸性的增强，相应的除草活性越好。

② 相关修饰与优化。该类除草剂的修饰优化主要在 A、B 两个部位展开。

环己二酮扩环或为双环或引入杂原子（如 S）时，除草活性保持或提高。如氟吡草酮（bicyclopyrone）、双环磺草酮（benzobicylon）等。

氟吡草酮

双环磺草酮

三酮类除草剂分子结构中，三酮部分通过烯醇式互变异构形成共轭体系，因此环己二酮结构可被相关芳香杂环体系（如 5-OH 吡唑、异噁唑）等排替换。相关产品如苯唑草酮（topramezone）、磺酰草吡唑（pyrasulfotole）、异噁唑草酮（isoxaflutole）等。

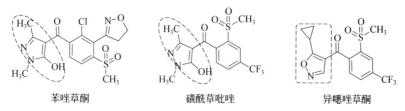

苯唑草酮　　　磺酰草吡唑　　　异噁唑草酮

苯衍生物 B 部分的"me-too"创制，主要体现在芳香杂环体系如吡啶、嘧啶啉酮等结构与苯环等排替换方面，更新创制了新的该类除草剂优势结构，真正做到了"me-better"创制。如氟吡草酮（bicyclopyrone）、fenquinotrione、dioxopyritrione 等。

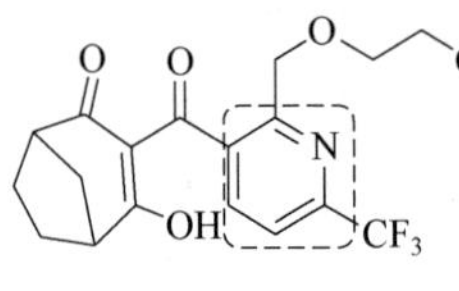

氟吡草酮

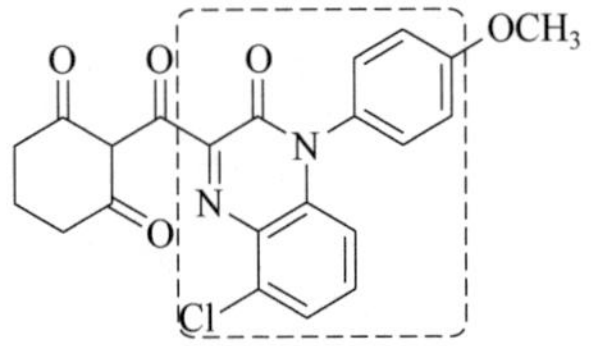

fenquinotrione

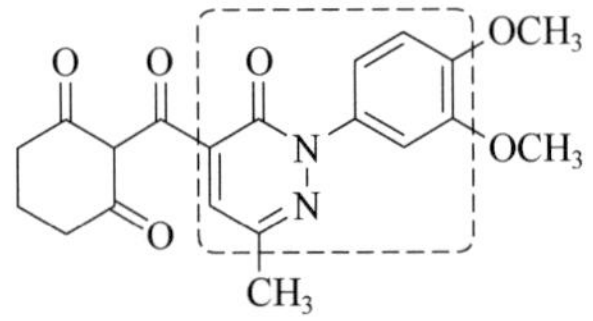

dioxopyritrione

以及由华中师范大学新农药创制大师杨光富创制、山东先达农化股份有限公司开发的喹草酮（quinotrione）及杜邦公司在 WO 2012033548 公开的化合物 a（$16g/hm^2$ 剂量下苗前、苗后具有很好的除草活性）。

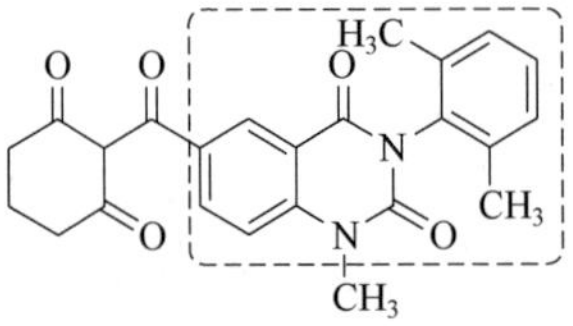

喹草酮

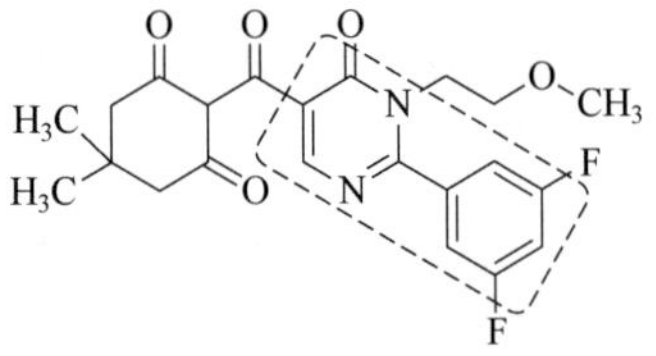

化合物a

传统观点及相关构效关系研究认为，三酮类分子结构具有如下特点：

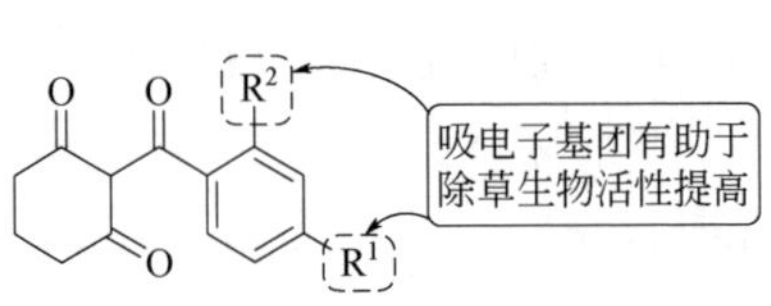

新农药创制大师杨光富打破常规思维，将苯环部分环化，并在此基础上进行修饰优化筛选，创制出优良除草剂喹草酮（quinotrione），堪称创新典范。以喹草酮为基础进行的系列相关同类结构除草剂创制，同样经典：新创化合物全都具有优异的除草活性和优异的作物安全性[138-144]，如图 5-107。

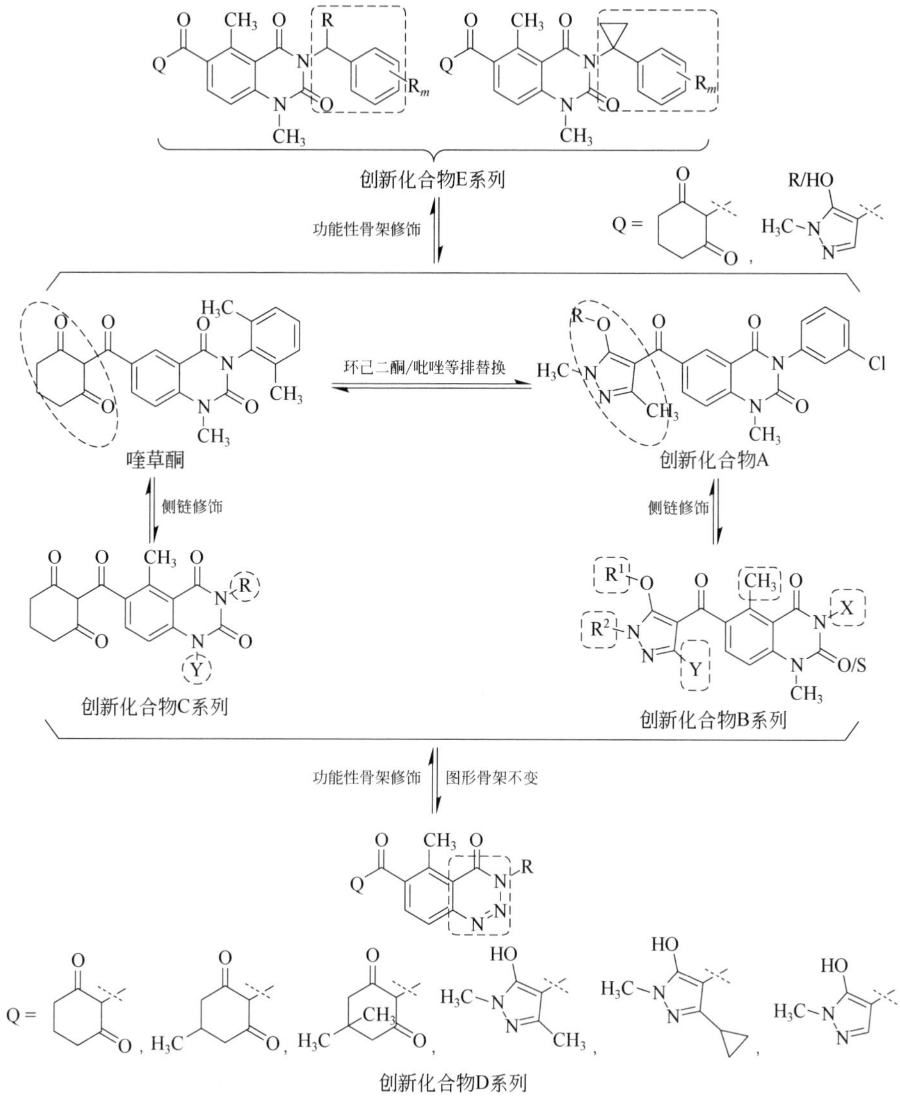

图 5-107 三酮类除草剂分子优势结构优化与创新

参考文献

[1] 杨华铮. 现代农药化学. 北京: 化学工业出版社, 2013. 9: 85-86.

[2] 刘丽. 丙烯腈类化合物及其制备方法和应用. CN 101367784 B.

[3] 覃兆海. 一类含三苯基磷阳离子的甲氧基丙烯酸酯类化合物及合成方法与应用. CN 110105389 A.

[4] 覃兆海. 含三苯基磷阳离子的杀菌杀螨化合物的合成方法与应用. CN 111763231 A.

[5] 孙家隆. 农药化学合成基础. 3 版. 北京: 化学工业出版社, 2019: 33-34.

[6] 孙家隆. 农药化学合成基础. 3 版. 北京: 化学工业出版社, 2019: 44.

[7] 刘长令. 新农药创制与合成. 北京: 化学工业出版社, 2013: 63-64.

[8] 戚明珠. 一种具有醚键结构的杀虫化合物. CN 108264468 A.

[9] 许良忠. 一种硫脲类杀虫杀螨剂. CN 104920408 A.

[10] 许良忠. 一种含氨基甲酸酯基硫脲类杀虫杀螨剂. CN 104920409 A.

[11] 葛尧伦. 一种甲硫丁醚脲杀虫剂及其用途. CN 105152998 A.

[12] 孙家隆. 农药化学合成基础. 3版. 北京: 化学工业出版社, 2019: 73.

[13] 刘长令. 新农药创制与合成. 北京: 化学工业出版社, 2013: 576.

[14] 刘长令. 新农药创制与合成. 北京: 化学工业出版社, 2013: 575-576.

[15] 孙家隆. 农药化学合成基础. 3版. 北京: 化学工业出版社, 2019: 254-255.

[16] 刘长令. 新农药创制与合成. 北京: 化学工业出版社, 2013: 181-183.

[17] 刘长令. 新农药创制与合成. 北京: 化学工业出版社, 2013: 358-359.

[18] 刘长令. 新农药创制与合成. 北京: 化学工业出版社, 2013: 344-346.

[19] H-G 施瓦茨. 作为杀虫化合物的羧酰胺衍生物. CN 106061946 A.

[20] 杜晓华. 一种具有杀虫活性的烟酰肼类化合物及其制备方法与应用. CN 104193675 A.

[21] 杜晓华. 具有杀虫活性的吡啶甲酰肼类化合物及其制备方法与应用. CN 104744358 A.

[22] 杨华铮. 现代农药化学, 北京: 化学工业出版社, 2013. 9: 479-481.

[23] 孔繁蕾. 邻氨基苯甲酰胺化合物及其制备方法和应用. CN 103265527 B.

[24] 许良忠. 邻氨基苯甲腈类化合物及其制法和用途. CN 102391248 B.

[25] 张来俊. 取代吡唑酰胺类化合物及其应用. CN 106977494 A.

[26] 张来俊. 取代水杨酰胺类化合物及其应用. CN 106588870 A.

[27] R·G·霍尔. 稠合的邻氨基苯甲酰胺杀虫剂. CN 101743237 A.

[28] 刘长令. 新农药创制与合成. 北京: 化学工业出版社, 2013: 372-381.

[29] 朱建民. 一种邻甲酰胺基苯甲酰胺衍生物、其制备方法以及一种杀虫剂. CN 104557860 A.

[30] 李正名. 一类取代苯基吡唑酰胺衍生物及其制备和应用, CN 103467380 B.

[31] 冯美丽. N-(氰基环丙基)苯甲酰胺类化合物及其应用. CN 105218517 A.

[32] 冯美丽. 具有杀虫活性的邻甲酰氨基苯甲酰胺类化合物及其应用. CN 105037324 A.

[33] 范志金. 一类含 N-氰基砜(硫)亚胺的邻甲酰氨基苯甲酰胺衍生物及其制备方法和用途. CN 103172613 B.

[34] 范志金. 一类含砜(硫)亚胺的邻甲酰氨基苯甲酰胺衍生物及其制备方法和用途. CN 103172614 B.

[35] 范志金. 一类含 N-氰基砜(硫)亚胺的邻甲酰氨基苯甲酰胺衍生物及其制备方法和用途. CN 104031026 A.

[36] 刘长令. 新农药创制与合成. 北京: 化学工业出版社, 2013: 372-381.

[37] 许良忠. 一种含噻二唑-二氟乙氧基吡唑酰胺类化合物及其应用. CN 106749225 A.

[38] 许良忠. 一种含噻二唑四氟丙氧基吡啶连吡唑酰胺化合物. CN 106831752 A.

[39] 唐剑峰. 一种取代的酰胺类化合物及其制备方法与用途. CN 110818637 B.

[40] 李圣坤. 含手性噁唑啉的烟酰胺类化合物及作为农用杀菌剂的用途. CN 106397422 B.

[41] 王刚. 一种吡啶酰胺类化合物及用途. CN 111285802 A.

[42] 杨光富. 一种吡嗪酰胺类化合物及其制备方法和应用以及一种杀菌剂. CN 108069915 B.

[43] 邵旭升. 偶氮苯类杂环酰胺衍生物及其制备方法和应用. CN 111087345 A.

[44] 王宝雷. 一种含取代磺亚胺酰基苯基的吡唑甲酰胺衍生物及其制备方法和用途. CN 111170988 A.

[45] 唐剑峰. 一种含五氟硫基的芳甲酰苯胺类化合物及其制备方法与用途. CN 111454186 A.

[46] 唐剑峰. 一种含五氟硫基的杂芳基甲酰苯胺类化合物及其制备方法与用途. CN 111454202 A.

[47] 杨光富. 一种含硅原子吡唑酰胺类化合物及其制备方法和应用及一种杀菌剂. CN 111943975 A.

[48] 孙家隆. 农药化学合成基础. 3版. 北京: 化学工业出版社, 2019. 1: 87-88.

[49] 唐剑锋. 一种烟碱类化合物及其制备方法和用途. CN 103232434 B.

[50] P·耶施克. 用作杀虫剂的被取代的烯氨羰基化合物的制备方法及中间体. CN 102321081 B.

[51] 尼卡·布鲁. 杀虫剂. CN 102015634 B.

[52] N·G·班布尔. 防治动物害虫的 *N*-取代的杂双环化合物和衍生物 Ⅱ. CN 104220440 B.

[53] 范志金. 一类氯代异噻唑新烟碱类化合物及其制备方法和用途. CN 105622597 B.

[54] 范志金. 一类含噻二唑杂环的新烟碱类化合物及其制备方法和用途. CN 105732606 B.

[55] 宫宁瑞. 吡啶基亚磺酰亚胺化合物及其制备方法. CN 103333101 B.

[56] 宫宁瑞. 吡啶基-*N*-氰基磺基肟化合物及其制备方法. CN 103333102 B.

[57] 李忠. 1,2,3-3*H* 吡啶杂环化合物的制备及用途. CN 101875653 B.

[58] 李忠. 具有杀虫活性的含氮杂环化合物、其制备及用途. CN 101768161 B.

[59] 李忠. 一类具有高杀虫活性化合物的制备方法及用途. CN 101045728 B.

[60] 刘卫东. 咪唑并吡啶类化合物及其中间体、制备方法与应用. CN 111662283 A.

[61] 柳爱平. 氮杂环并吡啶类化合物及其中间体. CN 111662282 B.

[62] 田忠贞. 具有杀虫活性的二硫环戊烯酮类化合物及其合成. CN 110256414 B.

[63] M·海尔. 作为杀虫剂的介离子卤化的 3-(乙酰基)-1-[(1,3-噻唑-5-基)甲基]-1*H*-咪唑并[1,2-*a*]吡啶-4-鎓-2-醇盐衍生物和相关化合物. CN 108602819 A.

[64] 柳爱平. 杀虫活性的1,3-二氮杂环并吡啶季铵盐化合物及其制备方法与应用. CN 109970731 B.

[65] 刘长令. 新农药创制与合成. 北京: 化学工业出版社, 2013: 428-431.

[66] 李斌. 吡唑基丙烯腈类化合物及其应用. CN 101875633 B.

[67] 李斌. 一种 2,4-二甲基噻唑基丙烯腈类化合物及其应用. CN 104649997 A.

[68] 黄明智. 丙烯腈类化合物及其用途. CN 106187936 A.

[69] 柳爱平. 丙烯腈类化合物及其制备方法与应用. CN 106187937 A.

[70] 刘长令. 新农药创制与合成. 北京: 化学工业出版社, 2013: 423-425.

[71] 孙家隆. 农药化学合成基础. 3 版. 北京: 化学工业出版社, 2019: 172.

[72] 刘长令. 新农药创制与合成. 北京: 化学工业出版社, 2013: 389-403.

[73] 周繁. 一种三唑衍生物及其应用. CN 113004247 A.

[74] 杨光富. 一种含吲哚环结构的化合物及其制备方法和应用、一种杀菌剂. CN 113185509 B.

[75] 杨光富. 含稠杂环结构的化合物及其制备方法和应用以及杀菌剂. CN 111848612 B.

[76] 杨光富. 含环烷并吡唑结构的化合物及其制备方法和应用以及杀菌剂. CN 110437224 A.

[77] 杨光富. 含稠杂环结构的化合物及其制备方法和应用以及杀菌剂. CN 110818707 A.

[78] 杨光富. 含稠杂环结构的化合物及其制备方法和应用以及杀菌剂. CN 110818708 A.

[79] 杨光富. 含环丙基的化合物及其制备方法和应用以及杀菌剂. CN 109456317 A.

[80] 赵卫光. 一种哌啶基四氢苯并噻唑肟醚类衍生物及应用. CN 111662280 A.

[81] 赵卫光. 一种哌嗪基四氢苯并噻唑肟醚类衍生物及应用. CN 111689927 A.

[82] 杨吉春. 一种异噁唑啉类化合物及其用途. CN 110818699 A.

[83] 杨吉春. 一种异噁唑啉羧酸酯类化合物和应用. CN 110818644 A.

[84] 杨吉春. 一种具有旋光活性的异噁唑啉类化合物及其用途. CN 112679488 A.

[85] 杨吉春. 一种苯基异噁唑啉类化合物及其用途. CN 112745269 A.

[86] 杨吉春. 硫代三嗪酮异噁唑啉类化合物及其制备方法和应用、原卟啉原氧化酶抑制剂和除草剂. CN 111961041 A.

[87] 杨吉春. 一种三嗪酮类化合物及其用途. CN 112745305 A.

[88] 连磊, 等. 一种异噁唑啉甲酸肟酯类化合物及其制备方法、除草组合物和应用. CN 113149975 A.

[89] 连磊, 等. 一种取代噻唑芳香环类化合物及其制备方法、除草组合物和应用. CN 112778296 A.

[90] 孙家隆. 农药化学合成基础. 3 版. 北京: 化学工业出版社, 2019: 207.

[91] 刘长令. 新农药创制与合成. 北京: 化学工业出版社, 2013: 241-246.

[92] 范志金. 一类异噻唑肟醚甲氧基丙烯酸酯衍生物及其制备方法和用途. CN 106995417 B.

[93] 范志金. 一类噻二唑肟醚甲氧基丙烯酸酯衍生物及其制备方法和用途. CN 106995420 B.

[94] 那日松. 一种 S-取代-缩氨基硫脲结构化合物及其制备方法和应用. CN 113321603 A.

[95] 刘敬波. 一类苯并噻二嗪甲氧基丙烯酸酯类衍生物及其制备方法和用途. CN 111410638 A.

[96] 杜晓华. 一种肟醚乙酸酯类化合物及其制备方法与除草应用. CN 104311476 B.

[97] 杜晓华. 4-(吡啶-2-基)-4′-三氟甲基氧基苯基苄基醚衍生物及其制备方法与除草应用. CN 112724074 A.

[98] 孙家隆. 农药化学合成基础. 3 版. 北京: 化学工业出版社, 2019: 234-235.

[99] 杨华铮. 现代农药化学. 北京: 化学工业出版社, 2013: 544-545.

[100] 克里斯多夫·约翰·厄奇, 等. 用作除草剂的苯并噁嗪酮衍生物. CN 111132979 A.

[101] 席真. 一种环烷烃并嘧啶二酮类化合物及其制备方法和应用以及一种农药除草剂. CN 110156767 B.

[102] 李华斌. 一种吡唑并嘧啶酮类化合物及其制备方法和应用. CN 110066282 B.

[103] 刘莉. 7-芳氧乙酰氧基香豆素类化合物及其在农药上的应用. CN106749144 B.

[104] 张敏. 一种香豆素-芳氧羧酸酯类化合物及其在农药上的应用. CN 106831683 B.

[105] 刘东卫. 苯氧苯氧基丙酸炔丙基酯化合物及其制备方法和用途. CN 106631895 B.

[106] 刘东卫. 卤代苯腈苯氧羧酸类酰胺化合物及其合成方法和用途. CN 106631896 B.

[107] 刘东卫. 吡啶氧基苯氧基丙酸乙酯化合物及其制备方法和用途. CN 106632005 B.

[108] 刘东卫. 吡唑磺酰胺类化合物及其合成方法和用途. CN 106632045 B.

[109] 刘东卫. 苯并噻唑苯氧羧酸酰胺类化合物及其制备方法. CN 106632122 B.

[110] 李斌. 一种 6-氯代苯并噻唑氧基苯氧丙酰胺类化合物及其应用. CN 108059630 B.

[111] 胡艾希. N-(氧代乙基)-2-[4-(吡啶-2-基氧基)苯氧基]酰胺衍生物. CN 105859698 B.

[112] 胡艾希. N-(2-肟基乙基)酰胺衍生物及其制备方法与应用. CN 105859669 B.

[113] 贺红武. 一种氧化膦类化合物及其制备和应用. CN 110452266 A.

[114] 孙家隆. 农药化学合成基础. 3 版. 北京: 化学工业出版社, 2019: 285-286.

[115] 张立新. 一种联苯类化合物及其应用. CN 105541682 B.

[116] 刘长令. 新农药创制与合成. 北京: 化学工业出版社, 2013: 63-64.

[117] A·科勒. 用作杀螨剂和杀虫剂的 N-芳基脒取代的三氟乙基硫化物衍生物. CN 104125773 A.

[118] 刘长令. 新农药创制与合成. 北京: 化学工业出版社, 2013: 492-493.

[119] M·米尔巴赫. 具有含硫取代基的杀有害生物活性杂环衍生物. CN 106164065 B.

[120] A·斯托勒. 具有含硫取代基的杀有害生物活性杂环衍生物. CN 106661021 B.

[121] P·J·M·容. 具有含硫取代基的杀有害生物活性四环衍生物. CN 107001364 B.

[122] A·埃德蒙兹. 具有含硫取代基的杀有害生物活性多环衍生物. CN 107074865 B.

[123] P·J·M·容. 具有含硫取代基的杀有害生物活性杂环衍生物. CN 107074846 B.

[124] M·米尔巴赫. 具有含硫取代基的杀有害生物活性酰胺杂环衍生物. CN 107001352 B.

[125] T·布雷特施奈德. 联苯基取代的螺环酮-烯醇. CN 104761521 A.

[126] T·布雷特施奈德. 联苯基取代的螺环酮-烯醇. CN 102408326 B.

[127] 刘长令. 新农药创制与合成. 北京: 化学工业出版社, 2013: 505-506.

[128] 刘长令. 新农药创制与合成. 北京: 化学工业出版社, 2013: 500-502.

[129] R·菲舍尔. 卤代烷氧基螺环特拉姆酸和特窗酸衍生物. CN 101808989 B.

[130] R·菲舍尔. 顺-烷氧基螺环联苯基取代的特拉姆酸衍生物. CN 101600690 B.

[131] 赵金浩. 螺螨酯衍生物及其合成方法和用途. CN 101255147 B.

[132] 赵金浩. 螺甲螨酯衍生物及其合成方法和用途. CN 101250174 B.

[133] 谭海军. 新型介离子嘧啶酮类杀虫剂三氟苯嘧啶及其开发. 现代农药, 2019, 18(5): 42-46.

[134] 张文明. 介离子杀虫剂. CN 103819470 B.

[135] 杨华铮. 现代农药化学. 北京: 化学工业出版社, 2013: 747.

[136] 杨华铮. 现代农药化学. 北京: 化学工业出版社, 2013: 748-749.

[137] 杨华铮. 现代农药化学. 北京: 化学工业出版社, 2013: 653-660.

[138] 杨光富. 一种喹唑啉二酮类化合物及其应用和一种农药除草剂. CN 110357860 B.

[139] 杨光富. 一种含不饱和基的喹唑啉二酮类化合物及其应用和一种农药除草剂. CN 110357859 B.

[140] 杨光富. 一种吡唑喹唑啉二酮类化合物及其应用和一种农药除草剂. CN 110357861 B.

[141] 杨光富. 含喹唑啉二酮片段的吡唑类衍生物及其应用和一种农药除草剂. CN 110357862 A.

[142] 杨光富. 环己三酮类化合物及其制备方法和应用以及一种除草剂. CN 110963993 B.

[143] 杨光富. 一种含有苯并三嗪酮结构的化合物及其制备方法和应用以及一种除草剂. CN 112094243 A.

[144] 杨光富. α-C 位置修饰苄基取代的喹唑啉二酮类化合物及其制备方法和应用、HPPD 除草剂. CN 113149913 A.